AF252079

ALIMENTOS DEL MUNDO

ALIMENTOS DEL MUNDO

UNA HISTORIA ILUSTRADA DE TODO LO QUE COMEMOS

Contenido

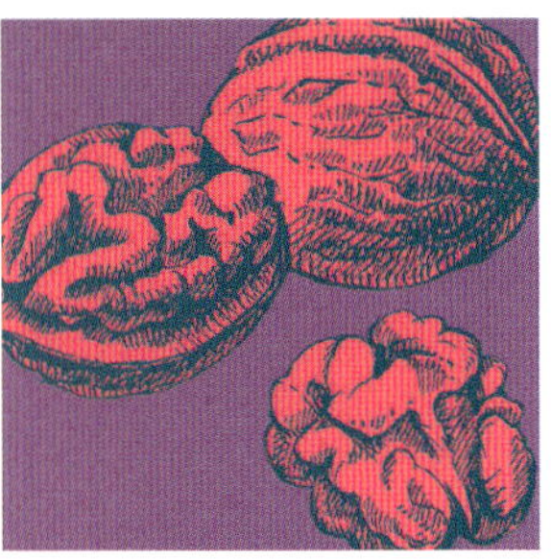

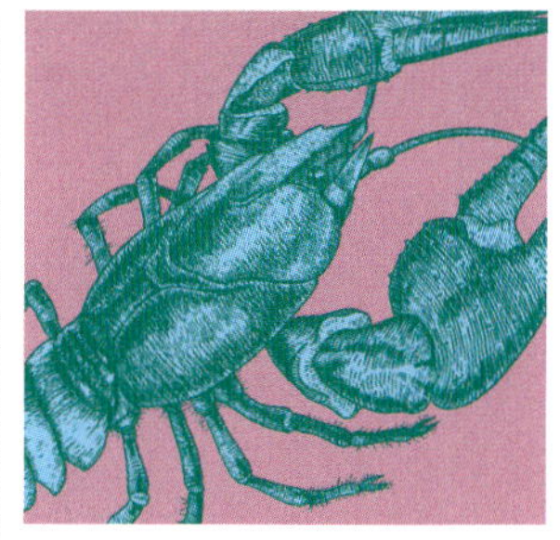

Frutos secos y semillas

Verduras

Frutas

Carne

Pescado y marisco

Penguin Random House

DK LONDON
Edición de arte sénior Ina Stradins
Edición sénior Janet Mohun
Edición en EE UU Megan Douglass
Asistente de equipo Briony Corbett
Coordinación de arte Michael Duffy
Coordinación editorial Angeles Gavira
Preproducción Jacqueline Street
Producción sénior Alex Bell
Diseño de cubierta Mark Cavenagh

Diseño de cubierta sénior Sophia M.T.T.
Edición de cubierta Claire Gell
Subdirección de publicaciones Liz Wheeler
Dirección de arte Karen Self
Dirección de publicaciones Jonathan Metcalf

DK DELHI
Edición de arte sénior Chhaya Sajwan
Edición sénior Dharini Ganesh
Edición de arte del proyecto Vikas Sachdeva
Edición de arte Roshni Kapur y Meenal Goel
Edición Riji Raju
Asistencia de edición de arte Simran Saini, Amrai Dua y Monam Nishat
Coordinación de arte sénior Arunesh Talapatra

Coordinación editorial sénior Rohan Sinha
Iconografía sénior Surya Sankarsh Sarangi
Iconografía Deepak Negi
Coordinación de iconografía Taiyaba Khatoon
Maquetación Jaypal Chauhan, Nityanand Kumar y Vijay Kandwal
Maquetación sénior Harish Aggarwal
Dirección de producción Pankaj Sharma
Preproducción Balwant Singh
Diseño de cubierta Suhita Dharamjit
Coordinación editorial de cubierta Priyanka Sharma
Dirección editorial de cubierta Saloni Singh

SCHERMULY DESIGN CO. LTD.
Edición del proyecto Cathy Meeus

Granos, cereales y legumbres

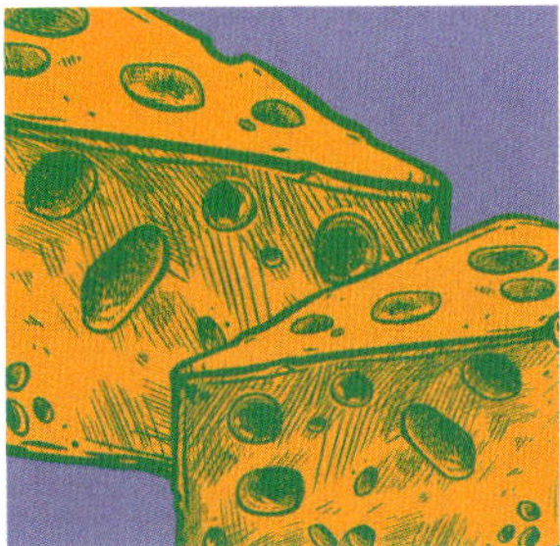

Lácteos y huevos

Azúcares y siropes

Aceites y condimentos

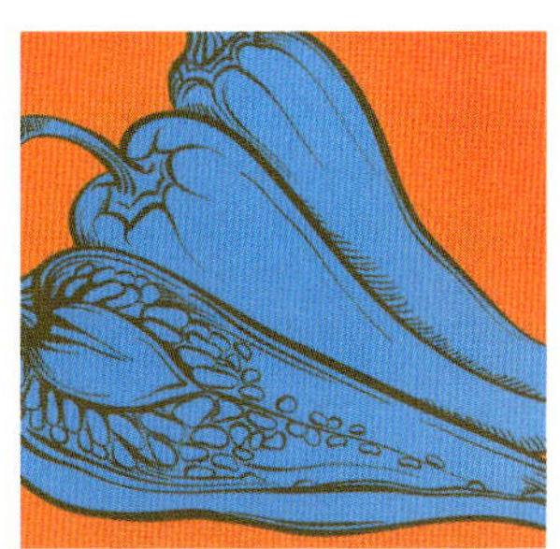

Hierbas y especias

Publicado originalmente en Gran Bretaña
en 2018 por Dorling Kindersley Limited
80 Strand, London, WC2R 0RL

Parte de Penguin Random House

Título original: *The Story of Food.
An Illustrated History of Everything We Eat*

Primera edición 2019

Servicios editoriales deleatur, s.l.
Traducción Montserrat Asensio Fernández,
Inés Clavero Hernández, Antón Corriente Basús
y José Luis López Angón

ISBN: 978-1-4654-8525-0

Impreso y encuadernado en China

UN MUNDO DE IDEAS
www.dkespañol.com

Colaboradores
Josephine Bacon
Alexandra Black
Liz Calvert Smith
Jane Garton
Jeremy Harwood
Patsy Westcott

Consultor editorial
Jill Norman

Prólogo

Cuando era un chaval de diez u once años, mi desayuno ideal era un bol de Choco Krispies con muesli, leche y avena en polvo espolvoreada por encima, como si fuera nieve. La avena en polvo se introducía entre los crujientes cereales de chocolate y redondeaba el bocado, cosa que no ocurría con las uvas pasas y la avena en copos, que se quedaban en el fondo y se hinchaban con la leche, cada vez más achocolatada. ¡Qué maravilla mezclar tantas cosas deliciosas para lograr algo nuevo y absolutamente personal!

Claro que, de hecho, nunca fue así. Para mí, ese desayuno fue solo un sueño, porque, en realidad, jamás pude disfrutarlo. Mis padres eran muy estrictos con la comida; por ejemplo, no se podían mezclar diferentes cereales en un mismo bol. Y aún no sé por qué. La única explicación que recibí fue: «Porque no». La historia de la comida y las normas que la rigen son así: están rodeadas de misterio, pero son objeto de una fe ciega. Creemos saberlo todo acerca de la comida, cuando lo cierto es que no sabemos casi nada.

Este libro me ha enseñado que Galeno, el influyente médico de la Grecia antigua, creía que la fruta cruda se asociaba a los «humores fríos y húmedos» y causaba diarrea, con lo que condenó al escorbuto por déficit de vitamina C a varias generaciones de europeos. Por no hablar de los chinos, que creían que las carpas se transformaban en dragones cuando desovaban. O de los alemanes, que ataban tallos de frambueso a los caballos rebeldes para calmarlos. O de los científicos estadounidenses que, en la década de 1950, asociaron la enfermedad coronaria a las grasas animales y propiciaron así el establecimiento de una dieta rica en hidratos de carbono y azúcares que nos ha traído la crisis de obesidad que amenaza con reducir la esperanza de vida en el mundo desarrollado por primera vez desde la peste negra.

No sé si en este libro se habla de esto último, pero queda dicho. Y es que la ignorancia me irrita. La ignorancia que hace que se maltrate a los animales con malas prácticas ganaderas, que contamina los acuíferos con sustancias químicas mal administradas, que llena los océanos de envases de plástico de un solo uso (¡bebed agua del grifo, por favor!) y que sobreexpone a los niños a la comida rápida, que tiene un contenido nutricional deplorable y que hace caer la primera ficha del dominó de los malos hábitos alimentarios.

Este libro es un antídoto contra la ignorancia y una aportación esencial al debate actual acerca de qué y cómo comemos, además de por qué, desde cuándo y durante cuánto tiempo vamos a hacerlo. En estas páginas se aborda este importante tema desde un entusiasta enfoque multidisciplinar, como las grandes enciclopedias de la Ilustración, estudiando la comida desde los ángulos histórico, político, cultural, científico y médico, de modo que resulta a la vez una apasionante lectura de butaca, un libro para hojear compulsivamente y una obra de referencia indispensable. Aquellos que no sean grandes aficionados a la lectura, aprenderán más con las imágenes comentadas que ilustran el texto que con mil artículos periodísticos sobre comida (¡a excepción de los míos!).

El lector descubrirá cómo la carne modificó nuestro cerebro, por qué tener una nuez por cerebro es positivo en Afganistán y qué nos dicen las alcantarillas de Pompeya acerca de la carne de jirafa.

Y, ahora, es el momento ideal para tomar lo que Winnie the Pooh llamaba «un poquitito de algo». Creo que van a ser Choco Krispies y muesli, con un poquito de avena en polvo por encima…

GILES COREN

Alimentar a las masas
En los mercados tradicionales, como este de Katmandú (Nepal), pueden verse antiguos métodos de compraventa de alimentos. Al igual que los supermercados actuales, desempeñan una función tan antigua como la propia especie humana: saciar bocas hambrientas.

Introducción

Desde los cazadores-recolectores hasta las superestrellas culinarias, la comida siempre ha ocupado un lugar clave en la psique humana. Nuestra supervivencia depende de la comida, y el modo en que la obtenemos, preparamos y consumimos nos ha modelado tanto como la búsqueda de la misma ha modelado las plantas, los animales y el medioambiente.

La comida ha sido siempre un tema de gran importancia social, medioambiental y comercial. La producción de alimentos se ha transformado en una actividad económica colosal, y acudir al supermercado es el único esfuerzo que han de realizar la mayoría de las personas del mundo desarrollado para obtener las calorías y los nutrientes que necesitan para sobrevivir.

Programados para buscar nutrientes

Aunque la caza como medio de supervivencia casi ha desaparecido, el impulso de buscar comida está en nuestro ADN, y nuestra relación con la comida sigue siendo muy compleja. En cuanto los primeros humanos aprendieron a aprovechar las propiedades de los alimentos silvestres y empezaron a crear herramientas para cazar, despedazar, cultivar y domesticar, la evolución se aceleró y permitió obtener comida suficiente no solo para sobrevivir, sino también para medrar.

△ **Registros rupestres**
Las pinturas rupestres muestran los animales que cazaban los primeros humanos. El caballo era uno de ellos, según se ve en la cueva de Lascaux (Francia), al menos hasta que montarlo demostró ser más beneficioso.

Se cree que hace entre 2 millones y 3,9 millones de años, la dieta de los primeros humanos de África varió y los llevó a explotar nuevas fuentes de alimentos, lo cual los obligó a cambiar de entorno. El esmalte dental de varias especies de primeros humanos hallados en Etiopía reveló que algunos habían incluido en su dieta plantas nuevas, como suculentas, col o maíz; estas eran muy densas en nutrientes y energía, y permitieron destinar más calorías al desarrollo cerebral. Mientras, las papilas gustativas evolucionaron para detectar venenos en las plantas y poder diferenciar entre alimentos amargos y potencialmente venenosos, alimentos menos amargos y nutritivos y alimentos dulces que proporcionaban energía instantánea.

La comida marcaba la diferencia entre la vida y la muerte (o entre una población creciente y próspera y una población en apuros), y adquirió gran importancia social, religiosa y cultural. La necesidad de encontrar y cultivar alimentos llevó a que las sociedades cooperaran y crearan organizaciones sociales que maximizaran la producción de alimentos. En una cacería, esto significaba que los distintos miembros de una comunidad asumían funciones especializadas para garantizar las máximas probabilidades de éxito.

Con la consolidación de la ganadería y el cultivo de cereales, se necesitaron formas más complejas de organización y cooperación, lo que llevó a las comunidades a innovar y a ser más eficientes no solo en lo relativo a la producción de alimentos, sino también en lo concerniente a su almacenaje, transporte e intercambio. El excedente de comida también permitió que más niños llegaran a la edad adulta, lo que desencadenó una explosión demográfica. La vida de subsistencia dio paso a una sociedad próspera y polifacética.

Además de los descubrimientos arqueológicos y antropológicos, como las pinturas rupestres, los utensilios, los huesos y las trazas químicas de alimentos, gran parte de lo que los antropólogos y los historiadores saben acerca de la producción y el consumo de alimentos en tiempos antiguos procede de una pequeña cantidad de textos, como recetarios y registros comerciales. Gracias a estas

> Las cenizas de una cueva de Sudáfrica demuestran que los primeros humanos ya cocinaban hace un millón de años.

fuentes, sabemos que nuestros antepasados se adentraban en las profundidades del mar para pescar atún en el Sureste Asiático, elaboraban queso en Polonia y criaban abejas en Egipto.

La carne transformó el cerebro humano

La ingesta de carne fue otro de los cambios dietéticos clave que proporcionó combustible adicional para la expansión y evolución del cerebro humano. Y, conforme el cerebro de nuestros antepasados crecía, su capacidad de innovación hacía lo propio. El desarrollo de armas afiladas permitió la caza cooperativa de presas grandes, en lugar de tener que conformarse con la carroña que dejaban otros depredadores. Estos avances se dieron a lo largo de un periodo de tiempo muy prolongado, empezando, hace unos 2,6 millones de años, por el uso de herramientas básicas para raspar y cortar que permitían despiezar la carne, hasta llegar a la creación de lanzas, las primeras de las cuales se remontan a hace unos 500 000 años.

Cómo la cocina cambió el mundo

Los humanos aprendieron a hacer fuego y empezaron a cocinar la comida, lo cual marcó el inicio de un largo romance del ser humano con la experimentación culinaria y, finalmente, con el arte de la restauración. Sin embargo, lo más importante es que la cocción liberaba distintos nutrientes de algunos alimentos, pues descomponía

las proteínas, los hidratos de carbono y las grasas, de modo que la digestión resultaba más sencilla. También mataba los gérmenes que provocaban intoxicaciones, e incluso eliminaba las toxinas de algunas plantas. Por ejemplo, el intestino humano solo puede absorber el almidón de las patatas si están cocinadas.

Se cree que estos factores contribuyeron de múltiples maneras a nuestro desarrollo biológico. La comida cocinada llevó a que el ser humano tuviera mandíbulas e intestinos más pequeños, y el aumento de la ingesta de calorías conllevó el desarrollo de cerebros más grandes. Por otro lado, el cambio de la relación entre los humanos y sus fuentes de alimentación fue el catalizador de avances sociales y tecnológicos.

Alta cocina en el mundo antiguo

Ateneo de Náucratis, retórico y gramático griego del siglo III d.C., abre a los lectores modernos una fascinante ventana a la comida de la Antigüedad en su enciclopédico *Deipnosofistas* (*El banquete de los eruditos*), una serie de diálogos recogidos en varios banquetes en los que Ateneo reunía las ideas de moda sobre la comida, la obesidad y la dieta, además de recetas, condimentos y salsas, entre muchos otros temas.

Aproximadamente un siglo después, *De re coquinaria* (*Sobre la cocina*) recogía una colección de 400 recetas de la Roma imperial. Esta obra se conoce también como *Apicius*, por Marco Gavio Apicio, gastrónomo célebre por sus banquetes en el siglo I d.C. Más dirigido a los especialistas que a los ciudadanos de a pie, este libro de cocina insistía en la importancia de emplear ingredientes de calidad, y la mayoría de sus recetas eran de platos aromatizados con hierbas, especias y salsas.

La expansión del comercio de alimentos

La gran variedad de especias disponibles apunta a las rutas comerciales que se establecieron en distintos momentos del Imperio romano; por ejemplo, la conquista de Egipto propició el tráfico de especias exóticas, como la pimienta y el comino de India y el silfio del norte de África. No pasó

◁ **Registro pictográfico de la cerveza**
En el año 3100 a.C., en Mesopotamia ya se llevaban registros de alimentos y bebidas. Esta tablilla registra el reparto de la cerveza en una comunidad mediante pictogramas grabados con un estilete sobre arcilla.

mucho tiempo antes de que esta primera globalización de la comida se acelerara hasta alcanzar un grado que ni siquiera los antiguos romanos hubieran podido imaginar. Cuando el mercader veneciano Marco Polo inició sus viajes de exploración en el siglo XIII, el flujo de bienes entre Oriente y Occidente a lo largo de la Ruta de la Seda ya tenía siglos de antigüedad, y la migración de tradiciones culinarias era inevitable. Hay fuentes que afirman que es muy posible que tanto los fideos chinos como la pasta italiana compartan un mismo origen: la técnica árabe de preparar pasta seca a partir de harina de trigo duro (*Triticum durum*), que viajó primero hacia el este, hasta China, Japón y Corea, y después hacia el oeste, hasta el Mediterráneo.

El Viejo Mundo y el Nuevo Mundo vivieron un intercambio similar con la llegada de patatas, tomates, cacao y tabaco a Europa, África y Asia, y con la migración en dirección opuesta de olivas, arroz, trigo y ganado, importados a América Central y del Sur. Los alimentos no

△ **Una ruta consolidada**
Cuando Marco Polo partió de Venecia en dirección a China en el siglo XIII, siguió una ruta comercial ya consolidada entre Oriente y Occidente que había llevado y traído alimentos entre ambas partes del mundo.

viajaron solos. Así, las técnicas de cocina cambiaron radicalmente en Latinoamérica: por ejemplo, la fritura era casi desconocida antes de la llegada de los españoles, pero pasó a convertirse en algo habitual.

La hora de la comida en Mesopotamia

Uno de los registros escritos sobre comida más antiguos se remonta a *c.* 1650 a.C., en forma de una colección de recetas e informaciones culinarias grabadas en tablillas de arcilla mesopotámicas. Proceden de una región de Oriente Próximo que hoy equivale a Irak, Kuwait, Siria y el sureste de Turquía, y ofrecen una idea de cómo se preparaba

la comida en esta antigua región. En ellas se habla de la variedad de comida disponible, y se enumeran veinte tipos de queso, cien sopas y hasta trescientas clases de pan. También indican lo importante que era la hora de la comida para la organización social y la religión.

Los investigadores han deducido que la élite social hacía una comida principal por la mañana y otra por la noche, entre las que tomaban dos tentempiés más ligeros. Las clases bajas solo comían dos veces al día. En los banquetes reales, los invitados se sentaban siguiendo una estricta jerarquía establecida por la profesión, la etnia y el estatus en la corte. La comida también era un elemento crucial en los rituales religiosos: en los templos locales, se servían cuatro comidas diarias a los dioses, de cuyas «sobras» se ocupaban los criados del templo, los cortesanos y, posiblemente, los ciudadanos necesitados.

Costumbres sociales y religiosas

La costumbre de que los grupos sociales y religiosos coman juntos (ya sean comunidades al completo, miembros de un grupo específico o familias) resulta muy práctico desde el punto de vista de la preparación de la comida. Pero también permite consolidar los vínculos, además de ofrecer un foro para compartir información y tradiciones orales, dar consejos y reforzar creencias específicas.

> Un estudio de la Universidad de Oxford ha demostrado que quienes suelen comer en compañía son más felices.

En la Edad Media, la Iglesia predicaba la importancia de seguir un horario regular de comidas, a fin de poner coto a la gula y reforzar la disciplina. En la China antigua, comer en exceso también se veía con malos ojos, y a los niños se les educaba para que dejaran de comer antes de sentirse plenamente saciados. En las cafeterías londinenses del siglo XVII se cerraban importantes tratos de negocios; la sociedad elegante de la Europa del siglo XVIII compartía cotilleos, planeaba matrimonios y urdía confabulaciones domésticas a la hora del té; y, en el Pekín comunista de la década de 1950, las cenas eran el escenario donde se forjaban alianzas políticas. En Oriente Próximo, los delincuentes y sus víctimas se reconciliaban durante las comidas, y las comunidades pactaban la paz en la tradicional *mumalaba* («partir el pan»).

La hora de la comida ha tenido estas funciones desde la Antigüedad, y hoy día sigue teniendo una enorme importancia en muchas sociedades. En Francia y España, el almuerzo del mediodía casi nunca se hace en el despacho o en la calle, y los trabajadores cuentan con una hora para salir a comer. Por otro lado, en el Sureste Asiático, la comida callejera suele ser un elemento esencial de la vida cotidiana. Comer juntos en espacios públicos es un factor clave de celebraciones estacionales y religiosas de todo el mundo. Ejemplo de ello es la tradición japonesa del *hanami*, o contemplación de las flores, en la que se celebran picnics bajo los cerezos en flor en primavera. En cuanto a la vida doméstica, los psicólogos afirman que los niños que comen con sus padres al menos unas cuantas veces a la semana tienen más probabilidades de seguir una dieta saludable, tener menos problemas con las drogas y el alcohol y obtener buenos resultados académicos que los niños que no suelen comer con sus progenitores. Nuestros antepasados tenían muy claros los poderosos efectos que se derivan de compartir la comida.

El futuro de la comida

Explorar la historia de la comida revela muchos datos interesantes, pero también nos lleva a pensar en el futuro de la misma, sobre todo ahora que nos enfrentamos a retos medioambientales, como la sobrepesca y la deforestación para el cultivo, y a otras cuestiones asociadas, como los alimentos modificados genéticamente o la ganadería intensiva.

La agrociencia explora nuevas tecnologías y enfoques de cultivo que nos ayuden a conservar recursos de gran valor, como la energía, la tierra y el agua. Algunas de sus predicciones son el aumento de la agricultura urbana, con innovaciones como huertos y colmenas en las azoteas y granjas verticales que lleven los cultivos a espacios elevados para proteger bosques y selvas. La producción de carne *in vitro* es otra de las posibilidades que ya se ha hecho realidad, aunque puede que sea difícil convencer al consumidor para que compre productos animales creados en laboratorio.

Una de las técnicas que lideran el futuro de la producción de alimentos es la acuoponía, un sistema de producción de peces y plantas que combina la acuicultura tradicional y la hidroponía. Esta última consiste en cultivar plantas en disoluciones minerales dentro de invernaderos, no en tierra, y hoy ya produce la mayoría de las lechugas, los tomates y los pepinos de muchos supermercados. Además, la acuoponía no emplea sustancias químicas, usa lámparas LED para ahorrar energía y se suele instalar en edificios abandonados en áreas urbanas densas que ya cuentan con una base de clientes locales. De hecho, los aztecas ya combinaban el cultivo de plantas y peces, pero el concepto no se trasladó a espacios de interior hasta el año 2010.

La recuperación de la cocina llamada «de los pies a la cabeza», que consiste en comer todas las partes de un animal, es otro ejemplo de cómo las generaciones modernas redescubren hoy que la producción eficiente de comida ha de ir de la mano de las necesidades sociales, la creatividad culinaria y el respeto de la naturaleza. El pasado inspira el futuro de la comida y, con él, el futuro de nuestra especie.

△ **Cafetería londinense del siglo XVII**
En el Londres de los siglos XVII–XVIII era habitual cerrar acuerdos comerciales y financieros tomando café, té o chocolate en una cafetería. Estos locales proporcionaban un entorno sobrio para hacer negocios.

▷ **De color rosa**
Las técnicas hidropónicas (el cultivo de plantas en invernaderos y sin tierra) mejoran la productividad en lugares que de otro modo no serían adecuados para el cultivo. Las luces ultravioletas emiten un brillo rosado.

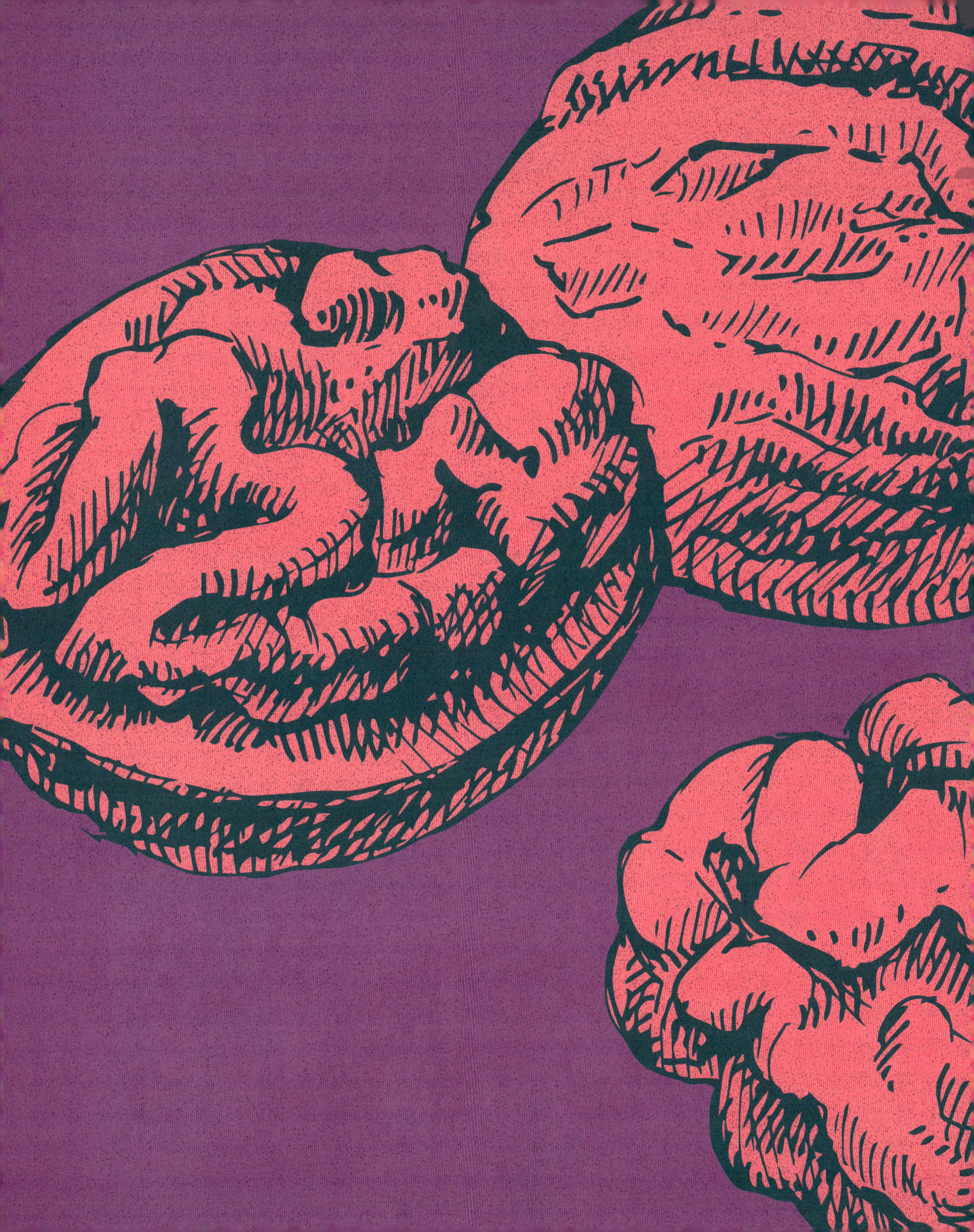

Frutos secos y semillas

Frutos secos y semillas

Los frutos secos y las semillas fueron un alimento ideal para nuestros antepasados. Los frutos secos, que son frutos comestibles envueltos de una cáscara dura, eran muy nutritivos y aportaban fibra, grasas, hidratos de carbono y proteínas en distintas proporciones según la especie. A diferencia de las raíces y los tubérculos, que había que desenterrar, los frutos secos eran fáciles de obtener, se conservaban bien y se podían transportar sin muchas dificultades ni pérdidas.

Observar para aprender

Los primeros humanos, como muchos otros animales, comían lo que pudieran encontrar y fuera accesible. A lo largo de los siglos, acumularon conocimiento sobre qué plantas eran más beneficiosas como alimento, cuáles debían evitar y cuáles aportaban más energía. Estos primeros humanos eran muy observadores y, con frecuencia, también ingeniosos, además de ser muy conscientes de su entorno. Vieron que las cosechas de los árboles variaban de un año al siguiente, y también se percataron de que los árboles que crecían en el interior umbrío de los bosques solían ser menos productivos que los que crecían en los bordes. Este conocimiento, sumado a herramientas cada vez más sofisticadas, los llevó a talar el sotobosque y los árboles más pequeños para promover mayores cosechas de frutos secos, y esto dio lugar a los inicios de lo que ahora llamamos cultivo. La caza y la agricultura organizada llegarían más adelante.

Los primeros cascanueces

En yacimientos arqueológicos de todo el mundo se han hallado rudimentarios «cascanueces» (rocas planas o ligeramente cóncavas) con trazas de frutos secos y semillas, lo cual demuestra su importancia en las dietas prehistóricas. Estos primitivos cascanueces suelen tener una depresión en el centro, donde se colocaban los frutos secos para poder cascarlos con otra piedra. Es la misma técnica que observamos actualmente en muchas especies de primates. En el yacimiento Gesher Benot Ya'aqov, cerca del mar Muerto, en Israel, se han encontrado cincuenta piedras de este tipo con una antigüedad estimada de unos 780 000 años y que contenían restos de bellotas, almendras y pistachos.

△ **Festín de caza y recolección**
La alimentación de las tribus nómadas actuales refleja la de nuestros primeros antepasados. Las semillas y los frutos secos son esenciales en los banquetes del pueblo penan de Brunéi.

◁ **Cosecha otoñal**
La cosecha de frutos secos era un hito anual en el Medievo. Las almendras se usaban en la cocina, se molían para hacer harina y se combinaban con agua para hacer «leche».

△ **Un básico de la Edad de Piedra**
Las piedras-mortero resultaban imprescindibles para los pueblos neolíticos, y se usaban para moler raíces y verduras, además de semillas, frutos secos y cereales.

Aunque algunos frutos secos podían comerse con solo cascarlos, otros requerían ser tratados. Por ejemplo, las bellotas de roble, encina y otros árboles se sumergían en cursos de agua para que la corriente eliminara el amargo ácido tánico. Luego se secaban o tostaban, y se molían o picaban para cocinar. Las bellotas y sus productos derivados se conservan bien, y las nuevas tecnologías que permiten identificar trazas microscópicas han demostrado que las bellotas eran mucho más importantes de lo que se creía. Esto se refleja en varios escritos de la Antigüedad, como los de Plinio el Viejo, naturalista y cronista romano del siglo I d.C., que escribió que el roble era el «primer árbol que produjo comida para el hombre mortal». Hoy se cree que la importancia del consumo de frutos secos en el mundo antiguo se ha subestimado históricamente por sus pocas evidencias, pues los frutos se comían y las cáscaras se quemaban como combustible.

Reservas de avellanas

El fruto seco más común en los yacimientos arqueológicos de todo el mundo es la avellana: su cáscara es muy dura, y muchas de ellas han llegado intactas hasta nuestros días tras miles de años. Es muy probable que las avellanas llegaran a Italia y Grecia desde Anatolia, y se han encontrado en yacimientos lacustres en Suiza y en al menos un yacimiento neolítico en Suecia. En Colonsay (islas Hébridas), en un pozo poco profundo que data del año 7000 a.C., se hallaron cientos de miles de cáscaras de avellana quemadas, lo que demuestra que se almacenaban en grandes cantidades.

Además de tener proteínas y otros nutrientes, los frutos secos son muy ricos en grasa, lo que significa que pueden producir aceite, al igual que las semillas. Los antiguos egipcios usaban semillas para producir aceite de nabo, linaza, moringa y sésamo. El aceite de sésamo también se usaba en el palacio del rey Nabucodonosor II de Babilonia. Como los frutos secos, las semillas se podían transportar con mucha facilidad, y constituían un aporte instantáneo de energía.

> En la Edad Media se creía que los piñones saciaban la sed y aliviaban el ardor y el dolor de estómago.

Las semillas como golosinas

En la Edad Media, ciertas semillas se recubrían con capas de azúcar en un proceso caro y largo y se consumían como golosinas y para refrescar el aliento. Aunque las semillas no se consumían tanto como los frutos secos, las de girasol se hicieron muy populares en Rusia a principios del siglo XVIII, cuando Pedro el Grande introdujo dicha planta en su imperio. En India, las pálidas semillas de amapola india se molían y se usaban en combinaciones de especias o como espesante.

△ **Naturaleza de los frutos secos**
Plinio el Viejo, uno de los primeros naturalistas conocidos, menciona las bellotas y las avellanas como alimentos importantes. Se cree que la avellana fue importada de Anatolia.

◁ **Mazapán mecanizado**
En los siglos XIX y XX, las máquinas asumieron la ardua tarea de la molienda de frutos secos: dulces como el mazapán, a base de almendras molidas, dejaron de ser un lujo reservado a los más ricos.

△ **Delicias caramelizadas**
Los franceses e italianos disfrutan de los *marrons glacés* desde el siglo XVI. El proceso consiste en descascarar las castañas y hervirlas en un sirope de azúcar.

Cosecha tradicional de la almendra
Varios derviches de Qand-i Badam (valle de Ferganá, en el Tayikistán actual) recogen almendras en esta ilustración del siglo XVI.

Almendras amuleto de la buena suerte

Considerado por los antiguos romanos como un talismán de fertilidad, este fruto seco de dulce sabor ha sido la base de postres y tartas durante siglos. También es el origen de aceites y aromatizantes para un amplio abanico de comidas y bebidas.

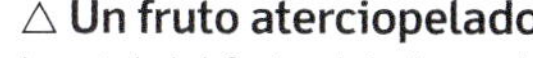

Durante miles de años, las almendras han simbolizado la esperanza, el renacimiento y la buena suerte. Una de las menciones más antiguas en la literatura aparece en el libro de los Números del Antiguo Testamento, donde se menciona que la rama de Aarón florece y produce almendras. También eran populares en el Egipto y la Grecia antiguos, y los romanos las consideraban un fruto seco griego, por lo que la llamaron *nux graeca*.

En realidad, los almendros silvestres son nativos de Oriente Próximo y de Asia occidental, pero su cultivo no tardó en extenderse por el Mediterráneo. Los mercaderes

---

Cada año se llevan a California casi un millón de colmenas para que polinicen los almendros.

---

fenicios los llevaron a Hispania, y en el siglo VIII d.C. ya se cultivaban en el sur de Francia, desde donde llegaron a la península Itálica y al resto de Europa. Las almendras desempeñaron un papel importante en la gastronomía árabe y medieval temprana, y los frailes franciscanos las llevaron a América del Norte en la década de 1700. Ya a principios del siglo XX, la industria de la almendra se consolidaría en California, estado que es por sí solo el mayor productor mundial.

Dulce o amarga

De hecho, las almendras no son frutos secos estrictamente hablando, sino semillas envueltas en una cáscara dura. En la actualidad se cultivan dos variedades: dulce y amarga. Las dulces se suelen comer como frutos secos, y se usan en la gastronomía o para elaborar aceite de almendras. El aceite de las almendras amargas se usa en extractos aromatizantes para comidas y licores, como el *amaretto* italiano. No obstante, este aceite contiene ácido prúsico

◁ **Bonita flor rosada**

Las delicadas flores rosadas del almendro surgen a principios de primavera. Muchos países tienen festivales que coinciden con su floración.

(cianuro de hidrógeno) y hay que calentarlo para que sea comestible.

Las almendras dulces tienen miles de usos. Están disponibles con y sin cáscara, enteras, en láminas o molidas, y se comen crudas, blanqueadas o tostadas y saladas, como aperitivo, además de aparecer en múltiples platos salados (como los tayines y el ajoblanco) y dulces. Son el ingrediente principal del turrón y del mazapán (masa de azúcar y almendra molida fina que, a veces, se liga con huevo), que tienen su origen en Oriente Próximo y que en la Edad Media se hicieron populares en Europa, especialmente en España e Italia.

Pastas, tartas y galletas

La pasta de almendra es un relleno habitual en la repostería de muchas cocinas, desde la *tarte de amêndoa* portuguesa o la tarta de Santiago española hasta la tradicional tarta Bakewell británica. Los pasteles y las galletas de almendra son especialmente populares en España, como por ejemplo el famoso pan de Cádiz, un dulce a base de mazapán relleno de confitura.

△ **Un fruto aterciopelado**

La piel del fruto del almendro es aterciopelada. Al madurar, la pulpa exterior se desprende y revela la cáscara.

Origen
Oriente Próximo, Asia occidental

Principales productores
EE UU, España, Italia

Nutriente principal
15 % de grasa

Aportan
Hierro

Usos no alimentarios
Cosmética

Nombre científico
Prunus dulcis

▽ **A sacudidas**

Una cosechadora especializada agita el almendro para hacer caer las almendras maduras.

Nueces
las bellotas de Júpiter

Se sabe que los humanos neolíticos ya
consumían nueces, que aún son uno
de los frutos secos más populares para
comer solos o cocinados.

En excavaciones arqueológicas realizadas en Aquitania
(Francia) se han hallado cáscaras de nueces fosilizadas
del Neolítico, de hace más de 8000 años. Las inscripciones
en tablillas de arcilla halladas en Mesopotamia también
han revelado que la nuez formaba parte de la dieta de las
civilizaciones antiguas de Oriente Próximo, y sugieren
que se cultivaban en los famosos jardines colgantes de
Babilonia (en el Irak actual) hacia el año 2000 a.C.

Asociación con los dioses de la Antigüedad

Las nueces, recubiertas de una gruesa cascarilla verde
y una cáscara muy rugosa, son los frutos del nogal, un
árbol del género *Juglans*. El más cultivado es el nogal
común, o *Juglans regia*, al parecer originario de Asia

> El nombre afgano de la nuez
> significa «cuatro cerebros»,
> en referencia a su aspecto.

central. El nombre de la especie alude al dios romano
Júpiter (*Jovis*) y a la palabra «bellota» en latín (*glans*), pues
se creía que Júpiter había comido nueces cuando vivió
entre los mortales. En la mitología griega, Carya, una
mortal de la que el dios Dioniso se había enamorado,
se transformó en nogal. Al saberlo, el padre de Carya
ordenó construir en su memoria un templo cuyas
cariátides representaban a las ninfas del nogal.

En la Edad Media se comerciaba con nueces a lo largo
de la Ruta de la Seda, entre Asia y Oriente Próximo. En los

△ **Molienda**
En el sur de Europa se vende nuez molida para elaborar pastas y salsas. En la fotografía, vemos cómo se introducen nueces descascaradas en un molino tradicional.

siglos posteriores, las nueces se extendieron por todo el mundo gracias al comercio marítimo. La nuez llegó a América del Norte de la mano de misioneros españoles que se asentaron en la costa californiana en la década de 1800. Hoy, el estado de California sigue siendo uno de los principales productores de nueces de todo el mundo, aunque China encabeza la lista.

Tentempiés, sopas y salsas

Tanto en Europa como en América, las nueces se consumen sobre todo como tentempié y se usan en tartas y platos dulces, desde el helado al *baklava* turco o las *casadielles* asturianas. También aparecen en platos salados (como la sopa de nueces francesa), salsas para pasta en Italia o platos de carne en Europa del Este y Oriente Próximo. La pasta de nueces es habitual en los platos de los países caucásicos. El aceite de nuez se usaba en la cocina y los aliños tradicionales de Francia, Suiza y el norte de Italia, pero ahora ha perdido popularidad debido a su elevado precio.

△ **Cobertura de cacao**
A principios del siglo xx, una de las golosinas favoritas de los británicos eran las nueces cubiertas de chocolate.

Origen
Asia central

Principales productores
China, Irán, EE UU

Nutriente principal
67 % de hidratos de carbono

Aportan
Hierro, potasio

Nombre científico
Juglans regia

Avellanas
un sabor elegante

El fruto del avellano, que crece en todo el hemisferio norte, es uno de los frutos secos preferidos en todo el mundo.

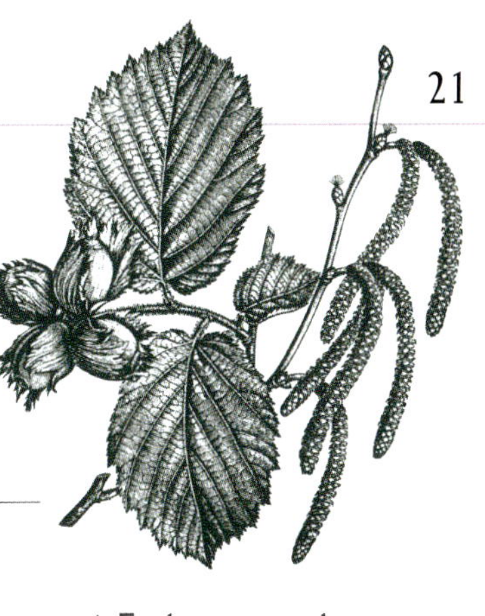

△ **Frutos y amentos**
Las avellanas se forman al ser polinizadas las flores femeninas por el polen de las largas inflorescencias masculinas (o amentos) de otros avellanos.

Este fruto seco fue muy valorado por nuestros antepasados neolíticos: en numerosos yacimientos arqueológicos del norte de Europa se han descubierto cáscaras de avellana, y parece que en otoño sería una fuente de nutrientes fácil para estos primeros pueblos. Crecen en un árbol de copa extendida, hojas aserradas e inflorescencias amarillas que florecen en primavera. Los frutos, del tamaño de uvas, aparecen entre finales de agosto y octubre.

Un alimento clásico

La literatura griega del siglo I a.C. menciona la llegada a Grecia de las avellanas, procedentes de las orillas del sur del mar Negro (la actual Turquía). Plinio el Viejo, historiador romano del siglo I d.C., habla de la recolección de avellanas, pero puede que su cultivo se ralentizara tras la caída del Imperio romano. Sin embargo, a principios del siglo xvii, el cultivo de avellanos se revitalizó en Italia e Inglaterra. En 1629, los primeros colonos de América del Norte empezaron a importar avellanas inglesas, y es probable que empezaran a cultivarlas ellos mismos hacia esa misma época.

Hoy, en muchas partes del mundo se cultivan avellanas a gran escala con fines comerciales. Además de comerse crudas, se usan troceadas o molidas para elaborar salsas (como el *romesco* catalán), pasteles y caramelos. La harina de avellana añade aroma a las tartas y las pastas, y el aceite de avellana aporta sabor a los aliños de ensalada. La crema de chocolate y avellanas se disfruta en todo el mundo.

Origen
Europa, Asia occidental

Principales productores
Turquía, Italia, España

Nutrientes principales
12 % de grasa, 12 % de hidratos de carbono

Aportan
Calcio, hierro

Nombre científico
Corylus avellana

▷ **Cosecha medieval**
Es posible que recolectar avellanas fuera un divertimento para las familias acaudaladas del siglo xiv, como sugiere esta ilustración.

Coquitos de Brasil

el fruto seco de la jungla

Los coquitos de Brasil proceden de la cuenca amazónica y son muy valorados como fuente de selenio nutricional.

Los árboles de coquitos de Brasil, o castaños amazónicos, crecen silvestres en las selvas amazónicas de América del Sur, donde suelen destacar entre sus vecinos: un árbol maduro puede alcanzar hasta 50 m de altura. No se pueden cultivar fuera de la selva, pues sus flores deben polinizarlas abejas nativas y las semillas resultantes (los «coquitos») solo se dispersan gracias a los agutíes, unos roedores que viven en el suelo de la selva.

¡Coquito va!

El fruto del árbol es una vaina de dura y gruesa cáscara similar a la madera, del tamaño aproximado de un coco y que contiene entre 12 y 24 semillas (los coquitos o nueces de Brasil) dispuestas como gajos de naranja, cada una con su propia cubierta leñosa. Escalar estos altos árboles no es fácil, así que sus frutos se deben cosechar tras caer al suelo. En su caída, el fruto puede alcanzar una velocidad de 80 km/h, y, dado que llega a pesar hasta 2,3 kg, supone un riesgo mortal para los cosechadores. Por ello, durante la cosecha, los trabajadores llevan casco, y se suspende su recolección en días ventosos.

◁ **En la cáscara**
El fruto del árbol de coquitos de Brasil posee una cáscara esférica, dura y rugosa que contiene las semillas (o coquitos).

Origen	Cuenca amazónica
Principales productores	Bolivia, Brasil
Nutriente principal	67 % de grasa
Aportan	Selenio, calcio
Usos no alimentarios	Cosmética
Nombre científico	*Bertholletia excelsa*

Los coquitos de Brasil han sido una fuente de nutrientes clave para las tribus amazónicas desde hace miles de años, pero se desconocían en el resto del mundo hasta que los exploradores portugueses y españoles los descubrieron en el siglo XVI. De todos modos, quienes los introdujeron en Europa, en 1633, fueron los comerciantes neerlandeses, y no llegaron a América del Norte hasta el siglo XIX.

Hoy, EE UU es el primer importador de coquitos de Brasil, la mayoría de los cuales proceden de Bolivia (donde se llaman también castañas de Pando), el mayor exportador del mundo. En Brasil, Bolivia y Perú, estos árboles están muy protegidos, y la ley prohíbe su tala.

Duros de pelar

Los coquitos de Brasil se pueden comprar con o sin cáscara, pero resulta muy difícil cascarlos. Se pueden consumir crudos, blanqueados o tostados, para picar. También son un ingrediente importante de la industria confitera. En Brasil, son los protagonistas de la popular tarta de coquitos de Brasil.

Un árbol de coquitos de Brasil maduro puede producir hasta 113 kg de nueces al año.

◁ **Arriba de todo**
El fruto del árbol de coquitos de Brasil crece en las ramas más altas del dosel arbóreo. Es un árbol caducifolio y pierde las hojas en la estación seca.

▷ **Muchas nueces**
Los coquitos de Brasil son un gran negocio y una materia prima importante en Brasil, que exporta unas 42 000 toneladas cada año.

Nueces pacanas
el fruto seco norteamericano

Las nueces pacanas –único fruto seco arbóreo nativo de América del Norte– y el pastel que se hace con ellas están íntimamente relacionados con las celebraciones norteamericanas.

Las nueces pacanas no son frutos secos, sino drupas, como las nueces del nogal. Sin embargo, a diferencia de estas últimas, su cáscara es lisa, y su fruto, aunque de aspecto también arrugado, es de un marrón más oscuro y de un sabor más suave y aceitoso.

El árbol pacano es un nogal nativo del sureste de EE UU y de algunos valles fluviales de México. Los pacanos silvestres fueron una valiosa fuente de alimentación para las tribus indias americanas, que recogían y consumían los frutos en otoño. Las nueces pacanas también se usaban para producir, mediante la fermentación del fruto molido, una leche posiblemente embriagadora llamada *powcohicora*.

Injertos

Puede que los indios americanos ya cultivaran pacanos e intercambiaran sus frutos con los primeros exploradores europeos. Los colonos españoles plantaron pacanos en el norte de México a finales del siglo XVI o principios del XVII, y otros colonos hicieron lo mismo en Long Island a principios de la década de 1770. La industria de nueces pacanas estadounidense ganó impulso, y, en 1805, en Londres se publicaban anuncios que llamaban la atención sobre el cultivo de pacanos. El tamaño, la forma y el sabor de sus nueces presentaban una gran variedad hasta que, a mediados del siglo XIX, un esclavo de Luisiana llamado Antoine descubrió cómo injertar tallos de pacanos silvestres de calidad en los plantones portainjertos. Estas nueces se usan sobre todo en la elaboración de tartas, pasteles y otros dulces.

Origen	América del Norte
Principales productores	EE UU, México
Nutriente principal	72 % de grasa
Aportan	Hierro, zinc, vitamina B_3, vitamina E, vitamina K
Nombre científico	*Carya illinoinensis*

▷ **Tipos de nueces pacanas**
En 1912, el Departamento de Agricultura estadounidense publicó una guía de las principales variedades de nueces pacanas que se cultivaban en el país.

Cacahuetes un fruto subterráneo

Los cacahuetes ya se cultivaban en América del Sur hace más de 7000 años, y desde entonces han conquistado el mundo. En EE UU se los consideró al principio forraje, pero hoy son importantes en su dieta; tentempié universal, son un ingrediente clave en las cocinas africana y asiática.

△ **Cacahuetes tostados**
En EE UU se comen al año unos 7,2 kg de cacahuetes por persona, la mitad en forma de manteca de cacahuete. En Europa se suelen tomar salados como aperitivo.

Las cáscaras de cacahuete encontradas en el yacimiento de Nanchoc (Perú) revelan que los pueblos indígenas los cultivaban y comían ya alrededor de 5600 a.C. La planta, también llamada cacahuete, no crecía de forma natural en esa zona, y se cree que su cultivo debió de empezar en otro lugar, probablemente en Bolivia. Se ha descubierto que el cacahuete cultivado, *Arachis hypogaea*, fue producto, por selección, de dos especies sudamericanas silvestres.

Los cacahuetes (o maníes) no son frutos secos, sino legumbres, y pertenecen a la familia de los guisantes y las judías. Las semillas son muy ricas en aceite, por lo que resulta muy fácil molerlas y transformarlas en una pasta espesa y nutritiva. Es probable que las primeras comunidades que cultivaron la planta fueran también las primeras en tostar los cacahuetes y en elaborar alguna forma de manteca con ellos.

Pasión por los cacahuetes

Varios utensilios de la civilización mochica, que floreció en Perú entre los siglos I y VIII d.C., demuestran que la afición por los cacahuetes viene de largo. Se han hallado artículos de cerámica con forma de cacahuete o decorados con dibujos de la planta, joyas de oro con forma de vaina de cacahuete y ofrendas funerarias consistentes en jarras llenas de cacahuetes. Siglos después, los incas también los cultivaron, y usaban llamas para transportar las cosechas.

Los conquistadores españoles introdujeron en España los cacahuetes a finales del siglo XVI; los neerlandeses los llevaron a las Indias Orientales Neerlandesas, desde donde llegaron a China a través del océano Pacífico. Los portugueses los introdujeron en África e India. Pese la proximidad de América del Sur, se dice que los cacahuetes llegaron a EE UU a principios del siglo XVIII con los esclavos procedentes de África. Los tratantes de esclavos también comerciaban con cacahuetes, porque soportaban bien el transporte y eran baratos y nutritivos.

Al principio, los estadounidenses vieron el cacahuete como alimento de animales y pobres, y no lo cultivaron con fines comerciales hasta la década de 1800, en Virginia. En 1898, el doctor John H. Kellogg (el mismo que, junto

con su hermano Will, ideó los copos de cereales) patentó la manteca de cacahuete, que hoy es un elemento clave de la dieta estadounidense. Impresionados, los adventistas del Séptimo Día de Australia importaron manteca de cacahuete junto con otros de sus saludables alimentos, y popularizaron allí los productos de cacahuete.

Un placer para todos

La maquinaria para plantar y cosechar cacahuetes impulsó la producción estadounidense a principios de la década de 1900, y, cuando el gorgojo del algodón puso en jaque la producción algodonera, muchos agricultores sureños pasaron a cultivar cacahuetes. El entusiasmo del botánico e inventor George Washington Carver, un ardiente defensor del cacahuete, propició la explosión de la industria. En el siglo XX, EE UU fue el primer productor de cacahuetes del mundo después de India y China, además del primer exportador del mundo.

Los cacahuetes enteros y molidos son importantes en múltiples recetas de fideos tailandesas y chinas. También se usan en salsas para carne a la plancha y brochetas de pescado indonesias, en el popular desayuno indio *poha* y en estofados, sopas y dulces de África occidental.

◁ **Tentempié barato**
En la década de 1930, un solo centavo permitía a los estadounidenses disfrutar de un puñado de deliciosos cacahuetes dispensados por esta innovadora máquina.

◁ **Montaña de comida**
En los trópicos, los cacahuetes fueron un gran negocio, y aún lo son. Aquí vemos el traslado de pesados sacos a los pies de una gran montaña de cacahuetes listos para ser exportados.

Origen
América del Sur

Principales productores
China, India, Nigeria

Nutriente principal
39 % de grasa

Aportan
Hierro, vitaminas B y E

Nombre científico
Arachis hypogaea

« No solo de pan vive el hombre. También necesita manteca de cacahuete. »

JAMES A. GARFIELD, PRESIDENTE DE EE UU (1831–1881)

Cacao el alimento de los dioses

A través de su larga y singular historia, las semillas de cacao se han usado como dinero, como medicina y en rituales religiosos. Finalmente se convirtieron en la base de uno de los dulces favoritos de todo el mundo: el chocolate.

Origen
México, América Central y norte de América del Sur

Principales productores
Costa de Marfil, Ghana, Indonesia

Nutriente principal
57 % de hidratos de carbono

Nombre científico
Theobroma cacao

Los mayas y los aztecas de México y América Central creían que el chocolate era un regalo de los dioses, por lo que, en estas civilizaciones, se reservaba para la élite y las ocasiones especiales, cuando se servía al final de los banquetes en cuencos hechos con calabazas. De hecho, era un mal presagio que una persona corriente lo tomara. En ciertos rituales se mezclaba con sangre, también sagrada. El nombre «chocolate» procede del náhuatl *xocolatl*, que significa «agua amarga». Haciéndose eco de esas antiguas creencias, Carlos Linneo, naturalista del siglo XVIII, llamó al árbol del cacao *Theobroma cacao*: *theobroma* significa «alimento de los dioses» en griego.

Las condiciones adecuadas

Los árboles del cacao (o cacaoteros), originarios del México tropical, América Central y el norte de América del Sur, crecen en condiciones húmedas, donde pueden ser polinizados por pequeños mosquitos y están protegidos por la sombra de árboles tropicales más altos. Pierden sus hojas y mueren si la temperatura desciende por debajo de los 15,5 °C. Sus semillas crecen bien cuando se plantan en condiciones ideales, y el árbol empieza a dar frutos a partir del tercer o cuarto año. Es una especie cauliflora, es decir, que sus bayas, o mazorcas, crecen en una disposición poco habitual directamente del tronco y de las

◁ **La diosa del chocolate**
Los mayas veneraban a Ixcacau como protectora contra la hambruna y guardiana de las cosechas.

ramas maduras. Muchos de los primeros ilustradores botánicos desconocían este hecho, y solían dibujar incorrectamente los frutos o bayas del cacao, los cuales representaban colgando del extremo de las ramas, como ocurre en otros frutales más conocidos. Hoy se cultivan tres variedades principales de cacaotero. Aunque alcanzan los 18 m de altura, en las plantaciones se suelen limitar a 6 m, para facilitar la recogida de las bayas, que se cosechan dos veces al año. La variedad Criollo produce bayas de gran calidad, y es muy posible que fueran estas las consumidas por mayas y aztecas. Aunque su sabor es extraordinario, resulta difícil de cultivar, es susceptible a muchas enfermedades y produce menos semillas que otras variedades. La variedad Forastero, más fiable, es la más cultivada con fines comerciales: supone el 80 % de la producción. La variedad Trinitario es un híbrido natural que surgió cuando una tormenta en Trinidad arrasó casi todos los cacaoteros Criollos de la región. Se plantaron Forasteros, y así surgieron híbridos naturales que combinaban las mejores características de cada variedad. Este árbol no puede dispersar las semillas por sí mismo y necesita de la intervención humana o de otros agentes.

▷ **Escanciado**
En México y América Central, tradicionalmente la bebida de cacao se escanciaba a gran altura de un recipiente a otro, lo que producía una espuma en la superficie.

▷ **Preparación**
En esta ilustración de un artista del siglo XVII, varios indígenas preparan y sirven una bebida de cacao.

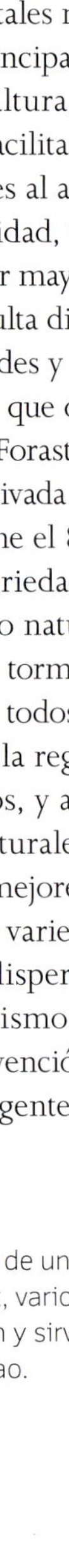

Cacao a la antigua

Los arqueólogos han encontrado trazas de cacao en recipientes de más de mil años de antigüedad en Honduras. No obstante, es imposible determinar si se trata de los restos de las amargas semillas de cacao o de la pulpa dulce que las envuelve en la baya. La pulpa se fermentaba y se convertía en una bebida alcohólica, pero las semillas necesitaban pasar por varios procesos para resultar agradables al paladar: se dejaban fermentar varios días, durante los que la pulpa que las envolvía se volvía líquida y se dejaba escurrir. Entonces se secaban durante una o dos semanas, y luego se tostaban durante un par de horas. El proceso final era el cribado, para retirar la cáscara antes de la molienda.

El chocolate que bebían los mayas y los aztecas era muy distinto al que se consume ahora en todo el mundo: acostumbraban a servirlo frío y, en ocasiones, se tomaba como una papilla mezclado con chiles, miel, vainilla y varias flores. Se cree que los mayas lo tomaban caliente, y los aztecas, frío; pero siempre lo servían escanciándolo de un recipiente a otro, para producir espuma.

> El suizo medio consume 9 kg de chocolate al año, la mayor cantidad per cápita del mundo.

La difusión del chocolate por el resto del mundo empezó con la conquista española de las Américas. En su cuarto viaje, en 1502, Cristóbal Colón se encontró por casualidad con una gran canoa comercial maya procedente de la península de Yucatán, y la capturó. Al inspeccionar la carga, encontró únicamente ropa, alimentos y semillas de cacao, que no reconoció. Las describió como «unas almendras que, en Nueva España [México], se usan como moneda». Colón buscaba oro, así que quedó decepcionado. No se sabe con certeza cuándo llegó el chocolate a España por primera vez. Una historia afirma que fue en 1544, cuando unos frailes dominicos que habían pasado un tiempo en

◁ **Un producto exótico**
Epp's Cocoa fue la principal marca británica de cacao en polvo en el siglo XIX. Este anuncio muestra con claridad las hojas, las mazorcas y las semillas.

◁ Chocolate para llevar
Un vendedor callejero del París del siglo XIX vende chocolate caliente del termo que lleva cargado a la espalda.

En 1773 ya se había descubierto que el chocolate era muy útil a la hora de ocultar el sabor del veneno, y se cree que el papa Clemente XIV murió así. Su repostero, que era inocente, le preparó chocolate, y el papa comentó que estaba más amargo de lo normal. Sorprendentemente, ambos lo bebieron y murieron poco después.

Se atribuyeron al chocolate múltiples virtudes, entre ellas la de cura para todas las enfermedades y la de afrodisíaco. Hay referencias que afirman que el chocolate tenía los mismos efectos que las setas alucinógenas.

△ Envasado de lujo
El cacao fue un artículo de lujo en Europa durante todo el siglo XIX, como manifiesta el fastuoso diseño de esta marca alemana.

> «La superioridad del chocolate […] pronto le dará […] preferencia sobre el té y el café en América.»

THOMAS JEFFERSON, PRESIDENTE DE EE UU, EN 1785

Guatemala trajeron consigo a una delegación de nobles mayas para que conocieran al príncipe Felipe de España. Le entregaron múltiples regalos, ente los que había recipientes con chocolate batido. Es muy posible que esta fuera la primera vez que el chocolate aparecía en Europa, pero no hay ningún registro del eco que pudo tener. Hubo que esperar a 1585 para que un cargamento entero de semillas de cacao llegara a Sevilla. La bebida fue muy bien recibida por la nobleza española, para la que se preparaba de un modo distinto al tradicional, evitando especias potentes como el chile en favor de condimentos más suaves, como azúcar de caña, canela o miel.

Peligrosamente embriagador

Hay varias teorías acerca de la llegada del chocolate a Francia. La más popular es que fue un regalo de la familia real española a la corte francesa a raíz de los dos matrimonios entre las dinastías española y francesa habidos en 1615; pero no hay pruebas que lo corroboren. Otra teoría propone que un cardenal francés lo recibió como medicamento de mano de unos monjes españoles para «moderar los humores del bazo». Se cree que el chocolate ya había llegado a Inglaterra en 1657. El anuncio de un periódico londinense decía así: «Chocolate, la excelente bebida de las Indias Occidentales, vendido por un francés en Queen's Head Alley, en Bishopsgate Street». Samuel Pepys, el célebre diarista británico de la época, explicaba que había bebido con un amigo «chocolate preparado para el desayuno», y añadía: «Al mediodía salí con el comisionado Pett y fuimos a una cafetería a tomar chocolate. ¡Excelente!».

Bernardo de Sahagún, un fraile franciscano y cronista español, escribió: «Este cacao, cuando mucho se bebe […], embriaga […], marea […], confunde […], nausea y perturba». Esto ha intrigado a los académicos, que han especulado con que el chocolate que le sirvieron al fraile pudiera estar mezclado con alcohol u otras sustancias.

Sólido y dulce

En la actualidad, la mayor parte del chocolate que se consume está edulcorado y se prepara con una mezcla de cacao en polvo, manteca de cacao (o aceite vegetal) y azúcar. Se suele consumir en forma de barras sólidas, en ocasiones con sabores o rellenos adicionales, o como cobertura de dulces. Es un ingrediente popular en tartas, postres y helados. También se emplea en platos salados, especialmente en el mole mexicano, que también incluye chiles, especias y frutos secos y se sirve con pavo, pollo y otras carnes en ocasiones festivas.

▷ Ahorro de esfuerzo
A finales del siglo XIX, la elaboración de chocolate se empezó a mecanizar, y se desarrollaron máquinas como este molino para reducir el esfuerzo necesario para moler las semillas.

Alimentos para expedicionarios

Desde el siglo XVI, lograr que las tripulaciones de los barcos se mantuvieran sanas era todo un reto. La carne, los productos lácteos frescos, la fruta y la verdura se estropeaban con rapidez. La excepción eran las frutas secas, como las uvas pasas. La desnutrición era un problema colosal, y se cree que el escorbuto, consecuencia del déficit de vitamina C, mató a unos dos millones de marineros entre 1500 y 1800.

La situación era algo menos complicada para los exploradores terrestres. Cuando Meriwether Lewis y William Clark emprendieron su viaje a través de EE UU en 1804, recurrieron a la caza para complementar sus reservas de alimentos secos. Estos consistían en sal, harina, café, tocino, carne seca, maíz, azúcar, judías, manteca de cerdo y lo que llamaban «sopa portátil», una especie de extracto sólido de carne, deshidratado y desgrasado, antecesor de los famosos cubitos de caldo. Sabía mal, pero los salvó de la inanición en varias ocasiones.

La malograda expedición del capitán Robert Scott en 1912 rumbo al Polo Sur no tuvo tanta suerte. Cobijados en una cabaña en el cabo Evans, él y el resto de la expedición comieron bien, pero la historia cambió tras alejarse del refugio. Los tractores que debían arrastrar los trineos se estropearon, y los ponis murieron. En su empeño por llegar al polo, Scott y sus hombres tuvieron que tirar de los trineos. Como alimento, tenían básicamente *pemmican* (carne seca molida y mezclada con bayas desecadas y grasas), que hervían para preparar *hoosh*, una especie de guiso. Por lo demás, su dieta consistía en mantequilla, galletas, queso, azúcar y cacao. Los nutricionistas modernos creen que las raciones eran deficitarias en grasas y vitaminas. En el mejor de los casos, Scott y sus hombres ingerían unas 4500 calorías al día, lejos de las 6000 o 7000 que necesitaban. Murieron de hambre durante el viaje de vuelta.

◁ **Una dieta deficitaria**
El conductor de trineos ruso Dimitri Geroff (izda.) y el adiestrador de perros Cecil Meares cocinan provisiones en 1902, durante la expedición Discovery del capitán Scott.

Solo pueden exportarse las
semillas del anacardo, porque
las jugosas manzanas, aunque
son deliciosas, se dañan con
demasiada facilidad.

Anacardos

un fruto seco irritante

Exploradores portugueses descubrieron los anacardos en Brasil, pero creyeron que no eran comestibles. Sin embargo, tras aprender a extraer las semillas, las adoptaron como tentempié. Desde entonces se consumen en toda Europa y otros muchos sitios.

Origen
Brasil

Principales productores
Costa de Marfil, Vietnam

Nutriente principal
47 % de grasa

Aportan
Hierro

Nombre científico
Anacardium occidentale

El fruto del anacardo es inusual, porque tiene dos partes muy diferenciadas: la manzana cajú, con pulpa, oval y de fragancia dulce, y la semilla, envuelta en una cáscara doble y dura que cuelga de la manzana. Su cáscara, difícil de romper, contiene cardol y ácido anacárdico, dos sustancias químicas muy irritantes. El pueblo tupí, nativo de Brasil, descubrió que secar y tostar las cáscaras hacía más fácil extraer la semilla. Los portugueses aprendieron la técnica; además, con la pulpa de la manzana cajú elaboraban vino.

Tentempiés y salsas

Los portugueses llevaron los anacardos a Goa (India) hacia el año 1560. Los árboles medraron, y los indios pronto empezaron a usar sus semillas como alimento y con fines medicinales. Las consumían enteras, las molían y convertían en una pasta que servían como base de una salsa de curri, o las añadían, molidas, a postres. Su popularidad se extendió rápidamente al Sureste Asiático, y se descubrió que el árbol también crecía bien en África, donde sus nutritivas semillas se convirtieron en un ingrediente esencial de la cocina local. En EE UU no fueron populares hasta la década de 1920, pero, en 1941, el país ya importaba unas 20 000 toneladas anuales (no de la nativa América del Sur, sino de India). Hoy, el sabor suave de los anacardos se disfruta en todo el mundo, aunque son caros. A veces, las manzanas se comen crudas o en mermelada o confitura.

▷ **Manipular con cuidado**
Una campesina india separa a mano la semilla de la manzana del anacardo. La extracción de la cáscara exige protegerse de las irritantes sustancias químicas que libera.

Castañas dulces y almidonadas

Durante miles de años, las castañas fueron una gran fuente de hidratos de carbono, ya fueran secas o en forma de harina. Hoy, en invierno, se disfrutan tostadas, o bien escarchadas, como un dulce exquisito.

Dedicadas a Zeus, el rey del Olimpo, las dulces castañas llegaron a Grecia desde Sardes (ahora Sart, en Turquía). Protegidas por una cascarilla con espinas, las castañas son las semillas de un árbol grande y resistente (*Castanea sativa*), y no hay que confundirlas con el fruto no comestible del castaño de Indias, o falso castaño, del género *Aesculus*. Los griegos y los romanos almacenaban las castañas en recipientes de cerámica y las conservaban en miel silvestre para darles un delicado sabor dulce.

△ **Fáciles de pelar**
Las castañas tienen una cáscara externa blanda que se pela con facilidad y una piel interna vellosa.

Una fuente vital de almidón
En la Edad Media se cultivaban castaños en todo el territorio europeo, sobre todo en regiones montañosas o boscosas donde no se podía cultivar trigo para elaborar harina. Antes de la llegada del maíz y las patatas de América en el siglo XVI, las castañas, que contienen menos grasas pero más hidratos de carbono que otros frutos secos, eran una de las principales fuentes de almidón para los europeos, que las secaban y molían para obtener harina con la que hacer pan, pasta, sopa y papillas. En Italia se usaban para preparar polenta. En América del Norte, los indios americanos usaban las semillas del gigantesco castaño americano (*C. dentata*) con fines medicinales y para obtener harina, mucho antes de que las castañas se convirtieran en un bocado popular en invierno, asadas sobre las brasas.

En Asia crecen varias especies de castaño, y allí se cultivan desde hace miles de años. El primer registro escrito acerca de las castañas como alimento en China se remonta a la dinastía Zhou (1046–256 a.C.). En Japón, las castañas confitadas con puré de boniato son un plato popular en Año Nuevo.

▷ **Castañas calientes**
El grito de «¡castañas calientes!» resonaba en Londres en invierno, cuando los vendedores ambulantes las asaban en un brasero.

De moda
El dulce de castaña más caro es la castaña glaseada francesa, o *marron glacé*, que se prepara desde hace al menos 400 años. Otros ejemplos de dulces de castaña son la tarta Nesselrode (una de las favoritas en la era victoriana, de origen austriaco y preparada con puré de castañas, nata líquida y licor marrasquino) y la *crème de marrons de l'Ardèche*, una crema para untar ideada por el francés Clément Faugier en 1885. Italianos y austriacos siguen usando harina de castaña para hornear. Recientemente se ha puesto de moda el uso de castañas en rellenos salados, sopas y purés.

△ **¿Cuántas?**
Las espinosas cascarillas suelen contener entre dos y cuatro semillas, pero algunas variedades de castaño, como el Marron de Lyon, tienen solo una, de gran tamaño.

Origen
Europa, Turquía

Principales productores
Italia

Nutriente principal
44 % de hidratos de carbono

Aportan
Vitamina B$_6$, vitamina C

Usos no alimentarios
Madera (del árbol)

Nombre científico
Castanea sativa

> «Las castañas son [...] un alimento sensual y masculino para los rústicos.»

Piñones

el afrodisíaco de la Antigüedad

En Europa, Asia y América del Norte se consumen semillas de pino
desde la Edad de Piedra. Son pequeñas y fáciles de transportar,
por lo que los soldados romanos las llevaban consigo a las batallas.

Los piñones fueron un aperitivo popular en la Grecia
y la Roma antiguas, y Plinio el Viejo, escritor romano
del siglo I, mencionó que se conservaban en miel. Se
les atribuían también poderes afrodisíacos, y Galeno,
médico griego del siglo II, recomendaba consumirlos
con miel y almendras durante tres noches consecutivas
para mejorar el rendimiento en la cama.

Un alimento del norte

Los pinos forman parte habitual del paisaje del
hemisferio norte, pero sus semillas comestibles,
los piñones, se recogen solo de dieciocho de las
más de cien especies que existen. Las principales
son el pino piñonero mediterráneo, el pino coreano,
el pino monoaguja de América del Norte y el pino
de Colorado. Los piñones crecen entre las escamas
de las piñas, cuya maduración puede tardar hasta

▷ **Pino piñonero**
El pino piñonero mediterráneo es una de las
pocas especies que se cultivan por los piñones.

tres años. Las piñas verdes se secan al sol
hasta que se abren y, entonces, se extraen
los piñones, con frecuencia manualmente.

Los piñones tienen infinitos usos en la cocina,
por ejemplo en el pesto, una salsa italiana preparada
con piñones, ajo, albahaca, aceite de oliva y queso
parmesano, así como en la conocida galleta italiana
biscotti ai pinoli. Los piñones también aparecen en otros
platos mediterráneos y de Oriente Próximo, como el
baklava, una pasta dulce turca. En Túnez, a veces se
añaden al té. Tostados ligeramente para sacar todo
su sabor, también se añaden a rellenos salados o
dulces y a ensaladas, para añadir un toque crujiente.

PIÑÓN DE PINO COREANO

Origen
Asia oriental

Principales productores
China, Rusia, Pakistán

Nutriente principal
20 % de grasa

Aporta
Hierro

Nombre científico
Pinus koraiensis

Pistachos un fruto seco sonriente

Pertenecientes a la familia de los anacardos, los pistachos son los apreciados frutos verdes de un árbol pequeño. Su característico color verde y su dulce sabor los han hecho famosos como sabor de helado más allá de su Turquía nativa.

Origen
Oriente Próximo
y Asia central

Principales productores
Irán, EE UU, Turquía

Nutriente principal
45 % de grasa

Nombre científico
Pistacia vera

Las ruinas de Göbekli Tepe, yacimiento de 12 000 años de antigüedad en la cima de una colina en Anatolia (en la actual Turquía), revelaron que las personas que vivían (o rezaban) allí comían pistachos. Se dice que los pistacheros, o alfóncigos, también adornaron los jardines colgantes de Babilonia (en el Irak actual) 8000 años después.

El alfóncigo es nativo de Oriente Próximo y Asia central, y sus drupas contienen frutos escamosos de color rojizo y parecidos a las olivas. Dentro del hueso del fruto se halla el piñón, que suele ser de color verde.

> Los pistachos son uno de los dos únicos frutos secos que menciona la Biblia.

El piñón está protegido por una cáscara delgada y de color marfil que se abre por un extremo cuando madura (por eso en Irán se conocen los pistachos como «nueces sonrientes»). Los pistachos eran muy apreciados como comida por los mercaderes que recorrían la Ruta de la Seda entre China y Occidente, y se cree que llegaron a Italia, desde Siria, en el siglo I a.C.

Teñidos de rojo
Los pistachos llegaron a mediados del siglo XIX a California, donde se convirtieron en un producto habitual de las máquinas expendedoras. Las cáscaras se teñían de rojo para disimular las imperfecciones y distinguirlos de otros frutos secos. El cultivo a gran escala en California no empezó hasta la década de 1970. Hoy, EE UU es uno de los principales productores, junto con Irán y Turquía.

Los pistachos son un ingrediente habitual en las pastas dulces de Oriente Próximo y en platos salados como los *pilafs*. También son un tentempié popular en todo el mundo, además de un ingrediente importante en los helados. En India, el *barfi* (un dulce) y el *kulfi* (helado) de pistacho son los preferidos de los golosos.

△ **La cáscara sonriente**
Los frutos del alfóncigo crecen en racimos alrededor de las ramas de hojas verdes. Las cáscaras se abren solas cuando el «fruto» (el pistacho) está maduro.

Pipas de girasol

un alimento básico transformado en tentempié

Tradicionalmente, las pipas de girasol eran una fuente de alimentación natural y nutritiva para los indios norteamericanos, y siguen siendo uno de los alimentos más saludables.

No sabemos con seguridad cuándo se empezaron a cosechar las pipas de girasol. Hay fuentes que afirman que las primeras tribus indias norteamericanas las cultivaban hacia 3000 a.C. Otros creen que el girasol se domesticó mucho antes. Sea como fuere, lo que sí sabemos es que en 2000 a.C., además de cultivar girasoles de forma generalizada, esos primeros agricultores sabían cómo conseguir que produjeran pipas más grandes.

Comida para llevar

Los indios norteamericanos secaban las pipas y las molían para obtener una especie de harina. También era habitual cascarlas y consumirlas como tentempié. Las bolas de pipas, que se elaboraban

Origen	América del Norte
Principales productores	Ucrania, Rusia, Argentina
Nutriente principal	50 % de grasa
Aportan	Calcio
Nombre científico	*Helianthus annuus*

> «Ah, girasol, hastiado del tiempo contaste las pisadas del sol.»

WILLIAM BLAKE, POETA INGLÉS (1757–1827)

con la harina, también sustentaban a los hambrientos guerreros cuando cazaban lejos de casa.

Los españoles trajeron las pipas de girasol a Europa a principios de la década de 1500, pero fue Rusia el país que se lanzó a cultivar girasoles en el siglo XVIII. En 1891, el escritor estadounidense Thomas Stanley escribió que «todos picotean pipas de girasol en cualquier lugar». Las pipas de girasol tienen un sabor agradable y ligeramente dulce, y hoy son populares en todo el mundo como tentempié o añadidas al pan, las galletas y otros productos horneados.

△ **A rayas**
La cáscara de las pipas recién cosechadas es blanca con rayas longitudinales negras. Cada girasol puede producir unas 2000 pipas.

▷ **Recolección de las semillas**
Una pequeña productora de Worcestershire (Reino Unido) saca las pipas de las cabezas de los girasoles en 1946. Hoy, esta tarea se ha mecanizado.

Pipas de calabaza

diminutas bombas de nutrientes

Las pipas de calabaza, muy accesibles y con poderosas propiedades medicinales, ya eran un alimento valioso para las civilizaciones antiguas de México y Mesoamérica en 7000 a.C.

Origen
México, América Central

Principales productores
China, India, Rusia

Nutriente principal
47 % de hidratos de carbono

Aportan
Hierro, magnesio, zinc

Nombre científico
Cucurbita pepo

Las pipas de calabaza son especialmente populares en México, donde se consumen tostadas, fritas o saladas, y es posible que su larga historia se remonte a mucho antes de la era azteca. Las excavaciones arqueológicas en tumbas de la región central del país han revelado semillas de calabaza que datan de hacia 7000 a.C. También sabemos que en la región se cultivaban calabazas entre 1000 y 2000 años después. Se han hallado más evidencias de semillas de calabaza en yacimientos arqueológicos de América Central y del Sur y en el suroeste y el este de América del Norte.

Pulpa amarga

Se cree que las semillas eran la única parte de la calabaza que comían los pueblos antiguos, porque la pulpa de la mayoría de las calabazas silvestres es demasiado amarga. No obstante, cuando aparecieron las civilizaciones maya y azteca ya se cultivaban variedades comestibles de calabaza. A los aztecas les gustaban mucho las pipas de calabaza, que consumían crudas o tostadas como tentempié. También las utilizaban para hacer pipián, una salsa a base de semillas, especias y chiles.

Incluso formaban parte de algunos festivales aztecas. Durante el Quecholli, el festival en honor a Mixcóatl, uno de los cuatro creadores del mundo, jóvenes sacerdotisas lanzaban puñados de pipas de girasol y mazorcas de maíz pintadas de colores a los espectadores.

△ **Un tesoro escondido**
Las pipas de calabaza se forman en el centro del interior de la calabaza, y suelen estar unidas a filamentos fibrosos.

Dos cucharadas de pipas de calabaza contienen 74 mg de magnesio, una cuarta parte de la cantidad diaria recomendada.

Ahora sabemos que las pipas de girasol son muy nutritivas y que contienen cantidades significativas de magnesio, hierro y zinc, además de abundantes ácidos grasos saludables. Se procesan y se transforman en harina que se añade a productos horneados, y también se consumen tostadas como tentempié.

▽ **Sin cáscara**
Las pipas de las calabazas cultivadas por sus semillas tienen una cáscara dulce y translúcida que no hace falta retirar para consumirlas o procesarlas.

Origen
África

Principales productores
Brasil, Vietnam,
Colombia

Usos no alimentarios
Estimulante (cafeína)

Nombre científico
Coffea arabica,
Coffea canephora

Café la bebida estimulante

Nadie sabe con certeza cómo o cuándo se descubrió el café, aunque abundan las leyendas al respecto. Las dos especies principales son la arábica y la robusta, y el sabor de la primera es más suave e intenso que el de la segunda.

El café debe sus propiedades estimulantes a la elevada cantidad de cafeína que contiene, lo que probablemente explique los repetidos intentos de prohibir su consumo a lo largo de su dilatada historia. En 1675, Carlos II de Inglaterra no solo ordenó la clausura de las cafeterías, sino que prohibió la venta de «café, chocolate, sorbetes y té». No obstante, la prohibición nunca se llegó a hacer efectiva, porque la presión popular obligó al monarca a revocarla dos días antes de su entrada en vigor.

◁ **Molinillo manual**
Este gran molinillo de café, de principios del siglo xx, se usaría en las tiendas, más que en las cocinas domésticas corrientes.

Cuando Al-Razi escribió sobre el café, este ya se cultivaba en Yemen, a partir de plantas que los mercaderes árabes habían traído de Etiopía. Las plantaciones de café en las montañas del extremo suroeste de Arabia se hicieron famosas en todo el mundo musulmán, y esa variedad de café vino a conocerse como «arábica». El café llegó a Turquía en 1555, de manos de Özdemir Pasha, el gobernador otomano de Yemen, que trajo consigo sacos de semillas a su regreso a Estambul. Los turcos idearon una manera novedosa de preparar café: tostaban los granos y luego los molían hasta conseguir un polvo fino que luego se mezclaba con agua caliente como infusión.

El café es la bebida más popular del mundo: se consumen unos 2000 millones de tazas diarias.

Unos comienzos misteriosos

El registro más antiguo conocido del café se halla en los escritos de Ibn Al-Razi, un médico persa del siglo ix. Describió una bebida llamada *bunchum*, que consistía en la infusión de un fruto llamado *bunn*, el nombre etíope de la baya de café. No obstante, una leyenda sostiene que el mérito del hallazgo es de Kaldi, joven cabrero etíope, quien se dio cuenta de que, cuando sus cabras comían las bayas rojas y las hojas brillantes de un peculiar arbusto, adquirían tanta energía que luego no querían dormir por la noche. Hay fuentes que afirman que Kaldi llevó algunas de esas hojas y bayas a un monasterio local y se las regaló al abad, que preparó una bebida con ellas y descubrió que lo ayudaban a mantenerse despierto durante la prolongada oración vespertina.

Fin del monopolio

En el siglo xvii, el café ya se había extendido por Europa y América del Norte, aunque lo que llevó a los norteamericanos a convertirse en ávidos consumidores de café fue el detestado impuesto sobre el té de 1773. La demanda aumentaba, y los proveedores de café arábica estaban decididos a proteger su monopolio, así que, a fin de garantizar que no se pudieran hacer germinar los granos para crear cosechas rivales, los secaban o los hervían antes de exportarlos.

No obstante, neerlandeses, franceses y portugueses no tardaron en superar el escollo: obtuvieron ilegalmente plantas de café de distintos orígenes y las transportaron a sus colonias respectivas en el Sureste Asiático, el Caribe y Brasil. Hoy día, la mayoría del café que se produce en Vietnam es de la variedad «robusta», originaria de África central y occidental.

△ **Cargamento brasileño**
En la década de 1830, el café era la principal exportación de Brasil. Una década después, dicho país ya era el primer productor mundial, posición que mantiene en la actualidad.

▷ **Una cafetería otomana**
Tras su introducción en el Imperio otomano en el siglo xvi, el café se convirtió rápidamente en una de las bebidas favoritas en la corte de Solimán el Magnífico, que instauró incluso el cargo de «cafetero jefe».

Cosecha de semillas
Estas agricultoras de Myanmar, uno de los principales productores de sésamo, recogen y secan la cosecha.

Semillas de sésamo
un alimento afortunado

Muchas de las primeras civilizaciones conocidas utilizaban ya estas diminutas semillas y el aceite que se obtiene de ellas.

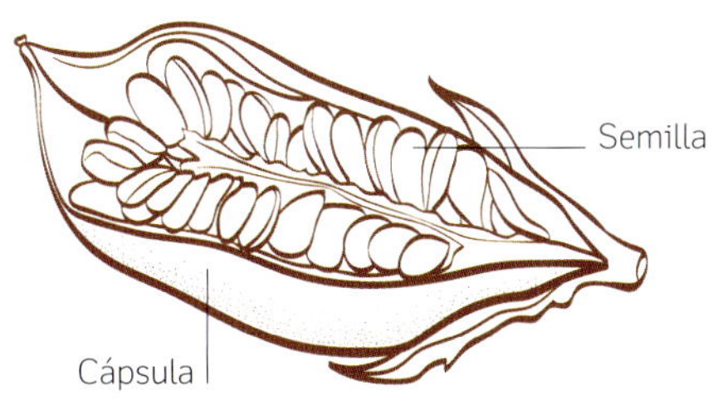

△ **Ábrete, sésamo**
Las cápsulas se abren solas cuando están maduras, por lo que la recolección de las semillas es compleja y laboriosa.

La planta del sésamo se diseminó ampliamente hace miles de años, mucho antes de que hubiera registros escritos, pero es probable que la domesticaran en África y desde allí la llevaran a India. Se han hallado trazas de semillas de hace más de 4000 años en el valle del Indo, en el actual Pakistán.

Las plantas de sésamo son robustas y resistentes a la sequía. Alcanzan hasta uno o dos metros de altura, y las cápsulas que crecen a lo largo del tallo contienen semillas de color blanco cremoso, amarillo, marrón o negro.

Las semillas de la juventud y la belleza
Se cree que los babilonios del II milenio a.C. hacían tartas con las semillas y usaban aceite de sésamo para cocinar y como base para perfumes; también se dice que las babilonias utilizaban el aceite para mantenerse jóvenes y bellas. Las semillas de sésamo ya se conocían en Egipto en 1500 a.C.: una pintura mural de este

> Los chinos quemaban aceite de sésamo negro para hacer los bloques de tinta para escribir y pintar.

periodo muestra a un panadero poniendo lo que parecen semillas de sésamo en masa de pan, y en la tumba de Tutankamón se encontraron semillas que parecen de sésamo. Se dice que los egipcios antiguos recetaban el aceite de sésamo como medicina, y lo usaban en las ceremonias celebradas en los templos.

En la antigua Roma, las semillas de sésamo se tostaban y se mezclaban con higos machacados, y también se usaban para hacer una especie de pasta para untar en el pan. En el siglo II d.C., el escritor griego Ateneo de Náucratis escribió sobre unas pastas sicilianas de miel y sésamo. Las semillas también aparecen en una colección de recetas del siglo IV o V atribuidas a Marco Gavio Apicio, gastrónomo romano del siglo I d.C. Hay muchas leyendas asociadas a ellas. Hace unos 3000 años, los asirios creían que sus dioses bebieron vino de sésamo antes de crear la Tierra, y hoy los brahmanes hindús del sur de Asia consideran sus semillas un signo de buena suerte y de inmortalidad. También se las asocia con la generosidad, y en Pakistán se dice de las personas poco generosas que no tienen aceite en su semilla.

A la conquista de Oriente y Occidente
Las semillas de sésamo se extendieron hacia el este a lo largo de la Ruta de la Seda hasta llegar a China, donde parece que el aceite de sésamo se usó ya en el siglo II a.C., y donde hoy las semillas se usan en varios platos. La tostada de sésamo, que se prepara con una mezcla de sésamo y gambas, es hoy uno de los aperitivos preferidos en los restaurantes chinos. El sésamo también se cultivaba más al sur. En África occidental, el sésamo se conocía como *benne*, o *benni*. Es el mismo nombre que se usa en el sur de EE UU, adonde se cree que las semillas llegaron con los tratantes de esclavos.

Hoy, las semillas de sésamo se usan a menudo en los productos horneados en Occidente. En Oriente Próximo, el Cáucaso y el norte de África, las aplastan para preparar salsa *tahini*, ingrediente del *hummus*. Destaca también su uso como aceite aromático, empleado en frituras y aliños en Asia. En el sur de India lo usan en lugar de *ghee* (mantequilla clarificada) para cocinar.

Origen
Sur de Asia o África

Principales productores
China, India, Myanmar

Nutriente principal
50 % de grasa

Aportan
Calcio, hierro, zinc

Nombre científico
Sesamum indicum

▷ **Amante del sol**
A la planta del sésamo, de hojas puntiagudas y flores tubulares pálidas, le gusta el calor. Cada cápsula puede contener unas cien semillas de hasta 4 mm de longitud.

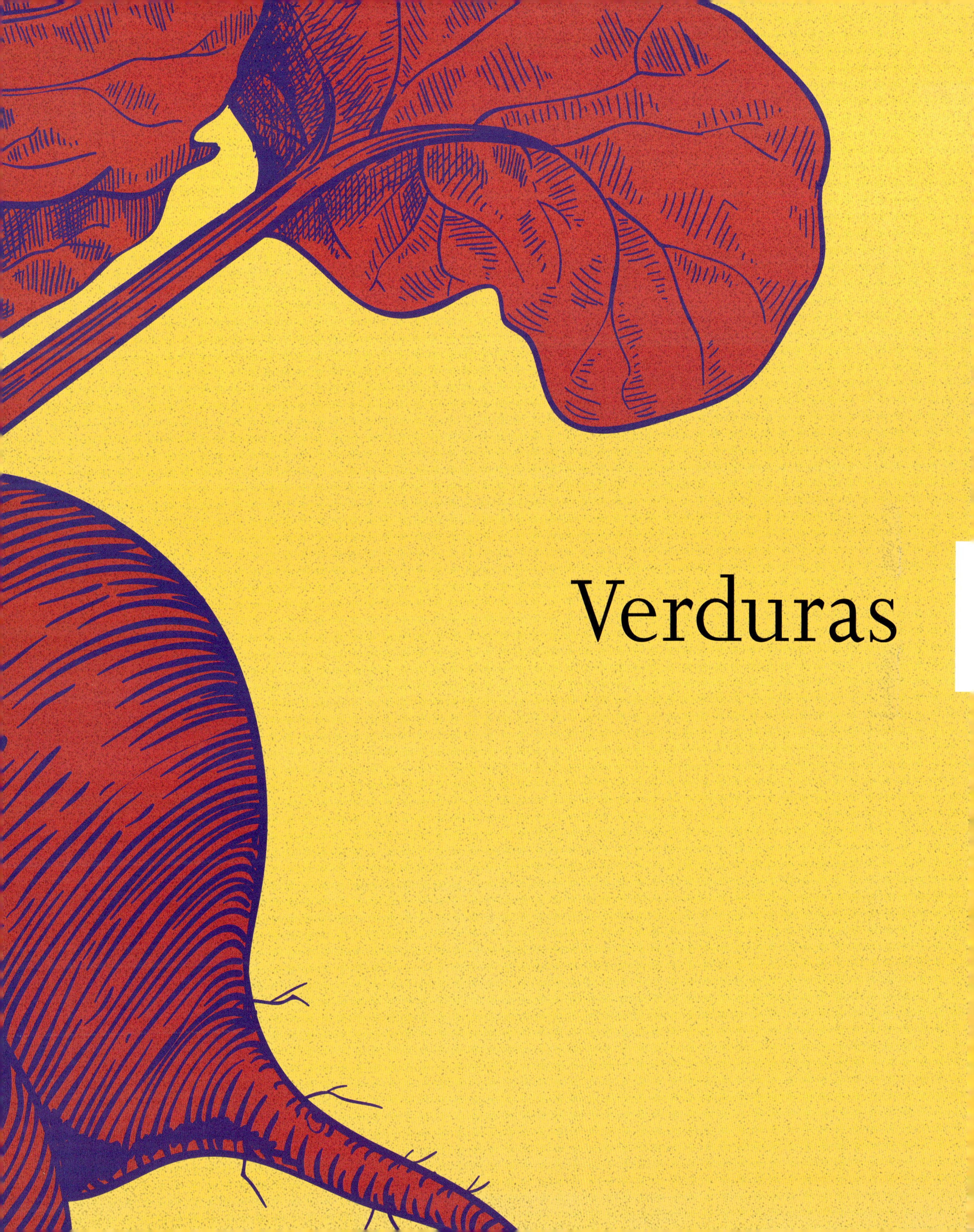
Verduras

Verduras

Aunque los humanos del Paleolítico recolectaban verduras y las incluían en su dieta de subsistencia, estas no se parecían a las variedades domésticas que conocemos en la actualidad: la mayoría eran pequeñas y amargas. Las zanahorias eran escuchimizadas; el maíz era una hierba desgreñada con diminutos racimos de granos envueltos en una cáscara dura como una roca; y había que tostar y pelar los guisantes antes de que fueran ni remotamente comestibles. Además, muchas verduras eran tóxicas, por lo que comerlas era arriesgado: por ejemplo, algunas judías contenían cianuro natural.

La dieta rica en vegetales de nuestros antepasados

Son pocos los restos vegetales paleolíticos que han llegado hasta nuestros días. No obstante, en 2016, las excavaciones en un yacimiento de la Edad de Piedra junto al lago de Jule, al oeste del río Jordán, en Israel, revelaron más de 9000 tipos de plantas comestibles. El examen de estos restos de plantas fosilizadas ha permitido determinar que hace casi 800 000 años los habitantes de esa zona consumían uvas, moras, higos, apio, semillas de hierbas, llantén menor, juncos y cañas. Más tarde, hace 10 000 años, se inició la larga transición desde esta alimentación de subsistencia del Paleolítico al estilo de vida más asentado del Neolítico. El cambio fue posible gracias a la agricultura, que, a su vez, fue posible, en parte, porque los humanos aprendieron a hacer herramientas más precisas.

El principio del cultivo

Las verduras que conocemos hoy empezaron a aparecer a partir de entonces. Es probable que la agricultura comenzara con el cultivo de verduras silvestres: en vez de tener que buscarlas donde crecieran y almacenarlas para consumirlas más adelante, la gente empezó a plantar las semillas cerca de donde vivía. Con el tiempo, los cultivadores aprendieron a crear versiones nuevas y mejoradas de sus cultivos. Es probable que primero observaran mutaciones genéticas naturales (por ejemplo, un tomate más grande de lo habitual o una planta que producía más frutos que otras) y que guardaran las semillas de los ejemplares excepcionales para plantarlas en la siguiente temporada.

▽ **Los primeros agricultores**
En el Neolítico, que empezó hacia el año 10 000 a.C., los humanos se asentaron y empezaron a cultivar plantas usando arados sencillos tirados por bueyes.

△ **Un modo de vida… y de muerte**
En 1200 a.C., los egipcios dependían de la agricultura. Este fresco de una tumba de Deir el-Medina muestra al artesano Sennejdem arando en la otra vida.

▷ **Sembrador pionero**
El botánico Luther Burbank, que creó cientos de nuevas variedades de plantas, inició su carrera plantando las semillas de una patata en su propio jardín.

De generación en generación, las comunidades agrícolas fueron experimentando con distintas variedades de verduras a fin de alterar y mejorar sus características. El proceso de transformar plantas silvestres en las verduras cultivadas que conocemos en la actualidad requirió cientos (y en algunos casos miles) de años. Así, las mazorcas de maíz son ahora mil veces más grandes de lo que eran en el Neolítico, y la cantidad de azúcares naturales que contienen sextuplica la original. El sabor era, precisamente, una de las características principales de las verduras cultivadas. Las verduras silvestres nos parecerían ahora muy amargas: las versiones cultivadas son mucho más agradables al paladar, sobre todo las verduras de hoja verde que hoy usamos en las ensaladas.

> Los sacerdotes célibes del antiguo Egipto tenían prohibido comer cebolla, la cual consideraban afrodisíaca.

Manipulación del sabor y de la resistencia

El cultivo selectivo de verduras se aceleró a partir del siglo XVII, a la par de la expansión del conocimiento científico acerca de la botánica. Pero hubo que esperar al siglo XVIII para alcanzar una comprensión plena del cultivo selectivo, y fue entonces cuando se empezó a experimentar intensamente con la hibridación (el cruce de dos plantas para obtener una tercera distinta). Un ejemplo es el programa de hibridación de remolachas que Franz Achard realizó entre 1786 y c. 1820. Este químico y aficionado a la biología alemán llevó a cabo una selección sistemática de la remolacha que se usaba como forraje en busca de especímenes con un contenido en sacarosa especialmente elevado. Al cruzar de forma continuada estas remolachas más dulces, obtuvo una nueva variedad de remolacha cuyos niveles de sacarosa eran más altos que el de cualquier otro tipo.

El botánico estadounidense Luther Burbank fue uno de los grandes pioneros del cultivo selectivo: entre 1870 y 1920 produjo más de 800 variedades nuevas de plantas, como las patatas Burbank y Russet. Durante los cincuenta años que dedicó a esta empresa, también mejoró múltiples verduras, desde la alcachofa hasta el apio y la calabaza. Se centró especialmente en verduras con viabilidad comercial, y su trabajo sentó los cimientos de los gigantes de la industria de las semillas del siglo XX, decididos a crear productos resistentes a las enfermedades y las plagas. Esto se consiguió seleccionando plantas resistentes, además de mediante técnicas como la rotación de cultivos o el controvertido uso de pesticidas. Más recientemente, la conciencia de los riesgos para la salud y el medioambiente que entrañan los pesticidas ha disparado el interés por las verduras procedentes de cultivos orgánicos y por las variedades tradicionales.

◁ Un círculo maravilloso
La irrigación circular, concebida en 1940, riega un área circular en torno a un pivote. Innovaciones así permitieron el cultivo a gran escala.

△ Pesticidas desde el aire
En EE UU se empezaron a usar aviones para aplicar pesticidas en la década de 1920. Hoy también se usan para fertilizar diversos cultivos, desde calabazas hasta lechugas.

▽ Vuelve lo orgánico
Los consumidores optan cada vez más por verduras cultivadas orgánicamente. Aunque es un proceso más laborioso, entraña menos riesgos para la salud.

Brassicas las incondicionales del huerto

El género *Brassica* se compone de verduras de hoja verde como la col, la coliflor y el brócoli, y su origen se remonta a una especie de hierba silvestre. Su cultivo a lo largo de miles de años ha dado lugar a uno de los grupos de verduras más consumidos.

La familia de las brassicas, que hoy comprende más de 3500 especies, evolucionó a partir de una única especie de mala hierba con hojas carnosas e inflorescencias amarillas, la col silvestre. Se cree que la forma más primitiva de col silvestre (*Brassica oleracea*) se originó en lo que hoy es Turquía. Las partes comestibles de las brassicas modernas incluyen, en función de cada tipo, las hojas, las flores, los tallos y las raíces. El grupo comprende algunas de las verduras más comunes en la cocina oriental y occidental, como la col blanca y verde, el brócoli, la coliflor, el kale, las coles de Bruselas, el colinabo, el *pak choi*, la col china (*pe-tsai*) o el brécol chino (*gai lan*). La col es una yema terminal (la parte que crece en el extremo superior de la planta), mientras que el kale y las berzas son brassicas de hoja y se cultivan exclusivamente para el consumo de la misma, a diferencia del brécol chino, del que se comen tanto los tallos como las hojas.

Valoradas en la Antigüedad

Teofrasto de Ereso, filósofo griego, describió la col ya en el siglo IV a.C., y, dos siglos más tarde, el escritor romano Catón el Viejo afirmó que «la col es superior a cualquier otra verdura. Puede comerse cocida o cruda, y, si se come cruda y se aliña con vinagre, facilita significativamente la digestión». Se cree que los romanos desarrollaron muchas variedades distintas de brassicas y que, además, usaban hojas de col para vendar heridas de guerra. En la actualidad se ha demostrado que esta práctica estaba justificada, porque las hojas de col tienen propiedades antibacterianas que protegen de las infecciones.

Tradiciones divergentes

Las civilizaciones mediterráneas antiguas cultivaban coles con cabeza blanda y hojas espaciadas, mientras que más al norte se cultivaba la col de cabeza dura (o blanca). El cultivo de la col blanca, que prefiere climas más fríos,

△ **Cultivos italianos**
Vendedor callejero de Roma de mediados del siglo XIX con cestos de brócoli morado, variedad desarrollada en Italia y que en Inglaterra llamaban brócoli «romano».

se atribuye a los saqueadores celtas de los extremos septentrionales de Europa en el siglo VII a.C.: tras sus expediciones de saqueo llevaron a Irlanda las verduras de Asia Menor (parte de la Turquía actual) o del Mediterráneo. Es probable que el cultivo generalizado de la col en el norte de Europa se remonte a esa época. La col puede soportar inviernos duros, y a partir del siglo X se convirtió en un ingrediente habitual y vital en la dieta de los campesinos, a los que proporcionaba nutrientes durante todo el invierno, cuando muchas otras verduras no estaban disponibles.

Pautas de consumo

Los usos culinarios de la col varían en función del territorio. En Rusia se utiliza en la *schchi*, una sopa muy nutritiva. En Alemania se conserva como chucrut (*sauerkraut*) y se dice que los campesinos comían hasta tres o cuatro raciones diarias. Los rollitos de col, que son hojas de col encurtidas o hervidas y rellenas de carne o cereales, forman parte de la cocina de Oriente Próximo, y son un plato tradicional judío desde muchos siglos antes de extenderse por toda Europa, sobre todo por Escandinavia y Europa del Este.

Un alimento poco atractivo

A pesar de su papel clave como alimento básico de la Europa pobre, las clases superiores, especialmente en Inglaterra, preferían no comer col, que consideraban maloliente y desagradable al paladar. En *La anatomía de*

▷ **Una diversidad asombrosa**
El cultivo selectivo a lo largo de los siglos ha dado lugar a una enorme diversidad de brassicas, desde las de hoja verde hasta las de tallos suculentos y las de flores sabrosas.

El menú del almuerzo inaugural del presidente Lincoln en 1861 consistió en *corned beef* y col, uno de los platos preferidos en Nueva Inglaterra.

la melancolía (1621), el clérigo inglés Robert Burton escribió que comer col «provoca pesadillas y envía vapores negros al cerebro». Quizá en un intento de contrarrestar esta mala reputación, el cocinero inglés Robert May incluyó en su libro de recetas *The acomplisht cook*, de 1660, una receta de col hervida en leche (para eliminar el sabor amargo). Fueran cuales fuesen los inconvenientes que se les

◁ **¿De dónde vienen los niños?**
Esta ilustración francesa de principios del siglo xx refleja el mito de que los bebés nacían debajo de las coles.

encontraran, las brassicas siguieron siendo una parte importante de la dieta en el centro y el norte de Europa.

Multiplicidad de formas

En el siglo xiii se cultivaban coles de Bruselas (básicamente, coles diminutas cosechadas de un tallo central) en lo que ahora es Bélgica. Sin embargo, la primera referencia escrita no apareció hasta el siglo xvi en los escritos del médico y botánico flamenco Rembert Dodoens. Las diminutas coles no recibieron el apelativo «de Bruselas» hasta más adelante.

El colinabo se describió por primera vez en 1554, y se cultivó selectivamente en el norte de Europa a fin de crear plantas con tallos bulbosos más grandes. También se cultivaron otras formas de brassicas en las que se engordaban otras de sus partes comestibles. El brócoli

COL DE SABOYA

Origen
Norte de Europa

Principales productores
China, India, Rusia

Nutriente principal
6 % de hidratos de carbono

Aporta
Vitamina C

Nombre científico
Brassica oleracea

y la coliflor se cultivan desde la era romana, y son el resultado de programas de cultivo con el objetivo de desarrollar la flor como porción comestible. Es posible que Catalina de Médicis introdujera en Francia las variedades de brócoli con brotes en el siglo XVI. Su influencia contribuyó a popularizar el brócoli y otras brassicas entre la clase media y alta francesa cuando se convirtió en la reina de Francia en 1547.

De Europa a Asia

La coliflor, como el brócoli, se originó en el Mediterráneo, y en el siglo XVI se extendió a otras partes de Europa. Los ingleses la llamaban «kale de Chipre», lo que apunta a la posibilidad de que las primeras semillas procedieran de esa isla.

Estas primeras coliflores fueron las antepasadas directas del grupo al que

«Quiero que la muerte me encuentre plantando coles.»

MICHEL DE MONTAIGNE, ENSAYISTA FRANCÉS, EN 1571

ahora llamamos «coliflores italianas», que incluye el romanesco y diversas variedades de colores. En los siglos XVII y XVIII, el cultivo de la coliflor en Alemania, los Países Bajos e Inglaterra dio lugar a múltiples variedades locales. Aunque los nuevos tipos soportaban mejor los climas fríos, seguían siendo muy sensibles a las heladas, lo que limitaba su periodo de crecimiento. En el siglo XIX se produjo otra diversificación, cuando los británicos llevaron semillas de coliflor a India. Las coliflores indias (o asiáticas) se adaptaron al clima tropical y estaban disponibles todo el año para el consumo nacional (la coliflor es el elemento clave del popular plato indio *aloo gobi*) e internacional.

◁ **Una col gigantesca**
Las coles pueden alcanzar tamaños colosales. El peso de la col más pesada del mundo, en 2012, fue de 63 kg. Esta fotografía, que muestra a una niña con una col enorme, es de 1931.

◁ **Una carga pesada**
En el siglo XIX, las granjas europeas cultivaban coles en cantidades industriales, para su consumo como verdura fresca y para encurtir. La popularidad de la col fermentada (chucrut) en Europa del Este no hizo más que aumentar la demanda.

Brassicas en China y más allá

Aunque en Asia oriental se desarrollaron algunas brassicas a partir de formas silvestres, como en Occidente, en los últimos años se han hallado evidencias que sugieren que los comerciantes portugueses llevaron también algunos tipos de col y de kale a China en el siglo XVII. El cultivo de la col tronchuda portuguesa dio lugar al brécol chino. A su vez, los chinos llevaron su brécol a Japón, Laos, Vietnam, Malasia y otras partes de Asia.

Las brassicas domesticadas desembarcaron por vez primera en el Nuevo Mundo con el explorador francés Jacques Cartier, que plantó coles en Canadá en 1541. En el siglo XVIII, los indios norteamericanos y los colonos también las cultivaban. Los colonos franceses trajeron consigo las coles de Bruselas, que también se cultivaban ya en el siglo XVIII. Cien años después, el horticultor irlandés-americano Bernard McMahon enumeró en su *Catalogue* (1804) más de veinte variedades distintas de col cultivadas en EE UU, además de dos tipos de coliflor, variedades verdes y moradas de brócoli, varios tipos de kale (como el verde rizado y el marrón rizado) y coles de Bruselas comunes.

A la conquista del corazón estadounidense

Los inmigrantes irlandeses contribuyeron a popularizar la col en EE UU con su plato tradicional de *corned beef* y col, que se convirtió en uno de los preferidos de Nueva Inglaterra. Los colonos alemanes también llevaron consigo semillas de col y siguieron preparando chucrut. La ensalada de col, importada por los colonos neerlandeses, se convirtió en otro de los platos de col europeos que los estadounidenses adoptaron como propio en el siglo XX. Ahora es un acompañamiento estándar en restaurantes de comida rápida de todo el mundo, elaborada con col blanca; también se integró en la cocina japonesa, como resultado de la influencia de las tropas estadounidenses destinadas allí tras la Segunda Guerra Mundial.

A partir del siglo XVIII, el brócoli también se hizo popular en EE UU, sobre todo entre las personas interesadas por la horticultura. En el *Treatise on gardening* que John Randolph escribió en 1765, se aconseja hervir el brócoli y la coliflor envueltos en un paño limpio y servirlos con mantequilla, sin más. El presidente Thomas Jefferson, que también era un gran aficionado a la jardinería, tenía el libro de Randolph en su biblioteca, y plantó hileras de brócoli morado, blanco y verde en su huerto.

Las brassicas en la actualidad

Hoy día, las verduras de la familia de las brassicas se cultivan en unos 150 países de todo el mundo. China es el primer productor, y Rusia, India y Corea son otros tres grandes productores a escala mundial. Los cultivos de col cuadruplican a los de brócoli y col juntos.

▽ **Semillas de gran tamaño**
Este anuncio de col «holandesa» de un vendedor de semillas estadounidense, de 1888, refleja la importancia que se daba al tamaño potencial de la col. Esta variedad se conserva especialmente bien.

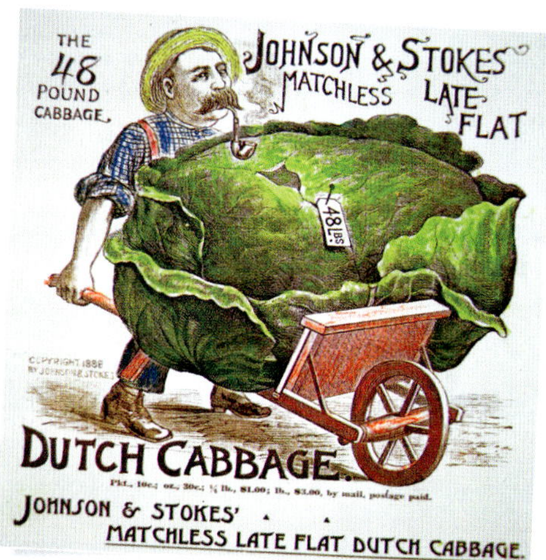

◁ **Verdura de invierno**
Las coles de Bruselas son muy resistentes al frío, y su sabor mejora si se cosechan después de una helada, aunque hay personas que las detestan siempre.

Lechuga
hojas soporíferas

La inmensamente popular lechuga es una de las verduras más vendidas en todo el mundo, a pesar de que su cultivo exige mucha agua y, por lo tanto, elevados costes.

△ **Siembra mecánica**

En 1701, el agrónomo inglés Jethro Tull inventó esta sembradora para que la siembra de semillas fuera más eficiente, lo que permitió que los mercados dispusieran de lechugas en abundancia.

Hipócrates, médico de la Grecia antigua, creía que la lechuga romana, o de Cos (por la isla de Cos, donde nació dicho médico), tenía propiedades narcóticas, y la utilizaba para tratar trastornos del sueño. La ciencia ha confirmado que este efecto soporífero se debe a la salvia blanca y lechosa de la planta, que también es la responsable de su sabor amargo. Cuando se corta, la lechuga libera esta salvia, y de ahí su nombre botánico genérico, *Lactuca*, del latín *lactis* («leche»).

Los antiguos sumerios del sur de Mesopotamia (sur del actual Irak) fueron los primeros en cultivar lechugas en terrazas irrigadas hacia 4000 a.C., y estas primeras plantas podían alcanzar hasta un metro de altura. Hacia 2000 a.C., los egipcios cultivaron una lechuga a la que podemos considerar pariente lejana de la romana actual. Usaban las amargas hojas sobre todo para elaborar pociones amorosas, y prensaban las semillas para obtener aceite de cocina. Más adelante, en 400 a.C., Hipócrates mencionó esta lechuga en su tratado de dietética y nutrición *Sobre la dieta en enfermedades agudas*. Los romanos adoptaron la lechuga de los griegos, y Plinio el Viejo menciona nueve tipos en su *Naturalis historia*, de 77–79 d.C.

Apreciada no solo en Europa

En el siglo XVI, la lechuga se cultivaba en toda Europa. En 1597, el botánico y herborista inglés John Gerard enumeró los ocho tipos que se cultivaban en Inglaterra, donde se aliñaba con vinagre, aceite y un poco de sal para estimular el apetito y calmar estómagos delicados. Por su parte, los franceses la cocinaban, probablemente para eliminar el sabor amargo y matar las bacterias. El cultivo

▷ **Vendedor ambulante**

Antes de haber supermercados, las lechugas se compraban en mercados o a vendedores ambulantes, que llevaban sus productos en grandes cestos de mimbre a modo de mochila.

de la lechuga se disparó; en 1866, un estudio concluyó que se cultivaban 65 tipos distintos, como la lechuga hoja de roble (que se cosecha joven para ensaladas), la lechuga mantecosa y la dulce lechuga Simpson, de semilla negra, que es todavía una popular variedad de jardín.

La lechuga empezó a expandirse en China a partir del siglo VII, y los chinos desarrollaron una variedad propia: la lechuga china (*Lactuca sativa* var. *asparagina*). Creían que la lechuga podía ser tóxica cruda, por lo que la freían, la cocían al vapor o la hervían en sopas. Actualmente, China es el primer productor de lechuga del mundo.

Una viajera fría

En la década de 1940 se creó la variedad iceberg, que soportaba el transporte refrigerado y desencadenó una explosión del consumo de lechuga en todo el mundo. La lechuga iceberg se convirtió rápidamente en el segundo alimento vegetal más popular en América del Norte, después de las patatas. Se suele consumir en forma de cuña, con aliño de queso azul, o bien como base de carne caliente y picante en la cocina asiática. La iceberg supuso el 90 % del consumo mundial de lechuga en la segunda mitad del siglo XX.

△ **Una verdura sedienta**

El sistema de raíces de las lechugas es muy poco profundo, por lo que necesita una rutina de irrigación muy estricta, como en este campo de Imperial Valley (California), donde en invierno se cultivan la mayoría de las plantas para ensalada de EE UU.

LECHUGA ROMANA

Origen
Egipto

Principales productores
China, España, EE UU

Nutriente principal
3 % de hidratos de carbono

Aporta
Potasio, vitamina A, vitamina K, ácido fólico

Nombre científico
Lactuca sativa

El sabor del campo
Las lechugas para ensalada eran un elemento básico de los mercados urbanos. Les Halles de París ofrecía lechugas a urbanitas que, de otro modo, no las hubieran visto jamás.

El jardín de la abundancia
Una hortelana lleva un cesto de espinacas sobre la cabeza en una escena de un volumen italiano del siglo XVI.

Espinacas — una verdura férrea

Las espinacas son de las pocas verduras que se prestan al consumo tanto en crudo como cocinadas. Llevan siglos inspirando a cocineros domésticos y profesionales, y se han convertido en un alimento básico.

◁ **En flor**
Grabado de una espinaca en flor en los *Unterhaltungen aus der Naturgeschichte* (Discursos sobre historia natural) de Gottlieb T. Wilhelm, publicados en Alemania en 1811.

En la China del siglo VII se llamaba a la espinaca «verdura persa», y se cree que se originó allí, en la región que ahora es Irán (antes Persia). Fue desconocida fuera de esa zona hasta que los mercaderes la introdujeron en India. Se ha documentado que, en el año 647 d.C., el rey de Nepal regaló espinacas al emperador Tang de China. La espinaca es la verdura de hoja verde más versátil y productiva. Hoy se encuentra en todo el mundo, y se usa en una amplia variedad de platos.

Las espinacas fueron de las pocas verduras desconocidas en la Grecia y la Roma antiguas, y los europeos no las probaron hasta que los árabes llevaron estas llamativas hojas verdes a al-Ándalus en el siglo XI. Pese a que las espinacas no soportan bien el calor, prosperaron gracias a los ingeniosos sistemas de irrigación diseñados por los árabes. En su enciclopedia agrícola del siglo XII, el agrónomo andalusí Ibn al-'Awwam las describió como «el jefe de las verduras de hoja verde».

▽ **Un cesto lleno**
Las espinacas chinas, de hojas planas y serradas, se cosechan a mano en Lijiatuo (China), el primer productor mundial de todas las variedades de espinacas.

Una favorita de franceses e italianos

Desde España, las espinacas llegaron a Francia, donde fueron adoptadas por la cocina local, y llegaron a ser una planta esencial en los huertos provenzales. Se convirtieron en la verdura favorita de la región, y desde allí pasaron a Italia, donde devinieron un ingrediente clave en la cocina de Florencia, Venecia y Roma, usándose, junto con el queso ricota, para rellenar pasta.

A finales de la Edad Media, el cultivo de espinacas se había extendido por Europa. En países de clima frío, como Inglaterra, se convirtieron en una fuente de alimentación esencial, pues se podían cosechar a inicios de primavera, cuando escaseaban otras verduras, y proporcionaban tres cosechas anuales. La florentina Catalina de Médicis, coronada reina de Francia en 1547, llevó a la corte

Origen
Asia central y occidental

Principales productores
China, EE UU, Japón

Nutriente principal
4 % de hidratos de carbono

Aportan
Hierro, vitamina B_9 (ácido fólico)

Nombre científico
Spinacia oleracea

> «Para hacer una tarta de espinacas […] coger espinacas y sancocharlas.»

A PROPER NEWE BOOKE OF COKERYE (1545), ANÓNIMO

francesa su pasión por las espinacas, que al parecer incluía en todas las comidas. Los platos servidos sobre un lecho de espinacas se llamaban —y se siguen llamando— «a la florentina» en su honor. Las espinacas llegaron a América del Norte en el siglo XVIII, y prosperaron allí gracias a las variedades tolerantes al calor.

El error de Popeye

La creencia errónea de que las espinacas son especialmente ricas en hierro persistió durante décadas. Su elevado contenido en hierro se «descubrió» a finales del siglo XIX y, más tarde, en la década de 1930, Popeye y otros medios se encargaron de proclamarlo. ¿Resultado? Un drástico aumento del consumo de espinacas en EE UU. ¿El error? El investigador había medido el contenido en hierro de espinacas secas. Pese a ello, esta verdura sigue siendo hoy día muy popular, ya sea cruda o cocinada.

Origen
Afganistán

Principales productores
China, Rusia, EE UU

Nutriente principal
10 % de hidratos
de carbono

Aportan
Vitamina A, vitamina C

Nombre científico
Daucus carota

Zanahorias una raíz multicolor

La zanahoria es el camaleón del mundo de la alimentación: ha sido blanca, morada y, ahora, naranja, y ha pasado de ser una mala hierba de sabor desagradable a ser una de las verduras preferidas en todo el mundo.

La zanahoria debe su color a un accidente genético. Aunque la zanahoria silvestre original era blanca, su cultivo en Asia central y occidental hacia 3000 a.C. derivó en una variedad morada que fue la norma durante siglos, hasta que, en el siglo XVII, una mutación al amarillo desencadenó un programa de selección que cambió tanto el color como el sabor del vegetal.

De medicina a alimento

Los primeros cultivos se dieron en lo que hoy es Afganistán. Desde allí, las semillas viajaron a lo largo de rutas comerciales hasta Oriente Próximo y más lejos. En esa época, la raíz de la zanahoria cultivada no era comestible, pero las hojas y las semillas se usaban con fines medicinales. Los romanos usaban sus semillas

▷ Troceadas
Durante el siglo XIX se desarrollaron todo tipo de máquinas para pelar y trocear verduras. Esta se diseñó para laminar zanahorias.

como antídoto contra venenos inespecíficos y como afrodisíaco. Fueron también ellos los que empezaron a refinar la raíz para que su sabor fuera más agradable, y desarrollaron variedades comestibles. La literatura romana del siglo I a.C. diferencia entre la zanahoria silvestre y la cultivada, y muchas recetas romanas incluían zanahoria cruda como uno de los ingredientes principales.

Hacia el este y el oeste

A partir del siglo V, el desarrollo de la zanahoria se desplazó al mundo árabe, donde, durante los siglos siguientes, la familia de la zanahoria se amplió y pasó a contener variedades rojas, amarillas y moradas con un sabor más refinado. A lo largo de la Ruta de la Seda, los mercaderes llevaron la zanahoria hacia el este, hasta India, China y Japón, y hacia el oeste, hasta Europa. Cuando las zanahorias árabes, más dulces, llegaron a Europa, se convirtieron en una parte importante de la dieta, y Carlomagno, emperador del Sacro Imperio Romano, las incluyó en la lista de verduras de cultivo recomendado en su imperio. En el siglo XIII ya se cultivaban de forma generalizada en el oeste y el centro de Europa, y la variedad amarilla, la preferida, se convirtió en la base de una transformación crucial. En el siglo XVII, los agricultores neerlandeses habían instaurado un programa de selección con el objetivo de producir una verdura más dulce y uniforme; el resultado fue una zanahoria naranja parecida a la actual. Los horticultores franceses llevaron la selección aún más lejos, y, en el siglo XIX, produjeron las variedades Nantes y Chantenay, aún disponibles hoy. Las zanahorias son uno de los diez cultivos vegetales más importantes del mundo.

▽ Un cultivo saludable
En la Edad Media, las zanahorias eran valoradas especialmente por sus propiedades medicinales. Esta ilustración del siglo XI procede del *Tacuinum sanitatis*, un libro de la época sobre salud.

«Llegará el día en que una única zanahoria, observada con ojos nuevos, desencadene una revolución.»

PAUL CÉZANNE, PINTOR FRANCÉS (1839–1906)

▷ **Más que naranja**
Las variedades modernas de zanahorias tienen distintos colores, formas y tamaños, aunque la zanahoria naranja «estándar» sigue siendo la más cultivada.

Algas el maná del océano

Cosechadas y consumidas por culturas costeras de todo el mundo, desde el Ártico al Pacífico Sur, las algas no son solo algunas de las verduras más antiguas del mundo, sino, al parecer, también unas de las plantas vivas más antiguas.

Las algas constituyen un alimento global, y son la verdura con mayor diversidad geográfica. Se hallan en orillas tan septentrionales como las de Groenlandia y tan meridionales como las de Nueva Zelanda, y fueron de las primeras plantas del planeta: en China se han hallado fósiles de algas simples que datan de entre hace 580 y 635 millones de años. Existen unas 10 000 especies de algas en todo el mundo, divididas en tres grupos (marrones, rojas y verdes); de ellas, solo unas 150 se emplean como comida. Puede que las algas se usaran como alimento por primera vez en China, en torno a 2700 a.C. El escritor chino Sze Teu cantó sus alabanzas hacia 600 a.C., y a partir del siglo VI d.C. aparecen referencias más sustanciales, sobre todo en relación con sus propiedades medicinales. Sun Simiao, el padre de la medicina tradicional china, recomendaba algas para tratar el bocio, una afección de la tiroides.

Variedades japonesas

Las algas forman parte de la dieta japonesa desde hace milenios: hace miles de años que en Japón se come el alga wakame, ingrediente básico en la cocina japonesa actual. Se han hallado trazas de wakame en cerámica datada en 3000 a.C. El alga nori, también japonesa y conocida hoy sobre todo por ser la delgada envoltura de los maki, ya se comía cruda en Japón en el siglo VII d.C.

△ **Un alga dulce**
El kelp de azúcar crece en las costas británicas e irlandesas, y debe su nombre al polvo dulce que cubre las hojas cuando se secan.

▽ **Recolección de kelp**
Estos pescadores recogen kelp seco en las marismas de Xiapu, en la provincia china de Fujian, donde la cosecha tiene lugar entre marzo y mayo.

En origen, la nori se consumía en forma de pasta, pero, a mitad del siglo XVIII, las nuevas técnicas de fabricación de papel propiciaron la producción de las crujientes láminas de nori que se usan hoy. El alga kombu, nativa de la costa japonesa, se usa para hacer un sabroso caldo.

Usos tradicionales en el norte

El norte de Europa, desde Escandinavia a Bretaña (Francia), cuenta con una larga historia de consumo de algas. En Irlanda y Escocia se cosechan algas al menos desde el siglo I d.C. Columba de Iona, nacido en

▽ **Contra la hambruna**
Las algas fueron una fuente de nutrientes vital (y gratuita) tras el fracaso de las cosechas de patatas en Irlanda entre 1845 y 1852.

Se usan extractos de alga en helados, dentífricos, cerveza y comida para bebés.

Donegal (Irlanda), aludió a esta práctica en un poema de 563 d.C. El dillisk, o dulse, es un alga roja que se solía mezclar con mantequilla para untarla sobre el pan, y el alga también roja conocida como musgo irlandés se usaba como espesante y en gelatinas.

En Gales, el laver, un alga morada, se come desde hace más de mil años, y, tradicionalmente se mezcla con avena para preparar *laverbread*. A partir del siglo XVIII se convirtió en un elemento esencial en la dieta de los pobres. A partir del siglo X, las sagas islandesas detallan la normativa acerca de los derechos sobre los vegetales marinos. En Islandia y Noruega, el alga dulse se acompañaba de patatas o nabos o se añadía a las gachas.

Muchas de las tradiciones relativas al consumo de algas perviven actualmente, pero las algas también están experimentando un auge en la restauración moderna, gracias al sabor y a los nutrientes que aportan.

WAKAME

Origen
Japón, Corea, China

Principales productores
Japón, Corea

Nutriente principal
9 % de hidratos de carbono

Aporta
Yodo, sodio, calcio, ácidos grasos omega-3

Usos no alimentarios
Cosmética

Nombre científico
Undaria pinnatifida

Mercados de alimentos

Los mercados de alimentos aparecieron en cuanto el ser humano empezó a comerciar. Es probable que los primeros surgieran en la antigua Persia y que, desde allí, se extendieran a todo Oriente Próximo y, luego, a Europa. Los más pudientes de la antigua Roma frecuentaban el *Marcellum*, un lujoso mercado de alimentación situado en el Foro, donde se vendían manjares como el salmonete. En Inglaterra, el *Domesday Book*, del siglo XI, registró la existencia de cincuenta mercados en los que se vendía comida, aunque muchos historiadores creen que se trata de una estimación muy conservadora. En el siglo XIII, la cifra había ascendido a 356, y cien años después ya era de 1746. En la Edad Media, el mercado de alimentación de Venecia era especialmente conocido, tanto por su tamaño como por la diversidad de los alimentos que se podían encontrar allí. Matteo Bandello, un escritor italiano del siglo XVI, lo alabó por su *«abbondanza grandissima d'ogni sorte di cose da mangiare»* («la enorme abundancia de todo tipo de alimentos»).

En la Alemania actual, los mercados navideños son célebres por la venta ambulante de *bratwurst* (salchicha de cerdo con especias y hierbas), vino especiado, pan de jengibre y almendras tostadas, pero los orígenes de estos mercados se remontan, como mínimo, al siglo XV. El Striezelmarkt de Dresde se fundó en 1434, y se dice que es el más antiguo del país, aunque el de Munich, el de Bautzen y el de Frankfurt le disputan el título.

En Extremo Oriente, Tailandia es conocida por sus mercados flotantes, donde se vende comida en centenares de barcas, puestos flotantes y muelles. Es probable que el más célebre sea el de Damnoen Saduak, cerca de Bangkok, donde los agricultores locales venden fruta, flores y verduras en barcas de madera a lo largo de los antiguos canales de la ciudad. El mercado flotante de Amphawa, cerca del anterior y más popular entre la población local, está especializado en marisco, y vende desde moluscos hasta pulpos.

◁ **Agarrados**
Los vendedores de flores y verduras se agarran a las canoas de sus vecinos para mantenerse en sus posiciones en un mercado flotante de Tailandia.

Ajo un bulbo picante y de fuerte olor

El ajo es una especia, un alimento y una medicina, todo en un solo bulbo. En la Antigüedad, las clases ricas solían despreciarlo por su aroma, que asociaban al campesinado y a los pobres. Hoy, su valor culinario es muy apreciado.

△ **Cabezas y dientes**
Las cabezas de ajo contienen varios dientes, envueltos en una piel fina como el papel.

El ajo silvestre procede de una amplia franja de Asia central que se extiende desde el oeste de China hasta el noreste de Irán. Los egipcios antiguos lo cultivaban y lo incluían en la dieta de los esclavos que construían las pirámides para mejorar su salud y resistencia, y los atletas olímpicos de la antigua Grecia lo comían para aumentar su rendimiento. Este pequeño bulbo también era popular entre los soldados griegos y romanos. Las evidencias arqueológicas de su uso incluyen una receta grabada en una tablilla babilonia de 1750 a.C.: pastel de carne aromatizado con ajo majado. Un método coreano aún más antiguo propone asar el ajo durante un mes, hasta que se vuelve negro, se carameliza y adquiere un sabor dulce y agradable.

Un olor detestable

Sin embargo, su intenso olor acre resultaba ofensivo para algunas personas, sobre todo entre las clases altas. Los aristócratas romanos aborrecían su olor, y puede que

◁ **Vendedor de ajos**
Ristras de ajo cuelgan del cuello de este joven que vendía sus productos en la ciudad de San Remo, en el noroeste de Italia, a principios del siglo XX.

solo lo usaran con fines medicinales. El poeta romano Horacio lo describió como «la esencia de la vulgaridad», y afirmó que bastaba para expulsar de la cama a los amantes. En muchos edificios religiosos estaba prohibido, y aún hoy el islam insta a los fieles a no acudir a la mezquita tras haberlo comido. En 1818, el poeta inglés Percy Bysshe Shelley escribió una carta a casa desde Nápoles donde explicaba: «Jamás lo imaginarías, pero ¿sabes que las jóvenes de alcurnia comen ajo?». En *Drácula*, la novela de Bram Stoker (1897), Van Helsing usa ajo para repeler al vampiro, medida preventiva que desde entonces ha calado en el folclore occidental y se ha usado en innumerables novelas y películas.

Origen
Asia central

Principales productores
China, India

Nutriente principal
33 % de hidratos de carbono

Usos no alimentarios
Medicinal (reduce la tensión arterial y el colesterol)

Nombre científico
Allium sativum

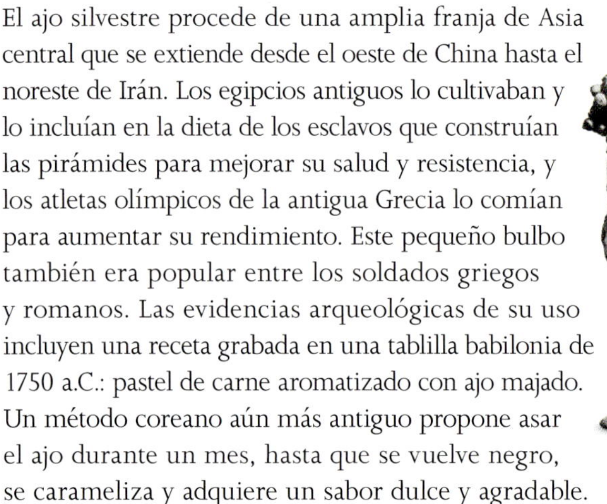

△ **El poder del ajo**
Este mosaico romano muestra a gladiadores en acción. Al parecer, estos luchadores seguían una dieta rica en ajo, pues se creía que aumentaba su agresividad en la arena.

«No comas ajos […] porque no saquen por el olor tu villanería.»

MIGUEL DE CERVANTES, *DON QUIJOTE DE LA MANCHA* (1615)

Nuevos honores para la «rosa maloliente»

Pese a todo, los platos con una base de sofrito de ajo, como el *coq au vin*, comenzaron a ser habituales en la cocina francesa del siglo XIX, y el *boeuf bourguignon* ascendió a la alta cocina cuando Auguste Escoffier publicó su receta para el plato en 1903, también con ajo. Más tarde, Julia Child, escritora gastronómica, difundió el aroma del ajo majado de la cocina mediterránea en América del Norte.

En la década de 1990, la «rosa maloliente» se puso muy de moda, sobre todo por la promoción de sus beneficios para la salud. Los chefs servían cabezas de ajo enteras a la brasa, surgieron restaurantes especializados en platos con ajo y se idearon recetas para usar los largos tallos (escapos) de la planta. En un par de décadas se triplicó su consumo mundial y dejó de ser visto como alimento de campesinos.

▷ **Ristras de ajo**
Tradicionalmente, una vez cosechado, el ajo se trenza en ristras para secarlo y almacenarlo. Estas ristras son una imagen habitual en tiendas y mercados del sur de Europa.

7.00

Cebollas una verdura para llorar

Célebres por su intenso olor y porque hacen saltar las lágrimas, las cebollas (bulbos comestibles del género *Allium*) se cultivan desde hace al menos 5000 años. Son un ingrediente esencial en sopas, guisos y platos de curri de todo el mundo.

La cebolla aparece en los recetarios más antiguos del mundo (en tablillas cuneiformes babilonias de 1750 a.C.), y puede que se empezara a cultivar en Asia central. Era un alimento clave en el Egipto antiguo, donde también se utilizaba con fines medicinales y rituales: un papiro de c. 1500 a.C. la prescribe para tratar el escorbuto. En los ritos funerarios se colocaban cebollas en el interior y al lado del cuerpo momificado para facilitar su viaje al más allá. Se decía que su forma esférica y sus capas concéntricas representaban la unidad de la vida eterna. Quizá semejante idea perviviera en la palabra inglesa *onion* («cebolla»), que podría derivar del latín *unus* («uno») en alusión a la unidad de las capas de la cebolla.

De alimento cotidiano a manjar de moda

El autor romano Plinio el Viejo escribió que, al prestar juramento, los egipcios invocaban a ajos y cebollas como si fueran deidades; también describió distintas variedades de cebolla y sus usos medicinales y culinarios en Pompeya. La cebolla es un ingrediente principal de muchas recetas de *De re coquinaria* (o *Apicius*), recopilación de los siglos IV o V con platos y consejos culinarios atribuidos al romano Marco Gavio Apicio del siglo I; una de tales recetas es precursora de la sopa de cebolla. Los romanos llevaron

su cultivo al norte de su imperio en los primeros siglos de nuestra era, y en la Edad Media era un alimento básico del campesinado europeo. Siglos después, colonos y conquistadores la llevaron a las Américas, donde ya crecían algunas especies silvestres. Se dice que el nombre de la ciudad de Chicago procede de la pronunciación francesa de la palabra nativa americana *shikaakwa*, que significa «cebolla maloliente», y se cree que alude a las plantas de la familia de las cebollas que crecían alrededor.

> ## «[...] si no quieres arruinar tus besos [...] hierve bien las cebollas.»

JONATHAN SWIFT, *VERSES MADE FOR FRUIT WOMEN* (c. 1730)

Siempre ha sido fácil transportar cebollas, porque se conservan bien y se pueden secar. Las cebollas encurtidas se convirtieron en un aperitivo popular para los británicos en la década de 1700. Y, en Francia, un plato elevó la cebolla a exquisitez. En su *Grand dictionnaire de cuisine* (1873), el novelista Alejandro Dumas narra cómo el duque de Lorena y antiguo rey de Polonia, Estanislao I Leszczyński, se detuvo en una posada de camino a Versalles, donde le sirvieron sopa de cebolla, y le gustó tanto que pidió la receta. En su honor, el plato fue llamado *soupe à l'oignon à la Stanislas*.

Un básico moderno

Hoy, las cebollas se cultivan en todo el mundo, y son parte de una amplia variedad de recetas regionales. Se ha convertido en una base esencial para muchos platos que, a menudo, requieren una cocción lenta, y es indispensable en múltiples sopas y salsas. En el subcontinente indio, donde la cebolla es un alimento básico desde hace milenios, es un ingrediente clave de los platos de curri.

△ **Grandes y pequeñas**
Las cebollas pueden ser de varios tamaños, colores y sabores, desde las variedades más grandes y suaves hasta las más pequeñas y potentes. El color de la piel puede ser marrón o morado.

▷ **Cebollas sin lágrimas**
Un soldado estadounidense fotografiado en Camp Kearny (California) en 1918 intenta evitar con una máscara de gas las lágrimas que provocan los efluvios de la cebolla.

Origen
Asia central

Principales productores
China, India, EE UU

Nutriente principal
9 % de hidratos de carbono

Aportan
Vitamina C

Nombre científico
Allium cepa

◁ **En el muelle**
En esta fotografía de principios del siglo XX, grandes cestos de cebollas esperan a ser cargados en el muelle de Gálata, en Estambul (Turquía).

Patatas el legado de los incas

Desconocida fuera de América del Sur hasta el siglo XVI, la patata ha experimentado un ajetreado viaje, pasando de ser una rareza exótica a un sustento básico para los pobres y un tubérculo universal consumido por más de mil millones de personas.

La patata, o papa, un tubérculo rico en fécula, es la raíz subterránea engrosada de una planta con hojas de color verde oscuro y ligeramente vellosas y flores moradas, rosas o blancas. Pertenece a la familia de las solanáceas, como los tomates, los pimientos, las berenjenas, el tabaco y algunas plantas tóxicas, como la mandrágora y la belladona. De hecho, las patatas contienen un compuesto venenoso llamado solanina, que se halla presente en cantidades pequeñas e inocuas en toda la planta, pero que se concentra en las patatas verdes (las que han sido expuestas a la luz durante su almacenamiento) y en los brotes que se forman cuando, por ejemplo, las patatas germinan a fin de prepararlas para plantarlas.

Amante del frío

La patata se empezó a cultivar en las frías tierras altas andinas de Perú y Bolivia, posiblemente entre 8000 y 5000 a.C., aunque los primeros restos de patata silvestre, hallados en el sur de Chile, datan de c. 11 000 a.C. Estos tubérculos facilitaron la colonización de las regiones montañosas, porque crecían en altitudes donde era imposible el cultivo del maíz, el alimento básico de la mayoría de los primeros pueblos sudamericanos.

◁ **Madre nutricia**
Este recipiente de arcilla peruano (200–500 d.C.) representa una cabeza femenina sobre un cuerpo con forma de patata.

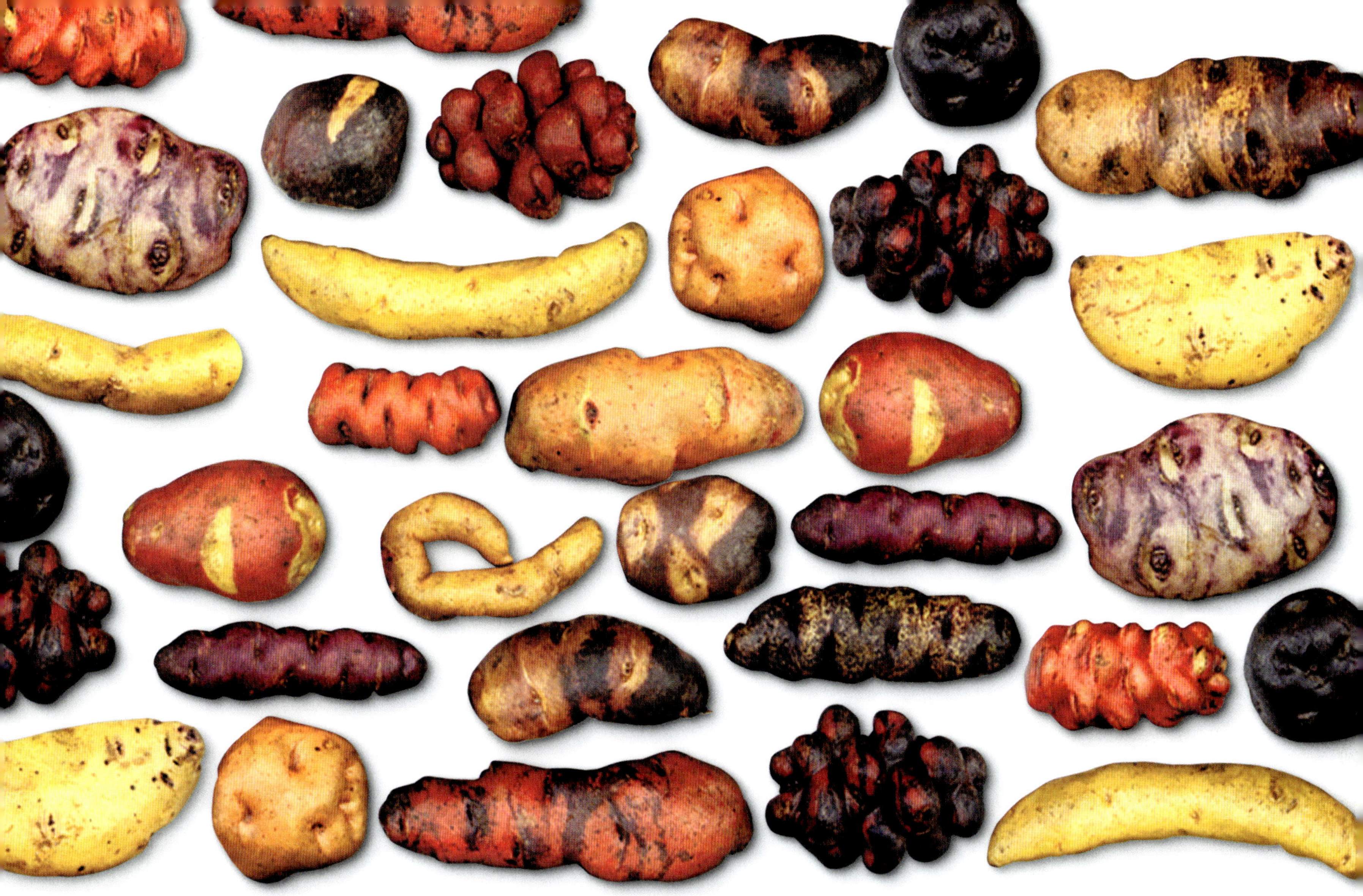

△ **Formas y tamaños varios**
El cultivo de la patata ha producido una gran variedad de formas, tamaños y colores, con una diversidad pareja de sabores y características de cocción.

▷ **Ofrenda de paz**
Publicación de principios del siglo xx con una escena ficticia en la que un nativo sudamericano ofrece patatas a un conquistador español.

Se cultivaron varios tipos de patata en distintas altitudes, y muy pronto empezaron a cambiar de tamaño, forma y color.

Los incas, cuyo imperio andino se inició en el siglo xiii, cultivaron miles de variedades nuevas de patata, pues dependían en gran medida de ella. Los conquistadores españoles que llegaron a América del Sur ente 1510 y 1530 fueron testigos de las ceremonias que rodeaban la siembra de patatas, y pronto se dieron cuenta de su alto valor nutritivo. Se desconoce la fecha exacta de la llegada de las patatas a Europa, pero se sabe que se plantaron en las islas Canarias hacia 1570, y que desde allí se llevaron a España y al resto de Europa, normalmente como regalo exótico o curiosidad botánica.

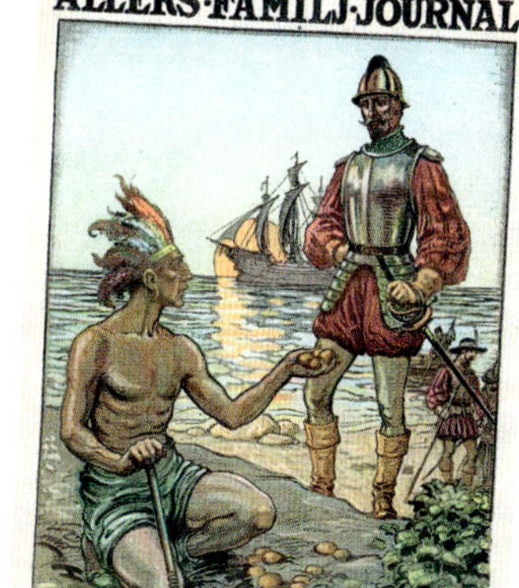

Mala reputación

A principios del siglo xvii, la patata era conocida, cuando no ya cultivada, en gran parte de Europa, e incluso había llegado a la colonia norteamericana de Virginia, introducida por el corsario inglés Nathaniel Butler. Sin embargo, la mayoría de los agricultores y cocineros no recibieron la patata con los brazos abiertos, ya que la consideraban un alimento de animales y de pobres. La reputación de la patata no mejoró cuando se la asoció con el demonio, seguramente por la similitud de sus flores y sus bayas con las de la belladona y la mandrágora, que el folclore relacionaba con la brujería y el diablo. Aún en 1869, el escritor inglés John Ruskin calificó la patata como «el difícilmente inocente fruto de una tribu reservada para el demonio».

▷ **Tubérculos nudosos**
Este grabado del siglo xix muestra las delicadas hojas y flores de la patata, así como los tubérculos nudosos.

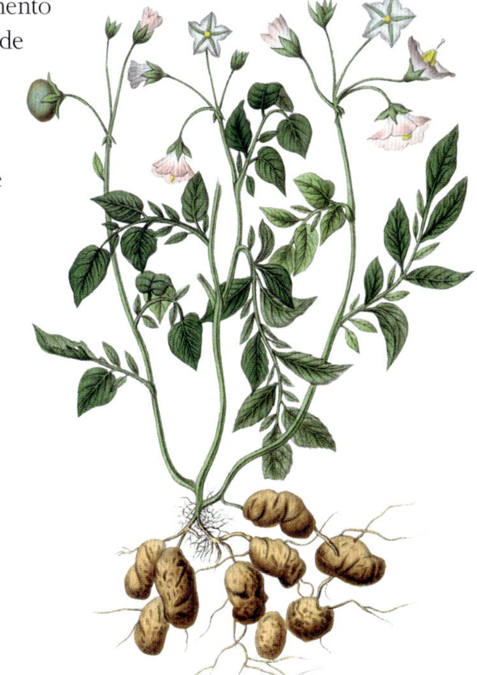

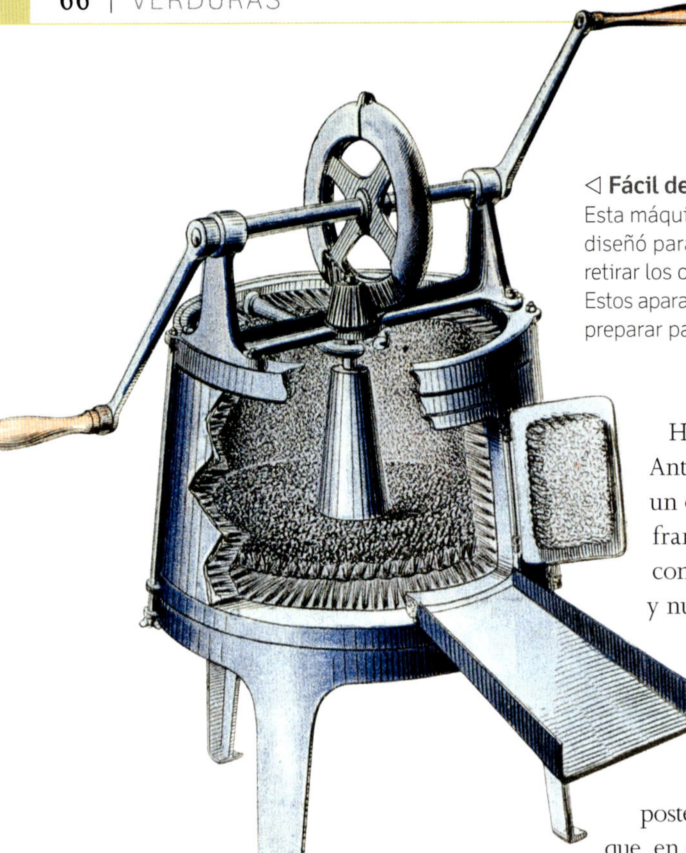

Hubo que esperar a que Antoine-Augustin Parmentier, un exfarmacéutico del ejército francés, defendiera las patatas como un alimento deseable y nutritivo después de que los prusianos lo alimentaran con ellas mientras fue prisionero durante la guerra de los Siete Años (1756–1763). En su posterior investigación concluyó que, en contra del parecer popular, la patata era muy nutritiva, y se propuso convertir a los franceses a su consumo. Se dice incluso que persuadió al rey Luis XVI y a María Antonieta, su esposa, para que llevaran flores de patata en el ojal. El éxito fue tal que el nombre de Parmentier sigue vivo en platos con este tubérculo, como las patatas Parmentier (dados de patata fritos con mantequilla), y en París hay una avenida Parmentier y una parada de metro Parmentier. Cuando el naturalista y explorador alemán Alexander von Humboldt emprendió su expedición de cinco años a América del Sur, entre 1799 y 1804, las patatas ya se consideraban una contribución positiva a la alimentación europea; como dijo Humboldt: «El continente nos ha dado una gran bendición y una gran maldición. La bendición es la patata, y la maldición, el tabaco».

Alimento para las masas

Se desarrollaron nuevas variedades de patata adaptadas al clima europeo, más templado, y que resultaron ser de un valor incalculable para la dieta de los campesinos, que sufrieron una serie de hambrunas a finales del siglo XVIII. A principios del siglo XIX, las patatas se cultivaban a gran escala, y, cuando la población se empezó a trasladar del campo a la ciudad durante la revolución industrial, se convirtieron en un alimento cómodo, nutritivo, barato y fácil de cultivar. Sin embargo, las patatas cultivadas en Europa y América del Norte en esa época tenían un defecto fatal (la endogamia), que las hacía vulnerables a las enfermedades. El primer aviso del desastre que se avecinaba fue en 1844–1845, cuando el microorganismo fungoide *Phytophtora infestans*, causante de una enfermedad llamada tizón tardío, devastó la cosecha europea de patatas. En Irlanda, donde «el cultivo de los cultivos» suponía el 80 % de la ingesta calórica de los pobres, la situación fue especialmente catastrófica. Entre 1845 y 1848, un millón de personas murieron de hambre o de enfermedad y otras tantas abandonaron Irlanda huyendo del hambre; la mayoría emigraron a América del Norte.

Sin embargo, allí apareció otra plaga de la patata: el escarabajo de la patata (*Leptinotarsa decemlineata*). En su México nativo, el escarabajo se alimentaba de abrojo, una planta de la familia de la patata, y apenas causaba

△ **El estado de la patata**
La adopción de la patata como símbolo de Idaho da fe de su importancia en la economía de dicho estado, donde los primeros cultivos datan de mediados del siglo XIX. Esta pegatina es de 1960.

daño alguno; pero cuando el coleóptero llegó a EE UU se adaptó rápidamente al nuevo alimento, que encontró plantado en cantidades ingentes. Empezó destruyendo los cultivos de patata de Nebraska hacia 1860. Luego se propagó hacia el este, y en 1874 ya había llegado a la costa atlántica. Desde allí viajó al oeste de Europa, donde también se convirtió en una grave amenaza para los cultivos de patatas.

Versatilidad mundial

Mientras la popularidad de la patata se extendía en Europa y América del Norte, también se daba a conocer más al este. A principios del siglo XVII, los marineros

---

China cultiva unos 100 millones de toneladas de patatas al año (más que cualquier otro país), pero exporta menos de un 1 % de ellas.

---

europeos habían llevado el tubérculo hasta India, China y Japón (era una fuente útil de vitamina C). La expansión colonial y la emigración en los doscientos años siguientes llevaron la patata al norte de África, Australia e incluso de vuelta a América del Sur.

El siglo XX presenció la emergencia de la patata como un alimento verdaderamente global, impulsada por inventos como el pelador mecánico y la producción en masa de comida rápida como las ahora omnipresentes patatas fritas. En la actualidad, las patatas son la base de algunos de los platos y tentempiés más populares del mundo, desde el *fish and chips* británico a las patatas bravas españolas, el *colcannon* irlandés, el rösti suizo, los ñoquis (*gnocchi*) italianos, el *hasselback* sueco o el *aloo gobi* indio (un plato muy popular de curri con coliflor y patata, típico de India y Pakistán).

Un alimento de futuro

En la actualidad, los científicos investigan cómo desarrollar patatas resistentes a la sequía y a las plagas. En 1995, astronautas de la NASA consiguieron cultivar cinco patatas en la lanzadera espacial *Columbia*, y el Centro Internacional de la Papa, con sede en Lima (Perú), investiga la posibilidad de cultivar patatas en las condiciones atmosféricas de Marte.

◁ **Plaga de la patata**
El llamativo escarabajo de la patata arrasó las plantaciones del tubérculo en el Medio Oeste estadounidense a mediados del siglo XIX.

▽ **Un trabajo duro**
Este cuadro de 1878, obra de Jules Bastien-Lepage, retrata la dureza de la cosecha manual de la patata, antes de la llegada de la mecanización.

Comida de guerra

Las potencias que intervinieron en la Segunda Guerra
Mundial se enfrentaron a la escasez de alimentos.
Por eso, y con las lecciones aprendidas en la Primera
Guerra Mundial, decretaron el racionamiento desde el
principio. Ya antes de que el racionamiento empezara
oficialmente, el Ministerio de Agricultura británico
lanzó su campaña *«Dig for victory»* («Labrar para la
victoria»), cuyo objetivo era alentar a la población a
transformar sus jardines en huertos, mientras en las
ciudades se hacía lo mismo con los parques y otros
espacios verdes. Incluso el foso de la Torre de Londres
se drenó para poder plantar verduras. La campaña
fue todo un éxito: en 1943, se estimó que los huertos
domésticos producían más de un millón de toneladas
de verduras. Muchas personas también criaban gallinas,
por los huevos, y patos y conejos, por la carne. Las
patatas eran un cultivo básico, la harina blanca dio
paso a la «harina nacional» integral, y se instó a la
población a consumir leche en polvo.

En EE UU resurgieron los *victory gardens* («jardines
de la victoria») de la Primera Guerra Mundial. Con la
introducción del racionamiento a principios de 1942,
los estadounidenses tuvieron aún más necesidad de
cultivar su propia fruta y verdura. Solo ese año se
plantaron unos 15 millones de «jardines de la victoria».
Se estima que, en 1944, 20 millones de ellos producían
entre 9 y 10 millones de toneladas de alimento anuales.
Los estadounidenses plantaron patios, parques e
incluso campos de béisbol. El ejemplo venía de lo
más alto: Eleanor Roosevelt plantó un «jardín de la
victoria» en el césped de la Casa Blanca.

Alemania también impuso el racionamiento. Como
la carne se desviaba al ejército, se crearon varios *ersatz*,
o sucedáneos, de alimentos, como «carne» elaborada
con harina vegetal, cebada y setas. Las raciones solían
ser menores en los países ocupados. Por ejemplo, la
ración de carne de los trabajadores industriales en
Francia era una tercera parte de la de los alemanes.

◁ **De parque de juegos a huerto urbano**
Los estadounidenses se lanzaron al cultivo de verduras durante
la Segunda Guerra Mundial. Estos niños trabajan en un «jardín
de la victoria» en un parque de Manhattan en 1943.

Mandioca un alimento resistente a la sequía

La mandioca es una de las plantas más cultivadas del mundo, y alimenta a unos 800 millones de personas. Tiene el potencial de convertirse en un alimento popular en todo el globo, además de seguir siendo vital en las regiones más pobres.

La mandioca, también conocida como yuca, se cultiva en 105 países y es especialmente importante como alimento básico en América del Sur. Son comestibles tanto las hojas, parecidas a las espinacas, como las raíces, pero son estas últimas, ricas en fécula, las que se consumen con más frecuencia. Cada planta puede proporcionar hasta 8 kg de raíces. Algunas de las grandes ventajas de la mandioca como planta de cultivo son su resistencia a la sequía, su adaptabilidad a los suelos pobres y su capacidad para crecer en una amplia variedad de condiciones ambientales. Hay dos tipos de mandiocas, las dulces y las amargas. Las variedades dulces se pueden pelar y comer sin mucha preparación, pero las amargas requieren un proceso prolongado para neutralizar el elevado nivel de ácido cianhídrico (cianuro) de las raíces. Estas se tienen que pelar, rallar, poner en remojo, fermentar y secar al sol o calentar para que su consumo sea seguro.

△ **Tarea para la comunidad**
Eran necesarias muchas manos para lavar, pelar y raspar las raíces a fin de preparar la harina de mandioca.

Origen
América del Sur

Principales productores
Nigeria, Tailandia, Brasil

Nutriente principal
38 % de hidratos
de carbono

Aporta
Vitamina C

Usos no alimentarios
Almidón de lavandería

Nombre científico
Manihot esculenta

Una larga historia

La mandioca es originaria de América del Sur, donde se cultiva desde hace casi 5000 años. Cuando llegaron a la cuenca amazónica en el siglo XVI, los europeos descubrieron que el nombre local de una de las tribus nativas, los arahuac (o arawak), se traducía como «los que comen tubérculos», y que cultivaban mandioca desde hacía siglos. Se han encontrado evidencias arqueológicas de cultivos de mandioca que se remontan a 1785 a.C. en el valle de Casma, en Perú; y en excavaciones de las islas caribeñas de San Cristóbal, San Vicente, Antigua y Martinica se han hallado antiguas parrillas para asar mandioca. En una de las primeras menciones literarias de la mandioca, Pedro Mártir de Anglería, un cronista del siglo XVI que registró los descubrimientos de Cristóbal Colón, habla de unas «raíces venenosas» que se usaban para elaborar pan.

> Desde 1980 se ha duplicado el área de cultivo de mandioca en todo el mundo.

En el siglo XVI, los europeos introdujeron la mandioca en África, y en los siglos posteriores se convirtió en una planta de cultivo importante allí y también en Asia. En Brasil se convirtió en un alimento básico tanto de los colonos de la costa como de sus esclavos. Es posible que también fuera importante para los esclavos huidos, pues les permitía sobrevivir en áreas inhóspitas donde el tubérculo crecía en la naturaleza.

Preparada para nutrir

La mandioca es rica en hidratos de carbono, por lo que es una fuente de energía muy digerible y barata, y supone entre el 50 % y el 80 % de las calorías que consumen algunas tribus africanas. Puede que procesarla aumente su valor nutricional, ya que se ha demostrado que la acción de los hongos y de los microorganismos durante la fermentación y la molienda aumenta su contenido en proteínas.

La mandioca es el cultivo más importante de Malaui. Prospera en los suelos pobres de plantaciones como estas, en la zona de la bahía de Nkhata, en la orilla del lago Malaui.

Una de las aplicaciones habituales de la mandioca en la comida es la tapioca, que son copos elaborados con su harina. La raíz se puede hervir o cocer al vapor, para luego freírla o usarla en purés, albóndigas, sopas, guisos y salsas. La mandioca preparada también se muele para obtener harina con la que hacer pan, tortas y galletas.

En Brasil, la mandioca depurada se muele y se cuece para obtener un grano seco y a menudo crujiente llamado *farinha de mandioca* que se usa como condimento, tostado en mantequilla, o se come solo y mezclado con agua en una especie de gachas. En África central, los «palitos» de masa de mandioca fermentada y laminada se cuecen en hojas de plátano.

En África occidental, los copos de mandioca se hierven en agua para preparar unas gachas que se toman como tentempié y a las que llaman *gari*, *garri*, *garry* o *gali*. El *gari* se sirve con azúcar o miel, cacahuetes, anacardos o trozos de coco, o bien en sopas y guisos. En otras partes de África, la mandioca depurada se llama *fufu*, y la harina de fufu puede adquirirse en las tiendas de alimentos africanos de todo el mundo. Algunos pueblos indígenas de América del Sur elaboran bebidas alcohólicas con la mandioca.

Este grabado de 1820 muestra a dos africanos utilizando una prensa especial para extraer el exceso de líquido de la mandioca rallada.

La mandioca es un arbusto alto y leñoso con hojas de color verde oscuro y dispuestas como los dedos de una mano. Las raíces pueden alcanzar los 30 cm de longitud.

Setas

un alimento delicioso pero arriesgado

Aunque son un alimento muy conocido que crece en todas partes, las setas conservan un aura misteriosa y mágica desde que los humanos empezaron a buscar comida.

◁ **Herramienta especializada**
Se han desarrollado útiles especiales, como esta combinación de cuchillo y cepillo, para la recolección de setas.

Las setas han sido temidas por su toxicidad desde hace miles de años. Algunas contienen muscarina, la sustancia tóxica letal que, muy probablemente, mató al emperador romano Claudio en el año 54 d.C. tras comer un plato de hongos servido por su esposa Agripina. Cerca de un 20 % de las especies son tóxicas, pero solo un 1 % resultan mortales y otro 1 % contiene sustancias alucinógenas. Si bien un alto porcentaje de las setas son, en teoría, comestibles, menos del 5 % de las especies tienen un sabor adecuado para el consumo humano.

Las setas son hongos, un grupo de organismos que no son ni plantas ni animales. Las comestibles crecen en el suelo o los árboles, y la parte que se come es, de hecho, el cuerpo fructífero de un organismo microscópico.

La mitología de las setas

La relativa escasez de setas silvestres comestibles ha hecho que se las haya valorado mucho a lo largo de la historia. En la antigua Mesopotamia eran una exquisitez en 1800 a.C., y en el Egipto antiguo se asociaban a la inmortalidad y solo podían comerlas los faraones. Se creía que eran «hijos de dioses» que los relámpagos traían a la Tierra y que eso explicaba por qué, a diferencia de las plantas, podían crecer sin raíces. Para la civilización maya, en la Mesoamérica del siglo I d.C., los efectos alucinógenos de algunas setas eran lo que las convertía en un elemento sagrado de las ceremonias religiosas. Los griegos antiguos vieron el potencial medicinal de los hongos, y tanto ellos como los romanos admiraban el sabor de los boletos (*Boletus edulis*), llamados *porcini* en Italia, en cuya cocina se usan para dar sabor a *risottos* y salsas.

En China, las setas se han utilizado como alimento y como medicina durante miles de años, y los japoneses cultivan setas shiitake sobre madera natural desde hace al menos 2000 años. Sin embargo, en gran parte de Europa, el folclore y la superstición en torno a las setas, y sobre todo a sus propiedades tóxicas, disuadieron de su cultivo, y solo se recogían en sus formas silvestres. Todavía en 1699, el escritor inglés John Evelyn decía que las setas eran «malignas y venenosas».

La conexión francesa

Esta percepción fue cambiando gradualmente a medida que el cultivo de setas se consolidó en Francia. En 1600, el agrónomo francés Olivier de Serres describía

◁ **Sonrientes ante el sacrificio**
En este documento acerca de la cultura azteca, el misionero español Bernardino de Sahagún muestra a las víctimas de un sacrificio inminente sonriendo tras consumir setas sagradas.

CHAMPIÑÓN

Origen
Europa, América
del Norte

Principales productores
China, Italia, EE UU

Nutrientes principales
3 % de hidratos de
carbono, 3 % de
proteínas

Aporta
Vitamina B_2, vitamina B_3

Nombre científico
Agaricus bisporus

◁ **Formas variopintas**
Las setas son hongos
comestibles que se hallan
en una enorme variedad de
formas. Hay que ser un experto
para distinguir entre las
venenosas y las comestibles.

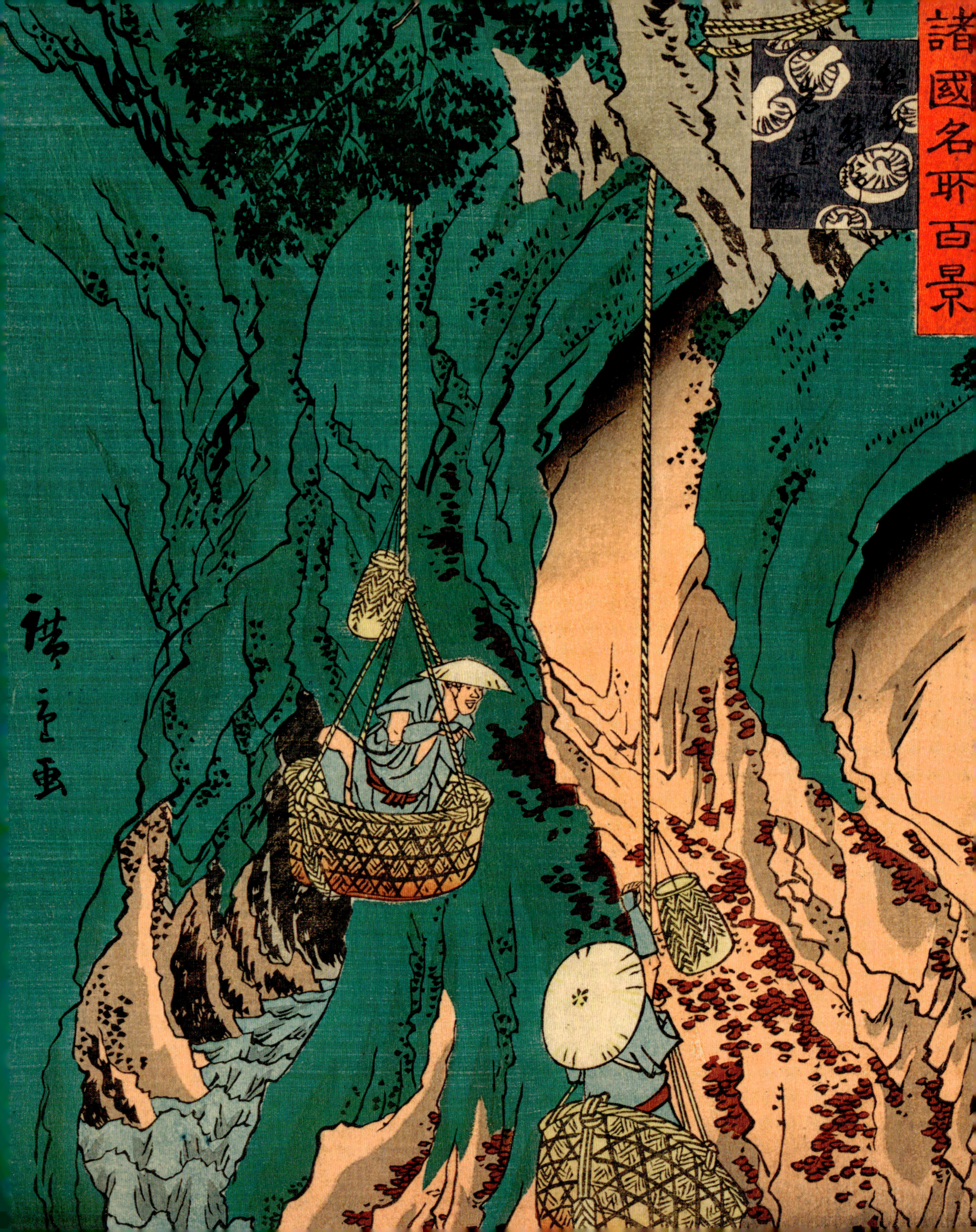

諸國名所百景
廣重画

el cultivo de setas en lechos de tierra mezclada con estiércol. También aparecían en uno de los libros de cocina franceses más influyentes (*Le cuisinier françois*, de Pierre La Varenne, publicado en 1651), aunque casi siempre en recetas para salsas y condimentos.

El cultivo masivo de la seta como ingrediente de pleno derecho empezó casi por accidente cuando, hacia 1650, un agricultor dedicado al cultivo de melones cerca de París descubrió que en el estiércol que utilizaba para abonar sus campos crecían unas setas. Esta nueva *delicatessen* empezó a llenar los restaurantes parisinos, donde le dieron el nombre de *champignon de Paris*, nombre que aún se usa en la actualidad para el *Agaricus bisporus*

«La trufa hace amables a las mujeres y afables a los hombres.»

JEAN ANTHELME BRILLAT-SAVARIN, EN 1825

común. Un siglo y medio después, en torno a 1810, un jardinero parisino llamado Chambry descubrió que podía cultivar setas durante todo el año aprovechando el entorno fresco, húmedo y oscuro de las cavas existentes en y alrededor de París; hacia 1880 había cientos de granjas subterráneas de setas en la ciudad.

Los jardineros de toda Europa descubrieron entonces que las setas eran un cultivo sencillo y muy barato que únicamente necesitaba algo de espacio y estiércol de caballo. Desde Inglaterra, las setas cultivadas llegaron al este de EE UU a mediados del siglo XIX. Las leyendas europeas acerca de las setas venenosas persistieron al principio, pero la influencia de la cocina francesa y de

△ **Actividad subterránea**
Esta ilustración de *The Illustrated London News*, de diciembre de 1869, representa a unos trabajadores cuidando de su cosecha subterránea de setas en una cava en Montrouge, cerca de París.

los inmigrantes amantes de las setas, como los italianos y los chinos, creció hasta tal punto que, en 1899, la cocinera y naturalista estadounidense Kate Sargeant pudo publicar *One hundred mushroom receipts* («Cien recetas con setas»), libro en el que afirmaba que «pronto, la opinión pública reconocerá que […] la gran mayoría de las setas son […] no solo comestibles, sino muy nutritivas». Actualmente, solo China cultiva más setas que EE UU, donde el estado de Pensilvania es el responsable del 60 % de la producción del país.

Una cara exquisitez

En todo el mundo se cultivan setas como el champiñón blanco o el Portobello a escala industrial, por lo que se han convertido en un alimento disponible y barato. Sin embargo, hay un tipo de hongo comestible, la trufa, que sigue siendo una exquisitez muy cara, que han de «cazar» perros o, en ocasiones, cerdos. Se desentierran de su hábitat subterráneo, hasta 30 cm bajo el suelo, entre las raíces de árboles como hayas, castaños y, sobre todo, encinas (carrascas) y robles. Su uso como comida aparece por primera vez registrado en inscripciones sumerias

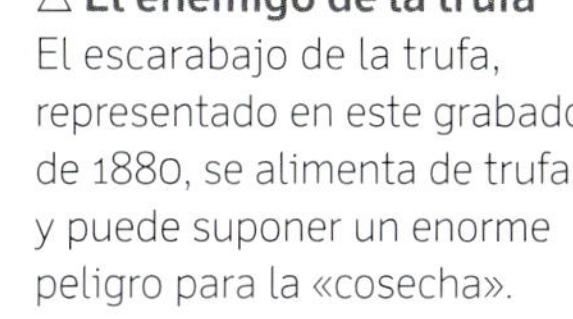

△ **El enemigo de la trufa**
El escarabajo de la trufa, representado en este grabado de 1880, se alimenta de trufas y puede suponer un enorme peligro para la «cosecha».

de aproximadamente el siglo XX a.C. Desde entonces, la trufa ha sido un manjar apreciado por griegos, romanos, príncipes del Renacimiento y gastrónomos de todas las épocas. Hay varias variedades de trufa, como la trufa negra (*Tuber melanosporum* y *T. aestivum*) y la trufa blanca (*T. magnatum*), la más cara de todas, que se halla sobre todo en el Piamonte, en el noroeste de Italia.

Berenjenas

un regalo de Asia

Aunque es un ingrediente básico en la cocina mediterránea, la morada y brillante berenjena viene de mucho más lejos: procede de Asia, donde existen múltiples variedades.

En la Europa medieval se creía que la berenjena tenía propiedades afrodisíacas o que era venenosa. Pertenece a la misma familia (solanáceas) que las patatas, los tomates, los pimientos y la belladona, y, aunque en la cocina se utiliza como verdura, es la fruta de un arbusto alto y de flores moradas o blancas. La propia fruta puede variar de tamaño, forma y color, desde la variedad regordeta y morada más conocida en Occidente a las variedades

△ **Tiempo de cosecha**
Il libro de Casa Cerruti, un manuscrito iluminado italiano del siglo XIV, contiene una de las primeras representaciones europeas de la berenjena.

rojas, amarillas y verdes de India, las italianas a rayas blancas y moradas y las chinas, muy alargadas. En inglés reciben el nombre de *eggplant* («planta del huevo»), por una variedad antigua de color blanco y con forma de huevo de cisne o de ganso. Se cree que las berenjenas se empezaron a cultivar en lo que hoy son India, Myanmar y China a partir de una variedad silvestre,

pero los estudios más recientes apuntan a la posibilidad de que también se cultivaran berenjenas en la región del Sureste Asiático que hoy conocemos como Malasia. Las berenjenas aparecen en textos sánscritos de hace unos 2000 años y también en el manual agrícola chino del siglo V llamado *Ts'I Min Yao Shu*.

En el siglo VII, los ejércitos árabes que regresaban de India y Persia llevaban berenjenas, las cuales introdujeron en la península Ibérica, desde donde, durante los siglos siguientes, llegaron al resto de Europa, a África y, al final, a América del Norte y el Caribe.

Atractivas en todo el mundo

Actualmente, las berenjenas son especialmente populares en la cocina del sur de Europa, así como en Oriente Próximo y Asia. La célebre musaca griega se compone

En África occidental llaman a la berenjena «huevo de jardín».

de capas de berenjena laminada, al igual que la *melanzane parmigiana* italiana. Algunos platos a base de berenjenas rellenas son el griego *paputsakia* (que significa «zapatitos») o el turco *imam bayildi* («imam desmayado»). El puré de berenjena es el ingrediente principal de la *melitzana salata*, la salsa para untar omnipresente en los menús de las tabernas griegas, y el *baba ganush*, una salsa popular en Oriente Próximo, se prepara con berenjena asada y ahumada. En India son populares los platos de curri con berenjena, como el *brinjal bhaji* o el *baingan ka bhurta*, del Punjab. Los japoneses comen *nasu dengaku* (berenjena glaseada con miso), y los chinos suelen comerla sofrita.

△ **La elección del chef**
Hay berenjenas de muchos colores. Esta variedad morada con rayas blancas tiene una pulpa dulce y delicada, por lo que es una de las preferidas por los cocineros.

Origen
Sur de Asia

Principales productores
China, India, Egipto

Nutriente principal
6 % de hidratos de carbono

Aportan
Potasio

Nombre científico
Solanum melongena

Pimientos chiles dóciles

Los pimientos pertenecen al género *Capsicum*, al igual que sus primos los chiles, que pueden ser muy picantes. Una modificación genética hace que los pimientos «dulces» carezcan de la sustancia química que hace que los chiles ardan en la boca.

Los pimientos son una solanácea, como las berenjenas, y, junto con los chiles, pertenecen a la rama *Capsicum* de la familia. A veces, los nombres de las plantas de este grupo (chile, pimiento, ñora, guindilla, pimentón, ají…) se usan indistintamente, lo que puede resultar confuso. No obstante, el término «pimiento» a secas suele aludir a la variedad de sabor más suave y forma relativamente cúbica. Es la única que no posee capsaicina, la sustancia que da el sabor picante a las demás.

La historia de un descubrimiento

La arqueología ha revelado que las antiguas civilizaciones mesoamericanas ya cultivaban una variedad de pimiento. Y, aunque Cristóbal Colón descubrió que en el Caribe se consumían pimientos picantes (chiles), la primera mención específica del pimiento dulce data de 1699, cuando Lionel Wafer, cirujano y bucanero en un barco inglés, escribió sobre los pimientos que vio en Panamá.

◁ **Verde que te quiero verde**
Esta etiqueta de la década de 1940 es de pimientos cultivados en Florida (EE UU), estado que sigue siendo un importante productor de esta verdura.

Atractivo global

Aunque la historia del pimiento es poco clara, se considera que llegó a Europa en barcos españoles, portugueses y de otros colonos europeos a partir del siglo XVI. En 1774, Edward Long, el dueño de una plantación británica en Jamaica, enumeró las nueve variedades de *Capsicum* que se cultivaban en Jamaica; detalló que «el pimiento morrón es el más adecuado para los encurtidos». En la actualidad, todo tipo de pimientos se usan en prácticamente todas las cocinas del mundo, ya sean crudos, asados, en guisos y estofados o rellenos. En la cocina asiática se suelen añadir a los platos salteados.

△ **Forma característica**
También llamado pimentón, el pimiento morrón presenta una característica forma chata y acampanada.

Origen
América Central

Principales productores
China, México, Indonesia

Nutriente principal
5 % de hidratos de carbono

Aportan
Vitamina A, vitamina C

Nombre científico
Capsicum annuum

▽ **Colgados**
Parte de la producción de pimientos se secan para cuando no hay pimientos frescos disponibles o para usos culinarios específicos.

△ **Una curiosidad exótica**
En los siglos XVI y XVII, los tomates eran plantas exóticas que se cultivaban también con fines ornamentales. Esta ilustración es del botánico alemán Basilius Besler.

Tomates la «manzana dorada» azteca

Desde el Nuevo Mundo, los españoles trajeron el tomate al Viejo Mundo, que lo recibió con suspicacia antes de que transformara la alimentación del mundo entero.

Se cree que la palabra «tomate» procede del azteca o náhuatl *tomatl*. Para los italianos del siglo XVI, el tomate era un *pomo d'oro* («manzana de oro»), y para los habitantes de la Provenza, una *pomme d'amour* («manzana de amor»). Llamemos como llamemos a esta verdura (o, para ser correctos, fruta), el tomate se ha convertido en uno de los ingredientes más populares y versátiles de casi todas las cocinas del mundo.

Del Nuevo Mundo al mundo entero

El tomate era una planta herbácea silvestre de la misma familia que la patata y la belladona, procedente de los altiplanos andinos de los actuales Perú y Ecuador. Desde allí, viajó hacia el norte y, hacia el año 700, se empezó a cultivar en México, donde se convirtió en un cultivo importante para los aztecas, el pueblo nativo de la región.

Cuando los conquistadores españoles llegaron a México a principios del siglo XVI, vieron tomates de todas las formas, tamaños y colores apilados en el mercado de la ciudad azteca de Tlatelolco, tal y como refirió Bernardino de Sahagún, misionero franciscano y etnógrafo: «[Hay] muchas variedades distintas […] tomates amarillos, rojos y otros muy maduros».

Los tomates llegaron a Europa en algún momento de mediados del siglo XVI, de manos de los españoles. La fruta se menciona en una obra del año 1544 del médico y botánico italiano Pietro Andrea Mattioli, que describió un nuevo tipo de berenjenas, «aplastadas como manzanas rojas y compuestas por segmentos, primero verdes y luego doradas cuando maduran».

En la década de 1550, los tomates ya habían llegado a Alemania y los Países Bajos; y, al mismo tiempo, los exploradores portugueses los llevaron hasta India, donde no tardaron en volverse omnipresentes y se introdujeron en platos indios típicos, como el *sambar*, el *matar paneer* y las carnes *vindaloo* (nombre que proviene del de la marinada portuguesa *vinha d'ahlos*, de vino

△ **Gran variedad**
Hay 7500 variedades de tomate con una amplia gama de colores, formas y tamaños, desde los cherry, pequeños y dulces, hasta los grandes corazón de buey.

◁ **Cromo**
El cultivo de tomates en el sur de Francia quedó plasmado en uno de los célebres cromos coleccionables emitidos entre 1870 y 1975 por la empresa Liebig, fabricante de extracto de carne.

Origen
América del Sur

Principales productores
China, India, EE UU

Nutriente principal
4 % de hidratos de carbono

Aportan
Vitamina C, potasio

Nombre científico
Solanum lycopersicum

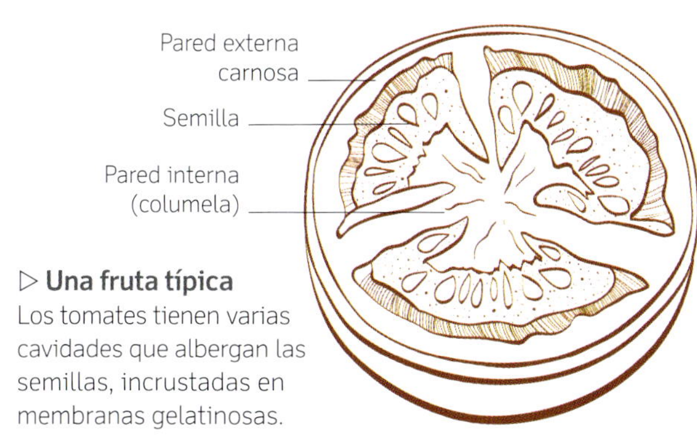

▷ **Una fruta típica**
Los tomates tienen varias cavidades que albergan las semillas, incrustadas en membranas gelatinosas.

«[…] apenas nutren el cuerpo, y son inútiles y corruptos.»

JOHN GERARD, *THE HERBALL* (1597)

y ajos). De manera algo sorprendente, dada su cocina de ensaladas, kebabs y salsas multicolores, Oriente Próximo no empezó a cultivar tomates hasta principios del siglo XIX, cuando lo introdujo John Barker, cónsul británico en la ciudad siria de Alepo y gran aficionado a la horticultura.

Recibido con precaución

En Europa, al principio, el tomate atrajo más interés como planta ornamental o medicinal que como alimento, porque, como le había sucedido a su prima la patata, se pensaba que era venenoso. En su *The herball*, de 1597, el botánico inglés John Gerard describió el tomate como «de un sabor rancio y apestoso», y esta opinión negativa prevaleció en el norte de Europa y en las colonias norteamericanas durante los dos siglos siguientes. En cambio, en el Mediterráneo, y sobre todo en España e Italia, cuyos climas eran más adecuados para su cultivo, el tomate se convirtió en un ingrediente básico en la cocina, donde lo hervían con pimienta, sal y aceite. El libro de cocina *Lo scalco alla moderna* («El camarero moderno»), que el cocinero y camarero italiano Antonio Latini publicó en 1692, recoge una primera receta de salsa de tomate «*alla spagnuola*».

Durante la Tomatina de Buñol (España) se arrojan unas cien toneladas de tomates maduros.

◁ **Todo está en la salsa**
La empresa Heinz, de Pittsburgh (Pensilvania), lanzó su ahora emblemática botella octogonal de cristal para el kétchup de tomate en 1890.

En el siglo XIX, en Nápoles, la tradición local de añadir tomate al pan sin levadura se transformó en la comida callejera que ahora llamamos pizza.

La aprobación del presidente

En América del Norte, Thomas Jefferson, el padre fundador y tercer presidente de EE UU, registró que había plantado tomates en sus célebres huertos de Monticello, en Virginia, entre 1809 y 1824. Dos innovaciones estadounidenses en el procesamiento del tomate fueron clave para su popularización mundial. La primera receta de kétchup data de 1801, cuando los estadounidenses aún no consumían tomates frescos. En 1876, la empresa de procesamiento de alimentos Heinz lanzó su famoso kétchup de tomate, el más consumido en EE UU y Europa. En 1897, el tomate recibió otro gran impulso cuando el excomerciante de fruta Joseph Campbell lanzó su célebre sopa de tomate concentrada.

En la actualidad, el tomate se come fresco en ensaladas, cocinado en una amplia variedad de platos y procesado en sopas enlatadas, zumos e infinidad de alimentos preparados. El tomate sigue siendo un alimento básico en la dieta mediterránea y en algunos platos emblemáticos como el gazpacho y el salmorejo españoles, los espaguetis al *pomodoro* italianos, la *ratatouille* francesa o los *yemistes domates* (tomates rellenos) griegos. Incluso China, que no empezó a cultivar tomates hasta hace unos cien años, los ha acabado integrando en su cocina y los añade a sopas, ensaladas y salteados. Hoy en día, China produce más del 30 % de la cosecha mundial de tomate.

◁ **Cosecha mecanizada**
En la década de 1960, y después de varios intentos fallidos, el agricultor Jack Hanna y el ingeniero Coby Lorenzen inventaron una máquina capaz de cosechar los colosales cultivos de tomate de California.

Una fruta omnipresente
Tras unos tímidos inicios, Italia desarrolló una gran pasión por el tomate, sobre todo en el sur. Aquí, cestos de tomates cubren la plaza de Agrigento (Sicilia).

Aguacates una fruta con raíces aztecas

Hace más de 10 000 años, los pueblos de México y del resto de Mesoamérica recolectaban y comían la fruta de los aguacateros, y no pasó mucho tiempo antes de que empezaran a cultivar este alimento sabroso y rico en grasas.

Origen
América Central

Principales productores
México, República Dominicana, Perú

Nutriente principal
15 % de grasas

Aportan
Vitamina E, potasio

Usos no alimentarios
Cosmética

Nombre científico
Persea americana

▷ **Aguacate californiano**
San Diego (California) es la capital estadounidense del aguacate. Un solo aguacatero californiano produce unos 500 aguacates al año.

El nombre del aguacate procede del náhuatl *ahuacatl*, que significa testículo y alude a la forma del fruto. Las primeras evidencias del consumo humano de aguacates son las semillas, o huesos, que se han hallado en la cueva de Coxcatlán, en el valle de Tehuacán (México), y que datan de hacia 8000 a.C. La pulpa verde del aguacate es muy rica en aceite, por lo que esta fruta tuvo que constituir una valiosa aportación a la dieta prehistórica. El cultivo del aguacate llegó poco después, cuando se empezaron a plantar aguacates en México y el resto de Mesoamérica. Cuando Cristóbal Colón llegó a América del Sur en 1492, los aguacates se consumían hasta en Perú, mucho más al sur. Hoy, México es el primer productor mundial de aguacates, que también son un cultivo importante en la República Dominicana, Perú, Indonesia y el estado de California (EE UU).

Dulce o salado

Con su sabor sutil, su pulpa mantecosa y su alto contenido en nutrientes, el aguacate ha experimentado un auge de popularidad en los últimos años. Se siguen hallando nuevos e imaginativos modos de consumirlo;

▷ **La fruta de la amistad**
En el siglo XVI, los tlaxcaltecas de Mesoamérica recibieron a los conquistadores españoles con cestas de aguacates y otros productos locales.

«Pera de cocodrilo» es otro nombre que recibía el aguacate.

y, aunque quizá se lo conozca sobre todo por ser el ingrediente principal del guacamole, en Latinoamérica se siguen usando aguacates para aderezar el chapín guatemalteco (salchicha con col y crema de aguacate) y el ajiaco colombiano (sopa de pollo y patata).

Pepinos
el preferido del emperador

Las civilizaciones antiguas ya disfrutaban del pepino: la historia de su cultivo se remonta a la Antigüedad y está marcada por algunos altibajos de popularidad.

El pepino es el fruto de una planta rastrera nativa del sur de India, donde se cultiva desde hace más de 3000 años. También se cultivaba en el antiguo Egipto, y en la Grecia y la Roma antiguas se usaba para tratar las picaduras de serpiente y la miopía y para ahuyentar a las ratas. Al parecer, el emperador Tiberio comía pepinos a diario.

El pepino pasó de moda en Europa tras la caída del Imperio romano en 476 d.C., pero reapareció en el siglo VIII en la corte de Carlomagno, rey de los francos, que ordenó que se cultivara en sus territorios. Los tramperos europeos lo introdujeron en América del Norte, y, en 1535, el navegante francés Jacques Cartier escribió que se cultivaban «pepinos muy grandes» en lo que hoy es Montreal (Canadá).

Sabor a verano
El pepino llegó a Inglaterra en el siglo XIV. Cuatro siglos después, los emparedados con láminas de pepino causaron furor entre la alta sociedad británica. Hoy, los pepinos aparecen en ensaladas, sopas y salsas para untar. Es común verlos mezclados con yogur en platos como el *mast-o-khiar* persa, el *raita* indio o el *tzatziki* griego. También son populares encurtidos en salmuera o en vinagre, a veces aromatizados con eneldo.

△ **Encurtidos**
Hacia 1900, Heinz vendía grandes cantidades de pepinos encurtidos. En EE UU eran un acompañamiento popular para embutidos y quesos.

Origen
Sur de India

Principales productores
China, Turquía, Irán

Nutriente principal
4 % de hidratos de carbono

Aportan
Vitamina K

Usos no alimentarios
Cosmética

Nombre científico
Cucumis sativus

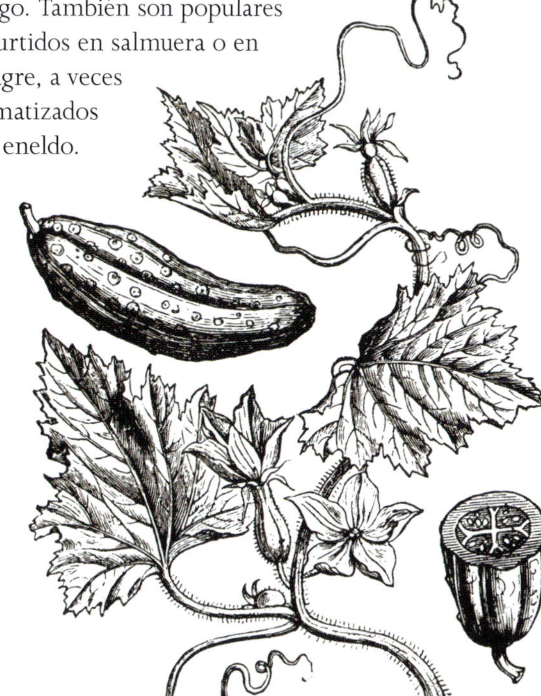

◁ **Una rastrera gloriosa**
Este grabado de un pepino muestra el tallo, las hojas, las flores, el fruto y los largos zarcillos de la planta.

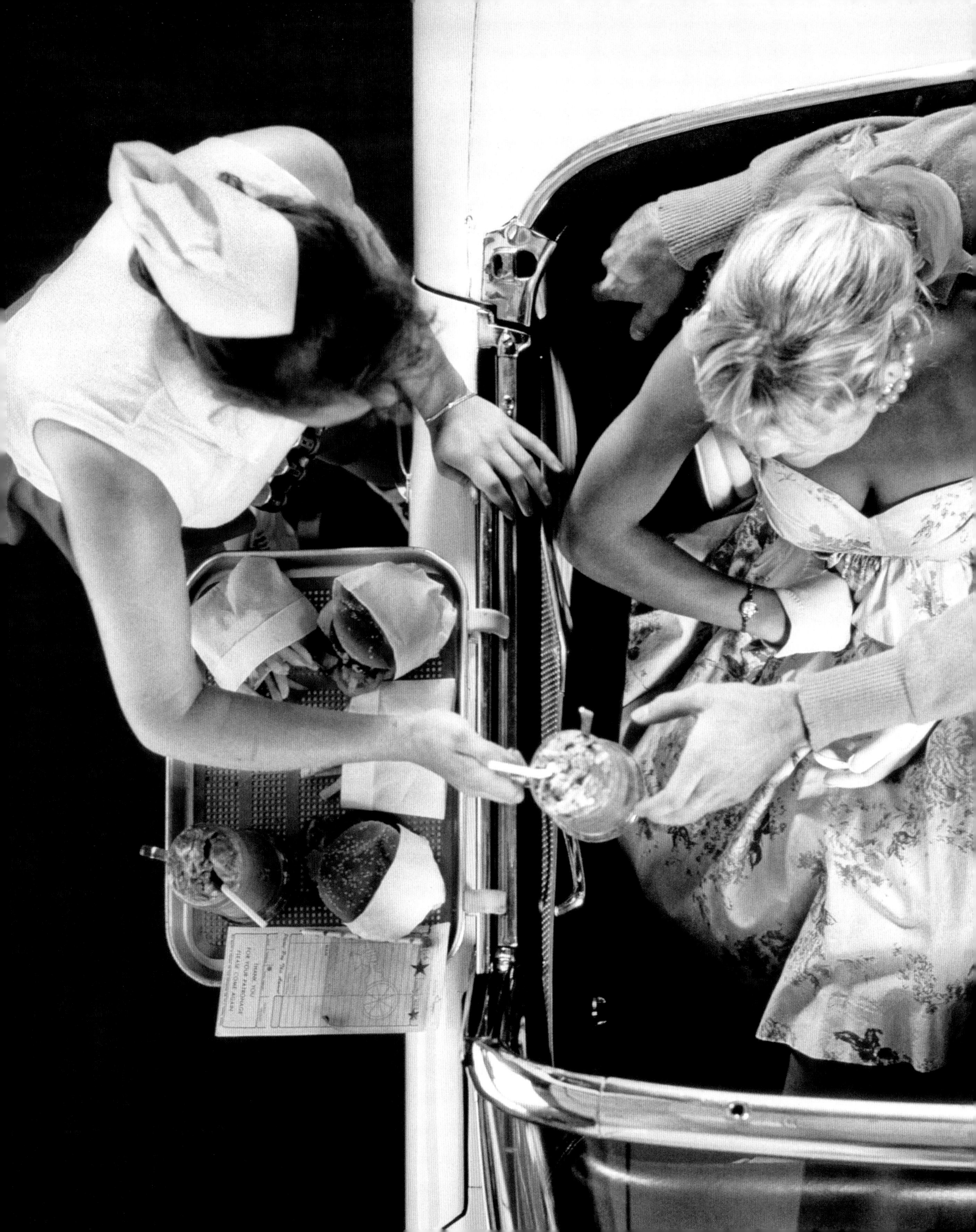

Comida rápida

La mejor definición de comida rápida, un fenómeno culinario y cultural universal, es la de comida barata que se compra rápidamente y se come sobre la marcha. Inició su expansión mundial en 1921, en el Medio Oeste estadounidense, cuando Walt Anderson –que en 1916 inauguró su primera cafetería-restaurante en un tranvía reformado en Wichita (Arkansas)– y el vendedor de seguros y agente inmobiliario Billy Ingram abrieron una hamburguesería White Star. Luego se expandieron a otras ciudades, y crearon la primera cadena de comida rápida de EE UU. Los registros muestran que, en 1941, White Star ya había vendido más de 50 millones de hamburguesas a no más de 10 centavos la unidad.

Otros siguieron el camino de Anderson e Ingram. McDonald's abrió sus puertas en 1940, cuando los hermanos Richard y Maurice McDonald inauguraron su primer restaurante con *drive-in* en San Bernardino (California). Fue el principio de la que sería la marca de comida más famosa del mundo. Su principal producto era la carne a la barbacoa, pero los hermanos variaron el negocio al observar que las ventas de hamburguesas superaban las del resto de productos ofrecidos. En 1948 diseñaron un menú en el que ofrecían hamburguesa, hamburguesa con queso, patatas fritas y tres tipos de refresco, además de batidos, leche y café. Habían dado con una fórmula ganadora. McDonald's se expandió rápidamente, sobre todo cuando empezó a conceder franquicias a otros aspirantes a restauradores.

La comida rápida despegó muy deprisa. El coronel Harlan Sanders empezó a franquiciar sus restaurantes de pollo frito en 1952 (la cadena Kentucky Fried Chicken). Burger King abrió en 1953 en Jacksonville (Florida). Taco Bell popularizó una versión de comida mexicana adaptada al gusto estadounidense, y Pizza Hut y Domino's hicieron lo mismo con la pizza. Pete's Super Submarines se acabaría convirtiendo en Subway, que es la cadena de bocadillos líder en el mundo.

◁ **Comer sobre la marcha**
Los restaurantes con *drive-in* aparecieron en la década de 1920 en EE UU, aprovechando el auge de los automóviles. En la década de 1960, eran uno de los recursos de muchas cadenas de comida rápida.

Guisantes y vainas

dulces semillas verdes de ancestral versatilidad

Técnicamente, los guisantes y las judías verdes son frutas, no verduras, y se empezaron a cultivar en Oriente Próximo y América, respectivamente. Hoy se cultivan y se consumen en todos los continentes, a excepción de la Antártida.

Uno de los primeros alimentos que se cultivaron tras la aparición de la agricultura en Oriente Próximo fueron los guisantes (*Pisum sativum*). Hay evidencias arqueológicas de su cultivo en Siria hacia 5000 a.C. Como los guisantes silvestres tienen cáscaras (o vainas) duras y con un periodo de maduración muy prolongado, las semillas comestibles maduran en momentos diferentes y su cosecha es muy difícil. Se cultivaron variedades con vainas más blandas y permeables al agua, como los tirabeques, que facilitaban que las semillas maduraran al mismo tiempo que estas.

Historia de las judías verdes

En América existía otro tipo de vaina, la judía (*Phaseolus vulgaris*), de la que tanto la vaina como las semillas eran comestibles. Las judías verdes se empezaron a cultivar independientemente en los Andes peruanos (hacia 6000 a.C.) y en México (hacia 5000 a.C.), desde donde llegaron a otras zonas de América gracias a las tribus indias migrantes. Cristóbal Colón llevó

GUISANTE

Origen
Oriente Próximo

Principales productores
China, India, Canadá

Nutriente principal
14 % de hidratos
de carbono

Aporta
Vitamina A, vitamina B$_6$,
vitamina C, vitamina K

Nombre científico
Pisum sativum

◁ **Cometodo**
Las vainas del guisante de nieve o del tirabeque, con sus guisantes diminutos, se comen enteras (crudas o cocinadas), preferentemente retirando los filamentos longitudinales.

▽ **¡Desenvainen!**
Los guisantes comunes crecen en vainas no comestibles, a diferencia de otras variedades, como los tirabeques.

las judías a Europa tras su segundo viaje al Nuevo Mundo en 1493. Se extendieron por el Mediterráneo, y ya se cultivaban en Italia, Grecia y Turquía en el siglo XVII. Cuando los europeos colonizaron América del Norte, incluyeron las judías en la primera cena de Acción de Gracias en 1621.

De secas a frescas

Durante miles de años, las judías y los guisantes se secaban tras la cosecha y no se consumían en su estado verde inmaduro. Como alimento almacenado aportaban proteínas y vitaminas cruciales en las épocas en las que escaseaban otros productos vegetales. La sopa de guisantes, que se preparaba con guisantes secos, era un plato popular en la Grecia antigua, y el dramaturgo Aristófanes la menciona en su obra *Las aves*: se burla del héroe Hércules, que sufre gases tras comer demasiada. En la Europa medieval, las pastas de guisantes como el *pease pudding* (Inglaterra) y la *ärtsoppa* (Suecia) se convirtieron en platos básicos de la alimentación campesina. Las primeras referencias al consumo de guisantes frescos datan del siglo XII, aunque

◁ **Estructura de apoyo**
Una mujer dispone unas ramas en su huerto para formar lo que podría ser un tutor para guisantes.

eran un manjar muy caro, porque había que cosecharlos cuando aún eran muy jóvenes. Se dice que, en el siglo XVI, la florentina Catalina de Médicis llevó a Francia unos diminutos guisantes verdes. Estos *piselli novelli*, o guisantes nuevos, encantaron a la aristocracia francesa, que comenzó a llamarlos *petits pois*. Otra exquisitez, desarrollada en los Países Bajos a principios del siglo XVII, fue el guisante de nieve, cuya vaina es comestible. Los guisantes «frescos» no estuvieron disponibles de forma generalizada hasta el desarrollo de nuevas técnicas de enlatado, en el siglo XIX, y la invención, por el estadounidense Clarence Birdseye, de técnicas de congelado de alimentos, en la década de 1920.

△ **Venta de semillas**
Ilustración de un catálogo de principios del siglo XX que alude al refrán inglés sobre las parejas que son «como dos guisantes en una vaina».

Signo de los tiempos
La recolección de calabazas es
una escena otoñal habitual en
EE UU, donde se utilizan para
elaborar tartas, pan y estofados
en Acción de Gracias, o bien
para tallarlas en forma de
lámparas en Halloween.

Calabazas

el símbolo norteamericano de la supervivencia

Las calabazas, esenciales en la celebración estadounidense del día de Acción de Gracias, recorrieron un largo camino desde sus raíces mexicanas hasta ser parte de platos dulces y salados de todo el mundo.

△ **Comida y cultura**
Un recipiente de cerámica (*c.* 600 a.C.–600 d.C.) con forma de calabaza demuestra la enorme importancia de este alimento en la cultura colima de México.

La calabaza es una fruta cuyo peso puede oscilar desde los 30 g hasta los 20 kg, y pertenece a la vasta familia de plantas rastreras cucurbitáceas, que incluye también el pepino, el melón y la sandía. En concreto, forma parte del género *Cucurbita*, que, pese a ser relativamente pequeño, ha producido docenas de variedades cultivadas, sobre todo de la especie *C. pepo*, como el calabacín, la calabaza Pattypan, la de verano o la almizclera (o cabello de ángel). Otras especies de *Cucurbita* son la *C. maxima*, originaria de Bolivia y que produce las calabazas de mayor tamaño de la especie, y la *C. moschata*, que medra en regiones cálidas y húmedas, como su América Central original, e incluye variedades como la calabaza moscada o la Butternut.

Las calabazas presentan múltiples formas, tamaños y colores. Se cultivan en todo el mundo, y los primeros productores mundiales (India, Rusia, Irán, EE UU y China) generan aproximadamente un 30 % de los más de 25 millones de toneladas métricas que se cosechan cada año.

Un árbol genealógico disperso

Las calabazas se originaron en el sur de México y se extendieron hacia América del Sur y hacia el norte, hasta el sur de EE UU. A finales de la década de 1960 se encontraron restos de tallos y semillas de *C. pepo* en una pequeña cueva prehistórica del valle de Oaxaca, en las tierras altas occidentales de México, que estuvo habitada durante casi 10 000 años. La *C. pepo* prefiere entornos fríos y secos, y se cree que los agricultores usaban la cueva a finales de la estación de lluvias o a principios de la estación seca. En Perú, los arqueólogos han encontrado una serie de evidencias de *C. moschata* que se remontan a 4000–3000 a.C., y, en yacimientos mexicanos, otras que se remontan a 1440 a.C. En el estado de Missouri se han hallado restos de semillas de calabazas de verano de hace 5000 años.

Las tres hermanas

Junto al maíz y las judías, las calabazas formaban un trío de alimentos básicos, conocido como «las tres hermanas», que los indios americanos cultivaban y consumían antes de la llegada de los europeos. Los tres cultivos compartían el mismo terreno: los tallos de maíz eran los tutores por los que trepaban las judías; las judías aumentaban el nivel de nitrógeno del suelo para las otras plantas, y las hojas de las calabazas rastreras daban sombra al terreno, manteniéndolo frío y húmedo, y dificultaban la aparición de malas hierbas. Es probable que, antes de que los europeos llegaran a la costa americana a finales del siglo XV, se hubieran cultivado al menos cinco especies de calabaza, y que fueran de las primeras plantas en ser cultivadas en el Nuevo Mundo.

Los indios americanos de la época consumían las calabazas de un modo muy similar a como lo hacemos ahora: frescas, troceadas en sopas y guisos, asadas y enteras, laminadas y secadas en tiras para conservarlas durante el

> ## «Comemos calabazas por la mañana, calabazas a mediodía…»
>
> **VERSO DE LOS PADRES PEREGRINOS** (*c.* 1630)

◁ **Desparrame**
La planta de la calabaza tiende tallos rastreros a partir de los que se forman flores y, al final, el fruto.

CALABAZA

Origen
México

Principales productores
China, India, Rusia

Nutriente principal
8 % de hidratos de carbono

Aporta
Hierro, vitamina A

Nombre científico
Cucurbita pepo

▽ **En África**
En el siglo XIX, la calabaza era habitual en algunas partes de África, como en Zululandia.

En 2016, el belga Mathias Willemijns cultivó la calabaza más pesada de la historia, de 1190,5 kg.

invierno o molidas en harina. Hervían y comían la pulpa (a veces también las semillas) y se cree que las flores también se añadían a los guisos o se secaban para su posterior uso. Las semillas se usaban como medicina, y las cáscaras secas, como cuencos y contenedores donde guardar cereales, legumbres y semillas. La tribu patuxet de Massachusetts enseñó a plantar calabazas a los Padres Peregrinos que colonizaron Plymouth en 1620, aunque, al principio, estos las encontraron demasiado fibrosas. Los primeros colonos también asimilaron la palabra *asquutasquash* («se come cruda»), usada por los narragansett, otra tribu de Nueva Inglaterra, y acuñaron el término «*squash*» para ese nuevo alimento.

La llegada a Europa

Cuando la calabaza llegó a Europa desde América en el siglo XVI, no se la consideró apta para el consumo humano y se utilizó para alimentar a los cerdos. El frío clima y una temporada de crecimiento demasiado corta impidió que su cultivo se generalizara en el norte de Europa,

▽ **Todo queda en la familia**
Esta exposición de verduras del género *Cucurbita* incluye muchos tipos de calabazas y calabacines, que pertenecen a la misma familia.

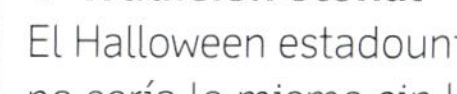

◁ **Una cosecha de bulto**
Unos campesinos recogen calabazas enormes en esta escena agrícola del siglo XIX.

pero sí se popularizó en Francia, Italia y Europa central, de climas más templados. Las paredes de la renacentista Villa Farnesina, en Roma, están adornadas con festones de frutas, flores y verduras, incluidas las especies del Nuevo Mundo, pintados por Giovanni Martini da Udine. Las calabazas, junto a otras plantas americanas como el maíz, los chiles y las judías verdes, aparecen en *De historia stirpium*, herbario publicado por el médico y botánico alemán Leonhart Fuchs en 1542, pero figura como planta medicinal, y no como comida.

Marineros portugueses llevaron la calabaza a Extremo Oriente en la década de 1540. La llamaron *Cambodia abóbora*, que los japoneses abreviaron como *kabocha*. Desde allí, la calabaza llegó a China, país que desarrolló sus propios híbridos, como la calabaza cabello de ángel en la década de 1890, cuyas semillas realizaron el trayecto inverso en la década de 1930, y llegaron a América desde Japón.

La calabaza en la cocina

Las calabazas y otras cucurbitáceas son un alimento popular en todo el mundo. La pulpa se puede asar, hacer al vapor, hervir, laminar, rebozar y freír, como en el *kabocha tempura* (Japón); también se hace rellena, salteada, en croquetas, en guisos o sopas (como la francesa *soupe au potiron*), se transforma en tartas saladas (como los *kolokotes* de Chipre) y se utiliza como relleno de raviolis (Italia). En India, la pulpa se cuece con mantequilla, azúcar y especias para preparar el popular *kaddu ka halwa*; y, en la región china de Guangxi, las hojas de calabaza se comen como verdura cocida o en sopas.

Halloween y Acción de Gracias

Las calabazas ocupan un lugar muy especial en la cultura estadounidense. La palabra inglesa, *pumpkin*, con la que se suele aludir a la conocida calabaza naranja y de gran tamaño que se usa para tallar linternas, procede del inglés antiguo *pumpion*, que, a su vez, procede del francés antiguo *pompon*. El pastel de calabaza es uno de los platos favoritos en Acción de Gracias, y es popular desde la era de los primeros colonos: consistía en una calabaza madura rellena de fruta, azúcar, especias y leche (que se añadían por un agujero hecho en la parte superior) y asada sobre brasas. Los registros del primer festín de Acción de Gracias en 1621 revelan que la comida de celebración se prolongó varios días e incluyó calabaza, venado, marisco, anguilas, aves acuáticas, pavo, maíz y judías. El chef francés del siglo XVII Pierre La Varenne ideó la primera receta conocida de una tarta de calabaza con costra en *Le pâtissier françois*, de 1653; pero, en EE UU, no se preparó un postre parecido a la tarta de calabaza actual hasta 1796.

▽ **Tradición otoñal**
El Halloween estadounidense no sería lo mismo sin las lámparas de calabaza.

Frutas

Frutas

Mucho antes de que se cultivaran frutas, los pueblos prehistóricos recolectaban bayas silvestres y otros frutos, y los comían tal como los encontraban. No se sabe cuándo comenzó su cultivo, pues los restos arqueológicos son escasos y, hasta hoy, consisten sobre todo en huesos de frutas y semillas. Sin embargo, la arqueología botánica ha descubierto indicios de que el cultivo de frutas en Borneo y otros lugares de Asia data de hace más de 6000 años. Las características de esas antiguas frutas y lo agrias o amargas que pudieran ser son cuestiones muy discutidas, pero la percepción de los sabores por parte de los pueblos prehistóricos sin azúcar en su dieta debió de ser muy distinta de la que tenemos hoy. Por otro lado, las frutas de climas cálidos y soleados habrían producido más azúcares naturales.

Los primeros injertos

En la Edad del Bronce, que comenzó en varias partes del mundo aproximadamente entre 3000 y 1900 a.C., se cultivaban ya en la zona del mar Egeo frutas como la uva, el higo, el dátil o la aceituna, que se podían reproducir por medio de esquejes. Los frutales que han crecido a partir de semillas a menudo se diferencian de los árboles de las que estas proceden en cuanto al sabor de sus frutos; así, el injerto y la poda se desarrollaron con el objetivo de lograr sabores más uniformes. Parece que ambas técnicas se usaron en China y Oriente Próximo desde tiempos muy antiguos, pero no fueron habituales en Europa hasta la época clásica. Sin duda, en la Grecia clásica se realizaban hibridaciones, ya que Plinio el Viejo escribió que ningún árbol había sido cruzado con tanto ingenio como el ciruelo. En la misma época se hacían injertos de *Ceratonia siliqua*, el algarrobo, cuyas vainas eran muy estimadas por el sirope pegajoso que producían, usado para hacer dulces.

Los persas confeccionaban unos dulces hechos de gelatina de frutas, que con el tiempo darían lugar a las delicias turcas, y daban un contraste ácido a sus platos de carne usando albaricoques, limones y naranjas, idea que adoptaron las tribus árabes. Algunas frutas se conservaban en miel, mientras que otras, como la uva, se desecaban al sol. Las pasas de Corinto, así llamadas por el nombre del puerto en el que se embarcaban, se obtenían desecando una

▽ **Tecnología asiria**
Un sofisticado sistema de canales de irrigación permitió a los asirios cultivar uvas, higos y granadas en la antigua urbe de Nínive desde el siglo IX a.C.

△ **Vino del Nilo**
Desde *c.* 3000 a.C., en el delta del Nilo se cultivaron vides y se produjo vino. Se cree que la mayor parte de ese vino era tinto.

▷ **Perlas de Uzbekistán**
En Samarcanda, los melones son un artículo a la venta desde hace unos 2000 años. Sacian la sed y aportan energía en forma de fructosa.

variedad de uvas pequeñas que se cultivaban desde hacía unos 2000 años. Estas pasas fueron un artículo comercial importante, mencionado ya en manuscritos medievales del siglo XV.

Un jardín de naranjos

Uno de los «huertos urbanos» más antiguos de Europa que aún se conservan es el llamado Patio de los Naranjos, en la mezquita de Córdoba (España). La construcción de la mezquita se inició en el año 785, y se cree que en su gran patio ya se cultivaban naranjas unos doscientos años después. En los monasterios se cultivaron frutas diversas, como alimento y para fines médicos, y los monjes tuvieron un papel importante en el desarrollo y el registro de las variedades frutales.

Los «peligros» de la fruta blanda

En Europa occidental, lo más probable es que los primeros cultivos fueran de bayas silvestres, como las fresas, trasplantadas de los bosques a los huertos y, luego, cultivadas selectivamente. En la Edad Media, sin embargo, el rechazo hacia diferentes tipos de frutas frescas era común. Consumida en exceso no sentaba bien; de modo que, en lugar de reducir la cantidad ingerida, la gente prefirió considerar la fruta en sí perjudicial para la digestión. La idea procedía de los escritos del médico griego Galeno, en los que afirmaba que demasiada fruta causaba fiebres. Tal opinión prevaleció durante los siglos posteriores a la muerte de Galeno,

aunque el consumo moderado de fruta cocinada se consideraba aceptable. Incluir fruta cruda en la dieta de los niños se tenía por perjudicial, al menos hasta el descubrimiento de las vitaminas a principios del siglo XIX.

> El plátano más antiguo de Reino Unido se descubrió en un vertedero de mediados del siglo XV.

Historias inciertas

Muchos tipos de frutas circularon por el mundo, pero resulta difícil rastrear la historia de muchas especies. En un mural de las ruinas de Pompeya, al pie del Vesubio, aparece representada una fruta extraordinariamente parecida a una piña, pero esta fruta tropical no fue conocida en Europa hasta mucho más tarde. Muchas otras especies simplemente no toleraban el trasplante a otros climas, y permanecieron desconocidas fuera de sus lugares de origen. Durante cientos de años, la fruta se conservó desecada o en jalea, y no hubo conservas más duraderas hasta el siglo XIX, cuando apareció el enlatado, seguido de la congelación en el siglo XX.

△ **Un mal diagnóstico duradero**
El médico griego Galeno relacionó la fruta cruda con los humores fríos y húmedos, causantes de fiebre y diarrea. Con ello privó a generaciones de fuentes vitales de vitamina C.

◁ **Naranjas sagradas**
El actual Patio de los Naranjos de la mezquita de Córdoba, iniciada por el emir de al-Ándalus Abderramán I, en el siglo VIII, quizá ya disponía de estos frutales hacia el año 982.

△ **Trasplante con éxito**
En Egipto se cultiva la sandía desde hace al menos 4000 años. No se sabe cuándo se exportó por primera vez, pero era conocida en Italia en el siglo XIV, y sigue siendo apreciada desde entonces.

Manzanas y peras

frutas de historia ilustre

La manzana, deliciosa y nutritiva, es una de las frutas más antiguas del mundo, con una historia de unos 4000 años. La de su pariente la pera, igualmente sabrosa, goza de una distinción semejante.

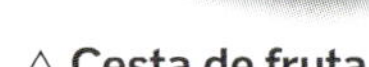

△ **Cesta de fruta**
En la antigua Roma, al parecer, se conocían y apreciaban peras semejantes a las variedades modernas, como las de este mosaico del siglo III.

Las primeras manzanas, que se cree procedían de las montañas de Kazajistán, en Asia central, eran mucho más pequeñas y ácidas que las variedades actuales, pero la intervención humana las convirtió en frutas semejantes a las que conocemos hoy. En su obra *De agricultura*, del siglo II a.C., el estadista romano Catón el Viejo describió el proceso de cortar esquejes de un buen manzano e injertarlos en portainjertos adecuados.

Variedad creciente

El cultivo de la manzana se difundió gradualmente por Europa, pero, con la caída del Imperio romano, se perdió la técnica del injerto, que no fue redescubierta hasta la Edad Media tardía. En el siglo XVI se desarrollaron nuevas variedades mejoradas en Francia y, más tarde, en Inglaterra, como las Pippins —así llamadas por su reproducción a partir de pepitas (*pips*) en lugar de por injertos—, Russets y Reinetas.

Los británicos y los neerlandeses cruzaron el océano Atlántico provistos de semillas de manzano, y los franceses las llevaron a Canadá. Cuando hibridaron los manzanos introducidos con variedades locales,

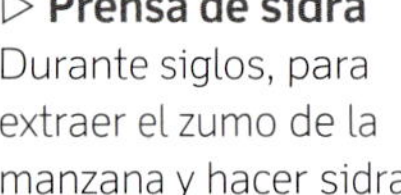
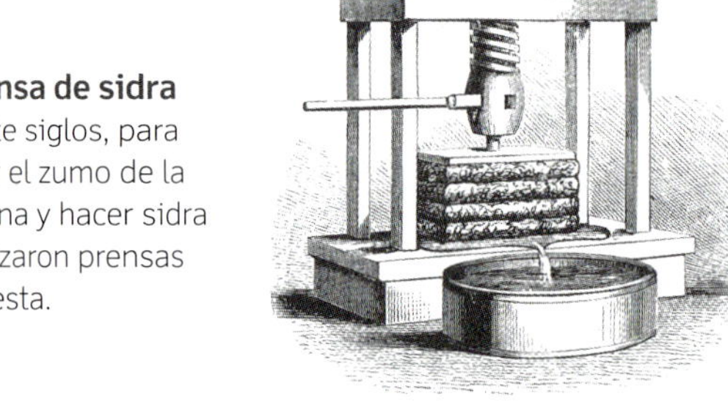

▷ **Prensa de sidra**
Durante siglos, para extraer el zumo de la manzana y hacer sidra se utilizaron prensas como esta.

surgieron variedades del todo nuevas. El cultivo se extendió, gracias en parte al arboricultor estadounidense John Chapman (llamado «Johnny Appleseed»), que en el siglo XIX plantó manzanos para hacer sidra por amplias zonas del este de EE UU.

La familia extensa

La pera, pariente próximo de la manzana, es otra fruta procedente de Asia central, desde donde se difundió a lugares tan diversos como China, Roma y Grecia, donde fue particularmente estimada. Alrededor de 300 a.C., el filósofo Teofrasto describió el modo de cultivar, injertar y cruzar perales. Tres siglos más tarde, en Roma, Plinio el Viejo describió 41 variedades de pera en su obra enciclopédica *Naturalis historia*.

MANZANA

Origen
Asia central

Principales productores
China, EE UU, Turquía

Nutriente principal
14 % de hidratos de carbono

Aporta
Potasio, vitamina C

Nombre científico
Malus pumila

△ **Cosecha de manzanas en Arkansas**
Los montes Ozark del estado de Arkansas (EE UU) son célebres por sus manzanos. Los primeros fueron plantados por colonos procedentes del este a principios del siglo XIX.

«Solo hay diez minutos en la vida de una pera en los que está lista para comerse.»

RALPH WALDO EMERSON, POETA ESTADOUNIDENSE (1803–1882)

Durante la Edad Media, la pera se popularizó en Francia e Italia, y en el siglo XVII entusiasmaba a Luis XIV de Francia. Los colonos de Nueva Inglaterra compartían dicho entusiasmo, y en 1629 la Compañía de la Bahía de Massachusetts comenzó a importar semillas de peral de Inglaterra. Hoy día se cultivan unas 7000 variedades en el mundo, agrupables a grandes rasgos en las variedades europeas, de piel verde o rosada, y las asiáticas, de carne más firme.

▷ **Variedades de manzana**
Este grabado del siglo XIX representa cinco variedades de manzana. Ya entonces eran una reducida muestra de las disponibles. Hoy en día existen unas 10 000 variedades en el mundo.

5.
2.
1. a.
1. b.
3.
4.
1854.
23.

Melocotones un símbolo de opulencia

Desde los inicios de su cultivo hace unos 8000 años en China, donde se convirtió en un símbolo de felicidad e inmortalidad, el melocotón, de carne tierna y jugosa, ha gozado de una duradera popularidad global como fruta de postre lujosa.

El melocotón es más antiguo que el género humano. En 2015 se hallaron semillas fósiles de melocotón del Plioceno tardío en Kunming, en el suroeste de China, lo cual demuestra que había una especie de melocotón silvestre allí hace al menos 2,6 millones de años, mucho antes de la llegada de los humanos modernos.

Miembro de la familia de las rosáceas, hoy día los melocotoneros pueden alcanzar 9 m de altura y 4,5 m de diámetro. El fruto es una drupa, con una semilla encerrada en un hueso rodeado de carne dulce y con una piel blanca o amarilla y cubierta de pelusa.

En China hay tres tipos de melocotones (septentrional, noroccidental y meridional) y 495 variedades, lo cual atestigua lo antiguo de su cultivo. En la literatura china aparece mencionado como símbolo de lujo y privilegio. Se representaba a menudo en la porcelana, y se servía en los banquetes de la corte imperial. Entre 4700 y 4400 a.C., se introdujo en Japón una variedad cultivada, y en India apareció hacia 1700 a.C. El melocotón viajó hacia el oeste por la Ruta de la Seda, pasando por Persia (el actual Irán), donde la facilidad de su cultivo dio pie a su nombre botánico, *Prunus persica*. Llegó a Grecia

Origen
China

Principales productores
China, España, Italia

Nutriente principal
10 % de hidratos de carbono

Aportan
Vitamina C

Usos no alimentarios
Saborizantes, cosmética

Nombre científico
Prunus persica

alrededor de 300 a.C., y, unos doscientos años más tarde, a Roma, donde llamaron a los melocotones «manzanas persas». Bajo el Imperio romano llegaron al norte de África, Hispania e incluso a Britania, y su cultivo se extendió por toda la región del Mediterráneo.

Adoptado en América

En 1513, los colonos españoles comenzaron a cultivar melocotones en Florida, y se cultivaban también en México unos cincuenta años después de la llegada del conquistador Hernán Cortés en 1519. Los nativos de América del Norte los adoptaron como propios en los siglos siguientes, y abundan los testimonios históricos del «melocotón indio». Los nativos americanos plantaron melocotones en su desplazamiento hacia el oeste y hacia el norte, hasta el sur de Canadá.

En el siglo XIX, los arboricultores estadounidenses trataron de reducir la dependencia del sur del algodón, animando al cultivo de diversas frutas blandas, pero solo el melocotón fue viable y prosperó allí. Hoy día se cultiva en todas las regiones templadas del mundo. China continúa siendo el primer productor mundial, seguida de lejos por España, Italia, Grecia y EE UU.

En las bodas chinas, la novia lleva flores de melocotón, símbolo de un matrimonio feliz.

El problema de la pelusa

Desde el siglo XX, científicos y agricultores han tratado de resolver lo que se identificó como un problema, la pelusa que recubre la piel aterciopelada del melocotón. En 1914, el eminente botánico estadounidense Luther Burbank afirmó que «a muchos de nosotros nos hace la misma ilusión morder un melocotón cubierto de pelusa que morder un cactus espinoso». Las dos soluciones parecían ser la cría selectiva para reducir la pelusa y las máquinas de cepillado para retirarla. Dicha maquinaria se empleó en la década de 1930 en el estado de

◁ **Melocotón de la inmortalidad**
En la China del siglo XVII se creía que los melocotones conferían la inmortalidad. Este jarrón de porcelana representa a «inmortales» sobre nubes, a punto de ofrecer el melocotón de la inmortalidad a un mortal, probablemente el emperador.

Georgia (EE UU) para obtener frutas lisas y relucientes y aumentar las ventas, pues muchos se negaban a comer melocotones frescos, por el picor y la irritación que producía la pelusa.

Una delicia de piel lisa

Como respuesta al problema de la pelusa del melocotón, llegó la nectarina (*Prunus persica* var. *nucipersica*), variante genética de la misma especie que el melocotón. Los árboles casi no presentan diferencias. La nectarina tiene una piel amarilla lisa con grandes manchas rojas oscuras. La carne puede ser dorada, blanca o roja, y es algo más firme que la del melocotón. La nectarina, al igual que el melocotón, procede de China, donde empezó a cultivarse hace más de 4000 años, y es posible que la conocieran ya los antiguos romanos. Los europeos la encontraron por primera vez en Persia, de donde procede su nombre botánico, pero fue una rareza en Europa hasta el siglo XVI. En la actualidad se cultiva en zonas cálidas de todo el globo.

Sustento de guerra

Los melocotones fueron una deliciosa fruta de temporada hasta que, en el siglo XIX, el invento del enlatado permitió que estuvieran disponibles todo el año. El melocotón en conserva se hizo popular en Europa y América, sobre todo cuando escaseó la fruta fresca durante las guerras del siglo XX. Gran parte de la cosecha se consume fresca, pero una parte importante se destina a conservas y, en menor medida, al desecado.

▷ **Pelador de melocotones**
La invención de esta máquina permitió retirar fácil y rápidamente la piel aterciopelada tan detestada por algunos.

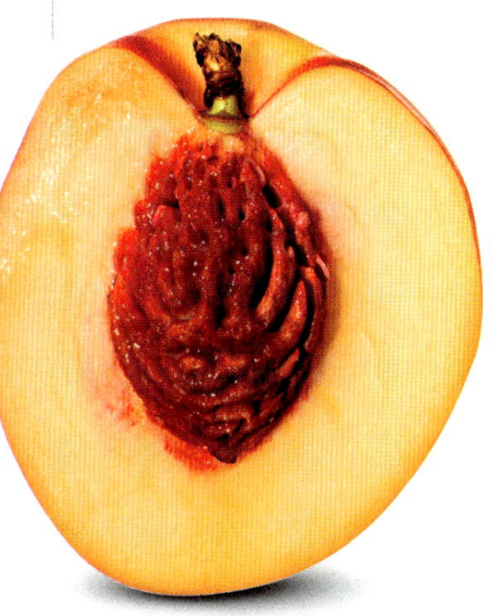

△ **Fruta con hueso**
Tanto las nectarinas como los melocotones tienen una única semilla maciza central, o hueso. No es comestible, pero se usa para elaborar jarabes, vinagre y aceite.

Mangos la fruta de la amistad

El mango, nativo de las estribaciones del Himalaya, se cultiva allí desde hace milenios, y actualmente crece en la mayoría de los países tropicales y en algunos subtropicales.

△ **Fácil de comer**
Las mitades del mango se suelen cortar en dados para comerlo más fácilmente.

△ **Condimento esencial**
Una de las maneras más conocidas de comer mango en India –y en otros lugares donde el curri es popular– es en forma de *chutney*, acompañamiento esencial de muchos platos indios.

Regalar mangos se considera un símbolo de amistad en India, donde, según manuscritos hindúes antiguos, esta suculenta fruta se viene cultivando desde hace más de 4000 años. El mango indio es nativo del noreste de India, Bangladesh y Myanmar. Es un árbol perennifolio, emparentado con el anacardo y el alfóncigo (cuyo fruto es el pistacho), puede alcanzar los 35 m de altura, y es capaz de vivir varios cientos de años. El fruto contiene una semilla dura (o hueso), grande y aplanada, y la carne madura es de un naranja amarillento vivo, tierna, mantecosa y aromática.

En 400 d.C., el mango se había introducido en Asia oriental, y más tarde llegó a Oriente Próximo y África. La palabra «mango» procede del nombre portugués de la fruta, *manga*, derivado a su vez de su nombre en tamil. Los colonos portugueses lo introdujeron en Brasil, donde llegó a ser un cultivo de exportación importante. En la actualidad, el mayor productor mundial es India, y su cultivo está extendido en Pakistán, Tailandia, Malasia y China.

Consumido en varias formas

Una elevada proporción de mangos maduros se consumen crudos en sus países de origen, y en muchas regiones se venden como comida callejera. La pulpa se bebe en forma de zumo o da sabor a bebidas y helados. El mango verde se usa en guisos, se sirve como verdura o se convierte en *chutney*. El mango verde desecado es un tentempié popular en muchos países.

Albaricoques
dorados y fragantes

Origen
Asia central

Principales productores
Turquía, Irán, Uzbekistán

Nutriente principal
11 % de hidratos
de carbono

Nombre científico
Prunus armeniaca

Esta drupa asiática ha adquirido un papel clave en la cocina de Oriente Próximo y en las despensas de Europa y América.

Altamente nutritivo y de color dorado, el albaricoque alberga una dosis potencialmente venenosa en su hueso, en forma de una pequeña cantidad de cianuro. Miembro de la familia de las rosáceas, procede de Asia central, probablemente cerca de la frontera actual entre Rusia y China. Sin podar, el árbol puede alcanzar 14 m de altura y vivir más de un siglo.

Transporte por comercio y guerra

El albaricoque se cultivaba hace ya unos 5000 años en una zona que abarca los actuales Turkestán, oeste de China, Irán y Afganistán. Alejandro Magno lo llevó a Anatolia desde Persia en el siglo IV a.C., y hoy Turquía sigue siendo uno de los principales productores. El albaricoque fue introducido en Italia y, luego, en

▽ Fruta sonrosada
El albaricoque es una drupa: una fruta con una sola semilla dura, o hueso. Su piel dorada con áreas sonrosadas envuelve una carne del mismo color.

Grecia durante las guerras romano-persas (siglos I a.C.-VII d.C.). A España llegó más de mil años más tarde, en el siglo XIII; y en Francia se empezó a cultivar en el siglo XVII, en Versalles, durante el reinado de Luis XIV. La mayoría de los albaricoques americanos proceden de plantones llevados a los monasterios de California por misioneros españoles. En la actualidad se consumen albaricoques frescos, desecados al sol, cocinados o enlatados, y también en forma de mermelada.

△ Condimento esencial
Este detalle de una escena de caza mogola del siglo XVIII representa a unos langures grises en un mango, cuyo fruto es uno de sus alimentos predilectos.

Origen
Sur de Asia

Principales productores
India, China, Tailandia

Nutriente principal
15 % de hidratos
de carbono

Aportan
Vitamina A, vitamina C

Nombre científico
Mangifera indica

△ Conserva australiana
La mermelada de albaricoque es apreciada desde hace tiempo en todo el mundo. Esta marca se vendía en Australia a principios del siglo XX.

«Lo único mejor [...] es un albaricoque en Damasco.»

DICHO TURCO

Cerezas bolitas de dulzura

Las cerezas se han comido desde tiempos prehistóricos, y en la actualidad el fruto de este árbol de hermosa floración es un alimento y un ingrediente predilecto tanto en Oriente como en Occidente.

Origen
Asia occidental

Principales productores
Turquía, EE UU, Irán

Nutriente principal
16 % de hidratos de carbono

Aportan
Vitamina C

Nombre científico
Prunus avium

En Japón pervive la tradición del *hanami*, un ritual en el que se acude a contemplar los cerezos en flor y a comer bajo los árboles; tal tradición se remonta al siglo VIII, pero la historia de este árbol y su fruto comestible es muy anterior. Se cree que el cerezo es nativo de Asia Menor (o la actual Anatolia, la parte asiática de Turquía), y que desde allí se difundió por el resto del Imperio romano.

Color y sabor

Las dos variedades principales de este miembro de la familia del ciruelo, *Prunus*, son la cereza (*P. avium*) y la guinda (*P. cerasus*), más agria. El cerezo puede alcanzar los 6 m de altura, y el guindo es un árbol ligeramente menor. El color de la fruta varía del amarillo con zonas enrojecidas al rojo

vivo o morado. Las semillas contienen pequeñas cantidades de cianuro, y pueden ser tóxicas en gran cantidad.

◁ **Negras, rojas y amarillas**
El cultivo de las cerezas ha producido distintas variedades, de diversos colores, sabores y características de conservación.

Fruta de batalla

La primera referencia al cerezo que se conserva es el «árbol póntico» mencionado por el historiador griego Heródoto, en el siglo V a.C. Ponto es el nombre griego antiguo del noreste de Anatolia (la actual Turquía). Según el historiador y naturalista romano Plinio el Viejo, fue Lúculo quien, tras derrotar en batalla al rey del Ponto hacia 65 a.C., llevó la cereza a Roma. Se cuenta que Enrique VIII de Inglaterra probó las cerezas en los Países Bajos, y quedó tan impresionado que las hizo introducir en su reino. Actualmente se cultivan cerezas en todas las zonas templadas del mundo, siendo Turquía el primer productor mundial.

Delicia estival

Gran parte de las cerezas se consumen en temporada, en su estado natural. También se utilizan como ingrediente en tartas, helados y otros postres. Cocinadas, se usan para hacer brandy de cereza, y las guindas sirven también para hacer *meggyleves* (una sopa agria y fría húngara).

◁ **Símbolo de dulzura**
En esta ilustración del siglo XIX, una joven sostiene una tela cargada de cerezas. La expresión del rostro y la dulzura implícita de la fruta crean una imagen sentimental típica de la época.

△ **Paseo por el bosque**
Visitar árboles frutales en flor es un pasatiempo popular en Japón. En este grabado del siglo XIX, los paseantes acuden a contemplar los ciruelos.

▽ **En su punto**
El color de las ciruelas dice poco de su madurez: pueden ser igualmente dulces y jugosas sea cual sea su color.

Ciruelas una fruta de Oriente y Occidente

La ciruela, una de las frutas de cultivo más antiguo –se han encontrado restos en asentamientos neolíticos–, sigue siendo muy consumida hoy de muchas formas: fresca, desecada, en conserva e incluso como bebida alcohólica.

El ciruelo se cultiva desde hace tanto tiempo que ya no sobrevive ninguno de sus parientes silvestres. Hoy existen dos especies principales: *Prunus salicina*, originaria de China y común en la actualidad por toda Asia; y *P. domestica*, de la región del Cáucaso y el mar Caspio, la especie más habitual en Europa.

Viaje al oeste

La ciruela europea fue traída a Grecia y Roma por comerciantes llegados del este. En la Edad Media, probablemente como consecuencia de los viajes de los cruzados, fue llevada aún más al oeste. Mucho más tarde, en el siglo XVIII, los misioneros españoles la llevaron a la costa occidental de América del Norte, los colonos ingleses, a la costa este, y los franceses, a Canadá. A lo largo de los siglos se desarrollaron cientos de variedades de tamaños y colores diversos, desde la pequeña y oscura ciruela de Damasco y la verde y dulce Claudia hasta la Victoria, una ciruela grande y roja. Sus usos son igualmente diversos: se consumen frescas, desecadas, en lata y cocinadas, así como en mermelada, repostería y guisos. En Europa oriental sirven para elaborar *slivovitz*, un tipo de aguardiente, y en Francia tienen gran fama y tradición las ciruelas pasas de Agen. En Asia, las variedades nativas se preparan en salazón o encurtidas.

CIRUELA EUROPEA

Origen
Asia

Principales productores
Serbia, Rumanía, EE UU

Nutriente principal
11 % de hidratos de carbono

Aporta
Vitamina K

Usos no alimentarios
Medicinal, como laxante

Nombre científico
Prunus domestica

«Cuando florece el viejo ciruelo, florece el mundo entero.»

DŌGEN ZENJI, SACERDOTE BUDISTA Y MAESTRO ZEN JAPONÉS (1200–1253)

Conservación de alimentos

Desde los tiempos prehistóricos se han buscado formas eficaces de conservar los alimentos manteniendo su sabor. Hasta principios del siglo XIX se recurrió a la fermentación, el encurtido, la salazón, el ahumado y el desecado. Por entonces el chef francés Nicolas Appert inventó un método para conservar alimentos en tarros de vidrio herméticamente cerrados a los que aplicaba calor. Con ello se ganó una reputación internacional, y un premio de 12000 francos del gobierno de Napoleón.

Cómo se inventó la lata de conserva sigue siendo un misterio. El comerciante londinense Peter Durand obtuvo la patente de la primera lata irrompible en 1811, pero los historiadores de la alimentación afirman que la idea no fue suya, sino del francés Philippe de Girard, quien al parecer vendió la idea para gestionar la patente a Durand. A su vez, a este último se la compró Bryan Donkin, un ingeniero de éxito que montó la primera fábrica de alimentos enlatados en Londres en 1813. La reina Carlota y el príncipe regente probaron la carne enlatada de Donkin, y el producto obtuvo su aprobación. Poco después, Donkin suministraba latas a la Marina Real británica.

Sin embargo, la comida enlatada resultaba cara, y las latas eran difíciles de abrir. Antes de la invención del abrelatas, patentado en 1858 en EE UU, había que abrirlas con ayuda de un martillo y un cincel. Además de resolver este problema, el ingenio estadounidense logró abaratar el enlatado de alimentos. El envasado de tomates en lata a gran escala comenzó en Pensilvania en 1846, y pronto las latas de alimentos de todo tipo fueron asequibles incluso para los pobres. Según la asociación empresarial de fabricantes de latas de EE UU (Can Manufacturers Institute), actualmente se consumen 40 000 millones de latas al año solo en los hogares europeos y estadounidenses.

◁ **Conservas que generan empleo**
Además de ser un medio para conservar fruta y otros alimentos, el enlatado creó millones de puestos de trabajo en los siglos XIX y XX.

Palmera madura
La palmera datilera macho,
que alcanza los 23 m de
altura, puede producir entre
70 y 140 kg de dátiles cada
temporada.

Dátiles sustento vital en el desierto

La palmera datilera tuvo un papel vital en los asentamientos humanos en los desiertos de Oriente Próximo, el norte de África y el noroeste de India, ya que suministraba tanto alimento como materiales de construcción.

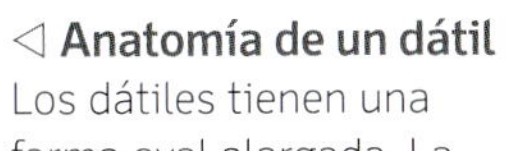

△ **Fruta del sol**
Algunas variedades de dátil son de color dorado, y se oscurecen al ser desecados. Otros son rojos cuando están frescos.

Los dátiles han sido un dulce sustento de los habitantes del desierto desde hace al menos 7000 años, y su importancia para algunas culturas se refleja en sus frecuentes menciones en antiguos textos religiosos y de otros tipos. Los estudiosos del Antiguo Testamento han reinterpretado la mención bíblica a la Tierra Prometida como un lugar «donde fluye leche y miel», y apuntan que esa miel no aludía a la miel de abeja, sino al sirope de dátiles, utilizado aún hoy para endulzar en Oriente Próximo.

Copa caliente, raíces húmedas

Tanto la palmera datilera, árbol robusto que da sombra, como los frutos que produce no solo permitieron a algunas sociedades antiguas sobrevivir, sino también prosperar en regiones extremadamente tórridas y áridas. Mientras haya agua suficiente cerca de las raíces, la palmera puede sobrevivir en lugares donde llueva poco o nada, y, por tanto, es un indicador fiable de la presencia de agua subterránea. Los dátiles desecados son fáciles de transportar, y aportan sustento durante viajes largos por regiones áridas, además de ser una mercancía para comerciar.

No se conoce el origen exacto de la palmera datilera, pues tiene una historia de cultivo muy larga en Oriente Próximo, el norte de África y el noroeste de India, y no sobrevive ninguna variedad silvestre. Se sabe que se cultivó en la antigua ciudad de Babilonia, en Mesopotamia (actual Irak), en las orillas del Tigris y el Éufrates. El código de Hammurabi, de c. 1754 a.C., dedica cuatro párrafos a la plantación de estas

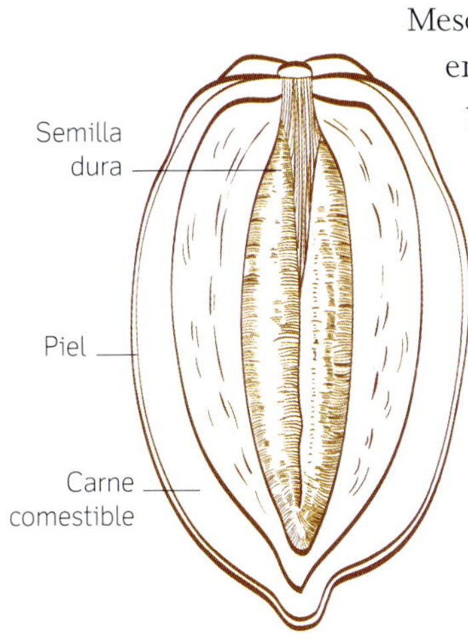

◁ **Anatomía de un dátil**
Los dátiles tienen una forma oval alargada. La carne parda envuelve una semilla dura de unos 25 mm de largo y 7 mm de ancho.

Semilla dura

Piel

Carne comestible

▷ **Cosecha en la copa**
Para escalar las palmeras y recoger la fruta solían usarse aparejos de cuerda simples. Este grabado de 1876 representa a trabajadores de Ceilán (actual Sri Lanka).

palmeras. También se cultivaban en Egipto en la misma época. Diez siglos más tarde, los misioneros españoles plantaron la primera palmera datilera en el Nuevo Mundo, en Baja California (México). Desde entonces, el cultivo de dátiles se ha extendido a regiones cálidas y secas de América del Sur, Australia y el sur de África.

Convertir sirope en vino

Actualmente hay más de mil variedades de dátiles. Los más populares son el pálido Deglet Nour («dátil de luz», en árabe) y el Medjoul («desconocido», cultivado a partir de una variedad marroquí sin identificar). En su obra *Kitab al-tabikh* («Libro de cocina»), del siglo X, el autor bagdadí Ibn Sayyar al-Warraq incluye una receta de *dadh*, vino elaborado a partir de sirope de dátiles. Hoy, en India se sigue produciendo una bebida alcohólica hecha con dátiles. Sin embargo, en Oriente Próximo y el norte de África lo habitual es servirlos rellenos, en ensaladas o postres, o con carnes asadas. Algunos tayines marroquíes de cordero llevan dátiles enteros.

Origen
Oriente Próximo, norte de África, norte de India

Principales productores
Egipto, Irán, Arabia Saudí

Nutriente principal
75 % de hidratos de carbono

Aportan
Hierro, vitamina B$_3$, vitamina B$_6$

Nombre científico
Phoenix dactylifera

En 2005, una palmera datilera llamada Matusalén brotó de una semilla de unos 2000 años de edad.

KING.
GOLDEN QUEEN.
LOUDON.
CUMBERLAND.
MUNGER
CARDINAL.
W.N.SCARFF
NewCarlisle, OHIO.
Spring 1904.
Two Plants each of best Collection of Raspberries ever offered.
Post-paid, only 50 cents; 5 Plants of each, $1.00.

Frambuesas la fruta de la bondad

La frambuesa ha pasado de ser una planta silvestre de los claros de bosque a ser una de las frutas clave de los cultivos actuales, predilecta para mermeladas y postres, además de disfrutarse fresca.

Origen
Oriente Próximo

Principales productores
Rusia, Polonia, EE UU

Nutriente principal
12 % de hidratos
de carbono

Aportan
Vitamina C

Nombre científico
Rubus idaeus

La frambuesa forma parte de la dieta humana desde hace decenas de miles de años. Los restos arqueológicos desenterrados en el actual Israel indican que ya se consumía en el Paleolítico, hace unos 20 000 años. Las numerosas especies de frambuesa pertenecen a la familia de las rosáceas, y están emparentadas con las zarzamoras, o moras. Esta fruta, consistente cada una en un conjunto de unas cien pequeñas drupas, crece en ramas delgadas y espinosas que pueden alcanzar los 1,8 m de altura. Es probable que el frambueso rojo proceda de Asia occidental, de donde pasó al sureste de Europa.

En Alemania era costumbre
atar tallos de frambueso a
los caballos para calmarlos.

Se cree que la fruta que hoy conocemos la cultivaban ya los antiguos griegos. Según el naturalista romano Plinio el Viejo, los griegos cultivaban frambuesas en las laderas del monte Ida, asociación a la que podría deberse el nombre científico de la especie, *Rubus idaeus*. Los romanos continuaron su cultivo, que difundieron por todo el imperio hasta Britania, donde se han encontrado semillas de frambuesa en excavaciones de yacimientos romanos. Se siguieron cultivando frambuesas durante la Edad Media y posteriormente, y se cree que, ya en el siglo XIII, el rey Eduardo I de Inglaterra impulsó el cultivo de frambuesas en su reino. En aquella época, además del fruto, también se apreciaban las hojas, utilizadas para aliviar los

dolores del parto. Las frambuesas aparecen a menudo en el arte medieval como símbolo de bondad, quizá por el color rojo sangre de su zumo, asociado asimismo a la energía y la nutrición. Su zumo servía también para teñir tela.

Expansión moderna

En el siglo XVIII, los colonos europeos introdujeron las frambuesas en América del Norte, donde se desarrollaron muchas variedades nuevas adecuadas a las condiciones del Nuevo Mundo. Actualmente se producen frambuesas en zonas templadas de todo el mundo, y se cultivan variedades con frutos de diversos colores, como el rojo, el morado y el dorado.

Los mayores productores del mundo son Rusia, Polonia y EE UU, donde la frambuesa nativa se cruzó con especies emparentadas como la zarzamora y la mora de los pantanos, dando lugar a la *olallieberry*, la *loganberry* y la *youngberry* (zarzamoras de Olallie, Logan y Young, respectivamente). Se cree que la *boysenberry* (zarzamora de Boysen), otro pariente norteamericano de la frambuesa, es un cruce de frambuesa, zarzamora y *loganberry*.

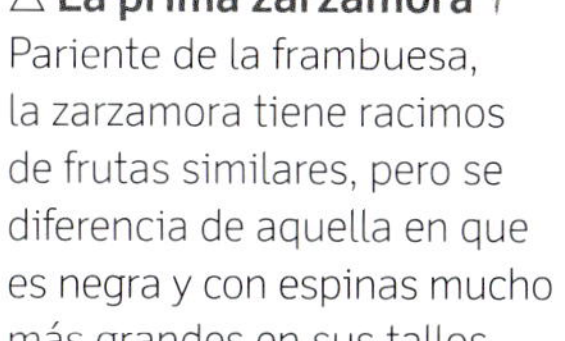

△ **La prima zarzamora**
Pariente de la frambuesa, la zarzamora tiene racimos de frutas similares, pero se diferencia de aquella en que es negra y con espinas mucho más grandes en sus tallos.

▽ **Esfuerzo en equipo**
Una familia trabaja junta para recoger frambuesas en su granja de Minnesota (EE UU) a principios del siglo XX.

◁ **Espectro de color**
Esta foto publicitaria de un vivero de Ohio (EE UU) muestra algunos de los colores de las frambuesas disponibles a principios del siglo XX. Varias de estas variedades siguen en cultivo hoy.

Fresas

sinónimo de verano

El ser humano ha recolectado fresas silvestres desde la Edad de Piedra. La fresa cultivada, sin embargo, más grande y consumida hoy en todo el mundo, se remonta al siglo XVIII.

△ **Favoritas en Francia**
Las fresas tienen una larga asociación con Francia, donde se desarrolló la primera variedad comercial ampliamente cultivada.

En un elogio de la fresa, el médico inglés del siglo XVII William Butler escribió: «No hay duda de que Dios pudo haber hecho una baya mejor, pero, sin duda, no la hizo nunca». Mal podía saber Butler que, menos de cien años después, serían los humanos quienes crearían una baya mejor.

Elevar el ánimo

Las fresas que tanto amaba Butler habrían sido una variedad de la fresa silvestre, *Fragaria vesca*, de frutos pequeños de color rojo oscuro y sabor intenso. Miembro de la familia de las rosáceas, la fresa silvestre se usaba en la antigua Roma como remedio contra la depresión y otros males. Los franceses fueron los primeros que cultivaron esta planta en sus huertos, práctica que se difundió entre la aristocracia del norte de Europa en el siglo XIV. Se dice que Carlos V de Francia tenía 1200 plantas de fresas silvestres para abastecer el apetito real y el de

▷ **Cubierta de semillas**
La fresa es la única fruta con las semillas en el exterior de la carne. Cada fresa tiene unas 200 semillas.

Origen
Europa central y Chile

Principales productores
China, EE UU, México, Turquía

Nutriente principal
8 % de hidratos de carbono

Aportan
Vitamina C

Nombre científico
Fragaria x *ananassa*

la corte. En el siglo XV, los monjes incluyeron ilustraciones de fresas en sus manuscritos. En la Edad Media, las fresas y otras bayas se machacaban para hacer tinta, práctica redescubierta a mediados del siglo XIX por algunos soldados durante la guerra de Secesión estadounidense, a falta de tinta de ningún otro tipo para escribir cartas a sus seres queridos.

Nuevo Mundo, nuevas fresas

Fueron las fresas silvestres que se hallan en América las que condujeron con el tiempo a la creación del fresón, *Fragaria* x *ananassa*, híbrido de cultivo tan extendido en la actualidad. Los indios mapuche y huilliche de Chile llevaban cientos de años cultivando una variedad nativa, la fresa o frutilla chilena (*F. chiloensis*). A principios del siglo XVIII, una expedición francesa trajo algunas plantas a Europa, donde crecieron con vigor pero no dieron fruto, pues las plantas solo tenían flores hembra.

Otra especie de fresa, la de Virginia (*F. virginiana*), nativa del este de América del Norte, es protagonista de una conocida leyenda cherokee sobre la Primera Mujer, que olvidó la ira que sentía hacia su esposo tras comer fresas. Esta especie, introducida en Europa alrededor de 1750, se cultivó por primera vez en un jardín

En California (EE UU), segundo mayor productor después de China, la fresa es un cultivo de invierno cuya temporada puede empezar en enero. España es uno de los mayores productores mundiales, y un gran exportador. Gran parte de su cosecha se destina a otros mercados europeos, y en años recientes se ha exportado también a mercados asiáticos.

△ **Un trabajo duro**
La recolección y el empaquetado de fruta ocupan desde hace tiempo a trabajadores estacionales, mujeres en muchos casos.

«No es buena idea casarse con una chica que quiera fresas en enero.»

PROVERBIO ALBANÉS

botánico en París. Se descubrió que el polen de la fresa de Virginia polinizaba las hasta entonces estériles plantas chilenas, que dieron fruto.

Las plantas cultivadas a partir de las semillas de estos híbridos daban frutos mayores y de sabor más intenso, los cuales no tardaron en ser demandados y cultivados en Europa.

La fresa conquista el mundo

En la actualidad se cultivan fresas en todas las regiones templadas del mundo, e incluso en algunas subtropicales. La temporada europea de la fresa era antes corta —comenzaba en mayo y duraba un mes—; no obstante, las nuevas variedades han extendido la temporada hasta septiembre.

El factor que ha hecho posible la expansión de este comercio es el desarrollo de nuevas variedades capaces de resistir tránsitos más largos en buenas condiciones.

Buena pareja

La combinación clásica de fresas con nata se atribuye al cardenal Thomas Wolsey, miembro de la corte de Enrique VIII de Inglaterra, en el siglo XVI. Se convirtió en una tradición británica que ha perdurado, y, en cada edición del campeonato anual de tenis de Wimbledon, los asistentes consumen con entusiasmo decenas de miles de tarrinas de fresas con nata.

En EE UU y otros países, las fresas son muy usadas como remate y relleno de tartas y postres, como el *shortcake* (un pastel de bizcocho) de fresas. También sirven para hacer mermelada, sirope e incluso vino, así como para dar sabor a helados, yogures y batidos.

△ **Pequeña y silvestre**
Este dibujo incluido en *The herball* (1597), del naturalista John Gerard, representa una variedad de fresal de bayas muy pequeñas. Dos siglos después se obtuvieron fresas más grandes.

▽ **Los colores
de las grosellas**
De los cientos de especies
silvestres y cultivadas de
grosellas, las más usadas
como alimento son las
variedades blanca,
negra y roja.

Grosellas fuente de vitaminas de sabor intenso

Aunque su cultivo es relativamente reciente, la grosella negra y sus primas roja y blanca tienen una larga tradición médica y culinaria en Europa, donde es una fruta favorita para elaborar tartas, mermelada, gelatina y zumo rico en vitaminas.

GROSELLA NEGRA

Origen
Europa

Principales productores
Rusia, Polonia, Ucrania

Aporta
Vitamina C, vitamina K

Nombre científico
Ribes nigrum

En América del Norte crecen muchas especies de grosella, pero la mayoría de los estadounidenses no tiene ni idea de a qué saben. Los nativos norteamericanos las comían y usaban como remedio para diversos males, incluidas las mordeduras de serpiente, y las variedades comestibles cultivadas introducidas desde Europa en el siglo XVII no tardaron en popularizarse. La grosella, no obstante, es un anfitrión natural de un hongo parasitario del género *Cronartium*, introducido accidentalmente en EE UU en el siglo XIX. Otro anfitrión de esta plaga es el pino blanco, columna vertebral de la industria maderera estadounidense, del que podía destruir bosques enteros por la escasa resistencia genética de los árboles de esta especie. En 1911, el gobierno federal prohibió el cultivo de grosellas en todo el país, salvo en una pequeña parte. La prohibición terminó en 1966, pero algunos estados la mantienen en vigor. No se pueden comprar grosellas frescas en los supermercados de EE UU, donde solo están disponibles como conserva y mermelada.

De medicina a alimento

La mayor parte de la producción de grosellas procede de Europa, donde estas bayas se cultivaron por primera vez hace unos quinientos años. En Inglaterra, el coleccionista de plantas John Tradescant importó grosella negra (*Ribes nigrum*) de los Países Bajos en 1611. De esta fruta se apreciaban sobre todo las propiedades medicinales de la baya y las hojas, como atestigua la obra *The herball* (1597), del naturalista y botánico inglés John Gerard. Al igual que sus parientes de color negro, las grosellas rojas se recolectaban tradicionalmente en los bosques del norte

△ **Recolección**
Francia tiene una larga tradición de cultivo de grosella. La grosella negra se emplea desde hace tiempo para elaborar un cordial (jarabe vigorizante) conocido como *crème de cassis*.

de Europa por sus propiedades medicinales. Estas bayas acabaron siendo apreciadas como alimento, y a partir del siglo XVII se cultivaron variedades rojas más dulces en el norte de Francia, Bélgica y los Países Bajos.

Aporte vitamínico

Todas las variedades de grosella, incluida la blanca o espinosa (variante más dulce de la grosella roja), son ricas en vitamina C. Durante la Segunda Guerra Mundial, la grosella negra era la única fuente de esta vitamina

◁ **Licor de grosella**
Cartel publicitario de *crème de cassis*, elaborada por primera vez en Dijon en 1841.

Dos tercios de la grosella negra europea se destinan a hacer zumo.

producida en Gran Bretaña. En 1942 se empezó a administrar un cordial o jarabe de grosella negra a los niños para reforzar su inmunidad. Incluso hoy, el 90 % de la cosecha británica de grosella negra se destina a zumo. En Francia, el zumo sirve para hacer *crème de cassis*, un licor concentrado que se mezcla a menudo con vino blanco.

Arándanos azules una baya americana

Apreciada originalmente por los nativos norteamericanos como medicina y conservante, esta humilde baya del este de América del Norte ha adquirido reputación internacional como superalimento de moda en el siglo XXI.

El arándano azul es el protagonista de muchos mitos indígenas norteamericanos. En una de las leyendas, tal vez inspirada en el cáliz en forma de estrella que tienen estas bayas en su base, el Gran Espíritu envía «bayas estrella» para aliviar el hambre en una época de escasez. Las tribus nativas usaban tanto las bayas como las hojas (en infusión) como medicamento. Las bayas desecadas se machacaban y convertían en un polvo que se frotaba sobre la grasa y la carne de bisonte para hacer *pemmican*, una carne desecada que se conservaba bien y era un buen sustento en los viajes largos y los duros inviernos.

Parte de la historia norteamericana

Los arándanos desecados eran también un ingrediente clave de un pudin indígena de harina de maíz llamado *sautauthig*, que fue adoptado más tarde por los colonos europeos y que pudo formar parte de los primeros banquetes de Acción de Gracias. Durante la guerra de Secesión (1861–1865) se hacía una bebida a base de arándanos para el sustento de los soldados de la Unión.

Domesticación

Los arándanos azules empiezan a madurar mediado el verano, cuando su color pasa del verde pálido a un azul oscuro de aspecto polvoriento. Al principio solo se recolectaban en su medio natural, pero en 1911 fueron cultivados por primera vez, en Nueva Jersey, por Elizabeth White, hija de un agricultor, y el botánico Frederick Coville.

△ **Bayas florecidas**
Los arándanos suelen tener un polvo fino de secreciones cerosas en la piel exterior, y su diámetro es de 5–16 mm.

◁ **Sello de calidad**
En 1980, los arándanos ilustraron un sello de 6 kopeks de la antigua URSS.

«Vi […] arándanos del tamaño de la punta del pulgar.»

ROBERT FROST, DEL POEMA «ARÁNDANOS AZULES» (1915)

La pareja quería cultivar las bayas a gran escala, y consiguieron llevar su primera cosecha cultivada al mercado en 1916. En la década de 1940 había cultivos comerciales de arándanos azules en trece estados de EE UU. Hoy día se cultivan en regiones templadas con lluvia abundante de gran parte del mundo, incluida Europa, donde fueron introducidos en 1930. Japón se unió a las naciones productoras en 1951.

Hoy los arándanos azules se consumen en gran medida como fruta fresca, y también se procesan en forma de zumo, mermeladas y conservas, y se añaden a postres. Se ha hablado mucho de sus cualidades como alimento supernutritivo, que se han exagerando bastante; sea como fuere, los arándanos azules siguen siendo una de las bayas más populares en EE UU y Europa.

Pariente europeo

El mirtilo, o arándano (*Vaccinium myrtillus*), pariente europeo del arándano azul, se da solo en el norte del continente en su forma silvestre. El arbusto produce bayas solas o por pares, a diferencia de los racimos del arándano azul. Es una fruta popular en Escandinavia, sobre todo en Suecia, donde es habitual ir al bosque en familia a buscar arándanos. Se comen frescos, pero al ser bastante ácidos, se suelen cocinar para hacer relleno de tartas y postres, mermelada e incluso sopa.

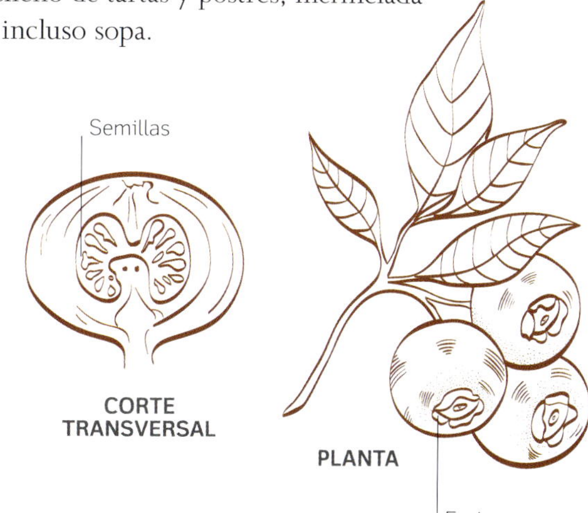

Origen
América del Norte

Principales productores
EE UU, Canadá

Nutriente principal
14 % de hidratos de carbono

Aportan
Potasio, vitamina C

Nombre científico
Vaccinium corymbosum

◁ **Frutos agrupados**
El arbusto del arándano azul da frutos en pequeños grupos, cuyas bayas no maduran siempre a la vez.

▽ **Cargamento de arándanos**
En esta fotografía, tomada en EE UU en la década de 1940, dos trabajadores vierten arándanos azules en una criba de madera mientras otro prepara cajas.

Comer al aire libre

Las comidas al aire libre adoptan formas diferentes según cada país y cultura. En Europa y América suele tratarse de pícnics en el campo o en la playa, por lo general consistentes en viandas ya preparadas y sándwiches o en barbacoas. En Japón, en cambio, los pícnics forman parte de la tradición del *hanami*: la contemplación de las flores, y especialmente de los cerezos en flor. En el *hanami* es habitual comer zanahorias cortadas en forma de pétalos de cerezo, bolas de arroz *(onigiri)* y *sakuramochi*, pasteles de arroz rosa rellenos de pasta de alubia roja dulce, envueltos en hojas de cerezo encurtidas.

En la Europa medieval, los terratenientes ofrecían banquetes con ocasión de las cacerías. En *Le livre de chasse* («El libro de la caza»), de 1387, el francés Gaston de Foix describió un banquete en el que los invitados consumieron enormes cantidades de pasteles, bollos, jamones y carne asada, además de abundante vino. Los pícnics fueron algo reservado a los ricos hasta finales del siglo XVIII. Tras la Revolución francesa de 1789, los parques reales se abrieron al público por primera vez y se convirtieron en puntos de encuentro y reunión donde los visitantes solían llevar sus propias viandas y bebidas. No obstante, el pícnic llegó a ser lo que es durante la regencia y la época victoriana en Gran Bretaña.

Organizar un pícnic victoriano era al parecer muy costoso. En su *Book of household management* («Libro de la intendencia del hogar»), Isabella Beeton indicaba que para dar de comer a cuarenta personas hacían falta cortes de vacuno asado y cocido, dos costillares de cordero, cuatro tartas de carne, cuatro pollos asados, dos patos asados, cuatro docenas de tartas de queso y un gran pudin de ciruelas pasas, además de tres docenas de botellas de cuarto de galón de cerveza, clarete, jerez y brandy. En *Queen of the household* («Reina del hogar»), de 1900, la estadounidense M. W. Ellsworth ofrecía instrucciones igualmente precisas, pero se inclinaba por los sándwiches de conejo y el pastel de carne.

◁ **Desayuno de campeones**
En el siglo XVIII, toda cacería digna de tal nombre empezaba con un contundente desayuno, cuanto más espléndido mejor.

Origen
América del Norte, norte de Europa, norte de Asia

Principales productores
EE UU, Canadá, Bielorrusia

Nutriente principal
12 % de hidratos de carbono

Aportan
Vitamina C, potasio

Nombre científico
Vaccinium macrocarpon

Arándanos rojos
la baya reluciente de los humedales

Esta baya norteamericana por excelencia fue clave para sobrevivir al duro invierno del norte, y adquirió un nuevo papel como acompañamiento esencial de la cena de Acción de Gracias.

△ **Pariente europeo**
El arándano rojo europeo (*Vaccinium vitis-idaea*), pariente del norteamericano, tiene bayas comestibles rojas y amarillas.

Hay quien afirma que el sabor del arándano rojo no está a la altura de su hermoso aspecto, pero la historia de su enorme popularidad parece desmentirlo. La principal especie cultivada en América del Norte es

> «Y compraron […] una libra de arroz y una tarta de arándano rojo.»
>
> EDWARD LEAR, DEL POEMA «THE JUMBLIES» (1871)

Vaccinium macrocarpon. Su hogar natural son los enormes humedales arenosos de la costa este de EE UU y Canadá, que llegan hasta los Grandes Lagos, al oeste, y hasta los Apalaches, al sur. Estas relucientes bayas escarlatas crecen en arbustos bajos que pueden extenderse hasta los 2 m de longitud. En la época de crecimiento, estos arbustos forman una mata densa sobre los lechos cultivados. Para cosechar el arándano rojo, se procede a inundar los cultivos, de modo que las bayas se desprenden y flotan en el agua, donde se pueden agrupar y recoger fácilmente. A lo largo de la historia, el arándano rojo

Un mar de bayas
El arándano rojo es un gran negocio. En la imagen, grandes máquinas recolectan bayas de una zona de cultivo inundada, en Columbia Británica (Canadá).

ha recibido nombres diversos. Los nativos de América del Norte los llamaban *atoca*; pero, salvo en Canadá, el nombre habitual en inglés es *cranberry*, de *craneberry*, es decir, «baya de las grullas». Este nombre se debe a la forma en que las flores rosas de la planta se inclinan sobre el agua, lo cual les recordaba a los colonos ingleses a las cabezas de las grullas que vadeaban los lechos de cultivo inundados.

Como conservante

Los indígenas dieron a conocer los arándanos rojos a los primeros colonos ingleses en el siglo XVII, y a estos les impresionó tanto lo bien que se conservaban que enviaron diez barriles a Carlos II como regalo. No hay constancia de que el rey inglés los recibiera, ni por tanto de si le gustaron. Se llevaban a bordo de los barcos estadounidenses e ingleses, y los comían los tramperos en regiones remotas. Durante su exploración de América del Norte, Meriwether Lewis y William Clark comieron arándanos rojos desecados, y el día de Acción de Gracias de 1805 hicieron salsa de arándanos con la fruta suministrada por mujeres chinook. Hoy se sabe que el arándano contiene un conservante natural, el ácido benzoico; y, en los viajes largos, los cazadores iroqueses llevaban raciones energéticas de *pemmican*, unas tortas hechas de grasa, semillas, carne de caza ahumada y arándanos desecados. Actualmente se utilizan para hacer zumo, mermelada, tartas y hasta licor. La salsa de arándanos rojos es un acompañamiento tradicional del pavo asado.

△ **Pala de mano**
Antes de la mecanización, los arándanos rojos se cosechaban con la ayuda de herramientas manuales como esta.

◁ **Buena recolección**
A principios del siglo XX, en la recolección del arándano rojo participaban personas de todas las edades, como este niño, de unos ocho años de edad, en Brown Mills (Nueva Jersey).

Plátanos una fruta esencial

Originarios del Sureste Asiático, hoy los plátanos son un alimento básico en toda Asia, África y el Caribe, además de un tentempié, un postre y un ingrediente de pasteles en Europa y América del Norte.

El plátano, o banana, no es propiamente un fruto, sino una baya que se forma en grandes racimos a partir de grandes flores moradas o rojas. La planta (plátano o banano) tiene grandes hojas planas y anchas, usadas a menudo para cubrir techos en los países donde crece; no posee tronco, sino una estructura de rizomas de la que brotan hojas de tamaño creciente que se enrollan en espiral y forman una especie de tallo grueso y recio, coronado por un penacho de hojas. Es decir, el plátano es técnicamente una hierba, pese a su gran tamaño.

Alcance global

Se cree que el banano es originario del Sureste Asiático, de la zona que se extiende desde India hasta Malasia, Indonesia y Nueva Guinea. Desde allí se propagó a otras partes de Asia, y hacia 1000 a.C. había llegado a Madagascar, el origen más probable del cultivo de plátanos en África. En torno a 200 a.C. llegaría a América del Sur desde Asia, a través del Pacífico. Se cree que el famoso rey macedonio

◁ **Hojas enormes**
Las grandes hojas del banano, usadas para cubrir techos en algunas partes del mundo, se aprecian bien en este grabado.

Alejandro Magno encontró plátanos durante su expedición a India en el siglo IV a.C., y es posible que trajera algunas plantas de vuelta a Europa. En torno a 1200 d.C., en su expansión, los musulmanes habrían traído estas plantas al norte de África y la península Ibérica, y hacia el siglo XV ya se cultivaba en las islas Canarias. Tras el descubrimiento del Nuevo Mundo, se atribuye al fraile español Tomás de Berlanga el haber llevado plantas de banano africanas a La Española, en el Caribe, en 1516. El cultivo arraigó en América Central y del Sur, y con ello los plátanos se convirtieron en un alimento básico, práctico y barato para la población esclava local. La aparición de los barcos refrigeradores en el siglo XX permitió el transporte de plátanos por todo el mundo, y les garantizó una popularidad duradera.

Variedades principales

La variedad hoy predominante es el plátano Cavendish, una fruta grande nombrada en honor del inglés William Cavendish, duque de Devonshire, que en el siglo XIX cultivó con éxito plátanos importados de Mauricio en el invernadero de su propiedad. Un pariente del plátano de postre, el plátano macho, se convirtió en un alimento básico muy popular en América Central y del Sur, África y parte de Asia. Es más grande, de textura más harinosa y no tan dulce como los plátanos dulces o de postre.

Hoy se cultivan plátanos de todo tipo en más de cien países, y es el cuarto alimento básico del mundo en términos económicos, después del trigo, el arroz y el maíz. En Uganda se da el mayor consumo por persona y año, seguido de cerca por EE UU. El mayor productor mundial de plátanos dulces es India, y Uganda es el mayor productor de plátano macho.

◁ **Gran descubrimiento**
En el siglo XIX se usaban plátanos en productos de repostería comercial, como esta marca de pan de banana, de alrededor de 1870.

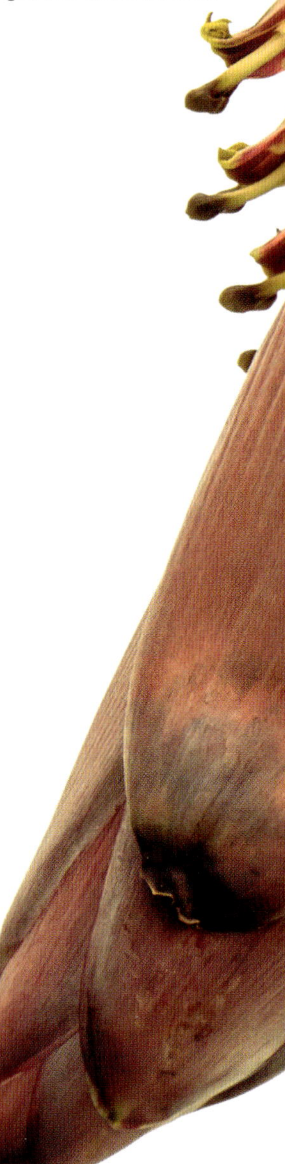

▷ **Frutos incipientes**
Los plátanos crecen en racimos a partir de grandes flores cónicas.

«Cuando te acompaña la mala suerte, hasta un plátano maduro puede romperte los dientes.»

PROVERBIO AFRICANO

△ **Comienza el viaje**
Los plátanos recorren miles de kilómetros hasta muchos de sus mercados. En la imagen, la carga de un barco, probablemente con rumbo a EE UU, en el puerto de Guayaquil (Ecuador), hacia 1955.

Tumba egipcia
Esta colorida representación de
una higuera con aves comiendo
sus frutos se descubrió en la
tumba del guerrero Userhet,
que data del reinado del faraón
Seti I (1290–1279 a.C.).

Higos una dulce fruta de la Antigüedad

Los exquisitos frutos de la higuera eran ya un dulce manjar para las antiguas civilizaciones de Oriente Próximo hace muchos miles de años. En la actualidad son una delicia que se disfruta en todo el mundo.

△ **Lleno de semillas**
El interior del higo está lleno de aquenios (o semillas) envueltos por el rojizo mesocarpio carnoso. También la piel es comestible.

El higo no es técnicamente un fruto, sino un sicono, una porción del tallo que se expande en forma de saco y contiene flores invertidas. Los higos pueden ser verdes o morados, redondeados o de forma cónica hacia el extremo del tallo, y contienen pepitas (o aquenios, los frutos propiamente dichos). La higuera común tiene grandes hojas lobuladas, y sus ramas se expanden a lo ancho. Tiene solo flores femeninas, y no precisa polinización, por lo que las semillas son estériles. Las higueras bíferas (o breveras) producen dos cosechas al año: brevas en junio (sin polinización) e higos en septiembre (con polinización).

◁ **Cesto de abundancia**
Un cesto rebosante de higos, imagen clásica de la abundancia, en un mosaico romano en Útica (Túnez).

Expansión desde el este

La higuera común procede de Asia Menor (la actual Turquía), pero en tiempos prehistóricos se extendió por la región mediterránea oriental y la península Arábiga. En yacimientos situados en el valle del Jordán (Israel) se han hallado restos fosilizados de higos que datan de 9000 a.C., lo cual indica que es una de las primeras plantas cultivadas. Los higos se mencionan en tablillas de piedra sumerias de 2500 a.C. El cultivo de higueras

higueras en el jardín de su palacio, en Londres. En el siglo XVIII, los misioneros españoles llevaron la higuera a California, donde su cultivo se amplió en el siglo XIX con la introducción de nuevas variedades de Francia e Inglaterra. Hoy, Turquía es el mayor productor, con la quinta parte de la producción global. Otros países con una producción importante son Egipto y Marruecos.

Frescos y desecados

Además de frescos, los higos también se consumen secos (higos pasos). La facilidad de conservarlos de este modo los convirtió en alimento para todo el año, además de facilitar su transporte y almacenaje. Hoy, los higos se disfrutan como fruta, a menudo acompañados de queso, y como ingrediente en la repostería, como el pan de higo español, con higos pasos, almendras y otros ingredientes. Los higos tostados y molidos forman parte del auténtico café vienés.

Origen
Turquía

Principales productores
Turquía, Egipto, Marruecos

Nutriente principal
19 % de hidratos de carbono

Aportan
Potasio

Usos no alimentarios
Laxante (jarabe)

Nombre científico
Ficus carica

▽ **Labor tradicional**
Esta postal de finales del siglo XIX muestra a unas mujeres preparando higos para el mercado en la región productora de Esmirna (en la actual Turquía).

> ## «Aquí, del higo azul rebosa el delicioso jugo.»

HOMERO, *ODISEA* (SIGLO VIII A.C.).

fue muy común en la antigua Grecia, y lo describieron tanto Aristóteles como su sucesor en el Liceo, Teofrasto de Ereso. Los antiguos romanos también apreciaban los higos, y probablemente los difundieron por el área mediterránea de su imperio.

En el siglo XVI se cultivaban higos también en el norte de Europa. El cardenal inglés Reginald Pole tenía

Uvas alimento y bebida antiguos

Por su dulzura y su facilidad natural para fermentar, descubierta hace más de 9000 años, las uvas fueron quizá el primer alimento que embriagó a los seres humanos.

En la antigua China se consumía una bebida de uvas silvestres fermentadas ya entre 7000 y 6600 a.C. Sin embargo, el primer indicio de su propagación procede de semillas de *Vitis vinifera* que datan de comienzos del VI milenio a.C., descubiertas en un asentamiento neolítico del sureste de Georgia, en Asia occidental. Los residuos de las vasijas de arcilla indican que poco después se empezó a producir vino.

De uvas y dioses

A lo largo de los siguientes miles de años, el cultivo de la vid se propagó hacia el sur por Oriente Próximo,

> Más del 70 % de la cosecha mundial de uvas actual se destina a hacer vino.

hasta Egipto, y hacia el oeste hasta Europa. La uva, tanto fresca como pasa, se empleaba en las cocinas sumeria y babilonia, y el mosto y las pasas servían de edulcorante. Solo la corte real y los ricos bebían vino. También en el antiguo Egipto, donde se cultivó la vid desde 3000 a.C., el vino estaba reservado a la elite, y tenía una función ceremonial importante.

La vid adquirió importancia económica al comerciar los pueblos con la uva y el vino, pero el cultivo exigía muchos cuidados. Quizá por ello, a partir de 1500 a.C., los griegos micénicos empezaron a venerar a Dioniso, dios de la vendimia. A Dioniso se le llamaba también Baco, nombre que adoptaron los romanos, amantes del vino y de la uva en todas sus formas, y que incluso empleaban uvas pasas como moneda. En 75 d.C., Plinio el Viejo escribió sobre las uvas pasas sin semilla que se exportaban desde Corinto.

Las pasas figuran como ingrediente en recetas de ternera y pescado en *De re coquinaria*, libro de cocina romana del siglo IV o V d.C. Mucho más tarde, en el siglo XIV, era costumbre añadir pasas al llamado *frumenty* —trigo cocido en leche o caldo—, que se servía con carne o pescado y era un plato muy popular en la Europa medieval. El *stollen* navideño, un pan dulce de frutas alemán, se comía ya en 1400, y entre los productos de bollería similares de la misma época figuran el *panettone*, de Milán, y el *kulich*, pan de Pascua tradicional ruso.

Vid americana

En el este de América del Norte, la vid nativa es *V. labrusca*, una especie muy resistente. Los primeros colonos europeos apreciaron en las uvas frescas y el mosto aromas fuertes y terrosos, pero dulces. La variedad más común de *V. labrusca* es la uva Concord, de piel negra, con la que se elabora la mayor parte del mosto y la gelatina de uva que se vende en EE UU. La *V. vinifera* fue introducida en América en el siglo XVII por religiosos españoles, que llegaban provistos de esquejes para hacer vino. Hoy en día, los mayores productores de vino son Italia, España y Francia, seguidos por EE UU, Australia, Sudáfrica, China, Argentina y Chile.

◁ **Sileno ebrio**
En la mitología griega, el viejo sátiro Sileno era el preceptor y fiel compañero de Dioniso, dios del vino y la vendimia.

Origen
Asia occidental

Principales productores
China, Italia, EE UU

Nutriente principal
18 % de hidratos de carbono

Aportan
Vitamina K

Usos no alimentarios
Suplemento nutritivo

Nombre científico
*Vitis vinifera /
Vitis labrusca*

▷ **Ofrenda de uvas**
La diosa de los árboles entrega ofrendas de cerveza, pan, uvas y cebollas a los muertos en una escena de la tumba de Najt, a orillas del Nilo.

◁ **Secado de uvas**
Las uvas pasas son estimadas desde la época romana. Hoy se siguen usando sencillos métodos para desecar uvas sin semilla al sol en muchas zonas productoras, como esta, en Turquía.

Limones y limas
antiguos gemelos cítricos

Estrechamente emparentados, pero de distinto color e intensidad de sabor, los limones y las limas proceden de India y del Extremo Oriente, y hoy son ingredientes y sabores esenciales en muchos alimentos y bebidas.

Lo más probable es que los limones y las limas se cultivaran por primera vez en la región monzónica de Asia. El limón se menciona en textos indios en sánscrito de alrededor de 800 a.C. En el siglo IV a.C., el botánico y filósofo griego Teofrasto de Ereso lo llamó «fruta de Persia», y recomendó su uso como perfume, repelente de insectos y antídoto para venenos. Los comerciantes romanos llevaron cítricos de India a otras partes del

△ **Etiqueta vistosa**
Hacia 1900, el desarrollo de la impresión en color barata ayudó a publicitar los cítricos en EE UU que en invierno se exportaban desde los huertos de California a los estados fríos del noreste.

imperio, y los limones aparecen representados en frescos descubiertos en las ruinas de Pompeya.

Difusión gradual
El limón aparece en un tratado agrícola árabe del siglo X, y fue una fruta cultivada en varias partes del mundo islámico, como al-Ándalus, Sicilia y Egipto. De las palabras árabes limun y lima proceden los nombres de ambas frutas en varios idiomas occidentales. Sin embargo, hasta mediados del siglo XV no empezaron a cultivarse limones a gran

△ **Cosecha mediterránea**
Menton, en la Riviera francesa, tiene a gala una larga historia de cultivo del limón. Esta imagen es de una cosecha de hacia 1900.

escala en Europa, y fue en la costa de Liguria próxima a Génova (Italia). Fue el explorador Cristóbal Colón quien llevó semillas de limonero a la isla La Española, en el Caribe, en 1493, desde donde los limones pasaron a tierra firme con la expansión y los nuevos asentamientos de las colonias españolas en el Nuevo Mundo, durante los siglos XVI y XVII.

Dulce y agrio
La primera prueba escrita del consumo de limonada, en forma de zumo de limón recién exprimido endulzado con azúcar de caña, procede de Egipto en el siglo XI, y se cree que los mongoles disfrutaban de una versión alcohólica de la limonada a principios del siglo XIII, durante el reinado de Gengis Kan. El gusto por la limonada sin alcohol se desarrolló en Francia durante el siglo XVII, con la venta ambulante de los *limonadiers* en las calles de París. A principios del siglo XVIII empezó a circular la limonada embotellada. Doscientos años más tarde, en 1929, Charles Leiper Grigg, de Missouri (EE UU), presentó su «soda de lima-limón con litio» (más tarde rebautizada como 7 Up), hecha con agua carbonatada.

De los limones se apreció siempre lo agrio de su zumo, así como el sutil aroma de su piel exterior una vez rallada. Las recetas más antiguas con limón que se conocen quedaron registradas en un tratado

◁ **Perritos calientes, limonada fría**
Este vendedor ambulante de Nueva York, fotografiado en 1936, ofrecía a sus clientes limonada fría para acompañar sus perritos, a 5 centavos el vaso.

LIMÓN

Origen
Asia

Principales productores
India, México, China

Nutriente principal
9 % de hidratos
de carbono

Aporta
Vitamina C, potasio

Usos no alimentarios
Perfumes, cosméticos,
productos de limpieza

Nombre científico
Citrus limon

△ **Piel fina**
Las limas suelen tener la piel
verde, aunque hay variedades
amarillas. La piel fina las hace
sensibles al frío, y por eso
solo crecen en lugares donde
no hay heladas.

egipcio del siglo XII, *Del limón, su bebida y uso*, escrito por el médico judío de lengua árabe Ibn Jumay. Su método para conservar limones con sal sigue vigente en la cocina norteafricana actual, y la lima salada se usa con frecuencia en la cocina asiática. Los limones se han convertido en ingredientes importantes de platos salados, como la salsa griega *avgolemono* (huevo-limón), que se sirve con las hojas de parra rellenas o se usa en la sopa fría de caldo de pollo del mismo nombre, y también de platos dulces, como tartas, pasteles, sorbetes y helados.

Una fruta popular

Las limas tienen un alto contenido en vitamina C, y fue costumbre llevarlas a bordo de los barcos para prevenir el escorbuto. En la cocina se usan de modo semejante a los limones. La lima desecada, en rodajas o molida, aporta acidez y sabor a guisos y sopas en Irak e Irán, mientras que la lima encurtida especiada y picante es un condimento popular en India para acompañar platos de curri. Procedente de los Cayos de Florida, la lima de los Cayos dio nombre a una tarta de lima popular en EE UU desde inicios del siglo XX. En los cebiches sudamericanos de pescado o marisco se combinan a menudo la lima y el limón, aprovechando la propiedad conservante del zumo de ambos para marinar y «cocer» el pescado y el marisco crudos. La lima es también un ingrediente del guacamole mexicano.

«No será hasta que exprimas
el limón que verás el zumo.»

PROVERBIO SUAJILI

Naranjas la fruta del sol

Origen
China (como cultivo)

Principales productores
Brasil, China, EE UU,
India, México, España

Nutriente principal
16 % de hidratos
de carbono

Aportan
Vitamina C, vitamina B$_1$,
vitamina B$_9$, calcio

Usos no alimentarios
Productos de limpieza
(aceite), cosméticos
(aceite), pienso para
ganado

Nombre científico
Citrus sinensis

La naranja, un híbrido cultivado durante miles de años, viajó gradualmente de Oriente a Occidente, siguiendo las rutas comerciales y las aventuras coloniales, hasta convertirse en un símbolo de salud y sol disponible todo el año.

Allí donde los inviernos sean suaves y secos y los veranos sean calurosos, se pueden cultivar naranjas. Esta fruta, popular desde siempre, tiene la ventaja de madurar en invierno, cuando muchas otras frutas no están disponibles en el hemisferio norte. Dicha ventaja estacional ha hecho de la naranja dulce, que crece en un pequeño árbol de hoja perenne, una de las frutas más cultivadas.

El origen silvestre de la naranja se desconoce, pero se cultiva en China desde al menos 2500 a.C. Se introdujo en Europa a finales del siglo XV, tal vez por comerciantes portugueses. Hoy en día existen numerosas variedades de naranja dulce, como la Shamouti, o naranja de Jaffa, cultivada por primera vez por agricultores palestinos a mitad del siglo XIX. Las naranjas menores y de piel fina, como la clementina, la mandarina y la tangerina, se cultivan sobre todo en el norte de África y EE UU.

La naranja amarga, o de Sevilla, llegó a la península Ibérica en el siglo VIII, con la conquista musulmana, como ocurrió en Sicilia, conquistada en el siglo IX. Hoy, la naranja amarga se utiliza sobre todo cocinada, en particular como mermelada de naranja, llamada en Gran Bretaña *marmalade*, del portugués *marmelada*, que significa «dulce de membrillo».

En 1919, la California Fruit Exchange
puso el sello «Sunkist» a sus naranjas,
la primera fruta con marca registrada.

▷ **Abundancia española**
Este grabado del siglo XIX representa a unas mujeres empaquetando naranjas en el mercado de Sevilla. Hoy hay unos 40 000 naranjos en las calles de esta ciudad andaluza.

◁ **Fabricante de mermelada**
En este anuncio de la década de 1890, las naranjas amargas vuelan desde su origen en Sevilla hasta Londres, donde E. & T. Pink decía ser «el mayor fabricante de mermelada del mundo».

Cristóbal Colón llevó semillas de naranja al Caribe en su segundo viaje, en 1493. A principios del siglo XVI, los colonos españoles y portugueses introdujeron la naranja dulce en tierra firme americana. Los misioneros españoles plantaron las primeras semillas en California en 1769, pero el gran estímulo para su cultivo fue el gran aumento de la demanda que acompañó a la fiebre del oro de 1849. Tras la inauguración del ferrocarril intercontinental en la década de 1870, las naranjas pudieron llegar a los grandes mercados del este, como Chicago y Nueva York.

Un vaso de zumo diario

El estado de Florida es otro gran productor de naranjas, el 95 % de las cuales se destina a producir zumo. En España, sexto productor mundial, destacan en volumen las cosechas de la Comunidad Valenciana y Andalucía. Coincidiendo con el *boom* de su cultivo a principios del siglo XX, la adopción de la pasteurización para preservar alimentos permitió envasar y transportar fácilmente el zumo de naranja. Tras la Segunda Guerra Mundial, se inventó el más barato zumo a base de concentrado, que fue promocionado a conciencia por sus beneficios para la salud, lo cual contribuyó a la percepción del zumo de naranja como un elemento imprescindible del desayuno.

▽ **Cosecha de naranjas**
Empleados recogiendo fruta de una plantación de naranjos en Miami. Los exploradores españoles plantaron semillas de naranjo en Florida ya en el siglo XVI.

Ofrendas
de alimentos

Las ofrendas de alimentos a los dioses eran un ritual para muchos pueblos antiguos. Creían que los dioses necesitaban alimento, y confiaban en que, a cambio de sus ofrendas, contribuirían a que prosperasen sus cosechas. Un texto egipcio antiguo se refiere a los humanos como «ganado» de los dioses, denotando una dependencia mutua. Para algunos pueblos, los antepasados necesitaban también tales ofrendas, pues podían provocar malas cosechas si se les dejaba pasar hambre.

En Egipto, cuando se ofrecía en sacrificio una pierna de buey, se le entregaba una parte al sacerdote en pago por sus servicios. Panes, leche, higos, dátiles, uvas, sal, verduras, grano y aves salvajes eran todos ofrendas aceptables. Osiris era considerado el inventor de la cerveza, y, por tanto, era lógico ofrecerle una libación de esta como ofrenda. De manera similar, los incas de Perú hacían ofrendas de chicha, bebida fermentada de maíz.

En Grecia, cuando se sacrificaba un animal, lo rociaban con agua bendita, pues hacía que sacudiera la cabeza como si asintiera al sacrificio. Antiguamente se creía que, en su ascenso, el humo llevaba el espíritu de la ofrenda hasta los dioses. Los incas quemaban carne de llama a modo de incienso, y la sangre se usaba para fines rituales.

Por lo general, las mejores y más elaboradas ofrendas se llevan al templo; pero los regalos también pueden ser pequeños y modestos, y pueden ofrecerse en el hogar. Los hindúes de Bali (Indonesia), por ejemplo, dejan a diario en lugares designados pequeños *canangs*, simples cestos cuadrados hechos de hojas de cocotero o plátano, llenos de flores, arroz y algo de dinero, como ofrenda de gratitud y entrega a sus dioses.

◁ **Pilas de ofrendas**
En Bali hacen ofrendas diarias a sus dioses. Aquí, unas mujeres acuden al templo con *banten tegeh*, altas pilas de fruta, pasteles de arroz y otros productos.

Pomelos y limonzones

apariciones tardías en la escena frutal

Los dos pesos pesados de la familia de los cítricos, el pomelo y el limonzón, son parientes, pero proceden de extremos opuestos de la Tierra, y les separan miles de años de historia.

El pomelo no aparece en los libros de cocina hasta el siglo XIX, por la simple razón de que su existencia fue registrada por primera vez en el siglo anterior. En 1750, el naturalista y reverendo galés Griffith Hughes encontró en Barbados un árbol que daba grandes frutas amarillas, que describió como «la fruta prohibida». Un año más tarde, el joven George Washington, futuro primer presidente de EE UU, mencionó la fruta prohibida como uno de los manjares locales de una cena en Barbados.

El pomelo, el único cítrico nativo del Caribe, es un cruce de otros dos árboles frutales cítricos. Uno podría ser el naranjo, pero más probablemente sea el cidro o citrón, el primer cítrico traído a Occidente desde India, pasando por Persia, hacia 300 a.C. La cidra, como el pomelo, tiene el mesocarpio grueso y la carne agria. La otra parte del cruce es el limonzón (o pamplemusa), el mayor de los cítricos, procedente del Sureste Asiático, de piel lisa verde y amarilla, mesocarpio grueso y carne

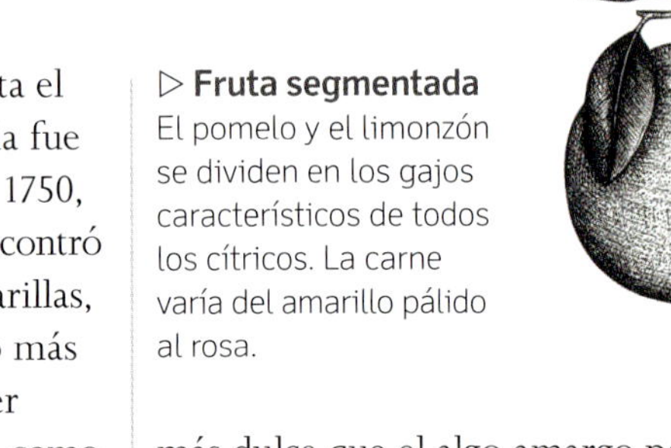

▷ **Fruta segmentada**
El pomelo y el limonzón se dividen en los gajos característicos de todos los cítricos. La carne varía del amarillo pálido al rosa.

más dulce que el algo amargo pomelo. En 2200 a.C., el pomelo había llegado a China, desde donde siguió la Ruta de la Seda hacia el oeste hasta Europa. Fue llevado a las Indias Occidentales en 1696, supuestamente por un tal capitán Shaddock en un barco de la Compañía Británica de las Indias Orientales, origen de uno de los nombres de la fruta en inglés, *shaddock*.

Actualmente está muy difundido el consumo de pomelo, como fruta y en zumo. EE UU es el mayor productor mundial, y Sudáfrica, Israel y China tienen también una producción importante.

◁ **Típicamente tropical**
El pomelo, especialmente adaptado al clima tropical, es el único cítrico nativo del Caribe, y el protagonista de este cuadro del siglo XIX.

▷ **Apreciada en Roma**
La granada era conocida y apreciada en la antigua Roma. Este fresco romano del siglo I a.C. representa unas aves posadas en un granado.

Granadas

fruta del mito y la leyenda

La granada, imagen misma de la abundancia, con sus semillas envueltas en granos como rubíes, figura en mitos y leyendas de muchas culturas, y hoy sigue siendo muy valorada.

Según la mitología griega, Hades, dios del inframundo, tentó a su consorte Perséfone con una granada; y el aspecto de rubíes de sus semillas es ciertamente tentador. La fruta tiene una piel rojiza o amarilla que encierra unos granos jugosos de color rubí, llamados arilos.

Rico simbolismo

Se cree que la granada procede de Persia o del Cáucaso, y se empezó a cultivar hace unos 5000 años. Se difundió rápidamente por el mundo antiguo, y aparece en varios mitos. Para los antiguos egipcios, que usaban esta fruta principalmente como medicina, la granada era símbolo de fertilidad y prosperidad.

△ **Gemas rojas**
Al abrir una granada se revelan cientos de granos rojos, jugosos y relucientes (arilos), envueltos en un mesocarpio amargo.

«Con un rojo más profundo, la granada plena reluce.»

ALEXANDER POPE, *LA ODISEA DE HOMERO* (1726)

La Biblia menciona la granada en varias ocasiones. Los espías enviados por Moisés a reconocer la tierra de Canaán trajeron granadas del valle de Escol para mostrar lo fértil que era esa tierra; y las tallas de los capiteles de las columnas del templo del rey Salomón tenían forma de granada. Entre las tradiciones judías actuales está el comer granadas el día del año nuevo judío, pues las muchas semillas simbolizan la esperanza de la abundancia por venir. En el Corán, la granada es una de las recompensas que aguardan a los que se ganan el paraíso.

La granada es importante desde antiguo en las cocinas de Oriente Próximo, y más recientemente se ha incorporado a la cocina occidental. Hoy día es una fruta que crece en muchos lugares lejos de su ámbito tradicional en Asia y Oriente Próximo, tales como España, Sicilia y California.

Origen
Asia occidental

Principales productores
Irán, EE UU, China

Nutriente principal
19 % de hidratos de carbono

Aportan
Vitamina C

Usos no alimentarios
Cosmética

Nombre científico
Punica granatum

Melones

fruta de carne dulce que sacia la sed

Este grupo de frutas llenas de zumo es apreciado desde hace milenios, en tierras y culturas tan diversas como Egipto, la España musulmana y las islas del Pacífico.

Con cientos de variedades, los melones son cucurbitáceas, parientes del pepino, el calabacín o la calabaza. Donde mejor se dan es en los climas cálidos, pero requieren mucha agua. Hay dos tipos de melones: los propiamente dichos (que incluyen el cantalupo y el verde, entre otros) y la sandía, o melón de agua. Todos tienen una cáscara dura (verde o amarilla) y una pulpa gruesa, y los produce anualmente una herbácea de tallos rastreros.

«Probar una sandía es saber lo que comen los ángeles.»

MARK TWAIN, ESCRITOR ESTADOUNIDENSE (1835–1910)

Los antiguos egipcios cultivaban sandías en el valle del Nilo al menos ya en 2400 a.C. Se encontraron semillas de sandía en la tumba de Tutankamón, que murió en torno a 1323 a.C. Existen referencias posteriores a su consumo en España, en Córdoba en 961 y en Sevilla en 1158. La sandía llegó a India y China durante la Edad Media, y se difundió hacia el norte a través del sur de Europa. En 1600, los melones aparecían en los textos botánicos europeos, y su cultivo se extendió allí donde el clima lo permitía. Los colonos españoles llevaron la sandía al Nuevo Mundo en el siglo XVI, y consta su cultivo en Florida y el valle del Misisipi en 1576. En 1939, científicos japoneses desarrollaron la sandía sin pepitas, que representa casi el 85 % del total de sandías vendidas en EE UU. China es el mayor productor de melones.

▷ **Semillas de la tentación**
Este pasquín de un catálogo de semillas de 1890 promete al agricultor una cosecha abundante de melones de carne naranja.

△ **Refrigerio callejero**
En esta escena napolitana del siglo XIX, un vendedor de sandías pregona su mercancía.

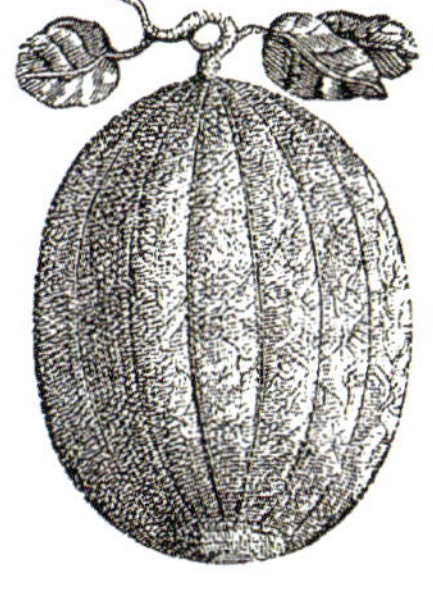

△ **Piel estriada**
El aspecto externo de los melones es variable. Algunos, como el cantalupo, tienen la piel estriada, mientras que otros la tienen listada o reticulada.

MELÓN

Origen
Oriente Próximo, norte de África

Principales productores
China, Turquía, EE UU

Nutriente principal
8 % de hidratos de carbono

Aporta
Potasio, vitaminas A y C

Nombre científico
Cucumis melo

Papayas una mina nutritiva

Los mayas llamaban al papayo «árbol de la vida», y no les faltaba razón, pues hoy se conoce la muy amplia gama de propiedades nutritivas y medicinales de su fruto.

Origen
México y América Central

Principales productores
India, Brasil, Indonesia

Nutriente principal
11 % de hidratos de carbono

Aportan
Vitamina A, vitamina C

Nombre científico
Carica papaya

Los arbustos originales de papayo silvestre eran delgados, y sus frutos resultaban casi incomestibles; pero, con el tiempo, la planta se fue convirtiendo en el arbusto herbáceo actual, que puede alcanzar los 7 m de altura y tiene hojas de hasta 1 m de ancho. Las papayas penden agrupadas bajo las ramas. Maduras, tienen una piel delgada de color amarillo verdoso, y una carne dulce de un naranja rosáceo. Suelen ser del tamaño de una pera grande, pero algunas son mayores y pueden llegar a pesar 9 kg.

Difusión por los exploradores españoles

La papaya crecía originalmente silvestre en las tierras bajas del sur de América del Norte y América Central, desde México hasta Panamá. El cultivo y la selección deliberada por los indígenas produjo frutas más grandes y sabrosas. En el siglo XVI, los exploradores españoles llevaron las semillas (que una vez secas pueden ser viables durante años) primero al Caribe y luego a las Filipinas. Desde allí llegaron hasta India, las islas del sur del Pacífico y África. A principios del siglo XIX, una nueva generación de exploradores españoles introdujo la papaya en Hawái. Actualmente se cultiva en todas las regiones cálidas tropicales del mundo.

Todas las partes de la papaya se aprovechan, incluidas las hojas tiernas (de las que se hace un té que protege de la malaria), las semillas (que se usan secas como condimento suave), los frutos maduros y verdes y el zumo. Lo más frecuente es pelarlas y servirlas frescas con una rodaja de lima o limón. En América del Sur, Asia y África, la papaya verde se cuece y se sirve como verdura, se incluye en guisos o se asa. En el Sureste Asiático, las hojas tiernas se cuecen y se comen como espinacas. La papaya verde contiene enzimas que ablandan la carne.

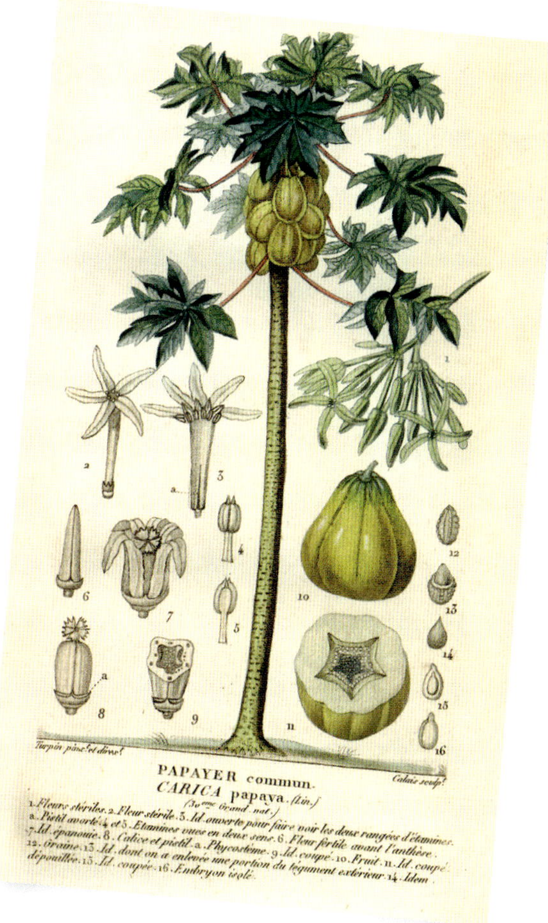

△ **Árbol de la abundancia**
La ilustración de Pierre Jean François Turpin en el *Diccionario de las ciencias naturales* (1816) muestra claramente las grandes hojas lobuladas y los frutos en forma de pera del papayo.

◁ **Bajo la piel**
El interior de la papaya consiste en una carne naranja comestible y semillas negras o marrones, que no se comen.

Cocos

comida y bebida en su cáscara

El cocotero, probablemente la planta más útil conocida, ofrece sustento y material de construcción en la mayoría de las regiones tropicales.

El alto y grácil cocotero no necesita ayuda humana para propagarse. Los cocos flotan, y las corrientes marinas los transportan de isla en isla por los trópicos. El cocotero puede alcanzar los 30 m de altura y llevar hasta 30 grandes frutos redondos u ovales, envueltos por una cáscara exterior blanda entre verde y gris. En el interior hay otra cáscara, marrón y cubierta de largas fibras, que encierra a su vez una capa de carne de un blanco níveo. El centro hueco contiene un líquido, el agua de coco. La carne, el líquido que de ella se extrae (la leche de coco) y el agua alimentan tanto a las poblaciones locales como a consumidores de regiones lejanas.

Viaje por el Pacífico

Se han hallado fósiles de ancestros del coco moderno de hace hasta 55 millones de años en Australia e India, y por lo general se acepta que la especie se originó en las islas del Pacífico occidental y el Índico. Aparece mencionado en documentos indios de hace más de 2000 años, y se cree que los comerciantes árabes lo llevaron posteriormente hasta Oriente Próximo y África oriental. Está documentada la presencia del cocotero en Egipto en el siglo XIII, por el testimonio del explorador veneciano Marco Polo. En el siglo XVI, los europeos lo introdujeron en África occidental, el Caribe, México y América Central. Hoy, los derivados del coco son una fuente importante de alimento en las regiones productoras, y son valorados también en otras partes del mundo.

El nombre «coco» podría provenir del portugués *cocuruto* («coronilla»), por su parecido con esta parte de la cabeza.

△ **Por todo lo alto**
Las escaleras y las cuerdas son medios tradicionales para trepar a los cocoteros y recoger los cocos, y siguen empleándose así en muchas partes del mundo.

▷ **Dos mitades, dos capas**
Cuando se retira la cáscara exterior y se abre el coco por la mitad, se ve la cáscara interior cubierta de fibras y la capa de carne blanca dentro de esta.

Origen
Océano Índico, islas del Pacífico

Nutriente principal
33 % de grasa

Aportan
Hierro, zinc

Usos no alimentarios
Esteras

Nombre científico
Cocos nucifera

Piñas

sabor de los trópicos

Hasta el siglo XX, la piña, «reina de las frutas», fue un lujo fuera de sus regiones nativas, y solo se volvió generalmente accesible gracias al enlatado.

Origen
América del Sur

Principales productores
Costa Rica, Brasil, Filipinas

Nutriente principal
13 % de hidratos de carbono

Aportan
Vitamina C

Nombre científico
Ananas comosus

Cuando llegaron por primera vez a Europa en el siglo XVII, las piñas causaron sensación. La realeza y la aristocracia competían por cultivar las mayores y mejores piñas en invernaderos especialmente diseñados para ello, y en las jambas de las puertas de sus mansiones aparecen a menudo piñas como elemento decorativo.

Sin relación con la piña piñonera

El nombre «piña» se debe a la semejanza que los españoles percibían en ella con los conos de los pinos, pero la planta no guarda relación alguna con las coníferas. Es una bromeliácea, una familia de plantas con flor nativa de América del Sur. Pese a su aspecto, la piña no es un solo fruto, sino un conjunto de bayas fusionadas. A diferencia de muchas otras frutas, no sigue madurando una vez cosechada, por lo que debe cosecharse y venderse en el espacio de un día. Cultivada originalmente por los pueblos indígenas de América Central, del Sur y del Caribe, fue llevada a España en el siglo XVI

△ **Cosecha de piñas**
Requiere cierta pericia estimar el momento preciso para cosechar una piña, tarea que se hace mejor a mano, como aquí en Tangail (Bangladesh).

◁ **Fruta de hojas afiladas**
Las hojas y la piel exterior de la piña tienen puntas afiladas. El interior amarillo y algo fibroso es dulce y suculento, pero a veces puede ser ácido en exceso.

tras las expediciones de Cristóbal Colón al Nuevo Mundo, y los comerciantes europeos la llevaron posteriormente a África y Asia, donde se asentó su cultivo. Hoy, el cultivo de la piña se ha generalizado en todos los países tropicales del mundo.

Esta fruta, dulce pero a veces ácida, es apreciada cruda y natural, como postre, pero también se prepara enlatada, seca o confitada. La piña fresca contiene una enzima llamada bromelina que ablanda la carne, siendo este el motivo por el que acompaña a menudo al jamón asado.

«El amor es como una piña, dulce e indefinible.»

PIET PIETERSZOON HEIN, MARINO NEERLANDÉS (1577–1629)

Carne

Carne

Las pruebas fósiles halladas en la garganta de Olduvai (Tanzania) y el lago Victoria (Kenia) indican que nuestros antepasados humanos cazaban animales por su carne hace ya unos dos millones de años, o incluso antes. Los antropólogos creen que tendían emboscadas a las manadas para cazar antílopes, gacelas, ñus y otros animales grandes. Probablemente aislaban a los animales más vulnerables del grupo siguiendo una estrategia similar a la de los grandes felinos de las llanuras de África.

La carne tuvo su lugar en la antigua dieta humana en la mayor parte del planeta, salvo en algunos hábitats costeros o isleños, donde el pescado satisfacía el aporte de proteínas complejas que necesita el organismo.

La caza de caballos y bisontes

En Alemania, los arqueólogos han encontrado pruebas de que, hace 400 000 años, se cazaban caballos salvajes para comer, usando lanzas. Tal caza requería inteligencia, y no un mero saber hacer táctico, sino también destreza tecnológica. Otro ejemplo es el de las tribus nativas norteamericanas que cazaban bisontes en las Grandes Llanuras y las praderas canadienses hacia 12 000 a.C. Estas tribus desarrollaron lanzas con puntas de piedra tallada, con las que sería posible abatir animales del tamaño de un elefante africano.

La carne y la evolución humana

La capacidad de practicar con éxito la caza y alimentarse de carne desencadenó a su vez otros avances en la evolución humana. Esto se debe principalmente a que las proteínas complejas que contiene la carne son más fáciles de metabolizar que las proteínas simples de verduras y frutas. Además, ingerir proteínas ayuda a ralentizar la liberación de calorías de los alimentos de origen vegetal, de modo que una dieta compuesta de hasta un tercio de proteínas de origen animal contribuyó a un aporte regular de calorías. La caza requería también cooperación, lo cual aceleró la evolución del lenguaje y de la comunicación. No pasaron más que unos miles de años antes del siguiente salto evolutivo de la humanidad prehistórica, la domesticación del ganado, ya fuera criando animales capturados en asentamientos

△ **Esfuerzo conjunto**
Algunos pueblos prehistóricos cazaban en grupo, a menudo animales grandes como el mamut lanudo. Se cree que una dieta rica en proteínas pudo elevar la altura media de los pueblos cazadores.

▷ **Cómo comía la clase alta**
Como en otras culturas antiguas, la carne era un signo de riqueza en Egipto. Un relieve de la tumba de una princesa en Saqqara, de *c.*2330 a.C., representa a un sirviente con una pierna de vaca.

▽ **La caza como emblema social**
En la Roma del siglo I, la mayor parte de la carne procedía del ganado, pero la caza era una forma importante de ocio para la elite, y matar un jabalí daba un aura de poder al cazador.

fijos o arreando y controlando ganado como parte de un modo de vida nómada. Comoquiera que ocurriese, un suministro regular de carne se convirtió en parte de la experiencia humana.

Por lo que han podido reconstruir los historiadores y científicos, la cría de ganado empezó hace unos 10 500 años en el Creciente Fértil oriental (actuales Irán, Turquía, Siria e Irak). Las ovejas fueron de los primeros animales domesticados, a partir de una raza salvaje. Aproximadamente en la misma época y en la misma región, se domesticaron las cabras, a partir de la cabra bezoar salvaje, y el ganado bovino, a partir de los hoy extintos uros salvajes. En Europa se comerciaba con ganado bovino hace unos 6400 años, y en China, Mongolia y Corea, unos mil años más tarde, cuando también se domesticó el yak en el Tíbet.

Solo quinientos años después de la domesticación del ganado bovino, los antepasados de las gallinas actuales fueron criados a partir de aves de la selva en el Sureste Asiático. El cerdo fue domesticado de forma relativamente tardía, hace entre 9000 y 10 000 años, en dos lugares: la actual Turquía y el valle del Mekong en China, donde no ha dejado de ser la carne preferida desde entonces. El ganado en general no se criaba principalmente por su carne, sino para producir leche o huevos. Una excepción es el cerdo, difícil de ordeñar, y otra, el pavo, cuyas hembras son mucho menos ponedoras que las gallinas. A partir del siglo XVIII, los ganaderos empezaron a criar animales por su carne tanto como por otros productos. El agricultor inglés Robert Bakewell fue un innovador de la ciencia de la cría selectiva para carne de bovino y ovino. A mediados de siglo, en su granja familiar en Leicestershire, desarrolló la cría de la vaca Longhorn, que daba poca leche pero mucha carne, y de la oveja Leicester, que también proporcionaba una buena cantidad de suculenta carne. Los esfuerzos de Bakewell pusieron los cimientos de la producción cárnica moderna.

El *boom* ganadero de posguerra

Tras la Segunda Guerra Mundial aumentó la cría intensiva de ganado, en parte para compensar la escasez causada por el conflicto. Sin embargo, después de la epidemia de encefalopatía espongiforme bovina (EEB, o enfermedad de las vacas locas) de mediados de la década de 1980 en Gran Bretaña, los consumidores y productores reconsideraron ciertas prácticas antihigiénicas y poco seguras de la industria. Con ello hubo una tendencia al regreso a los métodos orgánicos tradicionales, así como un mayor interés por la carne de animales salvajes, como el venado, las aves de caza y el conejo.

△ **Una protección más que probada**
Las tribus masái de África continúan usando *bomas*, cercados de arbustos espinosos, y los primeros ganaderos usaron corrales similares para proteger al ganado de los depredadores nocturnos.

◁ **Un largo pedigrí**
Las pruebas de ADN demuestran que los cerdos criados en China son descendientes directos de los animales domesticados en el Neolítico.

△ **Gestión temprana de la cría**
Cuando el inglés Robert Bakewell aplicó la cría selectiva a las vacas Longhorn, logró que produjeran más carne y revolucionó la cría de ganado.

Vacuno — la carne más apreciada

Durante su larga historia, el ganado vacuno criado por su carne ha demostrado ser uno de los más útiles, y aporta carne para platos muy diversos, desde el *filet mignon* hasta las hamburguesas.

Las pinturas rupestres de hace 17 000 años halladas en las cuevas de Lascaux, en el suroeste de Francia, representan la caza de uros negros, el antepasado extinto del ganado vacuno actual. Nativo del norte de África y Eurasia, el uro fue uno de los primeros animales domesticados, y por buenas razones: proporcionaba carne, leche, sangre y grasa, además de pieles para hacer ropa, pelo, cuernos, pezuñas y hueso para hacer herramientas. En su variante domesticada, los uros sirvieron también como bestias de carga para tirar de arados y arrastrar cargas.

Antiguamente, la carne que se comía era la de los animales que habían llegado al fin de su vida útil, y ablandar los duros tendones requería una cocción lenta. Los cocineros de la Francia medieval mantenían que asar la carne de vaca o buey la secaba, mientras que cocerla la volvía tierna, y con ello pusieron los cimientos de una tradición culinaria de estofados como el *boeuf bourguignon*. Los cortes de primera calidad, que solo los ricos se podían permitir, necesitaban poca cocción para quedar tiernos y sabrosos, y, por tanto, lo mejor

Origen
Eurasia, norte de África

Principales productores
EE UU, Brasil, China

Nutriente principal
21 % de proteínas

Aporta
Hierro, vitamina B_3, vitamina B_{12}

Usos no alimentarios
Artículos de cuero

Nombre científico
Bos taurus

> «Traed el novillo cebado, matadlo y comamos y celebremos una fiesta.»

PARÁBOLA DEL HIJO PRÓDIGO, EVANGELIO SEGÚN SAN LUCAS 15,23

△ **Pierna de ternera**
En las antiguas Sumeria (en el actual Irak) y Roma, los ricos comían ternera, la carne de los machos jóvenes del ganado lechero. Siglos después se popularizó en la cocina europea.

era servirlos poco hechos, o no demasiado. El *steak tartare* (o filete tártaro), popularizado por primera vez en Francia en el siglo XIX, lleva esta idea al extremo: un plato de carne picada, cruda y ligada con huevo, hecha con lo más tierno de la res, el solomillo, el músculo que menos ejercita, y del que se obtiene también el *filet mignon*. Los músculos de las patas y el cuello, como la falda y la aguja, son los que más trabajan, y por tanto requieren las cocciones más largas. La carne de las reses de menos de seis meses de edad se denomina ternera.

Conseguir carne tierna

Los japoneses tienen un modo particular de criar el ganado vacuno para lograr la carne más tierna. Se cría un pequeño número de reses alimentadas con grano, estabuladas por lo general, como se hacía con el ganado vacuno en el antiguo Egipto. Allí se lo alimentaba a mano, y los animales se destinaban principalmente a sacrificios religiosos, ya que el consumo humano se consideraba un lujo extravagante. Tajima-gyu, variedad de la raza bovina japonesa Wagyu, es la carne de bovino más cara del mundo. Criados siguiendo un estricto protocolo durante al menos 30 meses, los animales deben

▷ **Vacuno texano**
Unos ganaderos de Texas arrean al ganado vacuno para transportarlo a Colorado en el ferrocarril Kansas Pacific.

adquirir una cantidad específica de grasa intramuscular antes de certificarse como Wagyu. Los cortes de más calidad (llamados Kobe) son tan tiernos que se suelen servir crudos y en lonchas finas, al estilo del *sashimi*.

Un rival de Japón como productor de vacuno de gran calidad es Argentina, donde se presume de algunas de las mejores carnes del mundo y se consume más vacuno per cápita que en ningún otro país. El vacuno argentino, descendiente del traído desde España en el siglo XVI por el conquistador Pedro de Mendoza, se alimenta de la hierba de las vastas llanuras del país.

Carne en un bollo

En el siglo XIX comenzó la cría de vacuno para carne en Texas. Tras realizar el engorde en corrales llamados *feed lots*, el ganado era enviado a Chicago para su matanza. Por entonces nació una de las grandes tradiciones culinarias de EE UU: la carne picada mezclada con miga de pan y cebolla era un alimento barato servido a los emigrantes que zarpaban de Hamburgo a EE UU, en cuya costa fue reinventado el llamado *Hamburg steak*. La variante más famosa debutó en la Exposición Universal de San Luis en 1904: la hamburguesa, carne picada asada servida en un bollo de pan, que pronto se convirtió en un clásico.

▽ **Reses antiguas**
Esta antigua pintura rupestre de Tassili n'Ajjer, en el desierto del Sáhara, representa dos razas bovinas, una con los cuernos en forma de lira propios del extinto uro.

La crianza de ganado

Se cree que los seres humanos empezaron a domesticar animales hace más de 10 000 años. Como animales de manada, las reses, las ovejas y las cabras fueron el primer ganado criado para obtener alimento, y el vacuno y el ovino han seguido siendo las principales fuentes de carne en culturas de todo el globo.

La cría de ganado en América comenzó en el siglo XVI, con los rebaños de reses de cuerno largo de los vaqueros de Nueva España (actual México). Tras independizarse Texas de México en 1836, los *cowboys* del nuevo estado ocuparon el lugar de los vaqueros, y en 1865 había cinco millones de cabezas de ganado en Texas. A estas se las guiaba por los caminos de Chisholm y Abilene hasta núcleos ferroviarios como Abilene (Texas) y Wichita (Kansas), desde donde los trenes los llevaban hasta corrales y mataderos en Chicago y Kansas City. En Chicago se procesaba más carne que en ningún otro lugar del planeta, y, en 1885, los «barones del ganado» eran dueños de 1,5 millones de reses.

La cría de ganado se extendió también en América del Sur, sobre todo en Brasil, Argentina y Uruguay. También en Australia la ganadería se convirtió en un modo de vida. La compañía Kidman, por ejemplo, sigue siendo la mayor empresa ganadera del mundo, y uno de sus once «ranchos» es mayor que Bélgica.

Lo que fue la ganadería bovina para Australia, lo fue la ovina en Nueva Zelanda, donde a finales del siglo XIX las granjas ovinas eran la mayor industria agropecuaria. A la lana, ya antes un valioso artículo de exportación, se le unió la carne de cordero al operar los primeros barcos refrigeradores. Sin embargo, el consumo ha caído en los últimos años: en 2015 había solo 28,6 millones de cabezas de ovino, que eran 57,9 millones en 1990.

◁ **Cañadas para el ganado**
Pese a la reducción de los pastos en EE UU, ranchos como el Three-V, en Arizona, seguían conduciendo manadas enormes a lo largo de grandes distancias en la década de 1940.

Cordero y cabra

la primera fuente de carne domesticada

Las ovejas fueron los primeros animales domesticados por su carne, hace 11 000 años. Criadas a menudo con sus parientes próximos, las cabras, proporcionaron cordero tierno y carnero sabroso en lugares donde las reses bovinas no prosperaban.

△ **Camino de montaña**
Un joven cabrero conduce su rebaño a pastos nuevos en las alturas de Sierra Nevada, en Andalucía (España).

La historia de las ovejas y la de las cabras están entrelazadas. En los montes Zagros de Irak e Irán, los arqueólogos encontraron pruebas de pastoreo que datan de c. 8000 a.C., y otras más antiguas de caza de estos animales en estado salvaje. El pastoreo se extendió por África y Asia gracias a la tolerancia de estos animales a la vegetación escasa y el terreno seco y montañoso.

De Babilonia a Barbados

En Irak se hallaron tablillas de barro con recetas de alrededor de 1700 a.C., entre ellas, una de estofado de cordero con cerveza y cebolla. Los antiguos egipcios lo preparaban con cilantro, comino y ajo. Aunque los romanos preferían el cerdo, el libro de cocina *De re coquinaria*, compilado en el siglo IV o V d.C., dedica todo un capítulo al cordero. La costumbre de cocinarlo con fruta arraigó en Oriente Próximo, y el *Kitab al-tabikh* («Libro de cocina»), del siglo X, recomendaba comer en primavera el cordero y el cabrito, asados o estofados. Algunas recetas resultan sencillas —pinchos de cordero o cabrito asados como *kebabs*—, y otras son mucho más elaboradas. Estilos diversos de cocina permearon las sociedades del islam, caso de la influencia persa en el Imperio mogol de India, aparente en el *biryani* de cordero con canela y en el plato de curri de cabrito con cardamomo. Las influencias del mundo islámico llegaron a la península Ibérica, donde, en el al-Ándalus de la Edad Media, los musulmanes introdujeron especias, cítricos, frutas secas y frutos secos que cocinaban con cordero.

△ **Recuento de cabezas**
En esta tablilla sumeria de Mesopotamia (actual Irak), de c. 2350 a.C., figuran las cifras de un recuento de cabras y ovejas.

Los españoles llevaron ovejas y cabras a México, América Central y del Sur, y los británicos, franceses y neerlandeses, a América del Norte. Los inmigrantes indios llevaron el plato de curri de cabrito al Caribe, y los británicos llevaron ovejas y cabras también a Australia y Nueva Zelanda, donde hoy hay seis ovejas por habitante.

CORDERO

Origen
Oriente Próximo

Principales productores
China, Australia, India

Nutriente principal
20 % de proteínas

Aporta
Vitamina B_3, vitamina B_{12}, selenio

Usos no alimentarios
Lana, piel

Nombre científico
Ovis aries

◁ **Cordero sacrificial**
El cordero tiene un gran valor simbólico para el cristianismo. Esta ilustración del siglo XIII de un puesto de carnicero en el mercado es de la crónica del concilio de Constanza, de Ulrich de Richental.

▷ **El buen pastor**
Las ovejas son animales sufridos, pero necesitan el cuidado de un pastor, y hay que protegerlas de los depredadores.

El explorador y navegante británico James Cook llevó las primeras ovejas a Nueva Zelanda en 1773.

Cerdo y jabalí
una carne que separa culturas

Adorada por unos y aborrecida por otros, la carne porcina ha superado
la prueba del tiempo hasta convertirse en la más consumida del planeta.
Hay unos mil millones de cerdos en el planeta, más de la mitad en China.

La historia del cerdo es una historia
de amor y odio: apreciado por miles de
millones de personas durante siglos, ha
sido denostado por muchos otros por
motivos religiosos o de higiene.
Históricamente, para los campesinos, la
carne de cerdo ha sido un producto básico, pues
los cerdos se alimentan de restos y requieren poco
espacio, a diferencia de las vacas y las ovejas. Además,
se reproducen rápidamente, y su carne se conserva
bien, a diferencia de la del pollo, su mayor rival en
la cría de animales domésticos.

◁ Origen de la especie
El jabalí tiene un pelaje más denso y
duro, la cabeza más grande y una cola
más larga y recta que su descendiente,
el cerdo domesticado.

Carne de fortuna diversa
El cerdo desciende de los jabalíes europeos y asiáticos
que cazaban los humanos prehistóricos, domesticados
por primera vez hace entre 9000 y 10 000 años en el
este de Anatolia (la actual Turquía) y en China, donde
el alto contenido en grasa de su carne era un valor
añadido, ya que se usaba como subproducto para
cocinar. Desde Anatolia, el cerdo doméstico pasó a
Europa, Oriente Próximo y el norte de África, y desde
China, al resto de Asia oriental, convirtiéndose en una
fuente de carne vital para las comunidades rurales.

Hacia 1000 d.C., sin embargo, la cría de cerdos
estaba en declive en Oriente Próximo, a la vez que
el pollo iba ganando popularidad como fuente de
proteínas. Los cerdos necesitan mucha más agua que
las gallinas para producir el mismo volumen de carne,
y, por tanto, en los climas secos resultaban preferibles
aquellas. Entre los judíos, el cerdo era condenado como
impuro en las leyes recogidas en el Levítico, escrito
hacia 700 a.C. En el siglo VII d.C., el islam hizo suya
tal declaración de impureza y la incluyó en el Corán;
y ya antes los primeros cristianos observaron la
prohibición de comer cerdo, hasta que se levantó en
el concilio de Jerusalén, alrededor del año 50 d.C.

Los antiguos griegos y romanos no tenían tales
escrúpulos. Como los chinos, valoraban el contenido
graso de la carne de cerdo, sobre todo la piel crujiente
que resulta al asarlo. De hecho, Marco Gavio Apicio,
gastrónomo romano del siglo I d.C., cuyas recetas fueron
compiladas entre tres y cuatro siglos más tarde, describía
una técnica en la que se retiraba la piel y se colocaba
sobre una capa de masa, para que quedara más crujiente.

El atractivo del cochinillo
En 1539, cuando el explorador español Hernando de
Soto llegó a la bahía de Tampa, en Florida, desembarcó
con trece cerdos, entre otros animales traídos de Europa.
Algunos —los antepasados del actual cerdo salvaje, o
razorback— escaparon y se asilvestraron, pero se conservó la
mayor parte, que crió. En pocos años había un rebaño

△ Muestrario de razas
Razas porcinas británicas (en el sentido horario, desde abajo a
la izda.): Large White, Small White, Berkshire (verraco), Tamworth
(cerda) y Large Black. Las razas autóctonas están de moda.

CERDO DOMÉSTICO

Origen
Turquía, China

Principales productores
China, EE UU, Brasil

Nutriente principal
26 % de proteínas

Aporta
Vitaminas B_1, B_2 y B_3,
selenio, zinc, fósforo

Usos no alimentarios
Cosmética, medicina
(insulina), calzado (ante)

Nombre científico
Sus scrofa domesticus

de 700 cerdos, los fundadores de la industria porcina estadounidense.

El cerdo tuvo también un papel político como ofrenda de paz a los nativos americanos, que adquirieron el gusto por el cochinillo asado, una especialidad española de Castilla. Para esta receta se mata un cochinillo de entre dos y seis semanas, aún no destetado (un lechón), y se prepara en un recipiente de barro sobre un fuego de roble, o al espeto sobre brasa de carbón. Este plato, con antecedentes en las antiguas China y Roma, no ha perdido el favor de los amantes del cerdo, entre ellos el escritor estadounidense Ernest Hemingway, aficionado a devorarlo en su asador favorito de Madrid.

Cazado por deporte y como alimento

Aún después de que fueran domesticados sus descendientes, se siguió cazando el jabalí. Para los romanos, además de para obtener carne, la caza se consideraba un entrenamiento militar. En la Edad Media, la caza del jabalí fue un deporte en alza en muchos países, como Persia, India y Japón, donde cazar jabalíes –símbolo de fertilidad y prosperidad– era vital para pasar el invierno, además de un evento cultural importante.

Hoy, el jabalí es uno de los mamíferos más extendidos del mundo, y su caza sigue siendo algo habitual. En Inglaterra, donde fue cazado hasta la extinción a mediados del siglo XVII, fue reintroducido en la década de 1980, y actualmente hay unos 4000 jabalíes. El jabalí se cría también cada vez más en cautividad por su carne, más magra que la del cerdo y de sabor más intenso.

△ **Caza del jabalí en Japón**
Los guerreros samuráis eran renombrados por su fuerza y valor, virtudes que celebra esta xilografía del siglo XVI que representa a un samurái acometiendo a un gran jabalí.

«El lechón bien amamantado crepitaba al asarse.»

ATENEO DE NÁUCRATIS, *EL BANQUETE DE LOS ERUDITOS* (SIGLO III D.C.)

BEICON

Origen
Todo el mundo

**Principales productores
(beicon y jamón)**
Países Bajos,
Dinamarca, EE UU

Nutriente principal
40 % de grasa

Aporta
Sodio, zinc, vitamina B$_3$

Beicon y otras carnes curadas sabores intensos

Desde la panceta salada china hasta la cecina de León o la *bresaola* de Lombardía, la carne curada ha sostenido civilizaciones durante los duros meses invernales y tentado el paladar de *gourmets* antiguos y modernos.

Antes de la era de las neveras y los congeladores, la carne debía consumirse rápidamente para evitar que se pudriera, o bien conservarse para su consumo posterior. Conservar carne era especialmente importante para pasar el invierno o las hambrunas, así como para pueblos o ejércitos en marcha. Hace unos 10 000 años ya se practicaba el secado al aire, y se descubrió que la carne ahumada duraba más, al sellar el humo la carne, y actuar como barrera contra las bacterias. Las capas de grasa ayudaban también al proceso de conservación, por lo

> «La carne de estos cerdos ofrece cincuenta sabores distintos.»

PLINIO EL VIEJO, AUTOR ROMANO (SIGLO I D.C.)

cual el cerdo, de cría sencilla y carne grasa, era idóneo para ser curado.

El poder conservante de la sal

El uso de la sal para conservar la carne comenzó en civilizaciones separadas por miles de kilómetros. En China se descubrió que la sal conservaba alimentos de todo tipo y que, dispuesta por capas entre piezas de carne en recipientes de barro, extrae la humedad y detiene el proceso de descomposición. Esta técnica se sigue usando hoy en día en China. Las tribus del sur de África desarrollaron una manera propia de conservar carne: cortada en tiras, se cubría de sal de los lagos salados del interior de la región, y se dejaba secar. En el

▷ **Lonchas finas**
La venta de jamón en lonchas y productos similares condujo a la invención de precisas máquinas de cortar.

siglo XVII, los colonos neerlandeses refinaron este método, añadiendo vinagre, azúcar y cilantro para hacer *biltong*. Egipto también contaba con recursos salinos naturales, y los antiguos egipcios conservaban pescado y aves, así como carne de res y cerdo, y depositaban carne en las tumbas para alimentar a los muertos en el más allá.

El jamón curado de los celtas

En los Pirineos, los celtas desarrollaron técnicas propias de curado, y se les tenía por maestros del curado de jamones. Estrabón, historiador y geógrafo griego del siglo I a.C., alabó la calidad del jamón de los Pirineos, y también la del de la vertiente ibérica, que alcanzó gran renombre en el Imperio romano, hasta su prohibición religiosa en el siglo VIII, tras la conquista musulmana.

En el siglo XV, las carnes curadas italianas lograron gran prestigio. En Lombardía, la *bresaola*, una ternera curada al aire, se había convertido en una especialidad, y en la zona del Tirol se elaboraba el *speck* adobado con enebro. También de larga tradición es la cecina de León (España), de vacuno y ligeramente ahumada.

La industria del beicon

El beicon, hecho con panceta o tocino del lomo, es de curado más breve que el *speck* y productos similares, y queda prácticamente crudo. Fue en el condado inglés de Wiltshire, en 1770, donde John Harris empezó a curar beicon a escala industrial empleando el método de curado húmedo, consistente en la inmersión de la carne en salmuera. En América del Norte, el consumo de beicon viene creciendo desde la década de 1990.

▽ **Curado de jamones**
El jamón ibérico se cura durante muchos meses en grandes bodegas, como esta de Salamanca (España).

◁ **Festín matinal**
El beicon no puede faltar para acompañar los huevos fritos del desayuno tradicional inglés.

Embutidos y casquería

carne sin desperdicio

Las vísceras de los animales se consumen desde que nuestros antepasados empezaron a cazar, pues no se desaprovechaba parte alguna de la matanza. Los embutidos llegaron mucho más tarde, como una forma de aprovechar la carne sobrante.

△ **Máquina de embutidos**
Los fabricantes actuales de embutidos a pequeña escala siguen utilizando máquinas semejantes a esta, del siglo XIX.

Los arqueólogos han encontrado indicios de hogueras usadas para cocinar de hace más de un millón de años, pero los primeros humanos tuvieron que sobrevivir durante siglos sin el fuego. Y sin fuego para cocinarla, la carne de los músculos era difícil de tragar. Las vísceras, en cambio, recién extraídas de un animal abatido, eran cálidas y blandas, y tenían una concentración de nutrientes incomparable.

Del paté al embutido

Las referencias más antiguas a las vísceras proceden del antiguo Egipto, donde se comía el hígado de ocas alimentadas a la fuerza mucho antes de que en Francia se hiciera lo mismo con el nombre de *foie gras*. El hígado aún es una comida callejera popular en las ciudades de Egipto, sobre todo el de ternera, frito y servido con pan de pita o *baguettes*, con chile fresco y lima. El hígado de oca se comía también en la antigua Grecia, y en la antigua Roma se engordaban las ocas y las cerdas con higos para que desarrollaran hígados mayores y más sabrosos. Además de vísceras como el hígado, los sesos, los riñones, el corazón y los pulmones, también se consumen otras partes consideradas despojos: morro, criadillas, carrilladas, orejas, lengua, tripas, estómago, patas o sangre. Los famosos callos a la madrileña se hacen con estómago de ternera.

Griegos y romanos hacían morcillas de buey, y los babilonios de Mesopotamia embutían intestinos animales con carne especiada más de mil años antes. Ya se habla de las morcillas en la *Odisea* (siglos VIII–VII a.C.), donde Homero describe el rellenado de intestinos con grasa y sangre. Más o menos en la misma época en que los romanos comían embutidos ahumados de Lucania en el sur de Italia, los chinos devoraban *lap cheong*, salchichas ahumadas agridulces secadas al aire, y *yun chang* de hígado de pato. En Tailandia tienen sus propias salchichas, como las *naem*, de cerdo fermentado y sabor agrio, y las *sai krok isan*, de cerdo fermentado y arroz.

En la Edad Media, la llegada de especias asiáticas a Europa estimuló la fabricación de embutidos. En el cálido sur de Europa se preferían los embutidos secos, como el salchichón y el salami, que soportan mejor el calor. En el norte de Europa, más frío, se hacían embutidos frescos. En el siglo XIX, muchas regiones europeas tenían embutidos propios. En Alemania se desarrolló una gran variedad regional de salchichas, o *wurst*, tales como la *Nürnberger Rostbratwurst*, condimentada con mejorana, que consta ya en el siglo XIV, y la *Weisswurst* de Baviera, creada por un carnicero de Munich en 1857.

▷ **Cocina renacentista**
Hacer embutidos en diciembre era una tradición en Italia para abastecerse de carne durante el invierno. En este tapiz del siglo XVI se están cociendo salchichas en un gran caldero.

La palabra «casquería» designa el local y la tarea del casquero, que vendía vísceras y despojos de ganado.

SALAMI	
Origen	Italia
Principal productor	Italia
Nutriente principal	37% de grasa
Aporta	Hierro, sodio, vitamina B_2, vitamina B_3, vitamina B_{12}

◁ **Colgados**
Las técnicas tradicionales de curado de embutidos son muy variadas, y se hacen con muy diversas carnes, tales como cerdo, res y venado.

Pollo

una carne producida en grandes cantidades en todo el mundo

Superando en número a cualquier otra ave del planeta, el pollo ha sido una importante fuente de proteínas, tanto en carne como en huevos, desde que se domesticaron aves de la selva en el sur de Asia hace unos 8000 años.

¿Qué fue primero, el huevo o la gallina? En términos alimentarios, el huevo fue anterior, pues las gallinas ponedoras eran demasiado valiosas para servir de alimento. El origen exacto de la avicultura de gallos y gallinas es dudoso, pero es probable que los primeros en ser domesticados fueran los gallos bankiva salvajes alrededor de 6000 a.C., y no como alimento, sino como gallos de pelea. La domesticación pudo producirse independientemente en varios lugares del sur y el sureste de Asia y del sur de China.

△ **Eclosión asistida**
Ya desde el siglo XVI se buscaba la manera de garantizar la producción de tantos pollos como fuera posible. En la imagen, una máquina incubadora de 1570.

Carne de lujo

Alrededor de 2000 a.C., los gallos y las gallinas se difundieron hacia el oeste, a Oriente Próximo, África y Europa, desde el valle del Indo, en el actual Pakistán y el noroeste de India. También se extendieron hacia el este, a las islas de Polinesia, y es posible que alcanzaran América del Sur unos doscientos años antes de la llegada de colonos europeos. La cría selectiva buscaba obtener tanto gallinas ponedoras como aves de mayor rendimiento para carne, pero predominaban las ponedoras, por la lógica obvia de ser una fuente de alimento continua y a largo plazo. Los antiguos egipcios fueron los pioneros del arte de la incubación, y crearon complejos de

△ **Pollo de barro**
El pollo era un animal valioso en la antigua Roma, y este recipiente en forma de gallo del siglo I d.C. es un símbolo de dicha importancia.

cámaras para mantener los huevos a la temperatura idónea para eclosionar. Por lo general, solo se mataban y comían gallos viejos y gallinas que dejaban de poner huevos viables. La carne de pollo era, por tanto, un manjar raro, reservado para ocasiones especiales o para los ricos. En la antigua Roma se criaron para producir huevos y también por su carne, la más cara que había: unas nueve veces más que la de res o carnero. La demanda era tal que, en el siglo II a.C., las leyes suntuarias decretaron un límite de un pollo por comida.

Los romanos observaron que los gallos castrados engordaban fácilmente, lo cual dio origen al tipo de animal que llegaría a conocerse como capón. Los cocineros romanos fueron también pioneros en lo

> En EE UU se consume más carne aviar que en ningún otro país: unos 41 kg por persona al año.

referente a desarrollar nuevos métodos culinarios para mantener jugosa la carne. El declive del Imperio romano y de sus prácticas agropecuarias afectaron negativamente al pollo, cuyo tamaño se vio reducido, y su carne fue sustituida en la mesa por la de especies más resistentes, como gansos y perdices. Los europeos llevaron el pollo a América del Norte, pero, en una tierra llena de pavos y patos, no había especial necesidad de criar pollos para producir carne. A mediados del siglo XIX, la reina Victoria de Inglaterra, amante y criadora de aves exóticas, recibió como regalo siete gallinas

cochinchinas, y la introducción de esta hermosa ave de denso plumaje fue decisiva para popularizar las aves de corral. La moda se impuso en Gran Bretaña y EE UU en la década de 1850, y los criadores compitieron por presentar las aves más llamativas y elegantes.

Métodos modernos

Criar pollos para la mesa siguió siendo una actividad local a pequeña escala, y las aves vivían al aire libre, vagando a su antojo, hasta que los piensos tratados con antibióticos y nutrientes a mediados del siglo XX permitieron mantener enjaulados a un número cada vez mayor de pollos y gallinas. En EE UU, durante la Segunda Guerra Mundial, la carne de res y cerdo escaseaba, y el consumo de pollo, que no estaba racionado, se multiplicó por tres. En un contexto de demanda creciente, en 1952 abrió el primer restaurante Kentucky Fried Chicken, cuyas franquicias contribuyen actualmente a las más de 121 toneladas de carne de pollo consumidas al año, que pasan de un tercio de la producción mundial de carne.

Origen
Asia

Principales productores
EE UU, Brasil, China

Nutriente principal
21 % de proteínas

Aporta
Hierro, vitamina B_6, vitamina B_{12}

Usos no alimentarios
Piensos animales, plumas para relleno de almohadas, tela y papel

«No cuentes los pollos antes de que nazcan.»

ESOPO, FABULISTA GRIEGO (SIGLO VI A.C.)

◁ **Razas aviares**
Esta ilustración de diferentes razas de gallos y gallinas muestra la diversidad que había en Alemania en el siglo XVIII.

▷ **Alimentar al ejército**
Según cuenta una leyenda popular, el pollo Marengo recibió su nombre por la victoria de Napoleón en la batalla de Marengo, en el Piamonte italiano, en 1800.

Pavo un regalo de México al mundo

Al llegar a Mesoamérica en 1519, los conquistadores españoles observaron que los indígenas habían domesticado una de las aves nativas: el pavo. Hoy, esta ave es un importante recurso alimentario en gran parte del mundo.

△ **Plumaje espectacular**
Los pavos macho adultos son aves impresionantes e inconfundibles por su colorido plumaje y el papo rojo vivo.

Los restos óseos hallados en los alrededores de Tehuacán (México) indican que ya se comían pavos allí desde el año 200 a.C. El pavo era muy importante para los mayas —cuyos dominios incluían el norte de Honduras y el sur de México—, y no solo como alimento, ya que proporcionaba plumas y huesos para vestimentas ceremoniales, medicinas e instrumentos musicales. Aún hoy, el pavo con mole poblano, que entre sus muchos ingredientes incluye el chocolate, es uno de los platos más prestigiosos de México.

Cuando llegaron los españoles en el siglo XVI, el pavo había rebasado hacia el norte su hábitat original en la Mesa Central de México. Las noticias sobre un ave grande de carne deliciosa llegaron a Europa, y ya en la década de 1530 se criaban pavos para disfrute de las clases altas españolas. En Roma se conocía el pavo ya en 1525, y su demanda por la aristocracia italiana fue tan alta que, en 1561, la Iglesia decidió prohibirlo en los banquetes por considerarlo un lujo excesivo.

«El pavo es […] un ave mucho más apreciable, e incluso es nativa de América.»

BENJAMIN FRANKLIN, PADRE FUNDADOR DE EE UU, EN 1784

En Inglaterra, la cría de pavos arrancó en firme a finales del siglo XVI, y, a medida que estas aves eran más asequibles para el público, aparecieron las primeras recetas impresas. Cocerlo era lo más habitual, y con el caldo se hacía salsa. El asado era también popular, especialmente al espeto, bajo el cual se recogía la salsa para acompañarlo.

«Carbonar» el pavo

El autor inglés Gervaise Markham contribuyó a la difusión del pavo con sus libros de cocina en el siglo XVII. En ellos, recomendaba engordarlo, y ofrecía varios métodos culinarios, tales como la técnica francesa de «carbonar» (asar a la brasa). En el siglo XVIII, las empresas de carne aviar se expandieron para satisfacer la creciente demanda, y el condado inglés de Norfolk se convirtió en el núcleo de la cría de pavos. Los escritores de la época describían la carretera de Norfolk a Londres atestada de decenas de miles de pavos, con las patas protegidas con arpillera para protegerse durante la larga marcha. Los estimados pavos negros de Norfolk eran parte del cargamento a bordo de los barcos que llevaban colonos ingleses a la costa este de América del Norte. Del cruce de los pavos negros de Norfolk con las especies salvajes nativas surgieron las variedades americanas más antiguas: Narragansett, Bronze y Slate. Casi todos los libros de cocina de la época incluían secciones con recetas de pavo, y los colonos que las llevaron a América del Norte crearon una tradición propia de cocina de esta ave. El influyente libro *Art of cookery*, del siglo XVIII, contenía 19 recetas de pavo relleno y asado, que en América del Norte se había convertido en el plato tradicional para celebrar el día de Acción de Gracias. No está claro si se sirvió o no pavo en la cena original de los peregrinos, pero, en el siglo XIX, la celebración era ya impensable sin un pavo relleno como protagonista.

Llega el pavo de Navidad

En Inglaterra se atribuye al futuro rey Eduardo VII haber puesto de moda el pavo asado para Navidad a finales del siglo XIX, pero es probable que figurara ya bastante antes en las cenas familiares festivas victorianas. En el popular *Cuento de Navidad* de Charles Dickens, publicado en 1843, Scrooge envía a los Cratchits un pavo para el día de Navidad, cuando la familia había estado ahorrando para la tradicional oca.

A finales del siglo XX, la carne magra del pavo conquistó a legiones de personas preocupadas por la salud. El beicon de pavo se popularizó como sustituto de su homólogo porcino, rico en grasa, y gracias a las ensaladas de pavo, los salteados y el pavo frío para sándwiches, el pavo se ha convertido en un producto de consumo cotidiano.

△ **Pastoreo de pavos**
La cría de pavos estaba muy difundida en Europa en el siglo XIX, como ilustra este cuadro de una niña y un niño con pavos, del italiano Francesco Paolo Michetti.

◁ **Al mercado**
A los pavos se los llevaba todavía por la calzada hasta el mercado en la Gran Bretaña de la década de 1930, como habían hecho los criadores con sus aves desde el siglo XVIII.

Origen
México y
América Central

Principales productores
EE UU, Brasil, Alemania

Nutriente principal
23 % de proteínas

Aporta
Fósforo, potasio,
vitamina B_3, vitamina B_6

Pato el ave predilecta de Asia

Del pato a la pekinesa de Nankín al pato a la naranja de París, los descendientes domésticos del ánade real han inspirado platos de lo más exótico, surgidos de las cocinas de los chefs más creativos.

La historia culinaria del pato es cosa principalmente de China y de los países vecinos del Sureste Asiático. Unos 4000 años después de la domesticación del pato salvaje, también denominado azulón y ánade real, China sigue consumiendo más pato que ningún otro país, y el pato laqueado a la pekinesa es el plato nacional por excelencia. Aunque lleve el nombre de la ciudad de Pekín, el plato procede en realidad de Nankín, antigua capital imperial a orillas del río Yangtsé.

◁ **Ánade real**
El pato azulón, la especie de la que descienden los patos domésticos, vive en muchas regiones en estado salvaje.

Digno de un emperador

En la capital imperial, los mejores cocineros del reino se afanaban por crear platos especiales con los que tentar los paladares de la nobleza. En 1330, durante la dinastía Yuan (1271–1368), el médico de la corte imperial Hu Sihui escribió un libro que detalla la primera receta conocida de pato a la pekinesa. El paso fundamental era engordar el pato durante seis semanas, y que la piel quedara crujiente era, y sigue siendo, parte esencial de la receta. Eruditos y poetas chinos de siglos pasados alabaron el sabor del pato a la pekinesa, y su carácter de leyenda pervive en la China actual. Cuando el secretario de Estado estadounidense Henry Kissinger se reunió con los líderes comunistas chinos en 1971, en plena Guerra Fría, un almuerzo de siete platos con pato a la pekinesa logró romper el punto muerto en que se hallaban las conversaciones, lo cual se dio en llamar *duck diplomacy* («diplomacia del pato»), y preparó el clima para el deshielo entre ambas superpotencias.

No es probable que los diplomáticos chinos lo supieran, pero la isla estadounidense de Long Island presumía de una célebre raza de patos propia, descendiente de nueve patos importados de China en 1873. El pato asado es tan habitual en la cocina de esta isla que el equipo de béisbol local lleva orgulloso el nombre Long Island Ducks.

Atractivo global

Las recetas de pato también abundan en otras partes de Asia. En Corea, el *oritang* es una popular sopa con pato y verduras, especialidad de la ciudad metropolitana de Gwangju; y en Indonesia, una de las recetas tradicionales consiste en cocer lentamente el pato adobado con especias en una olla de barro.

En Europa, los chefs franceses adoptaron el pato para hacer *foie gras*, *cassoulet*, confit de pato de Gascuña y pato a la naranja, tal vez la receta más famosa de ellas, cuyo origen se remonta en realidad a una antigua tradición de Oriente Próximo, la de compensar la carne rica en grasa del pato con fruta ácida, práctica adoptada en muchos países.

▽ **Potencia de fuego**
A principios del siglo xx se inventó la escopeta de barca, que permitía al cazador abatir muchas aves acuáticas de un solo disparo.

△ **Reclamo**
El entusiasmo por cazar y comer patos ha llevado a desarrollar artículos de todo tipo para los cazadores, como este reclamo de madera.

▷ **Cepo siciliano**
En la antigua Roma, quizá lo más usual para atrapar patos fueran los cepos, como el que aparece representado en este mosaico siciliano del siglo IV.

En algunas partes de Asia se cree que la cabeza de pato frita mejora la capacidad cerebral.

Banquetes
y festines

Los festines y banquetes lujosos fueron frecuentes en el antiguo Egipto, como muestran las pinturas de tumbas en Tebas y otros lugares. También eran del gusto de los griegos: Homero describe varios banquetes con detalle, tanto en la *Ilíada* como en la *Odisea*. Los banquetes más espléndidos del mundo antiguo, no obstante, fueron los de los romanos.

Un banquete romano típico consistía en tres platos: *gestatio* (entremeses o entrantes), *mensa prima* (plato principal) y *mensa secunda* (postre). Los entremeses incluían quesos, aceitunas, huevos y setas, seguidos de diversas legumbres, ensalada y verduras cocidas, al vapor o encurtidas. Entre los platos principales favoritos se encontraban el faisán, el tordo u otras aves cantoras, la langosta, otros crustáceos y bivalvos, el venado, el jabalí y el pavo real. También eran habituales platillos caprichosos como útero de cerda relleno, lenguas de pavo real, fetos de conejo, caracoles alimentados con leche, erizos de mar en salmuera, loro cocido y lirón asado.

Los festines renacentistas eran aún más elaborados. La comida se servía en varias fases, cada una de ellas consistente en distintos platos servidos sucesivamente, formato este que pervivió en los siglos siguientes. Así, por ejemplo, en un banquete ofrecido por Carlos II de Inglaterra en 1671 se sirvieron 145 platos distintos, y eso eran solo los primeros. Cada fase del banquete se anunciaba con la aparición en procesión de lo que en la Inglaterra Tudor llamaban «sutilezas». Algunas eran comestibles y otras no, pero todas asombraban por su complejidad. En un banquete de 1527 que el cardenal Wolsey ofreció a unos emisarios franceses, una de las sutilezas más espectaculares fue un tablero de ajedrez gigante, con todas sus piezas, hecho de pasta de azúcar. Cautivó a los invitados de tal forma, que el cardenal lo hizo empaquetar y enviar de vuelta con ellos a Francia.

◁ **Exhibición de riqueza**
Históricamente, los banquetes han servido para celebrar ocasiones como las bodas, y también como pretexto para presumir de riqueza.

Venado carne de deporte real

Las pinturas rupestres prehistóricas, así como los cuernos encontrados en yacimientos antiguos por todo el mundo, revelan que se ha comido ciervo desde hace miles de años.

▷ **Caza con disfraz**
Las tribus nativas de América del Norte se camuflaban con pieles de ciervo para cazarlos.

El venado, asociado a la caza desde hace siglos, debe su nombre mismo al vocablo latino *venatio*, que no significa otra cosa que «caza». El ciervo rojo era una importante fuente de alimento para los pueblos neolíticos de Europa, como lo era el gamo en Oriente Próximo y Asia occidental. En América del Norte, miles de años antes de la llegada de los europeos, las antiguas tribus indígenas cazaban ciervos de cola blanca. En Asia oriental, las presas eran ciervos sica.

Carne y mitología

La receta de venado más antigua del mundo —estofado en caldo, y con ajo— fue inscrita *c.* 1750 a.C. en tablillas de barro babilonias. El venado era una de las carnes que comían los antiguos griegos, y era valiosa, porque la caza era un rito de iniciación a la edad adulta para los jóvenes aristócratas. Los romanos ricos, que también cazaban ciervos por deporte, introdujeron el gamo en Gran Bretaña, y crearon cotos de caza en sus tierras. El ciervo era sagrado para Artemisa, la diosa griega de la caza, y para su equivalente romana, Diana, pero su carne podía comerse sin restricciones. Sin embargo, en Japón, los ciervos eran protegidos como mensajeros de las deidades de la religión sintoísta. En las zonas de Asia donde predominaba el budismo, tanto la caza como el consumo de carne estaban prohibidos.

Un plato noble

En la Europa medieval, la caza de ciervos siguió siendo un privilegio de la elite. La sabrosa carne de venado se asaba a la brasa o al horno, o bien se cocía y se hacían sopas y estofados. En los siglos siguientes, esta carne figuró en los menús de la realeza y la nobleza. El venado conserva una cierta aura aristocrática en Europa, pero con el auge de la cría en granjas, hoy está generalmente disponible, y se considera una fuente muy conveniente de proteína magra.

CIERVO SICA

Origen
Asia

Nutriente principal
22 % de proteínas

Aporta
Hierro, vitaminas B$_1$ y B$_3$

Nombre científico
Cervus nippon

▽ **Caza en China**
La aristocracia china practicaba la caza del ciervo. El confucianismo no prohibía la caza.

Conejo y liebre
fuente de alimento y plaga agrícola

A diferencia de la mayoría del ganado y de los animales de corral restantes, criados desde hace miles de años, los conejos no se domesticaron hasta el siglo v. Alimento básico en la Europa medieval, hoy se encuentran por casi todo el mundo.

CONEJO EUROPEO

Origen
Europa

Nutriente principal
19 % de proteínas

Aporta
Hierro, vitamina B$_3$

Nombre científico
Oryctolagus cuniculus

Hace unos 3000 años, cuando los navegantes fenicios, oriundos del Mediterráneo oriental, llegaron a la península Ibérica, les sorprendió la abundancia de conejos. Una teoría afirma que fueron ellos quienes la llamaron *y-spn-y* («isla de conejos»), pronunciado *i-span-ia*. La raíz fenicia *span* —«conejo», o, para ser más precisos, «damán», lo más parecido al conejo que conocían— dio lugar a la

En la Edad Media, los fetos de conejo fueron considerados «acuáticos» por el papa, y, por tanto, permitidos en cuaresma.

«Hispania» de los romanos, y de ahí a «España» en castellano. *Span* se conserva también en el nombre del país en otros idiomas, honrando así a este roedor. Tras la incorporación de Hispania al Imperio romano c. 200 a.C., circularon monedas con representaciones de conejos como símbolo de Hispania. Las monedas del reinado de Adriano, que era de origen hispano, mostraban al emperador en una cara, y en la otra un conejo a los pies de una figura femenina, que representaba a Hispania.

Vianda de la mesa monacal
Los romanos criaron conejos silvestres para obtener pieles y carne, y los introdujeron en el resto de Europa. En la Francia del siglo v, los monjes empezaron a criarlos

selectivamente, y durante la Edad Media se extendió por Europa la cría de conejos por su pelo y su carne. La liebre, miembro algo mayor de la misma familia, también se cazaba y comía, y para la aristocracia se crearon platos como el guiso llamado *civet de liebre* y la *lièvre à la royale*.

La expansión colonial europea difundió el prolífico conejo en muchas partes del mundo, con devastadores efectos para los hábitats autóctonos, especialmente en Australia. En China, el conejo era popular en la provincia meridional de Sichuán, donde la cabeza picante sigue siendo una especialidad. En Europa, el consumo de su carne cayó entre las clases medias en el siglo xx, pero siguió siendo un importante recurso para los más humildes.

△ **Listo para la olla**
Escena del interior de una cocina flamenca del siglo xvi, con un conejo colgado, listo para desollar y cocinar. En esta época se consumía mucho conejo en toda Europa, en estofados y pasteles de carne.

▷ **Buen corredor**
Las rápidas liebres presentan un reto especial para los cazadores, que suelen recurrir a los perros para sacarlas de sus madrigueras.

Codorniz, perdiz y faisán — aves de caza

La codorniz, la perdiz y el faisán son aves cazadas como deporte, pero las tres han servido además de alimento desde mucho antes de que llegaran a la mayor parte del mundo otras aves domesticadas, como el pollo o el pato.

FAISÁN COMÚN

Origen
Asia

Nutriente principal
24 % de proteínas

Aporta
Hierro, vitamina B$_3$

Nombre científico
Phasianus colchicus

La codorniz, la perdiz y el faisán son tres de las aves de caza más populares en la historia de la cocina. De las tres, la codorniz es la más extendida, pues, a diferencia de las otras dos, es un ave migratoria. Se han hallado huesos de codorniz en refugios utilizados por antiguos cazadores-recolectores hace miles de años, aunque no se sabe cómo las cazaban. Alrededor de 3000 a.C., los antiguos egipcios atrapaban codornices en gran número con redes. El historiador griego del siglo v a.C. Heródoto mencionó que las comían saladas y curadas al aire, sin cocinar. Los propios griegos, al igual que los romanos, usaban las codornices como aves de pelea más que para alimentarse, seguramente por el riesgo de intoxicación: si la codorniz come semillas de una planta venenosa, las toxinas se acumulan en sus reservas de grasa.

Los testimonios de la cría de codornices se remontan a 770 a.C., en China. En el siglo XI se criaban ya en Corea y Japón, donde eran aves apreciadas también por su canto. Los japoneses seleccionaron codornices durante siglos por sus voces, y, a mediados del siglo XVIII, el entusiasmo por las codornices alcanzó su apogeo con la competencia por criar las aves de canto más melodioso.

▷ **El hermoso faisán**
El faisán era un ave predilecta en las mesas de la Inglaterra victoriana, y era muy admirado el aspecto del macho, que se exhibía con presentaciones diversas.

En Europa, las codornices se cazaban en temporada, con red, atrapándolas cuando volaban bajo sobre zonas costeras en su ruta migratoria. Con el desarrollo de armas más sofisticadas, en los siglos XVIII y XIX las escopetas fueron sustituyendo a las redes. Las codornices se solían comer enteras, cocidas o asadas a la brasa o en el horno, brevemente y con mucha grasa, para impedir que se secaran. El mismo principio se aplicaba a otras aves de caza, cuya carne suele ser magra.

Capricho otomano

A diferencia de la mayoría de las codornices, las perdices viven en tierra y no migran, lo cual facilita su captura. La especie predominante en Europa es la perdiz pardilla, pero, en Turquía, donde es muy estimada desde hace siglos, hay tres especies de perdiz. Cazar y comer perdices era una ocupación predilecta de los sultanes del Imperio otomano (1299–1922), y esta ave es un motivo recurrente en la poesía, la música y el arte popular. El nombre del ave en turco, *keklik*, aparece en muchos topónimos, de lugares donde tradicionalmente se criaban y liberaban para su posterior caza.

El faisán, una de las mayores aves de caza, se viene cazando también desde la Edad de Piedra. Ave voladora de distancias cortas, de carne más abundante que las antes mencionadas, el faisán fue introducido en Europa desde Asia, posiblemente antes de 1000 a.C. Los romanos lo criaban por su carne, cuyo consumo se difundió a la Galia y Britania al expandir su imperio. En Inglaterra, el faisán fue muy apreciado, y un plato regular en los banquetes medievales. El llamativo aspecto del faisán lo convirtió en ave predilecta en las partidas de caza, sobre todo en Inglaterra y América del Norte.

△ **Fin del trayecto**
La tradición de atrapar codornices migratorias tiene unos 5000 años. Este dibujo, de 1862, ilustra una forma de cazarlas en Siria.

▽ **Ave de fantasía**
El palacio minoico de Cnosos (Creta) estaba decorado con una serie de hermosos frescos. En esta reconstrucción de uno de ellos, hecha en el siglo XX, se representan perdices junto a huevos de fantasía.

«El primer día de Navidad, mi amor me envió una perdiz en un peral.»

«THE TWELVE DAYS OF CHRISTMAS», VILLANCICO TRADICIONAL INGLÉS (1780)

Pescado y marisco

Pescado y marisco

Mucho antes de lograr dominar las técnicas necesarias para pescar, nuestros antepasados eran ávidos consumidores de pescado y marisco. Desde las fases evolutivas más antiguas, los seres humanos buscaban marisco entre las rocas y cogían peces varados por las tormentas. También atrapaban peces de aguas someras y salmones que saltaban fuera del agua al remontar los ríos para desovar. La pesca propiamente dicha, sin embargo, requería equipo, concretamente embarcaciones, redes, canastas, arpones, anzuelos, sedal… El medio acuático está fuera de la zona de confort humana. Es el territorio de los peces, donde gozan de todas las ventajas: son más rápidos, saben esconderse y recorren grandes distancias. El ser humano tuvo que aprender a superar a los peces con astucia, y fue un proceso largo.

Los inicios de la pesca

En cuevas de Sudáfrica se han encontrado pruebas del consumo de marisco y peces de aguas someras hace 140 000 años, pero las pruebas más antiguas de la pesca con anzuelo han aparecido en Timor Oriental, en el Sureste Asiático, donde los arqueólogos desenterraron más de 38 000 espinas de pescado, junto con anzuelos de concha de una antigüedad estimada entre 16 000 y 20 000 años. En América del Norte hay pruebas de la pesca del salmón hace al menos 11 500 años, y algunas culturas dependían casi por completo del pescado para su sustento. Los inuit del círculo polar ártico, por ejemplo, desarrollaron métodos para conservar el pescado y tener comida todo el año, incluso en las peores condiciones.

Gradualmente, a lo largo de miles de años, los antiguos pescadores fueron aprendiendo a adaptar sus técnicas a las distintas especies de peces, adecuando los aparejos y los cebos a los hábitos y preferencias de presas muy diversas. No tardaron en aprender a pescar salmones con red, atraparlos a mano o arponearlos en las aguas someras donde desovan. La tilapia se podía pescar con red desde la costa, y se reproducía bien en pozas artificiales aisladas. En las lagunas y en aguas claras y en calma, la pesca con arpón era una de las habilidades más exigentes física y técnicamente, ya que requería buena vista y reflejos rápidos como el rayo. En algunos lugares se desarrollaron técnicas muy particulares. Una de ellas es el *ukai*,

△ **Capturado en la roca**
El pescado es apreciado y consumido desde hace milenios. Se han encontrado tallas rupestres de salmones de hace 25 000 años.

▷ **Pesca recreativa**
En el siglo XIX, la pesca deportiva se popularizó en Europa y América del Norte, y especies como la trucha se convirtieron en trofeos.

la pesca con cormoranes entrenados, que se practica en Japón desde hace 1300 años y todavía hoy se usa.

Técnicas de pesca romanas

Los antiguos autores romanos legaron a los historiadores una rica fuente de información sobre métodos antiguos de pesca, a la que Plinio el Viejo, Ovidio y Opiano, que escribieron en los siglos I y II d.C., dedicaron obras enteras. Tanto Plinio como Opiano hablan de «dispositivos de concentración de peces»: objetos flotantes –utilizados en el mar por lo general– diseñados para atraer a los peces. Cuando los peces se reunían alrededor de estos objetos eran presa fácil para la pesca con anzuelo. Menos habitual era la táctica de adentrarse a pie en el mar provistos de redes o arpones y llamar a gritos a los delfines para que acudieran. Los delfines ponían en fuga hacia la costa a los bancos de peces, donde era más fácil atraparlos, y se los recompensaba con comida, que incluía pan mojado en vino, según Plinio.

Las primeras civilizaciones también criaban peces. La prueba más antigua de ello se remonta a 3500 a.C., en China, donde se criaban carpas en estanques de agua dulce y arrozales inundados. Un milenio más tarde, los egipcios criaban tilapias en depósitos construidos a tal fin junto al Nilo. Los indonesios adoptaron una técnica similar en el siglo XI, atrapando crías de sábalo en las marismas costeras cuando entraba la marea, que luego transferían a pozas preparadas de agua salada: uno de los primeros ejemplos de piscicultura marina.

La piscicultura moderna comenzó a mediados del siglo XVIII, cuando el científico alemán Stephan Ludwig Jacobi logró fecundar artificialmente óvulos de trucha de río en su propiedad. Pese a los avances de la acuicultura desde entonces, la pesca de arrastre ha sido el método moderno predominante para obtener pescado.

> Entre 1980 y 2010, la acuicultura produjo más pescado que la pesca por medios tradicionales.

El problema de la sobrepesca

Los Países Bajos fueron los pioneros de la pesca de arrastre en el siglo XV, y los británicos introdujeron mejoras en el siglo XVII. Sin embargo, a partir de la década de 1960, la llegada de las flotas comerciales a gran escala y con métodos industriales causó una drástica reducción de las reservas de vida marina de los océanos del mundo hacia finales del siglo XX. La gran demanda de pescado de todas clases y a buen precio, junto con la popularidad del *sushi*, no ha hecho más que agravar el problema. Las únicas medidas viables para que el mar pueda regenerar la población de las especies más explotadas parecen ser la restricción de las grandes flotas y la inversión en acuicultura.

△ **Pesca de arrastre**
Hace siglos que los barcos arrastran redes para atrapar cientos de peces a la vez, como estos en las frías aguas del mar del Norte.

▷ **Una antigua tradición**
Unos pescadores se zambullen con arpones en los arrecifes de coral de Melanesia, como ha hecho el ser humano desde el Paleolítico.

▽ **Criaderos en la nieve**
La constante demanda de pescado y el desplome de sus reservas naturales ha llevado a la creación de piscifactorías, como esta de salmón en Islandia.

◁ **Buena captura**
Pescadores en barcas de madera descargan salmones en el muelle de Juneau, en Alaska.

◁ **Hermoso pez**
El salmón, apreciado en la pesca con anzuelo, puede pesar hasta 47 kg.

SALMÓN DEL ATLÁNTICO

Origen
Atlántico Norte

Nutriente principal
20 % de proteínas

Aporta
Ácidos grasos omega-3 y omega-6

Usos no alimentarios
Medicinal (aceite)

Nombre científico
Salmo salar

Salmón
el pez de agua dulce y salada

Valorado desde hace miles de años por el rosado intenso de su carne, su sabor delicado y su versatilidad culinaria, el salmón ha sido elevado hoy a la categoría de superalimento por su contenido en ácidos grasos omega-3.

En *The compleat angler* («El perfecto pescador»), de 1653, el escritor y experto pescador inglés Izaac Walton describe el salmón como «el rey de los peces de agua dulce». Quizá se refería a su densa carne rosada, o a la facilidad con la que se podía capturar en la época de cría, cuando los salmones remontan los ríos desde el mar para desovar. De lo que no podía ser consciente era de las asombrosas cualidades que este pez ha ido refinando a lo largo de millones de años, tales como estimar la velocidad y profundidad del agua a fin de elegir lugares óptimos para depositar los huevos. Incluso distintas especies se adaptaron a distintas partes del mismo río, de modo que no hubiera interferencias.

Sin duda, los cocineros ingleses de la época de Walton eran conscientes de la versatilidad del salmón como alimento. El recetario *Gentyll manly cokere* («Cocina gentil», c. 1500) incluía «salmón asado en salsa», una receta de salmón asado a la plancha y servido con una salsa de vino, canela, cebolla, vinagre y jengibre. En 1585, el cocinero inglés Thomas Dawson celebraba una inusual «ensalada de salmón y cebolla con violetas» en su libro

The good huswifes jewell («La joya de la buena ama de casa»), mientras que en *The accomplisht cook* («El cocinero consumado»), de 1660, el cocinero de la aristocracia de formación francesa Robert May proponía cocer el salmón entero en zumo de naranja, vino y nuez moscada.

Historia de dos océanos

El salmón usado en aquellas recetas era el del Atlántico, una especie (*Salmo salar*) nativa de aguas europeas y de la costa este de América del Norte, desde el oeste de Groenlandia hasta Quebec (Canadá) y Connecticut (EE UU). Se han hallado pruebas del consumo de salmón en una pintura rupestre de hace 25 000 años, en el abrigo rocoso Abri du Poisson, junto al río Vézère, en la región francesa de Dordoña, que representa en gran detalle un salmón de un metro de largo. En el mismo río se hallaron pruebas de que, hace 12 000 años, los humanos modificaron el curso construyendo pozas para atrapar salmones.

△ **Pescadores hábiles**
En el siglo XIX, el río Columbia (EE UU) estaba repleto de salmones del Pacífico, un recurso de gran valor para las tribus nativas americanas.

▷ **Arpón salmonero**
Los inuit del Ártico central y oriental usaban arpones de cobre de tres puntas para pescar los salmones que atrapaban en presas durante su migración.

Los salmones del Pacífico mueren tras desovar una vez; los del Atlántico pueden desovar repetidamente.

El mayor océano del mundo es el territorio de cría del salmón del Pacífico, del que hay varias especies repartidas por el norte del Pacífico. Los nativos norteamericanos lo pescaban hace unos 9000 años, y los descubrimientos arqueológicos en el puerto de Prince Rupert (Columbia Británica), en Canadá, han revelado que, entre 500 a.C. y 1000 d.C., la población local comía casi exclusivamente mamíferos marinos y salmón. Al parecer, cuando llegaron los colonos europeos, encontraron tal abundancia de salmones que pronto se cansaron de comerlos.

Además de un alimento básico, el salmón era un pez simbólico para los indígenas ainu de la isla japonesa de Hokkaido, quienes tenían por mensajeros divinos a los primeros salmones del año, y fundaban sus aldeas en las orillas de ríos con buenos tramos para su pesca. En cada casa se podían conservar hasta unos 2000 salmones para los tiempos de escasez. Los ainu usaban al menos diez nombres diferentes para el salmón, en función de rasgos como el sexo, la fase de desarrollo y el tamaño.

Acompañamiento ácido

A través de siglos de historia culinaria se adivina un hilo común, no únicamente en el modo de preparar el salmón, sino también en su acompañamiento. Ya sea asado a la parrilla, al horno o a la plancha, cocido o ahumado, este pescado graso de sabor suave suele servirse con acompañantes ácidos como el limón y el vino blanco en el norte de Europa, el vodka en Rusia, la *chermoula* (adobo de limón en conserva, hierbas y especias) en el norte de África o el tomate fresco en el *lomi lomi* hawaiano, una receta introducida por marineros occidentales. El acompañamiento ácido para el salmón no solo aporta un contrapunto de sabor al pescado graso, sino que, además, ayuda

a descomponer la proteína extracelular del tejido conjuntivo, permitiendo así al organismo asimilar una mayor cantidad de proteínas. En 1995, el *Journal of the American Medical Association* publicó estudios que indicaban que una ración semanal de salmón, o de cualquier otro pescado graso, reducía el riesgo de infarto y de algunos tipos de cáncer. Fue el preludio de un nuevo papel del salmón como alimento saludable, por contener altos niveles de ácidos grasos omega-3, que reducen la presión sanguínea, el nivel de grasa en la sangre y el riesgo de trombosis.

Ventajas del ahumado

El descubrimiento de los altos índices de omega-3 en el salmón explicaba cómo los inuit de América del Norte y Groenlandia tenían tan buena salud, pese a una dieta carente de frutas y verduras. La dieta rica en salmón de los inuit es un factor importante en la escasa incidencia de enfermedades autoinmunes e inflamatorias, tales como la soriasis, gracias a los efectos antiinflamatorios de los ácidos grasos omega-3. Debido a que el salmón salvaje se captura de forma estacional, sobre todo en primavera y verano, los inuit desarrollaron las técnicas

«La sidra y el salmón de lata son la dieta básica de las clases agrícolas.»

EVELYN WAUGH,
¡NOTICIA BOMBA! (1938)

◁ **Exquisitez enlatada**
Este cartel publicitario español, con un pez camarero, proclama la calidad del salmón enlatado.

de ahumado para conservarlo todo el año. Durante los largos inviernos, este pueblo dependía casi por completo del pescado ahumado.

A falta de árboles que aportaran leña para hacer fuego, los inuit de Groenlandia ahumaban el pescado usando brezo, en casetas de ahumado para proteger el pescado de las aves marinas carroñeras. Este proceso de ahumado lento y a baja temperatura mantiene tierna la carne. El pescado se secaba todo lo posible antes de ahumarlo, y luego se salaba, un paso fundamental del proceso, sin el cual el pescado se vuelve amargo o se descompone. Algunas tribus norteamericanas secaban el pescado al sol y al viento en lugar de ahumarlo, o bien utilizaban ambos métodos.

En Escandinavia, una técnica de conservación diferente dio lugar al llamado *gravlax*, del escnadinavo *grav* («ataúd» u «hoyo en el suelo») y *lax* («salmón»). En la Edad Media, los pescadores curaban el salmón enterrándolo en la arena de la playa para que lo lavara el agua salada. En la actualidad, el marinado *gravlax* consiste principalmente en sal, azúcar y eneldo, y hoy se sirve con una salsa de mostaza que a ningún vikingo le habría resultado familiar.

Con el desarrollo del transporte refrigerado en la década de 1840, la demanda de salmón salado y ahumado cayó, y en su lugar se consideraron una exquisitez tipos más tiernos de salmón de ahumado suave y con distintos sabores, según el origen, los ingredientes y el combustible empleado. Los rusos curaban el salmón con azúcar y vodka; los escoceses lo ahumaban sobre fuego de roble y haya; en Inglaterra, las casas de ahumado de la capital desarrollaron el *London cure*, salmón de ahumado ligero, tierno y de sabor suave.

A finales del siglo XIX, los emigrantes judíos polacos llevaron el salmón ahumado a Nueva York, donde la comunidad judía desarrolló su propia técnica de conservación: una cura de sal y azúcar, cuyo resultado era el *lox*. La presentación clásica es el *bagel* (bollo en forma de rosca) de *lox* con queso crema.

Ahumado tradicional del salmón, colgado de vigas sobre madera en combustión lenta.

▷ **Innovación francesa**
En la década de 1840, el pescador Joseph Remy y el ebanista Antoine Géhin colaboraron para crear estas cajas para la cría de alevines de salmón, un hito de la piscicultura.

Pez gato   pez de costas y ríos

El pez gato, así llamado por sus bigotes y por el ronroneo que emite al capturarlo, es el ingrediente clave de varios platos de pescado de África occidental, el Sureste Asiático y el sur de EE UU.

Los peces del extenso orden de los siluriformes, al que pertenecen las muchas especies de pez gato, son los más consumidos del planeta, en parte por lo diverso y extendido de dicho orden. Los peces gato, también llamados siluros y bagres, viven en ríos y zonas costeras de todos los continentes, excepto en la Antártida, e incluyen desde los minúsculos miembros de la familia de los aspredínidos, que pueden medir solo 2 cm, hasta el siluro europeo, que alcanza los 4,5 m.

Fenómeno global

Los peces gato se pescan y comen en casi todos los continentes, y desde hace milenios. Se han hallado momias de pez gato en antiguas tumbas egipcias, lo cual indica que era valorado como alimento, como sigue siendo en África occidental, donde se usa en estofados como la sopa de pez gato con chile nigeriana.

También es apreciado en el Sureste Asiático, como comida callejera o en platos más formales. En Myanmar, la sopa tradicional *mohinga* incluye pez gato.

En el sur de EE UU, la pesca de pez gato para la mesa tiene una larga tradición. En el siglo XX se desarrolló la cría de peces gato como gran industria en EE UU, y el estado de Misisipi es el productor más importante de peces gato de piscifactoría. Su popularidad es tal que, en 1987, el presidente Ronald Reagan declaró el 25 de junio Día Nacional del Pez Gato.

Sus detractores le encuentran sabor a lodo porque se alimenta del fondo, pero su sabor puede ser también dulce, dependiendo por entero del medio donde se alimente.

△ **Bigotes de gato**
Todas las especies de pez gato tienen tentáculos o barbillas sensibles alrededor de la boca, que les sirven para buscar comida.

◁ **Dios de la suerte**
Ebisu, uno de los siete dioses de la suerte de Japón, corta un pez gato mientras una mujer aviva las brasas de un *hibachi* para hacerlo a la parrilla.

Carpa

el pez de la suerte

La carpa, pez nativo de los lagos y ríos de Europa y Asia, ha sido introducida en vías fluviales de todo el mundo. Actualmente es el pez más explotado del mundo por la piscicultura, aunque en algunos países se considera una especie invasora.

La carpa era muy conocida por los pescadores del Imperio romano, que la pescaban en estanques especialmente construidos para ello en el delta del Danubio. Mucho después del fin del dominio romano, la población de la zona siguió valorando la carpa como alimento.

A partir de la Edad Media, la tradición de criar carpas para la mesa la continuaron los monjes por toda Europa. En el sur de Alsacia (Francia), la carpa frita se convirtió en una especialidad. La carpa se introdujo en Inglaterra en el siglo XV, y se cree que figuró en la mesa del banquete de coronación de Ricardo III en 1483. Hoy se considera un plato especial para festividades religiosas en Europa del Este. Suele formar parte del menú navideño en Polonia, donde las espinas se consideran un símbolo de la Pasión.

Pez afortunado

Las carpas llegaron a Japón desde China en el siglo I. En ambos países servían como alimento, pero también se criaron selectivamente y en varios colores a fin de decorar los estanques de los jardines. Esta práctica ha pervivido hasta hoy, sobre todo en Japón, donde la carpa, o *koi*, es el pez nacional, y un símbolo de buena suerte.

La carpa asiática fue importada a EE UU en 1872, apreciada como una fuente de alimento valiosa y comercialmente viable, por reproducirse rápidamente, ser resistente y alcanzar un tamaño generoso.

CARPA NEGRA

Origen
Asia oriental

Nutriente principal
18 % de proteínas

Aporta
Vitamina D

Nombre científico
Mylopharyngodon piceus

◁ **Carpa con cabeza de dragón**
Las carpas han de remontar cascadas para llegar a los lugares de desove. En la mitología china, la que lo logra se convierte en dragón.

Tilapia

criada ya en la Antigüedad

Adaptable, resistente y prolífica, la tilapia se explota como alimento desde que los egipcios descubrieron lo fácil de capturar que era hace más de 6000 años. Después de la carpa, este pez es la especie criada más extendida del mundo.

TILAPIA DEL NILO

Origen
África, Oriente Próximo

Nutriente principal
26 % de proteínas

Aporta
Selenio, vitaminas B_3, B_{12} y D

Nombre científico
Oreochromis niloticus

La gran capacidad reproductora de la tilapia le hizo ganarse un lugar sagrado como símbolo de fertilidad y renacimiento en el antiguo Egipto. Los amuletos de tilapia se usaban para propiciar el embarazo, y también se cosían a las mortajas para favorecer el renacimiento en el más allá. La tilapia estaba asociada también al dios creador Atum, que engendró nuevos dioses escupiendo semen por la boca, acto que refleja el hábito de este pez de guardar los huevos en la boca, protegiéndolos hasta su eclosión. La tilapia nada cerca de la superficie y prefiere aguas someras, y fue fácil para los egipcios asegurarse un suministro regular construyendo estanques a lo largo del Nilo. Griegos y romanos las siguieron criando, y la aristocracia mantuvo criaderos en sus propiedades para disponer de un suministro constante.

Cruzando continentes

En el África subsahariana, la tilapia es un alimento básico que suele pescarse en su medio salvaje, a orillas del río Senegal, que atraviesa Senegal, Mali, Mauritania, Gambia, Guinea y Guinea-Bissau. La tradicional *thieboudienne* de Senegal consiste a menudo en una tilapia entera, servida con arroz y muy especiada con *nététou* (hecho con neré, una fabácea africana). En Ghana, la tilapia a la parrilla es una comida callejera popular, acompañada de

◁ **Salida de África**
La tilapia del Nilo, presente en muchos ríos y lagos africanos, se cría hoy en todos los continentes salvo en la Antártida.

mandioca fermentada o de una pasta de maíz con chiles y cebolla. La tilapia es también el ingrediente principal de varias pastas de pescado fermentado, como el *terkin* sudanés y el *jaadi* de Sri Lanka. Pero en pocos lugares hay tanto aprecio por la tilapia como en Taiwán,

> La tilapia hembra puede portar en su boca hasta 200 huevos, que incuba durante unos cinco días.

donde tuvo un papel crucial tras la Segunda Guerra Mundial. En un acto de osadía, al final de la guerra, dos soldados taiwaneses internos en un campo de prisioneros robaron cientos de alevines de tilapia de una empresa pesquera japonesa, y los llevaron a Taiwán. Los pocos que sobrevivieron fueron la base de un programa de cría cuya expansión convirtió a Taiwán en uno de los mayores productores del mundo. Hoy, a la tilapia se la sigue llamando allí *wuguoyu*, nombre que combina los apellidos de los dos emprendedores soldados.

◁ **Peces domésticos**
En el antiguo Egipto era habitual tener tilapias en estanques, algunos en las casas de la aristocracia, como sugiere este fresco de una tumba de *c.* 1350 a.C.

Métodos tradicionales
Pescadores de tilapia lanzan
canastas a las aguas someras
del lago Turkana, en Kenia,
como hacen desde hace miles
de años.

Caballa de grasa exquisita

Fácil de identificar por su listado característico, la caballa es uno de los pescados más sabrosos, baratos y nutritivos. Aporta proteínas y grasas saludables, y es una especie pescada por las comunidades costeras desde hace milenios.

CABALLA

Origen
Atlántico Norte

Nutriente principal
19 % de proteínas

Aporta
Hierro, magnesio, vitamina A, vitamina B_{12}, ácidos grasos omega-3

Nombre científico
Scomber scombrus

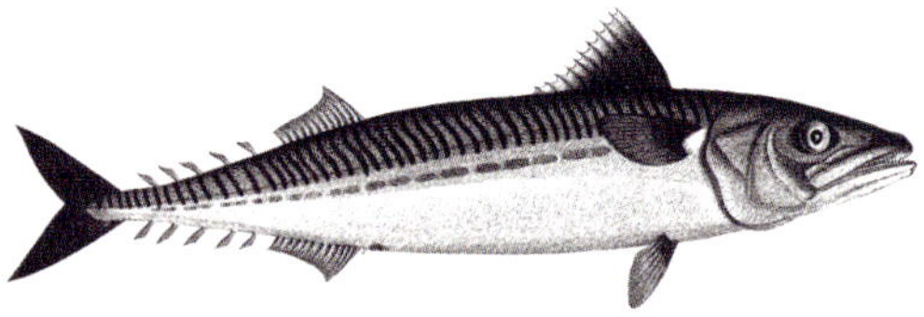

◁ **Nadador rápido**
El cuerpo estrecho y las aletas retráctiles son adecuados para un estilo de vida veloz.

El cuerpo verde azulado de la caballa, de lomo listado verde y negro y vientre plateado, hace de ella uno de los peces de agua salada más identificables. Nada en grandes bancos, y su cuerpo alargado y aerodinámico, sus aletas retráctiles y su cola ancha y hendida le permiten abrirse paso velozmente por el agua.

Las caballas pertenecen a la misma familia que el atún, pero no viven tanto tiempo como sus parientes, de mayor tamaño. En el Atlántico Norte y el Mediterráneo predomina la especie *Scomber scombrus*. En el Índico y el Pacífico Sur predomina la especie menor *Rastrelliger brachysoma*, y en las aguas desde el mar Rojo hasta el oeste del Pacífico, la *Rastrelliger kanagurta*.

Alimento vikingo

Se han hallado restos de caballa en asentamientos del Egeo de hace al menos 7000 años. Más al norte, los yacimientos noruegos del primer milenio muestran que los vikingos comían caballa, y se sabe que sus descendientes siguieron haciéndolo. En el siglo XIX, la caballa salada, ahumada y en conserva era un producto básico de la dieta noruega; y, en esa misma época, la caballa salada formaba parte de las raciones de los esclavos africanos en el Caribe.

Exquisitez moderna

La caballa, con su carne grasa y oscura y su sabor intenso, sigue siendo popular en el norte de Europa. Las caballas jóvenes, llamadas *tinkers*, son una exquisitez en Nueva Inglaterra. Los parientes del Pacífico de la caballa figuran en la cocina tailandesa como *pla thu*. Las tripas no se desperdician, pues son un ingrediente clave de la salsa *tai pla*, usada en el curri de pescado. La caballa seca se consume también desde el Caribe hasta el Sureste Asiático.

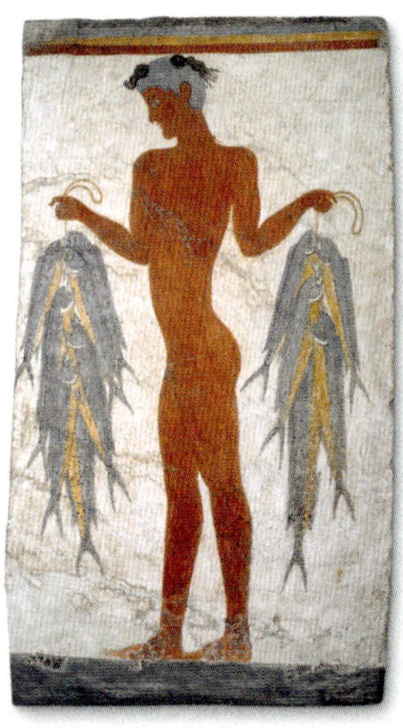

△ **Pesca minoica**
La pesca era importante para los minoicos. Este fresco, de *c.* 1600 a.C., muestra una buena pesca de caballa.

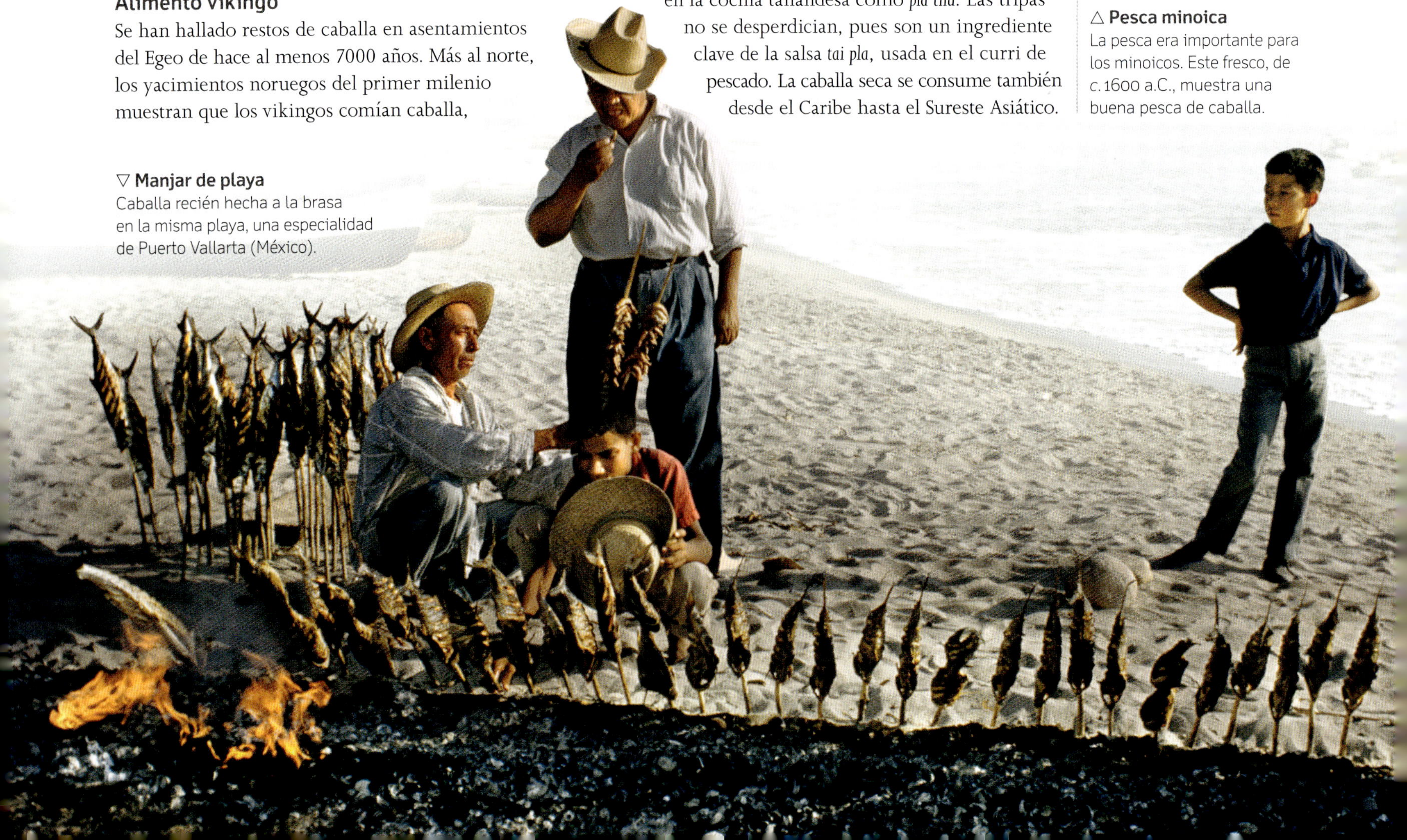

▽ **Manjar de playa**
Caballa recién hecha a la brasa en la misma playa, una especialidad de Puerto Vallarta (México).

Anguila

la serpiente del mar

Alimento predilecto de los japoneses, este misterioso pez de agua dulce y salada tiene una antigua tradición.

Esta extraña criatura, con una historia evolutiva de más de 50 millones de años, vive sobre todo en agua dulce, pero nace en el mar, y vuelve a él para morir. Hay muchas especies diferentes de anguila, entre ellas la europea, la americana, la japonesa, la morena y el congrio.

Comida de reyes y pobres

La carne de anguila es apreciada desde hace tiempo. Gayo Hirrio, notable romano del siglo I a.C., fue famoso por ser el primero que tuvo estanques solo para criar anguilas (aunque, según algunas fuentes, eran lampreas), que se cuenta suministraba para los banquetes de Julio César.

Para los europeos humildes de siglos posteriores, las anguilas suponían una fuente asequible de proteínas, ya que eran relativamente fáciles de pescar con red. En el año 730, Winfrid de Colchester, obispo inglés, anotaba que «el pueblo no sabe nada de pesca, solo atrapa anguilas». En los siglos XVIII y XIX, las anguilas en gelatina eran habituales en el East End londinense. Hoy, la anguila ahumada es muy popular en Escandinavia. En España es famoso el *all i pebre* (ajo y pimienta) de anguila, típico de la albufera valenciana y el delta del Ebro. Pescado habitual también en varias cocinas asiáticas, en Japón se hacen a la plancha y se bañan en salsa de soja especiada (*kabayaki*).

▽ **Anguila amenazada**
La anguila europea está hoy en peligro crítico de extinción, sobre todo por la pérdida y degradación de sus hábitats.

△ **Estimada en Japón**
En Japón, hay restaurantes dedicados solo a la anguila. A diferencia de otros pescados, no se come cruda en *sushi*, pues su sangre contiene una sustancia tóxica que hay que eliminar cocinándola o ahumándola.

ANGUILA EUROPEA
Origen
Europa

Nutriente principal
18 % de proteínas

Aporta
Vitaminas A, B_3 y B_{12}

Nombre científico
Anguilla anguilla

«La primera anguila de la temporada debe comerla el pescador para que haya buena pesca.»

DICHO DANÉS

Trucha pez luchador de carne rosada

La trucha pertenece a la misma familia de 100 millones de años de edad que su primo mayor, el salmón. Este pez, difícil de capturar, ha dejado de ser una rareza en la mesa gracias a la piscicultura.

Las truchas, un reto considerable para los pescadores, se alimentan dando pequeños y cautos mordiscos, hábito que se reflejaría en su nombre, procedente del griego *troktes* («tragona»). Su hábitat natural es el hemisferio norte, pero, a lo largo de los últimos 150 años, se han introducido extensamente en lagos, ríos y corrientes de todos los continentes, excepto en la Antártida. Como el salmón, la trucha regresa todos los años a los mismos territorios de desove; pero, a diferencia de los salmones, todos los cuales migran del mar al agua dulce, muchas truchas viven solo en agua dulce.

Variedades

Hay tres grupos de truchas: la trucha común, la arcoíris y la degollada. La trucha común es nativa de Europa, donde fue muy estimada en la Edad Media. En su forma anádroma se conoce también como trucha marina. En la segunda mitad del siglo XIX se introdujo en América del Norte desde Gran Bretaña y Alemania, y posteriormente lo hizo en muchos países de África, Asia y Australasia.

La trucha arcoíris, así llamada por el moteado azul y verde y la franja lateral morada que la distingue, es nativa de los ríos y lagos de las costas del Pacífico del noroeste de América del Norte y el noreste de Asia. En su variante marina de mayor tamaño, la trucha adquiere un color azul plateado.

En la isla japonesa de Hokkaido, este pez era un alimento importante para los ainu, que llegaron a conferirle un papel legendario como animal que sostiene el mundo sobre su lomo. Otro pez de América del Norte, la trucha degollada, fue la primera trucha que encontraron los europeos en América, según la descripción del explorador español Francisco Vázquez de Coronado del pez encontrado en el río Pecos, en el actual Nuevo México, en 1541.

Trucha salvaje y criada

A un monje francés del siglo XV, Dom Pinchon, se le atribuye el hallazgo de un método de propagación artificial de la trucha. Dos siglos más tarde, el terrateniente alemán Stephan Ludwig Jacobi aplicó los principios de Dom Pinchon a la construcción del primer criadero de truchas. Sus métodos fueron prácticamente olvidados hasta finales del siglo XIX, cuando se difundió la cría de la trucha arcoíris en EE UU y, más tarde, en otras partes del mundo.

La trucha tiene una carne pálida, a menudo rosada, y un sabor delicado. La salvaje es más apreciada que la de criadero, de sabor más terroso, sobre todo si la primera se ha alimentado de crustáceos. La *truite à la meunière* y la *truite aux amandes* son preparaciones clásicas francesas. En Escandinavia se usa a menudo trucha en lugar de salmón para el *gravlax*, y para el tradicional *rakfisk* noruego se usa trucha fermentada.

△ **Aparejos de época**
A lo largo de los años, la pesca de trucha con mosca ha generado un abundante equipo especializado.

> «Pues la trucha se pesca mejor en aguas turbias.»

SAMUEL BUTLER, POETA INGLÉS (1612–1680)

TRUCHA ARCOÍRIS

Origen
Costas del Pacífico Norte

Nutriente principal
20 % de proteínas

Aporta
Magnesio, zinc, fósforo, vitamina B_3, vitamina B_{12}, ácidos grasos omega-3

Usos no alimentarios
Medicinal (aceite)

Nombre científico
Oncorhynchus mykiss

▷ **Variaciones sobre un tema**
Hay docenas de especies de trucha en todo el mundo, de distinto tamaño y color, pero todas tienen los costados moteados.

◁ **Sarta de trofeos**
Pescar truchas salvajes es un desafío para todo pescador, y las muchas capturas de esta partida de pesca en California debió de ser motivo de celebración.

Pez de San Pedro extraño y sabroso

El pez de San Pedro es uno de los peces de aspecto más extraño y menos apetecible, con un nombre de leyenda religiosa, pero se valora desde antiguo su carne blanca, delicada y versátil, de sabor suave y algo dulce.

Si no hay que juzgar un libro por la cubierta, tampoco se debe despreciar al pez de San Pedro por sus largas aletas espinosas, su gran y fea cabeza, sus grandes ojos y su mandíbula prominente. Este pez de hábitos solitarios vive en los fondos arenosos o con vegetación del lecho marino, relativamente cerca de la costa, en aguas de entre 5 y 200 m de profundidad. Su eficaz y móvil mandíbula y el sigilo con el que se acerca a sus presas compensan su condición de nadador modesto y lo convierten en un depredador temible para arenques, lanzones, anchoas, sardinas y crustáceos. Aunque el pez de San Pedro frecuenta más las aguas cálidas, su distribución es amplia, desde Escandinavia y el mar del Norte hasta el Mediterráneo, las costas de toda África, el mar Rojo, el golfo Pérsico, el océano Índico y el Pacífico.

La historia de sus nombres

No sorprende que un pez abundante y de aspecto extraño generase distintas leyendas, alguna reflejada en su nombre. En 1758, el botánico sueco Carlos Linneo, al que debemos el sistema de clasificación de los organismos vivos, le dio el nombre genérico *Zeus*, padre de todos los dioses griegos: suponemos que tuvo que impresionarle.

En inglés se lo llama generalmente *John Dory*, título de una canción popular inglesa del siglo XVII sobre un marinero que conoce al rey Juan de Francia, pero no está clara la relación con el pez. Para otros, el nombre *John Dory* proviene del francés *jaune* («amarillo») y *dorée* («dorado»), en referencia al color entre bronce y dorado del pez. En otros idiomas, así como en la forma alternativa inglesa *St. Peter's fish*, la referencia al santo tiene que ver con la mancha redonda y oscura, rodeada por un halo más claro, que hay en cada costado del pez. Según cuenta la leyenda, es la marca del pulgar de san Pedro, a quien Jesús pidió que sacara el pez del agua del mar de Galilea. El santo así lo hizo, pero, sorprendido por el aspecto poco agraciado del pez, volvió a tirarlo al mar, dejando impresa la marca de los dedos. Difícilmente pudo vivir este pez en el mar de Galilea, un lago de agua dulce, pero la leyenda se difundió lo suficiente para darle nombre en francés, castellano y otros idiomas. En realidad, esas manchas redondas son una adaptación evolutiva para espantar a los depredadores, que las perciben como ojos y dirigen contra ellas el ataque, en vez de contra los verdaderos ojos, dándole al pez la ocasión de escapar. En España, al pez de San Pedro también se le llama sanmartiño, gallo y gallopedro, según la región.

La belleza interior

El pez de San Pedro pertenece a un antiguo orden de actinopterigios, los zeiformes, que se remontan al periodo Cretácico, hace unos 145 millones de años. El cuerpo plano, huesudo y espinoso resultante de su evolución, con una cantidad relativamente escasa de carne, no siempre fue apreciado, pero fue estimado por los romanos, y también recomendado por la cocinera inglesa Eliza Acton, quien en su *Modern cookery for private families* («Cocina moderna para familias privadas», 1845) escribió: «Algunos consideran el pez de San Pedro, pese a su aspecto poco atractivo, el pescado más delicioso que puede aparecer en la mesa».

> «El primero que John Dory conoció fue al buen rey Juan de Francia.»
>
> BALADA INGLESA TRADICIONAL

Aprecio actual

Relativamente desconocido en América del Norte, el pez de San Pedro se ha ganado una reputación favorable entre los *gourmets* británicos, así como en Australia y Nueva Zelanda, donde también se pesca. Su carne blanca y firme se puede hacer al vapor, frita, a la plancha o al horno, y sirve como alternativa a otros pescados de carne blanca, tales como el lenguado o el rodaballo. Además, con los restos puede hacerse un caldo excelente.

△ **Aspecto extraño**
El pez de San Pedro es uno de los peces comestibles más estrafalarios, por las arrugas de la cabeza, la gran boca y las numerosas espinas del lomo y el vientre.

▷ **Asociación bíblica**
El nombre del pez de San Pedro alude a un episodio evangélico en el que Pedro saca un pez del agua con la mano. La mancha del costado del pez sería la marca que dejó su pulgar.

◁ **Sello postal**
El pez de San Pedro apareció dos veces en sellos de correos de Burundi, país de África central. El de la imagen es de 1974.

SARDINA EUROPEA

Origen
Mar Mediterráneo, mar Negro, océano Atlántico

Nutriente principal
24 % de proteínas

Aporta
Vitamina B_{13}, vitamina D, ácidos grasos omega-3

Nombre científico
Sardina pilchardus

Sardinas el clásico del enlatado

Este pez nutritivo y rico en ácidos grasos saludables se pesca y consume desde hace mucho en los países europeos de las costas orientales del océano Atlántico. Fue una de las primeras especies enlatadas a gran escala.

El término «sardina» –aparte de vincular a este pez con la isla de Cerdeña– es impreciso y se aplica a muchas especies distintas, pero es de uso habitual para la sardina europea (*Sardina pilchardus*), abundante en el noreste del Atlántico y el Mediterráneo. En la región del Indo-Pacífico da nombre a otra especie, la sardina del Pacífico (*Sardinops sagax*).

Ya en la Antigüedad se salaban y prensaban sardinas, aunque los romanos las tenían por un pescado basto y de segunda. En el siglo XVIII se empezaron a conservar en vinagre, aceite y mantequilla. Joseph Colin, confitero francés de Nantes, fue el primero en enlatarlas. Abrió la primera fábrica en Francia en 1824, y pronto las sardinas fueron el núcleo de una industria conservera asentada desde el sur de Europa hasta la costa oeste de EE UU. Aún hoy se consumen muchas más sardinas de lata que frescas, aunque la sardina fresca es muy importante en la cocina mediterránea. En España, es costumbre asarlas a la parrilla.

Colapso y recuperación

La sardina del Pacífico sostuvo en su día las pesquerías californianas inmortalizadas en *Cannery Row*, la novela del estadounidense John Steinbeck, cuyo título se refiere a una calle de Monterrey llena de fábricas conserveras. La industria entró en crisis en la década de 1950, pero se recuperó posteriormente. Hoy, un 85 % aproximado de las sardinas del Pacífico californianas se procesan y exportan a China, Japón y Corea del Sur.

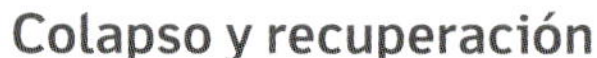

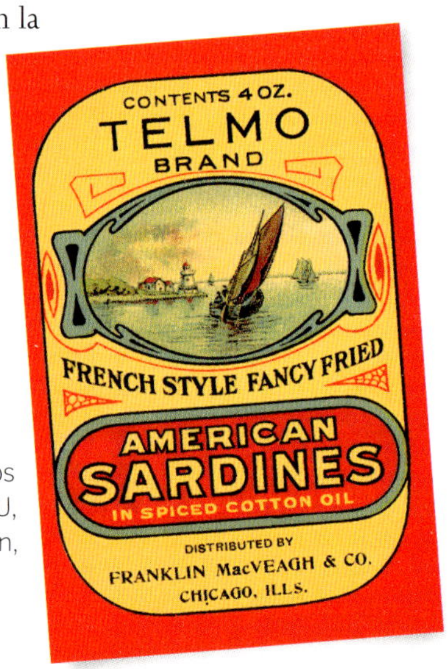

▷ **Conserva en aceite**
La sardina es rica en ácidos grasos omega-3. Estas sardinas de EE UU, conservadas en aceite de algodón, se enlataban para la venta en la década de 1920.

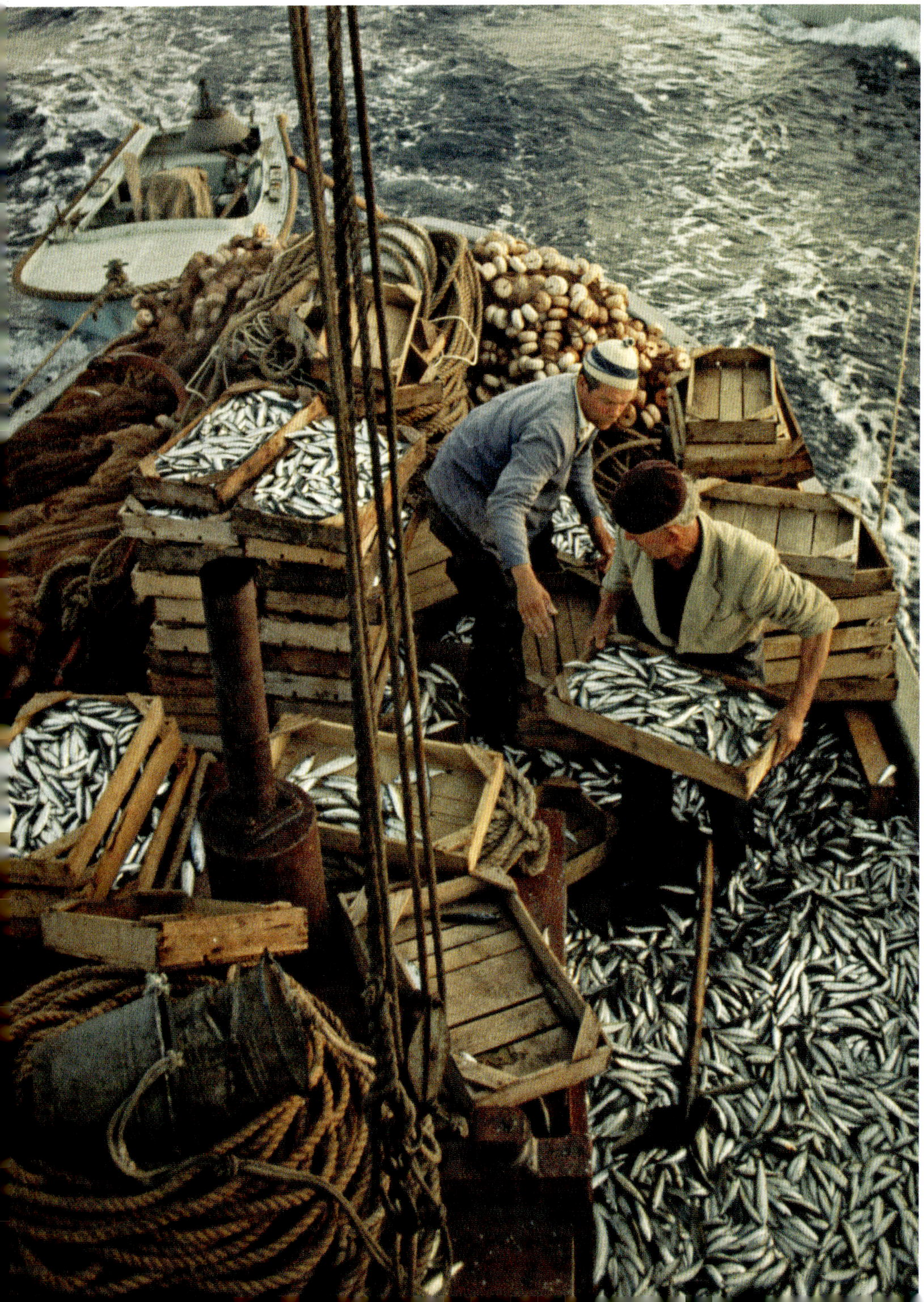

◁ **Cargando la pesca**
La sardina europea es abundante y muy explotada por las flotas comerciales, con capturas anuales de aproximadamente un millón de toneladas. En la imagen, unos pescadores de la costa dálmata cargan sardinas en cajas.

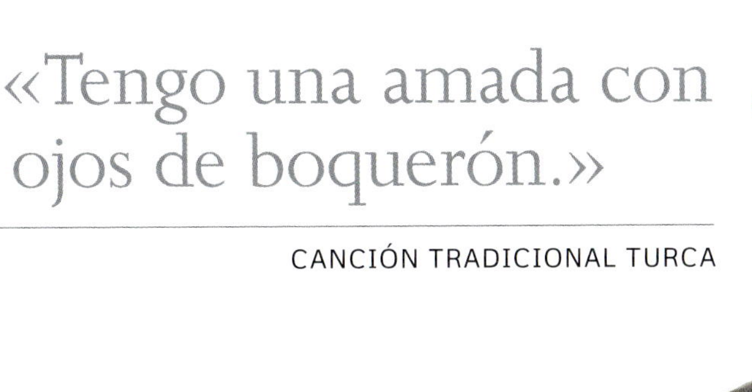

Boquerones
miniaturas plateadas

La historia alimentaria de estos pequeños peces plateados es antigua. Actualmente se comercializan frescos o semiconservados en salazón o aceite, enlatados o en botes.

△ **Pescado europeo**
Turquía está a la cabeza de la pesca comercial del boquerón europeo. La mayor parte procede del mar Negro, donde se pesca en invierno.

El boquerón, o la anchoa (nombre más común como semiconserva), parece una versión en miniatura de su pariente el arenque, nada en grandes bancos y prefiere las aguas costeras, y por ello ha sido siempre una de las especies más aprovechadas como alimento y como cebo para capturas mayores. Seis de las 144 especies del mundo se pescan comercialmente.

El boquerón fermentado fue un ingrediente clave del condimento predilecto de la época clásica y de inicios del Medievo: el *garum*, conocido como *colatura di alici* en la cocina contemporánea italiana. En la época del Imperio romano, la salsa *garum* se producía en gran cantidad en las costas de Italia, España y Francia, además de en la costa septentrional del mar Negro.

Oda a una anchoa

En la Inglaterra del siglo XIV, según la historiadora gastronómica Dorothy Hartley, la salsa de anchoas era lo que daba un sabor salado único y mantenía rosada por dentro la carne de los pasteles de cerdo de Melton Mowbray. También es un ingrediente clave de la salsa Worcestershire. Las salsas a base de boquerones secos o fermentados son tradicionales de la cocina del Sureste Asiático. Las *hamsi*, como llaman a las anchoas en Turquía, figuran en incontables platos turcos, y se celebran en poemas y canciones.

◁ **Curados en sal**
En la Sicilia del siglo XIX, existía la tradición de curar los boquerones en barriles de madera con sal, método aún vigente en distintas regiones mediterráneas.

ANCHOVETA PERUANA

Origen
Sureste del Pacífico

Nutriente principal
21 % de proteínas

Aporta
Ácidos grasos omega-3, calcio, hierro

Nombre científico
Engraulis ringens

Arenque tesoro del mar

Durante siglos, el abundante y barato arenque fue un alimento básico de los pobres. En Escocia lo apodaron *silver darling* («ricura plateada»), y en Noruega se ganó el mote aún más romántico de «oro del mar».

Los antiguos pobladores de las costas atlánticas de Europa capturaban y comían arenques hace ya unos 3000 años, pero su potencial como alimento barato y nutritivo no se comprendió del todo hasta la Edad Media. Probablemente fueron los escoceses quienes comenzaron a pescar arenque a mayor escala, pues consta que, ya en el año 836, comerciantes de los Países Bajos iban a Escocia a comprar arenques en salazón.

Otros siguieron pronto el camino abierto por los escoceses. En Francia, la primera mención de la pesca del arenque está en un fuero otorgado a la abadía de Sainte Catherine-du-Mont, cerca de Rouen, en 1030, que estipula que unas salinas próximas a Dieppe podían pagar impuestos con arenque salado en lugar de con moneda. La intervención real estimuló el crecimiento del comercio del arenque. En 1155, Luis VII prohibió la compra y venta de pescado que no fuera caballa o arenque en el mercado de Étampes, importante villa real próxima a París.

Lucha por la supremacía

Desde principios del siglo XI, los suecos fueron los primeros en explotar los grandes bancos de arenque

◁ **Enlatado con sabores**
El refinamiento del enlatado permitió al arenque llegar a mercados nuevos en el interior, a menudo con sabores añadidos.

del mar Báltico. Pronto les imitaron los alemanes, al comprender los avezados comerciantes de Bremen y Lübeck el valor de controlar este lucrativo recurso.

La religión fue un estímulo importante. En la Edad Media, la demanda de arenque en la Europa católica durante la cuaresma y otros periodos de ayuno alentó el crecimiento de una industria ya considerable, muy productiva en los Países Bajos en particular, llegando a decirse que Amsterdam se había fundado sobre espinas de arenque. En 1476, el arenque era una de las industrias más importantes de Holanda. Su crecimiento debió mucho a Willem Beukels, quien, en 1338, dio con un método mejor de curado y conservación en barriles. El pescado se destripaba lo antes posible tras su captura, y se ponía en salmuera, en lugar de espolvorearlo con sal como se venía haciendo. Los neerlandeses inventaron también la red de deriva, que aumentó radicalmente el volumen de las capturas. Las guerras contra Inglaterra y Francia en el siglo XVII perjudicaron a la industria neerlandesa del arenque, que entró en un largo declive.

A principios del siglo XIX, Escocia dominaba esta actividad. Con la ayuda de un subsidio estatal, la industria pesquera escocesa se convirtió en la mayor de Europa. En su ápice, en 1907, curaba y exportaba 2,5 millones de barriles de pescado al año, sobre todo

◁ **Pesca fácil**
A la vista de esta xilografía de *Historia de gentibus septentrionalibus* (1555), de Olaus Magnus, se diría que los arenques hacían cola para su captura en aguas escandinavas.

Origen
Atlántico Norte

Nutriente principal
18 % de proteínas

Aporta
Vitamina B$_1$, vitamina D, hierro

Nombre científico
Clupea harengus

a Alemania, Rusia y otros países del este de Europa.
En 1913 eran más de 10 000 barcos los dedicados a
la industria del arenque. A finales del siglo XX, la
sobrepesca había reducido gravemente las reservas.

Kippers y rollmops

A lo largo de los siglos, los arenques se han
mostrado muy versátiles. En el siglo XIX se comían
crudos, frescos, en salazón, curados, marinados y
fermentados, y se combinaban en platos suculentos
con estragón, cerezas, jerez e incluso curri en polvo.
La introducción de un nuevo proceso de curado
alumbró un clásico del desayuno inglés, los *kippers*.
El proceso, idea de John Woodger en la década

de 1840, consistía en partir, destripar y colgar los
arenques para su ahumado y secado. Los alemanes
crearon el *rollmop* en vinagre o salmuera; los suecos,
el *surströmming*, arenque del Báltico capturado justo
antes de desovar y tratado solo con la sal suficiente
para evitar que se pudra, enlatado y fermentado al
menos durante seis meses.

«El arenque es de todos los dones
de Neptuno el más dulce para mí.»

ALEXANDER NECKHAM, TEÓLOGO INGLÉS (1157–1217)

Barbacoas

No se sabe con certeza cuándo el ser humano empezó a usar el fuego para cocinar la carne, pero está claro que el origen de la barbacoa, tal como hoy se entiende –carne tratada previamente con especias, marinada o bañada en salsa, cocinada lentamente sobre una parrilla o en un hoyo en el suelo– se halla en el Caribe. Sin embargo, el origen del nombre español «barbacoa», del que derivan términos equivalentes en otros idiomas europeos, guarda cierto misterio, y se han sugerido distintos orígenes posibles. Pudo derivar de *barabicu*, un método de cocción lenta sobre una plataforma de madera de los indígenas caribes; o del propio *barbacoa*, el nombre que daban los taínos de las Antillas a otro método de asado, cuya traducción vendría a ser «aparato de ahumar carne». Los españoles llevaron este descubrimiento culinario a América del Norte, donde, según algunos autores, vieron que los nativos preparaban la carne de modo muy similar.

En EE UU se cree que la barbacoa comenzó en la Virginia colonial. El primer presidente, George Washington, fue un gran entusiasta. Sus diarios están llenos de referencias a barbacoas, una de las cuales duró tres días. Actualmente, es un elemento clave de la cultura estadounidense, vinculada a no menos de tres festividades nacionales: el Día de los Caídos, el Día de la Independencia y el Día del Trabajo.

Pero EE UU no tiene, ni mucho menos, un monopolio de la cultura de la barbacoa. Los australianos tienen sus *barbies*; en Sudáfrica, el *braai* (asado o barbacoa en afrikaans) es una costumbre que traspasa todas las barreras étnicas; y en Argentina, el asado reúne a toda la familia en torno a la parrilla.

◁ **Del humo a la salsa**
Algunos historiadores creen que la barbacoa nació de las técnicas de ahumado que usaban las tribus indígenas del Caribe.

Bacalao
un pescado que dio guerra

El bacalao, de carne firme y blanca, uno de los alimentos de mayor importancia comercial de la historia, forjó vínculos entre partes alejadas de Europa y estimuló la exploración europea del Nuevo Mundo.

▽ **Pez de las frías profundidades**
El bacalao común tiene tres aletas dorsales, dos anales y un bigote característico.

La popularidad casi ininterrumpida del bacalao durante siglos estuvo muy cerca de ser la causa de su desgracia. Durante más de mil años, este pez grande y carnoso ha sido víctima del furor pesquero de países que competían entre sí por capturas cada vez mayores. El bacalao desencadenó una rivalidad comercial, primero europea y luego de ámbito aún mayor, por satisfacer el insaciable apetito que despertaba su carne versátil, tanto fresca como secada al aire o salada.

El señuelo del Atlántico

El bacalao pertenece a un grupo de actinopterigios que se cree que se remonta al Cretácico, hace 145 millones

fue un alimento importante para los vikingos, que lo colgaban al aire para secarlo y conservarlo, método tradicional usado aún en Noruega. En 2017, unos científicos noruegos publicaron los resultados de un estudio de ADN de espinas de bacalao de entre los años 800 y 1066 recuperadas en los antiguos muelles de Hedeby, antiguo asentamiento y puerto interior en el sur de la península de Jutlandia (actualmente en el norte de Alemania) de principios de la Edad Media. El estudio probó que hace unos mil años se transportaba bacalao seco a más de 1600 km, desde el norte de Noruega hasta los puertos y mercados del norte de Europa. Esta fue una de las primeras grandes actividades comerciales

> «He sido siempre devoto de […] el glutinoso bacalao de Terranova.»

GIACOMO CASANOVA (1725–1798), *HISTORIA DE MI VIDA* (1828)

de años. La especie más consumida, el bacalao común o atlántico, puede alcanzar los 180 cm de largo y pesar más de 50 kg. Habita en el Atlántico Norte, desde las costas de Groenlandia e Islandia hasta el golfo de Vizcaya. Los bacalaos jóvenes no se alejan de la costa, pero, a medida que van creciendo, buscan aguas más frías y profundas. La otra especie de bacalao ampliamente explotada, el bacalao del Pacífico, es de menor tamaño y piel más oscura, y vive en el noreste del Pacífico, sobre todo alrededor de Alaska. El bacalao que se pescaba en las aguas del Ártico al norte de Escandinavia

◁ **Nave robusta**
El dogre fue un tipo de barco usado a finales de la Edad Media por pescadores de bacalao neerlandeses e ingleses en el mar del Norte.

que estableció relaciones entre puertos europeos de distintos países y vínculos económicos por todo el continente.

La sal y la tierra nueva

Los antiguos egipcios y romanos utilizaban sal para conservar el pescado, pero fueron los vascos, en el norte de la península Ibérica, los que perfeccionaron la salazón, aplicando un método que ya se usaba para la carne de ballena. Como balleneros, los vascos acostumbraban a adentrarse en el Atlántico Norte tras sus presas, y comprobaron que el bacalao abundaba en aquellas aguas. A principios del siglo XIV, tras una sucesión de malas cosechas, estaban en situación de beneficiarse del aumento de la demanda de bacalao. El bacalao salado se volvió muy popular en toda Europa, sobre todo para los viernes, cuando no se podía comer carne.

Los pescadores portugueses, franceses e ingleses no tardaron en imitar a los vascos, y empezaron a buscar más allá de sus propias costas. Los nativos americanos llevaban tiempo pescando bacalao cuando los europeos empezaron a cruzar el Atlántico, y fue la abundancia de bacalao en las aguas próximas a Terranova, en particular, lo que atrajo a los exploradores europeos a esta remota parte del Nuevo Mundo en los siglos XV

▽ Bacalao en el Nuevo Mundo

En este grabado de la década de 1830, un equipo de pescadores descarga, destripa, corta y pone a secar la captura del día en una lonja de bacalao de la costa atlántica de América del Norte.

y XVI. En 1497, Raimondo di Soncino, embajador del ducado de Milán en Londres, en un informe sobre el viaje del navegante y explorador genovés Giovanni Caboto para Enrique VII de Inglaterra, observó que el mar próximo a las costas de Labrador, al noreste de Canadá, estaba «cubierto de peces, que no solo se atrapan con red, sino con cestas». Francia, España y Portugal explotaron también el abundante bacalao de Terranova, y, ya en 1550, el 60 % del pescado que se

Origen
Océanos Atlántico Norte, Pacífico Norte y Ártico

Nutriente principal
18 % de proteínas

Aporta
Vitaminas A, B_3, B_{12} y D

Nombre científico
Gadus morhua

Captura del día
Un pescador noruego con dos
bacalaos del Ártico. Noruega
es uno de los países líderes
en la pesca del bacalao.

consumía en Europa era bacalao, en gran parte bacalao en salazón de Terranova. Mientras los ingleses centraban sus esfuerzos cerca de la costa con barcos pequeños, salaban ligeramente, lavaban y secaban el bacalao en tierra, los franceses, españoles y portugueses se alejaban más de la costa y salaban el pescado a bordo, para luego llevarlo de vuelta a Europa y secarlo allí. El bacalao así tratado fue la base de las numerosas preparaciones españolas y portuguesas de este pescado, que pasaron también a sus respectivas colonias en América. El bacalao ligeramente salado inglés se prefería en el Mediterráneo y en Noruega, donde se llamaba *terranova fisk*, término sustituido posteriormente por *klipfisk* («pescado de roca o acantilado»).

Fortunas cambiantes

Tras el desastre de la Armada en 1588, y con el posterior declive de la monarquía hispánica, los españoles dejaron de pescar en las aguas más remotas del Atlántico Norte, quedando expedito el camino para los pesqueros ingleses y franceses. El puerto francés de La Rochelle era ya el que enviaba el mayor número de barcos a Terranova, destino de la mitad de sus expediciones en la primera mitad del siglo XVI. La Rochelle contaba también con la ventaja de poder llenar las bodegas de los barcos con sal de la cercana isla de Ré. Asimismo prosperaron con esta actividad los puertos pesqueros del norte de Bretaña, beneficiarios de una exención del impuesto francés sobre la sal, y también de la proximidad de las salinas de Guérande y Noirmoutier.

En Inglaterra, a finales del siglo XVI se construían unos doscientos barcos pesqueros nuevos cada año, si bien la flota francesa seguía superando a la inglesa por dos a uno. La industria inglesa tenía su base en el West Country, en particular en Cornualles, Devon y Dorset, de donde procedía aproximadamente el 70 % de las embarcaciones que operaron en Terranova entre 1615 y 1640.

En el siglo XVII, la caída de las temperaturas en las aguas de Islandia –la Pequeña Edad de Hielo, que duró hasta mediados del siglo XIX– supuso el fin de la pesca comercial del bacalao

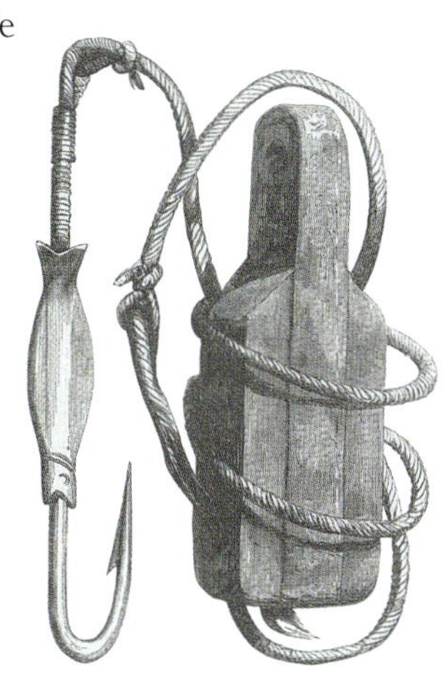

▷ **Aparejo bacaladero**
A mediados del siglo XIX, en las aguas costeras francesas se usaba un simple aparejo de anzuelo con plomada para pescar bacalao.

△ **Pescado seco**
Cientos de bacalaos se secan al aire en las islas Lofoten (Noruega), un método de conservación que resultaría familiar a los vikingos.

en esa parte del Atlántico Norte. El foco se desplazó hacia las aguas de las nuevas colonias inglesas en América del Norte, sobre todo de la costa noreste. Los nativos americanos enseñaron a los nuevos colonos a pescar bacalao; y, gracias a la industria pesquera, en los

---

En 1532, una guerra del bacalao entre Inglaterra y las fuerzas de la Liga Hanseática acabó con el asesinato del inglés Juan el Ancho.

---

dos siglos siguientes prosperaron poblaciones de Nueva Inglaterra como Gloucester, Salem y Dorchester, en Massachusetts. El bacalao fue el alimento de los esclavos en las plantaciones, así como de los soldados de la Unión durante la guerra de Secesión (1861–1865).

Nuevas rivalidades

En la primera mitad del siglo XX, Islandia volvió a ser una potencia bacaladera; y, en 1958, el gobierno islandés anunció la extensión de sus derechos exclusivos de pesca de las 4 a las 12 millas de la costa. La marina británica acabó enviando fragatas a la zona para proteger a los arrastreros del Reino Unido, en las llamadas guerras del bacalao. Hacia finales del siglo XX, la industrialización de la pesca del bacalao, con barcos y redes mayores y el uso del sonar, condujo a la sobrepesca, lo cual provocó un acusado descenso de las capturas de bacalao, sobre todo en el Atlántico Norte. Algunas zonas se han recuperado desde entonces; sin embargo, muchas otras siguen esquilmadas.

▽ **Subproducto del bacalao**
Anuncio de 1900 de aceite de hígado de bacalao, suplemento dietético popularizado en el siglo XIX. Es rico en ácidos grasos omega-3, vitamina D y vitamina A.

▽ **Marca distintiva**
El eglefino tiene una característica línea
negra a lo largo del costado. El mayor
eglefino registrado pesó 11 kg.

Eglefino consumido fresco o ahumado

Este pez de las frías aguas de los océanos del norte es el ingrediente clave, en
su forma ahumada, de varias especialidades escocesas, así como del *kedgeree*,
un plato producto del vínculo colonial de Gran Bretaña e India.

Aunque se supone que los romanos lo
pescaban en Gran Bretaña desde el siglo I,
la primera referencia al eglefino aparece
en inglés medieval, como *hadduc*, nombre
aplicado también a pescadores y pescaderos.
Algunas de las preparaciones más antiguas
de las que hay constancia son escocesas. El
finnan haddie —eglefino ahumado en frío con
leña verde y turba— data al menos de principios del
siglo XVII, y se usa en la sopa tradicional escocesa *cullen
skink*. Se cuenta que el *Arbroath smokie* ahumado en caliente
nació al sacar unos eglefinos puestos a secar en barriles
de entre las cenizas del incendio de una cabaña en la
aldea de Auchmithie, en Angus (Escocia). En el siglo
XIX, las mujeres de la zona ahumaban el eglefino sobre
fuegos encendidos en barriles de whisky cortados por la
mitad y cubiertos de sacos de yute. Hoy sigue usándose
un método similar. El eglefino ahumado es apreciado
también en Francia.

◁ **Eglefino ahumado**
En el siglo XVIII llegaron a las poblaciones
costeras de Maine (EE UU) colonos escoceses
que traían consigo el secreto del *finnan haddie*.

El *kedgeree*, desayuno británico a base
de arroz, eglefino ahumado y huevos
duros, importado en el siglo XVIII de India
colonial, se inventó al añadir eglefino a un plato
de arroz con verduras, el *khichri*. En Noruega, donde
se llama *hyse* o *kolje*, el eglefino se usa en pasteles y
albóndigas de pescado (*fiskeboller*).

△ **Ahumado en Arbroath**
Hileras de eglefinos colgados
sobre un fuego de virutas en
una casa de ahumados en
Arbroath, en la costa este
de Escocia, para preparar el
tradicional *Arbroath smokie*.

Una hembra grande de eglefino puede poner unos
tres millones de huevos al año, en varias frezas.

Merluza suave y dulce

Como sus parientes el bacalao y el eglefino, la merluza es un pescado importante en distintos países. De carne blanca y firme, y sabor sutil y algo dulce, la merluza europea es especialmente popular en España.

En los océanos Atlántico y Pacífico y en el mar Mediterráneo habitan varias especies de merluza. El nombre genérico *Merluccius* combina las palabras latinas *mar* («mar») y *lucius* («lucio»), presumiblemente porque se trata de un pez alargado y esbelto, como lo es también su homónimo de agua dulce. En inglés se llama *hake* o *whiting*, y en francés, *merlu* (en el sur) o *colin*. La especie americana conocida como merluza blanca también es objeto de la pesca comercial, pero pertenece a otro género, *Urophycis*.

Misterio resuelto

La merluza adulta es un pez de aguas profundas: prefiere unos 200 m de profundidad, pero se ha llegado a encontrar hasta a 1000 m. Las merluzas pasan el día sobre el lecho marino, y se acercan a la superficie de noche para comer. Son carnívoras, y sus presas son peces más pequeños, como los boquerones, las sardinas, los arenques, las caballas y ejemplares pequeños de diversas especies. También cazan merluzas de menor tamaño y calamares. Los hábitos de la merluza no se empezaron a conocer hasta que se realizó un análisis de las técnicas de la pesca comercial en la década de

1970, que mostró que la pesca de arrastre de fondo producía grandes capturas de merluza durante el día, pero no de noche, y a la inversa: el arrastre en aguas intermedias era fructífero de noche.

Mejor fresca

La merluza es muy apreciada y común en las pescaderías de España, Francia y Portugal. La merluza a la gallega, cocida y servida con cachelos (patatas cocidas) y con ajado de aceite de oliva y pimentón, se encuentra en restaurantes de toda España, y otras regiones tienen sus recetas particulares. En Portugal, los filetes de merluza al horno con mayonesa y patatas salteadas son una sabrosa especialidad del Algarve. La merluza es mucho menos popular en el Reino Unido, y gran parte de la que se pesca en sus aguas se exporta a España. En el Reino Unido e Irlanda, la merluza suele ser congelada en filetes, o procesada como palitos o pasteles de pescado.

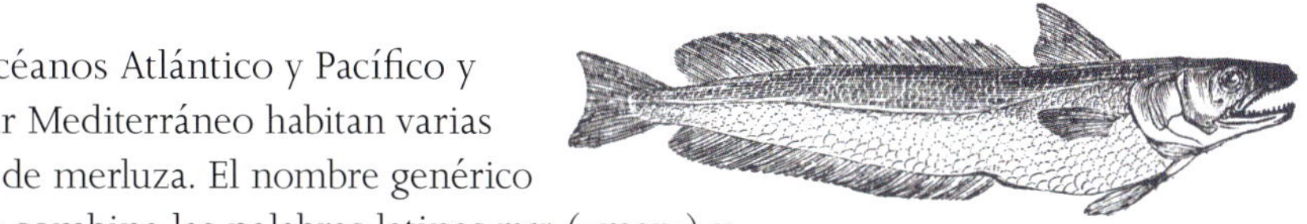

△ **Depredador**
La merluza europea tiene un cuerpo hidrodinámico y dientes afilados que le permiten aferrar a sus presas, de menor tamaño que ella.

▽ **Procesado en la costa**
Hoy en día, las grandes flotas procesan las capturas en el mar; pero, en la América del Norte del siglo XVIII, era un trabajo que hacían a menudo mujeres en el puerto, tras la descarga.

MERLUZA EUROPEA

Origen
Noreste del Atlántico, mar Mediterráneo

Nutriente principal
17,5 % de proteínas

Aporta
Calcio, hierro

Nombre científico
Merluccius merluccius

Origen
Atlántico Norte y aguas adyacentes del Ártico

Nutriente principal
16 % de proteínas

Aporta
Vitamina B$_2$, vitamina B$_6$, vitamina B$_{12}$

Nombre científico
Melanogrammus aeglefinus

Barramundi
pez hermafrodita y mito australiano

Los aborígenes australianos pescan el dulce barramundi desde hace miles de años, pero solo en los últimos 60 años se ha vuelto habitual su consumo en Australia, y más allá.

El barramundi se considera la encarnación de una leyenda aborigen australiana, según la cual dos enamorados desgraciados, Boodi y Yalima, huyeron de casa para eludir el matrimonio convenido de Yalima con un notable de la tribu. Perseguidos por este y otros notables, los amantes saltaron al mar desde un acantilado, y se convirtieron en barramundis. Las espinas de sus aletas son las jabalinas que les lanzaron mientras huían. A raíz de la leyenda, al barramundi se le llama a veces «pez de la pasión», y se le atribuyen propiedades afrodisíacas.

Curiosa criatura

El barramundi vive en aguas costeras, estuarios y lagunas desde el límite oriental del golfo Pérsico hasta China y el sur de Japón, y hacia el sur, hasta Papúa Nueva Guinea y el norte de Australia. Los ejemplares jóvenes son pardos, con tres rayas blancas en la cabeza y motas blancas en los costados, mientras que los adultos son plateados, gris oliva o azul grisáceo, y sus ojos castaños dorados adquieren un reflejo rojo vivo. Suelen medir unos 80 cm, pero pueden llegar a alcanzar los 180 cm. Con su cuerpo largo, sus escamas grandes en forma de peine, su cabeza en punta y su boca ancha, el barramundi tiene un aspecto curioso, y también exhibe comportamientos inusuales. Así,

◁ **Gran captura**
Un muchacho australiano posa orgulloso junto al barramundi de 11 kg que pescó en las aguas de Darwin en 1983.

△ **Morder el cebo**
Durante siglos, los pescadores polinesios han usado anzuelos de concha o hueso para pescar barramundis y otros peces en las aguas tropicales que rodean las islas del Pacífico Sur.

a diferencia de algunos peces migratorios, como los salmones y las truchas, tiene un ciclo vital catádromo: aunque nace en el mar, migra al agua dulce en su juventud, y en la madurez vuelve al mar para desovar en estuarios y bajíos costeros. Se alimenta de casi cualquier cosa, incluidos otros barramundis, y también cambia de sexo, comenzando a vivir como macho y alcanzando la madurez sexual a los tres o cuatro años, para luego convertirse en hembra tres o cuatro años después. Como hembra, el barramundi puede producir más de 32 millones de huevos por temporada.

Camino lento a la aceptación

En uno de los idiomas aborígenes de Queensland, *barramundi* significa «pez plateado de escamas grandes». Los indígenas australianos lo pescan como alimento desde hace mucho tiempo. Las pinturas rupestres de 50 000 años de antigüedad del Parque Nacional Kakadu, en el Territorio del Norte, representan el barramundi entre otros peces y animales cazados por los aborígenes.

A los colonos europeos de hace doscientos años les interesaban muy poco los alimentos autóctonos, y el barramundi fue relativamente desconocido fuera de la cocina aborigen hasta mediados del siglo XX, cuando los hermanos Haritos lograron difundirlo. Miembros de una familia griega emigrada al Territorio del Norte durante la Primera Guerra Mundial, se interesaron por la caza y la pesca locales, y aprendieron técnicas de rastreo y pesca de los aborígenes australianos. En 1956, los Haritos sirvieron barramundi a los participantes de los Juegos Olímpicos de Melbourne, y fue todo un éxito. Por aquel entonces, el pez era comúnmente conocido como *Asian sea bass* («lubina

Origen
Océanos Índico y Pacífico Sur

Nutriente principal
20 % de proteínas

Aporta
Calcio, sodio, potasio, vitamina A, vitamina D, ácidos grasos omega-3

Nombre científico
Lates calcarifer

asiática»), y no se empezó a comercializar como
barramundi en Australia hasta la década de 1980.

Muchos nombres, muchos usos

Presente en aguas costeras diversas de los
océanos Índico y Pacífico, el barramundi
tiene más de 70 nombres, entre ellos:
pla kapong, en Tailandia; *ikan siakap*,
en Malasia; y *bhetki*, en Bangladesh.
Una de las presentaciones de este
último es el *bhetki macher paturi*, plato
popular bengalí que se hace con una
cocción lenta del pescado, marinado
en pasta de mostaza y envuelto en
una hoja de plátano. Actualmente,

△ **Luchador plateado**
El barramundi es admirado y respetado
por los pescadores deportivos por su
fuerza y sus cualidades para la lucha.

en Australia se valora tanto como objeto de pesca
deportiva como en su condición de pescado versátil
de carne abundante, blanca, magra, de sabor suave,
rica en proteínas y que se presta a preparaciones a la
plancha, al vapor, al horno, a la parrilla o en guisos.

También tiene el contenido más alto de
ácidos grasos omega-3 de todos los
pescados blancos. El barramundi
se está convirtiendo en una opción
cada vez más frecuente entre los
criadores de todo el mundo, desde
Vietnam hasta EE UU, donde se
ha podido criar en piscifactorías
de estados del interior como Iowa
y Nebraska, muy lejos del mar.

Mújol y salmonete

parientes lejanos

Los antiguos romanos eran devotos del rosado salmonete, muy valorado aún en la región mediterránea. El mújol, de sabor más pronunciado, se consume en todo el mundo, y es muy apreciado por sus huevas.

MÚJOL

Origen
Aguas costeras cálidas de todo el mundo

Nutriente principal
19 % de proteínas

Aporta
Hierro, vitamina B_1, vitamina B_2

Nombre científico
Mugil cephalus

Los griegos consideraban que el salmonete (de la familia *Mullidae*) era sagrado para Hécate, diosa de la magia y la noche; y entre los romanos llegó a ser todo un capricho, no solo como alimento, sino también como animal doméstico. Hacia 60 a.C., el jurista y político romano Cicerón hablaba de «nuestros prohombres que se creen en el séptimo cielo si tienen en el estanque salmonetes barbados que acuden a comer de su mano». Los gastrónomos romanos entretenían a sus invitados con el espectáculo de un salmonete cocido vivo en un recipiente de cristal, lo cual permitía ver al desafortunado pez cambiar de color, pasando por tonos intensos de rojo y azul en su agonía.

Popular en todo el Mediterráneo, el salmonete es una buena fuente de proteína magra, y tiene un

◁ **Hermoso ejemplar**
Era tal el entusiasmo de los romanos por el salmonete que, en el siglo I a.C., el emperador Tiberio subastó un ejemplar de 2 kg por 5000 sestercios (equivalentes a más de 4500 euros actuales).

sabor delicado, casi dulce. En Grecia aparece en los menús como *barbounia*, a la plancha o frito, con un aliño de aceite y limón.

Distinto color, similar versatilidad

El mújol (de la familia *Muglidae*) se encuentra en las aguas costeras de las zonas tropical, subtropical y templada de todos los mares. Este pez guarda un parentesco mayor con la lubina y el besugo que con el salmonete, y tiene un sabor más intenso, que a veces puede ser terroso.

El mújol es una especie muy explotada en la piscicultura, y está presente en muchas cocinas del mundo. Se come crudo en el *sashimi* japonés, y salado, seco y marinado en Egipto, como *feseekh*. Son muy apreciadas las huevas de mújol saladas y secas; en Corea se llaman *myeongran jeot*; en Japón, *karasumi*; en Turquía, *haviar*; y en Italia, *bottarga*.

> Hoy, la producción de mújol en piscifactorías supera sus capturas pesqueras.

◁ **Especialidad africana**
El *bokkom* (mújol salado secado al sol y al aire) es un producto popular en el distrito de West Coast, en Sudáfrica. La piel se retira antes de comerlo.

Multitud protectora
De día, los mújoles nadan juntos en grandes bancos para protegerse de depredadores tales como serpientes marinas, tortugas y peces mayores.

Platija y lenguado
alimento de ricos y pobres

Emparentados y con atributos culinarios similares, la platija y el lenguado han tenido distinta suerte gastronómica por el tamaño de sus capturas y su distinto sabor.

▷ **Pescado a la venta**
Peces planos como reclamo en *El vendedor de pescado*, del pintor neerlandés Willem van Mieris (1662–1747).

Con su aspecto asimétrico, sorprende que estos peces planos sean tan deseados para la mesa; sin embargo, por su carne blanca y sabrosa, la platija y el lenguado se han hecho con un papel clave en la cocina de muchas partes del mundo. Como todos los peces planos, la platija y el lenguado tienen ambos ojos en un lado de la cabeza. Es una adaptación que les permite ver con los dos ojos mientras reposan ocultos sobre el fondo. Ambas especies permanecen inactivas gran parte del día, saliendo de noche para alimentarse, principalmente de gusanos y moluscos.

Popular entre los pobres

La platija habita en el Mediterráneo occidental y desde las costas atlánticas de Europa hasta Groenlandia e Islandia. Es fácilmente identificable por las motas rojas o naranjas de la parte superior, parda o marrón verdosa. Cuanto más vivo es el color de las motas, más fresca es la platija.

La platija era un alimento barato y abundante en el norte de Europa en la Edad Media, sobre todo en las islas Británicas y Escandinavia, y se convirtió en una comida muy popular. Junto con el arenque, la platija era una parte clave de la dieta de los residentes pobres de Londres, donde se vendían hasta 30 millones de platijas al año en el mercado de Billingsgate. Era un pescado igualmente popular en Alemania, Suecia y Dinamarca, donde sigue siendo el pescado frito más común, servido con *remoulade* (salsa similar a la mayonesa) y patatas fritas. En el siglo xx, la enorme demanda de platija provocó su sobrepesca y, con

ella, una grave reducción de su número, sobre todo en las décadas de 1970 y 1980. Su población se recuperó después relativamente, gracias a los límites impuestos a su captura, y hoy sigue siendo uno de los peces planos más populares.

Favorito francés

El lenguado (*Solea solea*), de color sepia, habita en el este del Atántico, desde Noruega hasta el Mediterráneo y las costas de Senegal y Cabo Verde, en África. Una especie emparentada, el lenguado americano (*Achirus lineatus*), vive en las aguas del Atlántico occidental. La especie conocida como lenguado del Pacífico (*Microstomus pacificus*), pez plano del noroeste del Pacífico, es en realidad un tipo de platija. Por su sabor suave y dulce, su relativa

▷ **Captura japonesa**
Pescadores de la antigua provincia japonesa de Wakasa, en la actual prefectura de Fukui, acarrean redes llenas de peces planos parecidos al lenguado.

«[La platija] es barata, y suelen comprarla los pobres.»

ISABELLA BEETON, *THE BOOK OF HOUSEHOLD MANAGEMENT* (1861)

carencia de espinas y su escasez, el lenguado tiene una larga historia como pescado exquisito reservado a los ricos. Los antiguos romanos lo llamaban *solea* Jovi («sandalia de Júpiter»), aludiendo a su forma plana.

El lenguado era un pescado apreciado en la corte de Luis XIV de Francia, en el siglo xvii, y figura en muchos platos franceses clásicos, como el lenguado Véronique (con champán, nata y uvas), el Mornay (con salsa de queso), *à la meunière* (rebozado en harina y frito en mantequilla con zumo de limón y perejil), y *à la Dugléré* (cocido en caldo de pescado y vino blanco, sobre un lecho de tomates), un invento de Adolphe Dugléré, chef del Café Anglais, restaurante parisino de gran prestigio en el siglo xix.

◁ **Venta de lenguado**
Pescadores franceses del siglo xix junto a una buena captura de lenguado para satisfacer el apetito de los parisinos.

PLATIJA

Origen
Noreste del Atlántico, mar del Norte, mar Mediterráneo

Nutriente principal
18 % de proteínas

Aporta
Vitamina B$_3$, vitamina D, selenio, fósforo

Nombre científico
Pleuronectes platessa

Rape *fea exquisitez*

El rape es, sin duda, una de las criaturas menos atractivas del mar; pero, por la carne firme y sabrosa de su cola, es muy apreciado por chefs y amantes del pescado de todo el mundo.

△ **Enorme cabeza**
La gran cabeza del rape, con su boca llena de dientes amenazadores, empequeñece el resto del cuerpo.

Durante muchos años, la mayoría de la gente ni siquiera consideraba la idea de comer rape debido a su fealdad. La autora gastronómica británica Elizabeth David lo llamó «bestia», e Isaac Cronin, autor de *The California seafood cookbook*, lo describía como «extremadamente feo». Cierto es que el rape tiene un aspecto feroz. Puede alcanzar 1,2 m de largo y pesar hasta 23 kg. Su gran cabeza plana y su enorme boca, con dos hileras de dientes afilados como agujas, repelen a cualquiera. En el pasado, en Francia no se permitía vender el rape con cabeza, por temor a que asustara a los compradores.

Los rapes pasan mucho tiempo semienterrados en la arena del fondo oceánico, desde donde atraen presas con un señuelo que les sale de la cabeza. Hay tres especies principales: *Lophius americanus*, que vive junto a la costa este de EE UU; *L. caulinaris*, en el área oriental del Pacífico; y *L. piscatorius*, que se halla en prácticamente todas las aguas marinas europeas y

Cada hembra de rape produce un millón de huevos entre febrero y octubre.

del norte de África. Lo que tienen en común las tres especies es la voracidad, pues todas poseen un enorme apetito.

▷ **Cara amistosa**
Al contrario de lo que refleja esta ilustración, el rape no es amistoso, y su mordedura puede ser dolorosa.

Nombre en otros idiomas

A lo largo de los siglos, el rape ha recibido nombres diversos. En español también se conoce por pez sapo o pejesapo. En inglés, el nombre *monkfish* («pez monje») se remonta a la Edad Media, por recordar la forma de su cabeza a la capucha de un monje. Más tarde, en Nueva Inglaterra, lo apodaron «el abogado» por su rapacidad. En Francia se llama *lotte* o *baudroie*; en Italia, *rane* o *coda di rospo* («cola de sapo»); y en Alemania, *Seeteufel* («diablo de mar»).

Una delicia culinaria

Hoy en día, el rape se considera una exquisitez, aunque solo se come la cola, la parte central, las «mejillas» y el hígado. Por la textura y el sabor, su carne firme y blanca recuerda a la de la langosta, por la que en el pasado se hacía pasar a menudo, y algunos la han llamado «langosta de pobre».

RAPE COMÚN (O RAPE BLANCO)

Origen
Aguas marinas de Europa y el norte de África

Nutriente principal
16 % de proteínas

Aporta
Fósforo, potasio, vitaminas B_3, B_6 y B_{12}

Nombre científico
Lophius piscatorius

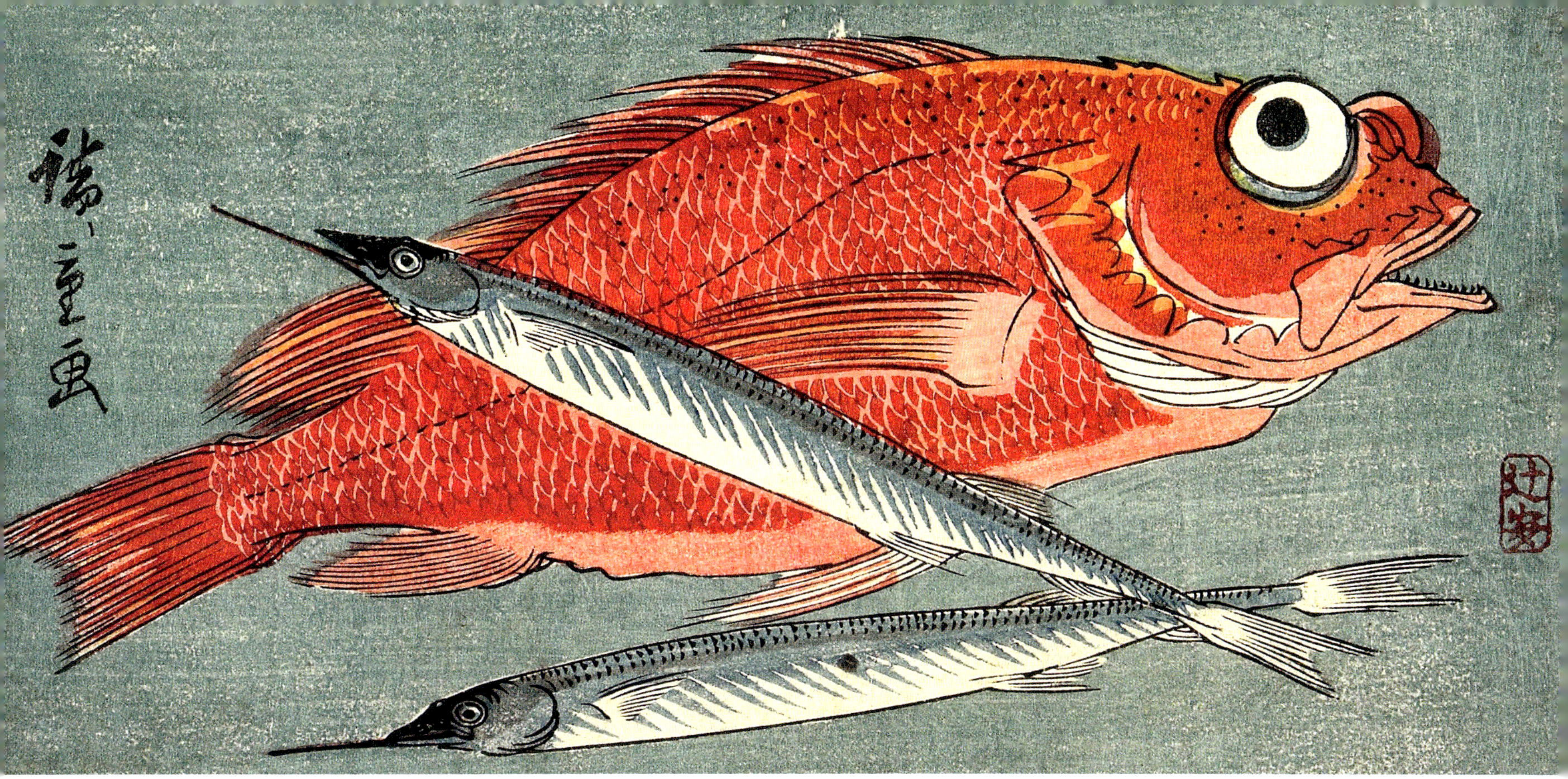

△ **Pargo oriental**
Paracaesio caerulea, nativo del este del Pacífico y de la familia del pargo *(Lutjanidae)*, es un pescado popular en Japón.

Pargo pescado predilecto mundial

La carne blanca, firme, jugosa y de sabor suave del pargo –sobre todo del pargo rojo– es una delicia culinaria muy demandada en todo el mundo, desde el sur de EE UU hasta el Sureste Asiático.

Hay más de cien especies de pargo en las aguas tropicales de todo el mundo. La mayoría son aptos para la mesa, especialmente el pargo rojo. Este es uno de los pescados favoritos en EE UU, sobre todo en el sur, donde se empezó a pescar en el golfo de México en la década de 1840. Pensacola (Florida) fue uno de los puertos que prosperaron gracias al crecimiento de la pesca del pargo, hasta tal punto que, a finales del siglo XIX, la ciudad era conocida como la capital mundial del pargo rojo. Este pescado se transportaba en tren a distancias cada vez mayores, y el desarrollo de un sistema eficaz de refrigeración por el inventor francés Ferdinand Carrie permitió que llegara fresco a su destino.

Variedades de pargo

Ocyurus chrysurus es un pariente próximo del pargo rojo. En Cuba lo llaman rabirrubia, por la franja amarilla que recorre el cuerpo desde la boca hasta la cola. Se encuentra desde Massachusetts hasta el Caribe, y a lo largo de la costa noreste de América del Sur. Hay muchos otros pargos en el Atlántico occidental, y son igualmente variados los de la región del Indo-Pacífico, cuyo hábitat se extiende desde el Sureste Asiático hasta el mar Rojo y el este de África. Lo que los australianos llaman sargo rosado (*pink snapper*) pertenece en realidad a la familia de los espáridos, como la dorada. Aunque el pargo no está en peligro, los años de sobrepesca, sobre todo del pargo rojo en el golfo de México, han llevado a la imposición de cuotas de pesca.

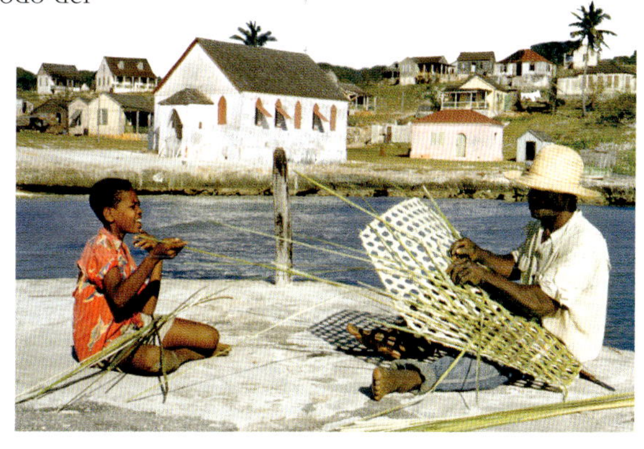

▷ **Arte tradicional**
En las aguas del Atlántico occidental se encuentran varios tipos de pargo. En la imagen, un pescador de las Bahamas elabora una trampa de tipo tradicional.

PARGO ROJO

Origen
Oeste del Atlántico Norte

Nutriente principal
21% de proteínas

Aporta
Potasio, magnesio, vitamina A, vitamina B_{12}

Nombre científico
Lutjanus campechanus

Atún pez de las profundidades

Este veloz nadador fue valorado por las civilizaciones del mundo antiguo, pero despreciado en siglos posteriores. En las últimas décadas, sin embargo, se ha ganado una nueva popularidad en las mesas de Japón y Occidente.

En la cueva de Jerimalai, en Timor Oriental, al norte de Australia, se han encontrado restos de atún pescado y comido por los isleños hace 42 000 años. Al parecer, esta comunidad de pescadores había desarrollado la pericia necesaria para aventurarse hasta las aguas profundas donde prospera el atún.

Pez de mar abierto

Los atunes viven en las aguas abiertas de los océanos de todo el mundo, y recorren grandes distancias en sus migraciones. El atún rojo, o de aleta azul, es la especie más apreciada, seguido de *Thunnus maccoyii*, del hemisferio sur. *Thunnus obesus*, llamado patudo en España, puede alcanzar los 2,5 m de largo, y es uno de los más escasos. El atún claro, que vive en aguas tropicales y subtropicales, ha servido durante años como sustituto popular del amenazado atún rojo, pero hoy se encuentra también en peligro. El bonito, o albacora, se pesca ampliamente en aguas templadas y tropicales de todo el mundo.

El atún rojo se pescaba hace al menos 2000 años en el Mediterráneo, donde las aguas abrigadas facilitan la operación. Al atravesar el estrecho de Gibraltar para desovar, los atunes rojos del Atlántico resultan más accesibles para las embarcaciones y las técnicas de pesca tradicionales. Los fenicios, pueblo marinero del Mediterráneo oriental, los atrapaban con sedales de mano y redes. El atún era también un pescado muy apreciado por los antiguos romanos, que lo preferían a otros peces más grasos como la caballa y las sardinas, abundantes en el Mediterráneo.

△ **Métodos antiguos**
La *mattanza*, método tradicional siciliano de pesca del atún, pintada en azulejos del siglo xviii.

▽ **Captura espectacular**
Unos pescadores atrapan atunes en su zona de desove del Mediterráneo, junto a la costa del sur de Francia.

▷ **Pesca selectiva**
Unos pescadores pescan atunes con caña frente a la costa de México. Este método evita el riesgo de atrapar de manera indiscriminada otras especies, como tortugas y mamíferos marinos.

En la actualidad, el atún rojo del Mediterráneo es el pescado más caro que hay, y un 80 % de las capturas va a parar a Japón. Los hosteleros de Tokio pueden llegar a pagar más de un millón de dólares por los mayores ejemplares, que pueden superar los 200 kg.

Un fenómeno moderno

Históricamente, el atún fue considerado un pescado de segunda, pero esto empezó a cambiar con la aparición del atún en conserva en EE UU a principios del siglo XX, que abrió nuevos mercados. Fue rápidamente adoptado como plato preparado, sobre todo en América del Norte y Australia. Durante la Primera Guerra Mundial fue habitual en las raciones de las tropas. La refrigeración conllevó un nuevo aumento de su popularidad, sobre todo después de la Segunda Guerra Mundial, cuando los japoneses se aficionaron al *sashimi* de atún. Hoy se come en restaurantes caros de todo el mundo, pero su propia popularidad ha supuesto la amenaza de extinción para algunas especies.

ATÚN ROJO

Origen
Océano Atlántico, mar Mediterráneo

Nutriente principal
23 % de proteínas

Aporta
Selenio, vitamina B$_3$, vitamina B$_{12}$

Nombre científico
Thunnus thynnus

«Es mejor ser cabeza de boquerón que cola de atún.»

DICHO ITALIANO

HAQUETTE

Los peligros de la pesca

La pesca oceánica ha sido siempre una actividad arriesgada, sobre todo en los fríos mares del norte, donde no pocas veces supone enfrentarse a tormentas de agua y nieve, así como al hielo. A menudo, los pescadores se exponen a olas capaces de barrerlos de la cubierta o de hacer volcar la embarcación.

A lo largo de la historia, las bajas han sido muy elevadas. Entre los años 1866 y 1890, por ejemplo, murieron 2450 pescadores y se perdieron más de 380 goletas del puerto estadounidense de Gloucester (Massachusetts) en la pesca del bacalao en George's Bank, a unos 160 km al este del cabo Cod, y en el Gran Banco de Terranova, 1600 km más allá. En agosto de 1873, una sola tormenta destruyó nueve barcos, y 128 pescadores de Gloucester perdieron la vida. No exageraba el informante anónimo que tres años más tarde escribió que «la historia de las pesquerías de Gloucester está escrita con lágrimas».

Los pescadores británicos se enfrentaban a peligros similares. El desastre de Eyemouth, en octubre de 1881, en el que murieron 189 hombres, se tiene por la mayor tragedia pesquera en la historia de la nación. De las 45 embarcaciones que se hicieron a la mar desde este pequeño puerto escocés, solo 26 lograron volver. El resto sucumbió a una tormenta violentísima, volcadas o despedazadas contra las rocas a la entrada del puerto de Eyemouth.

Pese a tales peligros, la pesca es un gran negocio, y miles de personas dependen de ella para ganarse la vida. Gloucester, el puerto pesquero más antiguo de EE UU, sigue activo en la actualidad; solo en 2013, en su puerto se procesaron más de 28 millones de kilos de pescado, por valor de 42 millones de dólares.

◁ **Peligrosa tradición**
A principios del siglo xx, pescadores de todo el mundo se enfrentaban a los mares más bravos en pequeñas embarcaciones de madera.

Pulpo, calamar y sepia

delicias con tentáculos

Con un hábitat que abarca todos los mares del globo salvo el mar Negro, el pulpo y sus parientes cefalópodos fueron conocidos por muchas civilizaciones antiguas como alimento y como objeto de fascinación.

Con su gran cabeza, ojos bulbosos y ocho tentáculos móviles, el pulpo excitaba la imaginación de las culturas antiguas como pocas otras criaturas, y resultaba aún más fascinante por expulsar tinta negra al sentirse atacado, rasgo que comparte con sus parientes, el calamar y la sepia.

Maravillas de cuerpo blando

Pulpos, calamares y sepias carecen prácticamente de esqueleto interno o externo, de modo que la mayor parte de su cuerpo es comestible. Su nombre científico, *Cephalopoda*, significa «cabeza con pies», término que describe su estructura corporal. El pulpo tiene ocho tentáculos, mientras que los calamares y las sepias tienen diez. El cuerpo blando de estas criaturas marinas ha dejado pocos fósiles para rastrear su evolución, pero, gracias al ADN, se ha deducido la existencia de un antepasado común hace unos 100 millones de años.

Algunas de las más antiguas referencias al pulpo aparecen en el arte y la literatura de los antiguos griegos, que lo llamaban *oktōpous* («ocho pies»). Motivo frecuente en la cerámica antigua, el pulpo aparece en una ánfora griega de 1500 a.C., y el dramaturgo griego Aristófanes, del siglo v a.C., menciona los calamares fritos. La palabra española «calamar» procede del italiano dialectal *calamaro*, que significa tanto «tintero» como «calamar» y deriva del latín *calămus* («pluma de escribir»), y esta del griego *kalamos* («caña de escribir con tinta»), en alusión a la tinta de este animal.

Leyendas monstruosas

Tanto el pulpo como el calamar han inspirado diversas leyendas. En la mitología griega figura la Hidra, monstruo de siete cabezas en el extremo de largos tentáculos, que volvían a crecer después de cortadas, como ocurre con los tentáculos del pulpo. Aztecas e incas veneraban al pulpo, entre otras criaturas marinas; y algo parecido sucedía en la antigua cultura ainu de Japón, del primer milenio a.C., que veneraba a un ser con forma de pulpo llamado Akkorokamui, al que se atribuía el poder de otorgar salud y conocimiento, así como el de causar catástrofes.

Las técnicas para ablandar la carne de estas criaturas son comunes a todas las culturas que los consumen. En la antigua Roma se cocía el pulpo en vino, vinagre u otro líquido ácido para ablandar el tejido muscular. Los griegos los golpeaban contra una roca, y los japoneses los frotaban con sal. Junto con Corea, Japón es uno de los mayores consumidores de pulpo actualmente.

△ **Motivo decorativo**
Los minoicos del segundo milenio a.C. eran buenos pescadores y estaban familiarizados con el pulpo, que además de alimento servía como motivo decorativo para su cerámica.

▷ **Tentáculos y ventosas**
Miembros de la clase de los cefalópodos en una publicación alemana de principios del siglo xx.

PULPO COMÚN

Origen
Aguas tropicales y subtropicales de todo el mundo

Nutriente principal
15 % de proteínas

Aporta
Hierro, fósforo, vitamina B_3, vitamina B_{12}

Nombre científico
Octopus vulgaris

△ **Comida lista**
Preparados de distintas maneras, los calamares son un bocado popular en Corea y Japón. En la foto, calamares desecados en un puesto coreano.

«Me gustaría verle con hambre de calamares, y que llegaran humeando a su plato.»

ARISTÓFANES, *LOS ACARNIENSES* (c. 425 a.C.)

Gamochonia. — Trichterkraken.

Gambas, langostinos y langostas

entremeses o plato principal

Dotados de cinco pares de patas, estos manjares andantes eran una fuente de proteínas fácil de obtener en la Antigüedad. Las gambas se pescaban en abundancia con red, y las langostas, con trampas.

Las langostas, los bogavantes, las cigalas, los langostinos y las gambas han sido consumidos como alimento por la humanidad desde muy antiguo. Todos son del orden de los decápodos, nombre que alude a que tienen diez patas; en muchos decápodos, como el bogavante y la cigala, el par delantero son pinzas para comer y defenderse, y el resto sirven como medio de locomoción para caminar por los lechos marino o fluvial. Las langostas y los bogavantes son los mayores, con fuertes patas, seguidos de las cigalas, los langostinos y las gambas, por ese orden.

Secos, picados y fritos

Aunque los términos «gamba», «langostino» y «camarón» se utilizan de forma ambivalente según el lugar, suelen aplicarse en función del tamaño, aunque hay otras diferencias, como la estructura de las branquias. Estos decápodos de menor tamaño son los más numerosos, con unas 2000 especies repartidas por los océanos y ríos del mundo. También son más fáciles de comer, ya que su caparazón es flexible.

Los antiguos griegos y romanos apreciaban las gambas y los langostinos del Mediterráneo, que asaban o freían glaseados con miel, o bien picaban para hacer tortas y freírlas.

Los crustáceos están presentes en la cocina china desde al menos el siglo VII. Después de viajar por Asia, el explorador veneciano del siglo XIII Marco Polo contó que las gambas eran importantes en la dieta china, tanto frescas como secas y usadas para hacer salsas. En el río de las Perlas se atrapaban crustáceos de agua dulce usando cestas con cebo, y se vendían vivos en la orilla. Platos como el wok de gambas secas con espinacas o las judías verdes fritas con gambas de Sichuán han cambiado poco desde la visita de Marco Polo.

Clásico instantáneo

En América del Norte, en el siglo XVII, los crustáceos pescados en los *bayous* de Luisiana con redes de arrastre se incorporaron a la cocina regional criolla y cajún. En 1917 se introdujo la captura mecánica, que permitió suministrar crustáceos en abundancia a otras partes del país. El cóctel de gambas, servido en vasos pensados para bebidas alcohólicas, es un invento de inicios de la

△ **Centro de mesa**
Considerado ya un lujo en la Europa del siglo XVII, el bogavante cocido es la principal atracción de este bodegón pintado por el artista flamenco Adriaen van Utrecht en 1644.

△ **Saber tradicional**
Un pescador kanaka de Nueva Caledonia, en el Pacífico Sur, lleva sus trampas para atrapar langostas en las lagunas de marea donde se congregan.

«[…] tomamos espárragos y bogavante, que me hicieron extrañarte.»

JANE AUSTEN, ESCRITORA INGLESA, EN UNA CARTA A SU HERMANA DE 1799

década de 1920, y tuvo éxito en las fiestas de esa época de la ley seca. Luego, en la década de 1960, se convirtió en un entrante clásico de las cenas en EE UU y Reino Unido.

Lujosa langosta

Mientras que gambas y langostinos eran abundantes y baratos a finales del siglo XX, la langosta y el bogavante tenían la reputación de ser alimentos caros y exclusivos; pero no siempre fue así. En siglos pasados, los habitantes de la costa atrapaban y comían langostas como parte

◁ **Buena captura**
Un pescador de Nueva Inglaterra se admira del tamaño de la langosta salida de su trampa tradicional.

habitual de su dieta, y no se consideró un alimento prestigioso o de moda hasta el siglo XVII. El político y diarista inglés Samuel Pepys menciona haber servido bogavante en una cena elegante en 1663; y *The art of cookery*, de la autora inglesa de libros de cocina del siglo XVIII Hannah Glasse, contiene varias recetas de bogavante adecuadas para la buena mesa.

En la Nueva Inglaterra colonial, la langosta americana era tan abundante que se consideraba vulgar. Servía como cebo y abono, y como fuente barata de proteínas para alimentar a presos y esclavos. A mediados del siglo XIX el enlatado y el ferrocarril llevaron la langosta a un mercado mucho más amplio. Los urbanitas adquirieron el gusto por la delicada carne de langosta enlatada, y el naciente negocio del turismo en Nueva Inglaterra generalizó el consumo de langosta fresca, servida en buenos restaurantes. Debido a la gran demanda, los precios empezaron a subir en la década de 1880, y, en las primeras décadas del siglo XX, la langosta ya era un lujo que solo los ricos se podían permitir.

LANGOSTA AMERICANA

Origen
Costa atlántica de América del Norte

Nutriente principal
16,5 % de proteínas

Aporta
Vitamina B_{12}, vitamina E

Nombre científico
Homarus americanus

Cangrejo
comida en un caparazón

Apreciados por su delicada carne, los cangrejos presentan un reto al comensal por la dureza de su caparazón, sus pinzas y sus largas patas.

Considerados un bocado caro en el mercado moderno de la alimentación, los cangrejos fueron parte de la dieta de los cazadores-recolectores costeros de todo el mundo. Hay cangrejos en todos los océanos del planeta, y también en ríos y lagos de las partes tropicales y subtropicales del globo. Forman el grupo más diverso de crustáceos (animales de caparazón duro y múltiples patas), con miles de especies; sin embargo, mientras que en los textos antiguos se mencionan muchos otros tipos de marisco, los cangrejos están poco documentados. El texto del siglo IV o V atribuido al gastrónomo romano Apicio tiene una sola receta con cangrejo, de croquetas, similares a los actuales *crab cakes*, o pastelitos de cangrejo.

que la llamaron «cangrejo de río». En el antiguo mito griego, a Heracles lo atacó un cangrejo enviado por su madrastra Hera para distraerle e impedirle matar a la serpiente Hidra.

> «Saca la carne de las grandes pinzas […], enharina y fríelas.»

ROBERT MAY, *THE ACCOMPLISHT COOK* (1685)

△ **Cangrejo fresco**
Un cangrejo azul (o jaiba) de tamaño medio rinde unos 60 g de carne cocida. El de la imagen no ha pasado aún por la olla.

Conservado en el cielo nocturno

Aunque no fuera una parte importante de la dieta antigua, el cangrejo dio su nombre latino, *cancer*, a una de las constelaciones del zodíaco, visible desde los hemisferios norte y sur. El conocimiento de esta constelación, la más débil de las doce, se remonta unos 3000 años atrás, hasta los babilonios,

Aunque Heracles aplastó el cangrejo de un pisotón, Hera honró al animal con un lugar en el cielo.

Un alimento trabajoso

Como alimento, el cangrejo siempre fue problemático por el duro caparazón, las amenazadoras pinzas y la cantidad relativamente escasa de carne que proporciona. Existen pruebas de que se capturaba mediante canastas trenzadas en las costas escocesas en tiempos prehistóricos, y parece que fue popular en Britania durante la

▷ **Deidad ancestral**
Entre los años 100 y 700 d.C., la cultura moche dominó la zona costera del norte de Perú, y dejó abundante cerámica, como este recipiente con la imagen de un dios cangrejo.

ocupación romana. Está documentado como artículo a la venta en los mercados de pescado desde la Edad Media en adelante. Solían cocerse y servirse fríos, con un aliño de vinagre. Aunque se apreciaba su delicada y dulce carne, no se consideraban muy convenientes para una mesa formal.

La excepción son los cangrejos de caparazón blando: si se les atrapa antes de doce horas después de que hayan abandonado el caparazón viejo, puede comerse el animal entero, sin más preparación que cocinarlo. En EE UU, el cangrejo de caparazón blando más conocido como alimento es el cangrejo azul o jaiba, abundante en la costa atlántica. Comer cangrejo azul cocido o al vapor en los meses de verano es tradición en la bahía de Chesapeake, que limita con Maryland, Delaware, Virginia y Washington, D. C.

En Japón, el cangrejo azul japonés, otra especie apreciada por su caparazón blando, se sirve en *sushi* o frito en tempura. El cangrejo mediterráneo, abundante en la laguna de Venecia (Italia), protagoniza una especialidad del Véneto, el *moeche* (o *moleche*) *fritte*, en la que se rebozan con harina y huevo y se fríen pequeños cangrejos que acaban de hacer la muda, con lo cual se pueden comer enteros.

Cambio de color

Los cangrejos más grandes y caros son los rojos gigantes, reputados por su carne tierna, blanca por dentro y roja por fuera. En el mar de Bering, los cangrejos de Kamchatka, o centollos de Alaska, pueden alcanzar una envergadura de patas de 1,8 m, aunque solo es comestible la cuarta parte del animal. Los llamados cangrejos de las nieves, del Pacífico Norte, son apreciados también por su carne especialmente dulce, como lo son el *Cancer magister* del Pacífico o el centollo de aguas japonesas. Todos los cangrejos, sean del color que sean, se vuelven rojos al cocerlos. Esto se debe a un pigmento rojo llamado astaxantina, que se halla en el caparazón pero está oculto bajo una capa de proteínas mientras el animal está vivo: el calor disuelve la proteína, revelando la astaxantina, que es estable a alta temperatura y da a los cangrejos cocidos su color.

▽ **Sin salida**
La pesca tradicional del cangrejo consiste en dejar cestas con cebo en el lecho marino, y volver después a sacarlas para comprobar si hay algún cangrejo atrapado.

Almejas, mejillones y ostras bocados exquisitos

Los moluscos bivalvos incluyen mariscos muy diversos; algunos son baratos y abundantes, y otros se consideran todo un lujo. Estos paquetes de proteínas se pueden abrir vivos y comer crudos o ligeramente cocinados con calor.

△ **Concha con bisagra**
Como todos los bivalvos, las ostras tienen una concha doble con bisagra y cierre hermético. Llegar a la carne requiere el uso de un cuchillo especial.

MEJILLÓN

Origen
Costas del
Atlántico Norte

Nutriente principal
12 % de proteínas

Aporta
Hierro, fósforo,
vitaminas B_1, B_3 y B_{12}

Nombre científico
Mytilis edulis

Desde los tiempos antiguos, las ostras han sido los moluscos de mayor prestigio. Comparado con el de otras especies, su gran tamaño las hacía preferibles, y la posibilidad de encontrar una perla en su interior era un atractivo añadido. Su sabor en crudo era muy valorado, y los antiguos conocedores apreciaban las sutiles variaciones de sabor según la procedencia. Los romanos las cultivaron en el Mediterráneo desde el siglo I a.C., y las siguieron cultivando hasta la caída de su imperio. Las vieiras eran también dignas de la buena mesa en el mundo clásico, y su singular concha se ha usado ampliamente como motivo decorativo y en el arte, además de devenir símbolo del Camino de Santiago, a cuyos peregrinos se les entregaba originalmente una vez finalizado el trayecto.

De la abundancia a la escasez

Donde abundaban las vieiras y las ostras, como en las costas de Gran Bretaña y Francia, estas fueron comida incluso de pobres. En *Los papeles del club Pickwick*, la novela de 1837 de Charles Dickens sobre la vida en Londres, Sam Weller afirma que «la pobreza y las

lugares. Uno de los motivos de la abundancia del mejillón es que, desde el siglo XIII, su cultivo se había vuelto común en Europa. El primer criadero de mejillones se estableció en L'Aiguillon sur Mer, en la costa atlántica francesa, en 1235, a base de cuerdas atadas a vigas de madera clavadas en el fondo. El cultivo de mejillones, que maduran más deprisa que las ostras, se difundió muy pronto por el Atlántico Norte y el Mediterráneo. Constituyen platos populares franceses y belgas de bistró, como los *moules marinières* (cocidos en salsa de nata y vino blanco) y los *moules frites* (acompañados de patatas fritas).

La cocina de la almeja

En el siglo XIX, la popularidad del marisco creció cada vez más en América del Norte. A pesar de tener poca carne, los bivalvos se integraron en la cocina de la Costa Este, destacando el *clam chowder*, una sopa espesa, y los *clam bakes*, marisco al vapor sobre algas. Las almejas figuran también en la *pasta alla vongole* italiana, en recetas típicas españolas, en los platos de curri de Kerala (en el sur de India) y en guisos y sopas de Japón.

△ **Conchas cerradas**
Los mejillones sanos mantienen la concha cerrada fuera del agua, por lo que hay que descartar los mejillones abiertos antes de cocinarlos. El calor los mata, y entonces se abre su concha.

«Las ostras son más hermosas que cualquier religión [...]. Nos perdonan por comerlas.»

SAKI, ESCRITOR BRITÁNICO (1870–1916)

◁ **Zambullida**
Bucear en busca de ostras fue una tradición de siglos en las aldeas pesqueras de Japón. Las mujeres las buscaban en el fondo conteniendo la respiración, y a veces regresaban victoriosas a la superficie con el trofeo en la mano.

ostras parecen ir siempre de la mano». Al otro lado del Atlántico, los nativos americanos comían habitualmente ostras, y los primeros exploradores europeos dijeron haber visto ejemplares de más de 30 cm. No fue hasta el siglo XIX que las ostras se convirtieron en un lujo. El punto de inflexión fue la revolución industrial, ya que la contaminación acabó con muchos lechos ostreros naturales de las costas atlánticas. La suma de ello y la sobreexplotación de los siglos anteriores bastó para reducir la oferta y causar la subida del precio.

Por contraste, los mejillones y las almejas siguieron siendo relativamente baratos, aunque también sufrieron la sobreexplotación y la contaminación en algunos

▽ **Desenterrando almejas**
Las almejas viven enterradas en la arena o el barro de la zona intermareal. Con la marea baja, se pueden sacar a mano, como hacen estas mujeres de Corea del Sur.

Granos, cereales y legumbres

Granos, cereales y legumbres

El mundo que conocemos se ha construido en cierta medida gracias a los granos, las semillas de los cereales han sido un alimento crucial para los humanos de todas las épocas, y muchas poblaciones del globo no habrían logrado sobrevivir sin ellos. Aunque estas semillas son diminutas, algunas provienen de plantas muy grandes, como el maíz, y todas son muy ricas en hidratos de carbono: una fuente de calorías y energía. Son, en efecto, los cimientos de las civilizaciones.

Las semillas en la agricultura

El maíz, el arroz, el trigo, la cebada, el sorgo, el mijo, la avena y otros muchos tipos de poáceas o gramíneas se han cultivado desde hace miles de años en distintas partes del planeta. Al principio, los pueblos primitivos se limitaban a recolectar las semillas de diversas plantas silvestres allá donde las encontraban, comían una parte y almacenaban el resto en pozos o en vasijas de barro para consumirlas durante el invierno. Al cabo de un tiempo, cuando nuestros antepasados comenzaron a permanecer en un sitio, en lugar de seguir un estilo de vida nómada, comprendieron que recolectar todos los granos silvestres de una zona suponía disponer de una cosecha más escasa al año siguiente. Entonces empezaron a esparcir semillas de cereal para hacerlas crecer y poder recogerlas la temporada siguiente. Seleccionaban las semillas de las plantas más vigorosas, y así, paulatinamente, las cepas de las plantas evolucionaron. Durante ese largo periodo de transición, los humanos pasaron de ser cazadores-recolectores a agricultores y comenzaron a sembrar en surcos, en lugar de simplemente esparcir sus valiosas semillas.

Secado para la extracción

El trigo, a menudo apodado «el rey de los cereales», fue una de las primeras gramíneas que se cultivaron. En las variedades primitivas, resultaba difícil extraer el grano de su involucro, o brácteas, así que había que tostarlas primero. Este ligero tueste liberaba el grano de gran parte de la cáscara, o salvado, a fin de molerlo entre dos piedras para poder convertirlo en gachas o en pan ácimo. Las plantas de trigo que más rápido se desgranaban se fueron seleccionando y cultivando, y esto facilitó su cosecha y almacenamiento.

△ **Primeros registros**
Algunos de los registros contables más antiguos tienen que ver con la distribución del grano. En Mesopotamia, existen ejemplos escritos en cuneiforme entre 3100 a.C. y 2900 a.C.

◁ **Buena cosecha**
En el antiguo Egipto, el farro (un tipo de trigo) y la cebada se segaban con guadañas serradas. El cereal, símbolo de riqueza, solía aparecer en las pinturas de las tumbas.

△ **El obrador de la vida**
El pan era vital en la Roma imperial, y las hogazas se cocían en hornos abovedados. El primer *Collegium pistorum*, o Gremio de panaderos, ya existía a mediados del siglo II a.C.

En China, hacia 2700 a.C., los primeros campesinos concentraron sus esfuerzos en cultivar los «cinco granos sagrados»: cebada, soja, arroz, trigo y mijo, considerados los cereales más importantes para la vida. Es habitual asociar China con el cultivo de arroz; sin embargo, en el norte, el cultivo principal durante miles de años fue el mijo. El arroz, que dominaba los cultivos de cereal en el sur, se sembraba tradicionalmente en arrozales, y se plantaba a mano en aguas casi estáticas. El desarrollo de muchas variedades nuevas permitió cultivarlo en más de cien países en una gran diversidad de condiciones, y hoy en día existen miles de variedades, desde el arroz rojo hasta el blanco de grano largo o corto.

En contraste, el maíz fue la base de los grandes imperios azteca e inca, en lo que hoy es México y América Central y del Sur. En el siglo XVI, cuando el conquistador español Hernán Cortés y sus hombres intentaron cabalgar a través de los maizales, las plantas eran tan densas que les parecieron casi tan impenetrables como un muro. En Perú se han hallado granos de maíz que datan de 6700 a.C.

Del pan a las gachas

La cebada, otrora clave para elaborar cerveza y pan, aportaba menos gluten del necesario para hacer una masa más ligera, por lo que fue cayendo en desuso, a favor del trigo. Pese a ser muy nutritiva, los antiguos griegos consideraban la avena comida de bárbaros, y, en su diccionario del siglo XVIII, el lexicógrafo inglés Samuel Johnson, la describe como «un cereal que en Inglaterra se da a los caballos».

Con frecuencia, los cereales se molían para hacer harina, pero también se cocinaban los granos enteros, del mismo modo que las legumbres, como los guisantes, las alubias, las habas y las lentejas de varios tipos. La legumbre es un alimento especialmente útil para los humanos desde tiempos remotos, pues podía consumirse fresca o seca, y así podía almacenarse para cuando los cereales se hubieran terminado o echado a perder. Se han hallado alubias, habas y lentejas en numerosas tumbas egipcias, y en los jardines colgantes de Babilonia era famoso el cultivo de garbanzos.

Los antiguos griegos dedicaron un templo a Ciamites, semidiós de las habas, mientras que los romanos celebraban en junio unas

---

Los antiguos egipcios añadían levadura a la harina de cebada para preparar pan, y lo desmenuzaban en agua para hacer cerveza.

---

fiestas llamadas Fabarias (de *faba*, «haba» en latín) en honor a la diosa Carna. Los sacerdotes romanos pensaban que las habas eran impuras y se negaban a comerlas. Guisantes y habas de todas clases se han encontrado en yacimientos arqueológicos de muchos países.

△ **El precio del progreso**
La llegada de las trilladoras a vapor en el siglo XIX permitió cosechar cantidades enormes de cereal, pero la máquina dejó a cientos de labradores sin trabajo.

▷ **Más que alpiste**
El mijo, cosechado durante miles de años, sigue siendo un cultivo esencial en los países en vías de desarrollo. En Níger representa el 65 % del consumo de cereales y se muele para obtener harina para hacer pan.

△ **Mulas molineras**
En China había varias formas de moler el arroz. Una de las más comunes consistía en aplastar los granos usando una rueda movida por mulas, bueyes o caballos hasta convertirlos en una harina fina.

Cosecha tradicional
En Asia se siguen empleando
métodos tradicionales tanto
para el cultivo como para la
cosecha del arroz.

Arroz alimento de millones

El arroz se cultiva desde hace unos 10 000 años y hoy es el grano alimentario más importante de Asia. Delicado y sabroso, es el pilar de la dieta de más de 3500 millones de personas, casi la mitad de la población mundial.

△ **Variedades de arroz**
El arroz blanco, más refinado, es menos nutritivo que el integral y las raras variedades negra (o venere) y roja, originarias de China. El arroz llamado salvaje no es sino la semilla de una planta acuática del género *Zizania* de América del Norte.

El arroz, como alimento y cultivo, está arraigado en la cultura de los países asiáticos. Es un alimento ritual en la religión sintoísta de Japón y también es importante en el hinduismo, para el que *akshata* (arroz sin cocer mezclado con cúrcuma) es símbolo de prosperidad, fertilidad y abundancia. Se lanza sobre la cabeza de los fieles durante las *pujas* (plegarias) en las bodas, una tradición que ha sido adoptada y adaptada en Occidente. En Tailandia, el arroz se venera como la «Madre Arroz».

El gran debate

La cuestión de en qué lugar se cultivó por primera vez el arroz, que pertenece a una familia de gramíneas que incluye el trigo y el maíz, lleva siglos sujeta a debate. En el valle del Yangtsé se han hallado restos fosilizados de arroz asiático (*Oryza sativa*) que datan de entre 12000 y 11000 a.C. Asimismo, se han desenterrado utensilios agrícolas hechos con huesos de animales de entre 5000 y 4000 a.C. que se cree fueron utilizados para cultivar arroz por la cultura neolítica Hemudu, que habitó en el sur de China entre 5500 y 3300 a.C. Para los arqueólogos que trabajan en India, en cambio, el cultivo de arroz podría haber nacido en el valle del Ganges, y se han descubierto granos de arroz y cerámica antigua en Lahuradewa, en Uttar Pradesh, que datan de *c.* 6500 a.C.

Pruebas africanas

Se han descubierto impresiones de granos de arroz africano (*O. glaberrima*) en cerámica datada entre 1800 y 800 a.C. en Ganjigana, en el noreste de Nigeria, y en la cercana Kursakata han aparecido granos carbonizados de 3000 años de antigüedad. Aunque se desconoce si estos granos eran de cultivo o silvestres, en la década de 1990, los arqueólogos descubrieron pruebas de arroz africano cultivado de 300–200 a.C. en la antigua ciudad de Yenné-Yeno, en el delta del Níger.

Expansión lenta

El cultivo de arroz se extendió por el mundo de un modo relativamente lento, lo que podría deberse a que requiere un trabajo intensivo y unas comunidades estables para construir y mantener los arrozales. Se cree que los soldados de Alejandro Magno llevaron el arroz a Grecia tras la campaña india de 327–326 a.C., y de ahí se extendió al sur de Europa y partes del norte de África.

En Italia, donde el *risotto* es un plato tradicional, el primer cultivo de arroz documentado data de 1475, cuando Galeazzo Maria Sforza, duque de Milán, envió un saco de arroz al duque de Este, a Ferrara, junto con una carta donde afirmaba que le reportaría doce sacos de granos comestibles. El arroz se convirtió enseguida

△ **El arroz en el centro**
En Japón, como en tantos otros países asiáticos, el arroz es la base de muchas comidas.

ARROZ ASIÁTICO

Origen
Asia

Principales productores
China, India, Indonesia

Nutriente principal
76 % de hidratos de carbono

Aporta
Hierro, vitamina B$_3$, vitamina B$_9$

Usos no alimentarios
Combustible, fibra, aislamiento (cascarilla)

Nombre científico
Oryza sativa

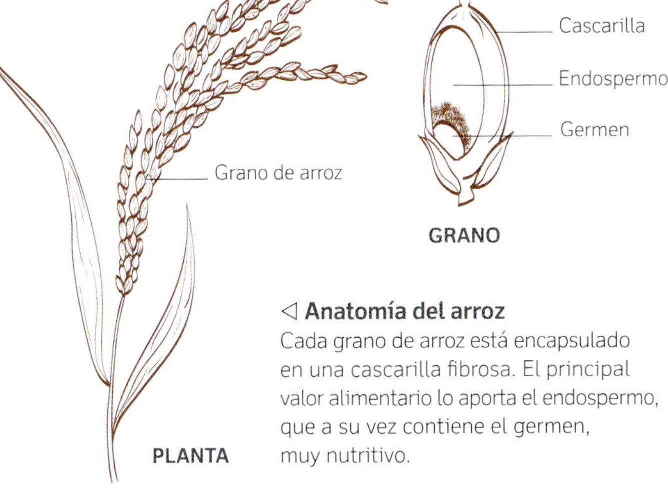

◁ **Anatomía del arroz**
Cada grano de arroz está encapsulado en una cascarilla fibrosa. El principal valor alimentario lo aporta el endospermo, que a su vez contiene el germen, muy nutritivo.

△ **Pilado de los granos**
En Japón y muchas otras partes de Asia, el arroz se pilaba a mano para obtener el grano limpio.

▽ **Cultivo en China**
Esta pintura del siglo XVIII muestra que el cultivo de arroz en China, así como en otros lugares, era una actividad intensiva.

en un cultivo fundamental del valle del Po, ya que sus fértiles llanuras pantanosas gozaban de las condiciones ideales para el arroz, que sigue creciendo hoy en ellas.

Los árabes introdujeron el arroz en al-Ándalus desde Oriente Próximo (la palabra española «arroz» deriva del árabe *aruz*). Se cree que el arroz llegó al Caribe a finales del siglo XV o principios del XVI y que, en la década de 1520, entró en México con los españoles, y en Brasil con los colonizadores portugueses y sus esclavos africanos. El arroz entró en América del Norte por Carolina del Sur en 1685, cuando un barco que venía de Madagascar atracó en el puerto de Charleston para realizar unas reparaciones tras una tormenta. El arroz original que llegó a Carolina del Sur era una variedad de *Oryza glaberrima*, o arroz africano. Los esclavos que sabían cultivar arroz eran fundamentales para esta exigente e intensiva labor, pero tras la guerra de Secesión, con el fin del esclavismo, dicha variedad fue sustituida por *O. sativa*, cuyos cultivo y cosecha requieren menos fuerza de trabajo.

En India, el arroz se llamaba *dhanya*, que significa «sustento humano».

El largo, el corto y el mediano

Hoy, el arroz es uno de los cultivos alimentarios principales. Se cultivan más de 40 000 variedades y se producen más de 441 millones de toneladas anuales de arroz descascarillado. Los tipos principales son: el de grano corto, como el arborio italiano, utilizado en el *risotto*, sopas y postres; el de grano medio o redondo, usado en numerosos platos; y el de grano largo, como el basmati indio, apreciado por su aroma y escaso almidón.

Alrededor del 90 % del arroz producido se consume en Asia. Es clave como pilar de la alimentación de los más pobres en los países con menos recursos, pero es un ingrediente apreciado por todos los estratos sociales. El arroz se come en toda India, pero es importante sobre todo en el sur, donde el arroz con *dhal* (o dal, lentejas y otras legumbres sin piel) es consumido casi a diario por todas las clases sociales. También se come molturado y vaporizado con guisantes partidos para formar una masa con la que se preparan los *idlis*, típicos de la cocina del sur de India, o las tortitas llamadas *dosa*. El arroz también es clave en la cocina de la China meridional, a menudo al vapor, pero también frito. En Laos y el noreste de Tailandia, el arroz pegajoso (glutinoso) es el favorito, y en Japón es parte esencial del sushi. En Europa, el arroz es el alma del *risotto* italiano, así como de las distintas variedades de paella, típicas del Levante español.

El arroz también se degusta en platos dulces, desde los *mochi* japoneses hasta el arroz con leche. En África occidental se come pan, bizcocho o gachas de arroz en bodas y funerales, mientras que el arroz *jollof* es uno de los platos más típicos.

◁ **Paisaje de terrazas**
La construcción de terrazas o bancales para crear arrozales es común en China, Vietnam y otros países productores de arroz. La imagen corresponde a los arrozales en terrazas del condado de Yuanyang, en la provincia china de Yunnan.

> «Sin arroz, ni la más hábil ama de casa puede cocinar.»

PROVERBIO CHINO

Cebada robusto superviviente

La cebada, uno de los primeros cereales cultivados en el Creciente Fértil de Oriente Próximo, ha sido un alimento básico desde hace más de 10 000 años. Hoy, en Occidente es tal vez más conocida por su papel en las bebidas alcohólicas como la cerveza y algunos tipos de whisky.

△ **Variedades de cebada**
La elección de la cebada depende del uso. Así, las destinadas a la alimentación contienen mucho grano, mientras que para la destilación es preferible un alto contenido de fécula.

La cebada fue esencial para el desarrollo de la agricultura en el Creciente Fértil, la región de Oriente Próximo donde los humanos, que hasta entonces habían sido cazadores-recolectores nómadas, se asentaron en poblados agrícolas hace unos 8000 o 10 000 años. Miembro de la familia de las poáceas (gramíneas), soporta condiciones demasiado frías o saladas –a diferencia del trigo, su pariente más exigente–, lo cual contribuyó a su éxito y a su imparable expansión por las zonas templadas del planeta durante los milenios posteriores. La cebada llegó a España hacia 5000 o 4000 a.C. y se extendió al norte de Europa hasta alcanzar Gran Bretaña en torno a 500 a.C. Su cultivo también partió de Egipto a otras partes del norte de África y hacia el este, hasta llegar a China, India, Tíbet y Japón entre 3000 y 2000 a.C.

Usos ancestrales

Hace miles de años, la cebada se usaba para preparar gachas y pan plano, e incluso para hacer cerveza, prácticas que perduran hoy en algunos lugares. En el antiguo Egipto se consumía como comida y bebida, y uno de los brebajes favoritos era el *hek*, una cerveza con poco alcohol. En la Grecia antigua, la cebada servía para hacer *paximadi*, un tipo de pan doblemente horneado. Hoy, en Creta aún se sirve el *dakos*, una rebanada de *paximadi* rociada con agua sobre la que se disponen dados de tomate y aceite de oliva. Hasta la caída del Imperio romano, la cebada fue la base de la alimentación de algunos romanos. A los gladiadores se les conocía como *hordiarii*, «los que comen cebada», porque su dieta consistía en hidratos de carbono, de cebada y alubias, y una bebida a base de ceniza de plantas.

Desde la Edad Media hasta el siglo XVI, los europeos hacían pan de cebada. Además de usarse para gachas, se incorporaba a sopas y guisos, y se utilizaba para preparar agua de cebada, una bebida vigorizante. La cebada se introdujo en América del Norte en 1493 con el segundo viaje de Cristóbal Colón.

Comida y bebida

Hoy, la cebada es el cuarto cereal cultivado más importante. Más de la mitad de la producción procede de países en vías de desarrollo, como Etiopía, donde es uno de los ingredientes del *ingera*, una torta ácima. En otros países, como EE UU, se cultiva sobre todo para el ganado, pero aún es importante en la cocina de Oriente Próximo, donde se añade a las ensaladas, y en la meseta tibetana, donde la harina de cebada tostada es un ingrediente básico. El té de cebada ha estado presente en la cocina asiática desde hace siglos y hoy se sigue tomando en India, Japón y Corea. La cebada también ocupa un puesto de honor en el mundo del whisky. Además del agua, es el otro elemento empleado para elaborar los reputados whiskies de malta de Escocia, Irlanda, EE UU y, más recientemente, Japón. Hoy en día también se usa en todo el mundo para hacer cerveza artesana.

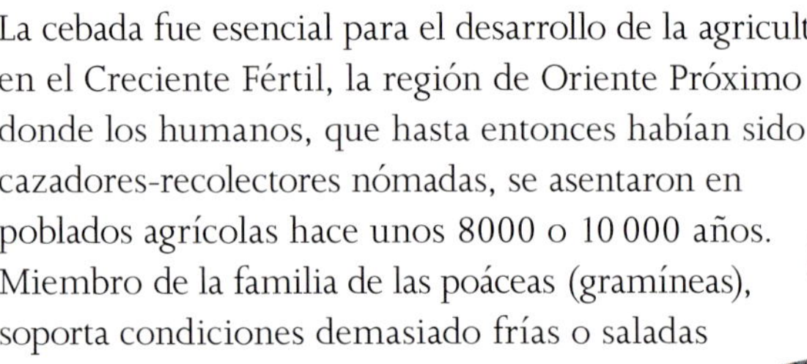
△ **Tarea de mujeres**
En el antiguo Egipto, la elaboración de la cerveza era cosa de mujeres. El pan de cebada se desmenuzaba en agua, se dejaba fermentar y se filtraba el líquido.

Origen	Oriente Próximo
Principales productores	Rusia, Francia, Alemania
Nutriente principal	78 % de hidratos de carbono
Aporta	Hierro, vitamina B_3
Usos no alimentarios	Forraje
Nombre científico	*Hordeum vulgare*

▷ **Trilla de la cebada**
En Europa, en el siglo XIX, el trigo había superado con creces a la cebada como cereal favorito para elaborar pan, pero esta seguía cultivándose para otros usos.

«Solo al amanecer, los segadores que siegan las espigas de cebada escuchan la canción que trae el eco…»

Trabajo extenuante
Cosechar la cebada a mano con solo una hoz, como en este campo cerca de Jerusalén, era una labor agotadora y perjudicial para la espalda, pero vital.

Avena el cereal básico nórdico

La avena, un cereal primordial para la alimentación humana y animal desde la Antigüedad, sigue siendo muy apreciada para los cereales de desayuno, galletas y panes.

La avena cultivada deriva de la avena silvestre, una planta larguirucha y endeble de la que se han hallado restos en Grecia, Israel, Jordania, Siria, Turquía e Irán que datan de hace más de 12 000 años.

Los antiguos romanos cultivaban avena, pero consideraban que era un grano solo apto para animales, aunque, según el escritor romano del siglo I Plinio el Viejo, «las razas de Germania […] subsisten con gachas de avena». En la Europa medieval, la avena se cultivaba como parte de una rotación trianual que también incluía al trigo y la cebada. En esa época, la avena molida más o menos gruesa se empleaba para preparar potajes de verduras y también en las morcillas.

Paso al desayuno

A principios del siglo XVII, la avena era primordial en el norte de Europa y un alimento básico de los escoceses. Los colonos europeos la introdujeron en América del Norte, donde la primera plantación de la que se tiene constancia estaba en Cuttyhunk, una isla frente a la costa de Massachusetts, en 1602. La Quaker Mill Company, fundada en Ohio en 1877, comercializó por primera vez la avena como cereal de desayuno. En 1882, tras la venta de la empresa, Quaker Oats se convirtió en el objeto de la primera campaña publicitaria en las revistas de un cereal de desayuno en EE UU.

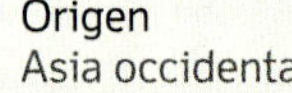

Origen
Asia occidental

Principales productores
Rusia, Canadá, Polonia

Nutriente principal
66 % de hidratos de carbono

Aporta
Magnesio, potasio, fósforo, vitamina B_9

Usos no alimentarios
Forraje

Nombre científico
Avena sativa

▷ **Anatomía de la avena**
Los granos de avena tienen una cáscara fibrosa en torno a otra capa fibrosa llamada salvado, que encierra el nutritivo endospermo y el germen.

Hoy, la avena ocupa el quinto puesto en cuanto a importancia económica en el ámbito de la producción de cereales (después del trigo, el arroz, el maíz y la cebada). Este cereal no solo es la base de las gachas de copos de avena, sino de algunos productos de desayuno muy populares, como el muesli, y las galletas o el pan de avena. Es, además, un ingrediente clave del *haggis*, una famosa especialidad tradicional de Escocia.

> «En Inglaterra, [la avena] sirve para alimentar a los caballos, pero en Escocia sustenta al pueblo.»

SAMUEL JOHNSON, ESCRITOR INGLÉS, EN 1755

◁ **Envasado de avena**
La avena pasó a la era moderna cuando la Quaker Mill Company empezó a comercializarla en copos como alimento para el desayuno. Esta ilustración de la década de 1890 muestra a las trabajadoras en la fábrica de la empresa.

▽ **La cosecha del centeno**
La trilla mecanizada del centeno comenzó en la Alemania de principios del siglo XX. Aun así, seguía siendo una labor ardua.

Centeno un grano robusto

Este resistente cereal anual originario del oeste de Asia se cultiva en todo el mundo, sobre todo para producir pan y whisky.

◁ **Granos de centeno**
Los granos de centeno presentan unas finas cascarillas que contienen las estrechas semillas de color verde grisáceo de la imagen.

El escritor romano Plinio el Viejo pudo ser el primero en mencionar el centeno, en el siglo I, cuando observó el cereal que crecía en los Alpes durante su etapa militar. Las variedades modernas de centeno descienden de una gramínea perenne, el centeno de montaña, cuyo origen se sitúa en las áridas tierras altas de Asia occidental, alrededor de 3000 a.C. Esta planta anual, resistente a los climas fríos, alcanzó Europa casi un milenio después y a continuación partió hacia el este, hacia el Himalaya. Llegó a Escandinavia entre 1700 y 500 a.C.

Las tribus germánicas, anglosajones incluidos, que llevaron este cereal a las Islas Británicas, y los francos, que lo llevaron a Francia, valoraban el centeno como una fuente de alimento básica. En Francia, el denso pan negro de centeno siguió siendo un clásico en las zonas rurales hasta entrado el siglo XX. Los vikingos hacían tortas y hogazas de pan ácimo, así como panes de centeno de masa madre. Hoy, el pan de centeno sigue siendo muy popular en Escandinavia, Alemania y los países bálticos.

Introducido por los franceses

El centeno viajó a América del Norte con los primeros colonos. El explorador francés Marc L'Escarbot lo sembró en Nueva Escocia en 1606, y este cereal hoy se sigue cultivando en los estados del norte de EE UU y en Canadá. Actualmente se conoce sobre todo como ingrediente de los *crackers* (un tipo de galleta), y de una amplia variedad de panes y cereales de desayuno. En varios países es la base de bebidas alcohólicas, como el whisky o el vodka de centeno.

Origen
Asia occidental

Principales productores
Alemania, Polonia, Rusia

Nutriente principal
76 % de hidratos de carbono

Aporta
Magnesio, potasio, fósforo, vitamina B$_9$

Usos no alimentarios
Forraje, tejados de paja, fabricación de papel

Nombre científico
Secale cereale

Trigo *el pan nuestro de cada día*

Cultivado desde los albores de la agricultura en Oriente Próximo, hace más de 10 000 años, el trigo se extendió por el mundo para convertirse en el ingrediente central de muchos alimentos básicos.

El trigo, una poácea del género *Triticum*, es, junto con la cebada, el cereal cultivado más antiguo. Hoy ocupa casi un 16 % de los campos de cereales de todo el mundo. Su éxito como cultivo alimentario se debe en gran parte a su versatilidad. Puede crecer en la mayoría de los climas, desde el nivel del mar hasta más de 1220 m de altitud. El grano se conserva durante mucho tiempo y es fácil de moler para convertirlo en harina, con la que se elaboran alimentos básicos como el pan y la pasta. El trigo es la principal fuente de hidratos de carbono en la mayoría de los países, así como un importante suministrador de proteínas.

El grano que alimenta al mundo

La pista del antepasado salvaje del trigo conduce al monte Karaca, un volcán del sureste de Turquía. Allí, así como en otras áreas del Creciente Fértil, como Siria, Irak y el valle del Nilo, prosperaron los primeros cultivos de trigo en 9500 a.C. A diferencia del trigo salvaje, el cultivado poseía semillas más grandes y tallos más fuertes, lo cual favorecía que aquellas solo se desprendieran tras ser cosechado. El cultivo de trigo desempeñó un papel crucial en la revolución agrícola, que vio la transición de los humanos de cazadores-recolectores a campesinos. El trigo llegó a Chipre en 9000 a.C. y 3000 años después ya crecía en Grecia, Egipto e India; entre 2500 a.C. y 800 a.C. alcanzó China, Corea y Japón.

Trigo antiguo y moderno

Los restos de trigo más antiguos de Europa occidental se hallaron en los Alpes suizos, en una «tartera» de madera de 4000 años de antigüedad y muy bien conservada que contenía dos antiguas variedades: la espelta (*Triticum spelta*) y la escanda (*T. dicoccum*). También conocida como farro, la escanda (o escaña almidonera) era el cereal más importante del mundo antiguo, y es la variedad de la que proviene el trigo candeal, o duro (*T. durum*). Los antiguos egipcios cultivaban trigo y eran buenos panaderos, artífices de los primeros panes con levadura hechos con harina de trigo. También los griegos cultivaban trigo, especialmente escanda y candeal. El

△ **Anatomía del trigo**
Las inflorescencias del trigo forman espigas alargadas que contienen las semillas vestidas por un cascabillo fibroso.

▷ **Cosecha manual**
Hasta la llegada de los métodos mecanizados, el trigo se cosechaba a mano con utensilios como esta hoz.

▽ **Maquinaria en marcha**
Un «batallón» de cosechadoras avanza en un trigal en Nebraska, uno de los estados del Medio Oeste de EE UU donde más trigo se cultiva, en la década de 1950.

▷ Trabajo en el campo

Esta pintura italiana del siglo xv muestra una escena de cosecha de trigo, común en Europa.

trigo fue el sustento de la veloz expansión del Imperio romano, transportado en barcos desde Cerdeña, Sicilia y África, y desde los territorios conquistados hasta otros más lejanos. Así, el grano de Britania alimentó al ejército romano del Rin en Germania en 360 a.C. Los romanos fueron los primeros en distinguir el trigo «duro», con alto contenido en gluten, ideal para la elaboración de pan, del trigo «blando», con bajo contenido en gluten, más adecuando para preparar bizcochos, galletas, tartas y pasteles.

En el siglo xvi, los exploradores españoles llevaron el trigo a América. Hoy, el «Cinturón del Trigo» cubre más de 2400 km, desde el centro de Alberta, en Canadá, hasta el centro de Texas. Es una de las zonas de cultivo de trigo más extensas del mundo y forma parte de los 18,6 millones de hectáreas de suelo estadounidense dedicado al trigo. Más del 90 % del grano procede del trigo harinero o panificable (*T. aestivum*), una variedad común muy productiva que se adapta a la mayoría de suelos y climas.

Con todo, en el siglo xxi, algunas de las variedades ancestrales se han recuperado por su peculiar sabor y sus potenciales beneficios para la salud. La espelta se valora por los densos panes con sabor a nuez que produce y por su bajo contenido en gluten. La escaña menor (*T. monococcum*) cayó en desuso con el auge de la agricultura industrial, aunque sobrevivió en zonas áridas como Marruecos y Turquía, donde se hierve para preparar el *bulgur*. Es rica en fibra y, como la espelta, se valora por el aroma a nuez que da al pan.

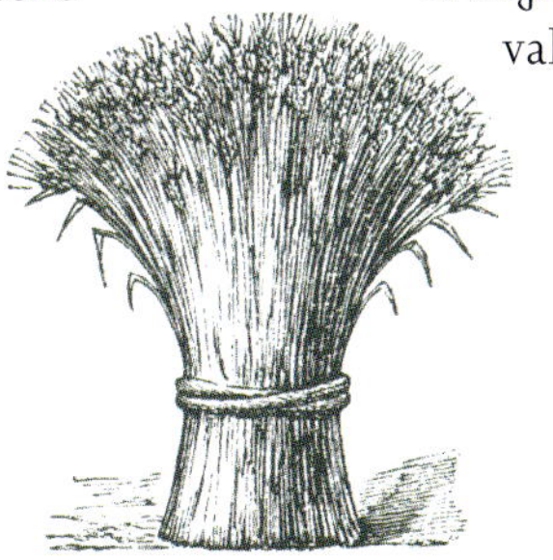

▷ Agavillado tradicional

Tras la siega, el trigo se ataba en gavillas para protegerlo. Las gavillas se apilaban y se transportaban a la granja para la trilla.

Origen
Asia oriental, Egipto

Principales productores
China, India, Rusia

Nutriente principal
72 % de hidratos de carbono

Aporta
Magnesio, fósforo, folato

Usos no alimentarios
Forraje

Nombres científicos
Triticum aestivum
T. dicoccum
T. spelta
T. durum

En el mundo se producen más de 772 millones de toneladas de trigo al año.

Pasta el famoso alimento de Italia

Si bien sus orígenes exactos se pierden en la noche del tiempo, hoy la pasta está reconocida como unos de los alimentos precocinados básicos, gracias a su bajo precio, fácil almacenamiento y afinidad con innumerables salsas y acompañamientos.

Pese a ser prácticamente sinónimo de cocina italiana, es probable que la pasta provenga de Asia, donde los fideos (pp. 234–235), son un alimento básico. Una de las diferencias entre ambos es que la pasta se hace con trigo duro, mientras que los fideos orientales se elaboran con trigos «blandos» u otros granos, como el trigo sarraceno (o alforfón) y el arroz. Además, la masa de la pasta pasa por una máquina que la amasa y la extrude (la expulsa por orificios que le confieren diferentes formas), mientras que la de los fideos orientales se aplana con rodillos y se corta en tiras.

Antepasado incierto

Los orígenes de la pasta, término que simplemente significa «masa», son vagos. Ello se debe en parte a que sus ingredientes, sobre todo harina y agua, dificultan seguir la pista de sus predecesores o distinguirlos de otras

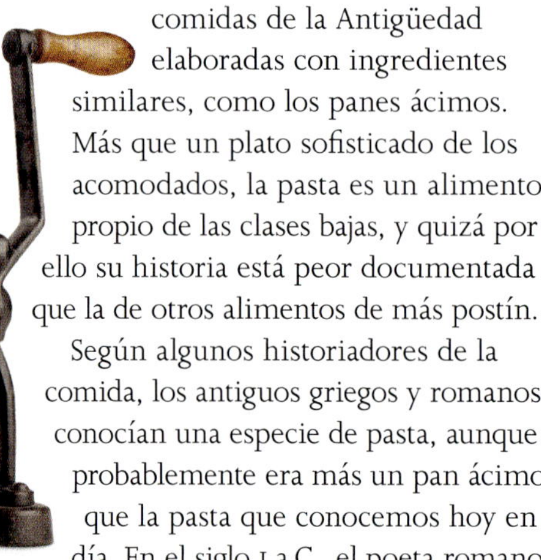

▽ **Máquina de pasta**
Esta antigua máquina servía para estirar la masa de pasta en láminas.

comidas de la Antigüedad elaboradas con ingredientes similares, como los panes ácimos. Más que un plato sofisticado de los acomodados, la pasta es un alimento propio de las clases bajas, y quizá por ello su historia está peor documentada que la de otros alimentos de más postín.

Según algunos historiadores de la comida, los antiguos griegos y romanos conocían una especie de pasta, aunque probablemente era más un pan ácimo que la pasta que conocemos hoy en día. En el siglo I a.C., el poeta romano Horacio menciona la torta *laganum*, y algunas recetas de la antigua Roma aluden a platos con capas de *lagana*, un concepto similar a la actual *lasagna* italiana. No obstante, la receta del antiguo escritor gastronómico Ateneo de Náucratis de *lagana* —finas capas de masa mezcladas con jugo de lechuga y especias, y fritas— es distinta del plato

△ **Colgados para el secado**
Un muchacho cuelga tiras de pasta fresca en un secadero de Nápoles en 1900. Se decía que el modo napolitano de secar la pasta confería a sus productos una calidad especial.

> «Los mejores macarrones de Italia se hacen en Nápoles.»

THOMAS JEFFERSON, PRESIDENTE DE EE UU (1743-1826)

de capas de carne, pasta y salsa que hoy conocemos como lasaña.

Hay dos cosas seguras: que en la Edad Media, los italianos habían adoptado la pasta como alimento básico, y que el explorador veneciano Marco Polo no la trajo desde China. Si bien se desconoce cómo llegó a Europa, y aunque se crea que los comerciantes árabes pudieron haber tenido un papel relevante, ya existía un boyante mercado de *obra di pasta* en el Mediterráneo para cuando Marco Polo volvió en 1295 de sus viajes por Oriente.

Los principales centros de producción de pasta seca en el periodo medieval fueron, por orden de importancia, Sicilia, Cerdeña y Génova. Los raviolis (pasta rellena) cocidos en caldo de carne ya figuran

Origen
Asia

Principales productores
Italia, EE UU, Turquía

Nutriente principal
75 % de hidratos de carbono

Aporta
Calcio, magnesio, fosfato, vitamina B_3

en libros de cocina como el *Libro de arte coquinaria* del Maestro Martino, cocinero del patriarca de Aquilea hacia 1450, mientras que en la colección inglesa de recetas del siglo XIV *The forme of cury* («La manera de cocinar») ya aparece una receta de *rauioles*.

En la otra orilla del Atlántico

En los siglos posteriores, la pasta siguió siendo la comida favorita de los italianos, e hizo su aparición en las cocinas de otros países europeos. Thomas Jefferson la descubrió durante su estancia en Italia (particularmente los macarrones de harina de sémola), y le gustó tanto que adquirió una máquina de hacer pasta y la envió a EE UU cuando regresó en 1793.

Uno de los factores clave para la popularización de la pasta fue la mecanización del proceso de producción en los siglos XIX y XX, primero en Nápoles y luego en toda Italia. Otro fue la cantidad de emigrantes italianos que cruzaron el Atlántico llevando consigo a América del Norte su amor por la pasta e hicieron de este alimento el omnipresente plato que es hoy día.

Hoy, la pasta existe en una infinidad de tamaños y formas. Solo en Italia hay más de trescientos tipos, desde los gusanillos *bigoli* y los enrollados *strozzapreti* («asfixiacuras»), que son pastas gruesas del norte, hasta las plumas o las *orechiette* del sur, con forma de macarrón o de pétalo. Otras versiones son los *spätzle* alemanes, los *pierogi* polacos, los *vareniki* ucranianos y el orzo griego, parecido a un grano de arroz largo y grueso. En EE UU, gracias a la influencia italiana, la pasta se prepara y se sirve de una forma similar a la europea, aunque es muy probable que los famosos espaguetis con albóndigas sean un invento estadounidense.

△ **Cata de espaguetis**
Unos clientes con apetito prueban la pasta frente a un puesto de Nápoles en 1903.

▷ **Variedad de formas**
La pasta se presenta en múltiples formas, tamaños y colores. Hoy, Italia presume de tener varios cientos de pastas distintas.

30
AHMED

Comida callejera

No está claro dónde, cuándo ni cómo surgió la comida callejera, pero ya en el siglo VI a.C., el pescado frito y la sopa de lentejas eran platos populares en las calles de la Grecia clásica. En la Roma imperial, comer fuera formaba parte de la vida cotidiana, y había diversos locales para ello: los *thermopolia*, precursores de los restaurantes de comida rápida; las *popinae*, tabernas frecuentadas por las clases bajas; y los *camponae*, bares al aire libre concurridos durante los largos y calurosos veranos romanos. Los garbanzos tostados aderezados con sal y comino, y las salchichas con pimienta y piñones eran algunos de los platos habituales. A los bizantinos también les gustaba comer en la calle. Bajo la dominación otomana se podían degustar kebabs de cordero, mejillones rellenos, *kokova* (un bocadillo de tripas de oveja asadas) y *macuri* (un suave y colorido tofe originario de Anatolia).

Al otro lado del Atlántico, los comerciantes callejeros aztecas vendían *atole*, una papilla de maíz, aunque las tortillas, acompañadas de una salsa de chiles molidos y agua, y los tamales de maíz al vapor era más populares. A principios del siglo XVI, en México, el misionero español Bernardino de Sahagún vio vender en la calle tamales rellenos de carne, pescado, conejo, champiñones y hasta de ranas.

En el siglo XIX, la comida callejera pasó a ser un verdadero fenómeno mundial. Los emigrantes alemanes llevaron las hamburguesas y las salchichas (o perritos calientes) a EE UU, mientras que la Inglaterra victoriana incorporaba el *fish and chips* a sus menús. La comida callejera china también se extendió por el mundo, con las sopas de sangre de cerdo o de pollo, albóndigas de pescado, platos con fideos, panecillos rellenos al vapor y empanadillas de muchas formas y tamaños. La comida india de la calle goza de la misma diversidad; se estima que, en Bombay, la capital de la gastronomía callejera, existen unos 250 000 vendedores en activo.

◁ **La comida en las calles**
Los vendedores de comida callejera se instalan en las plazas de todo el mundo. En Marrakech, algunos tenderos incluso ofrecen asiento.

Fideos

el versátil alimento asiático

Los fideos, parientes orientales de los espaguetis, han sido un alimento básico en Asia desde hace al menos dos milenios. En la actualidad siguen siendo un ingrediente fundamental en las cocinas de China, Japón, el Sureste Asiático y Filipinas.

FIDEOS DE ARROZ

Origen
China

Principales productores
China, Japón, Indonesia

Nutriente principal
80% de hidratos de carbono

Aportan
Sodio, fósforo

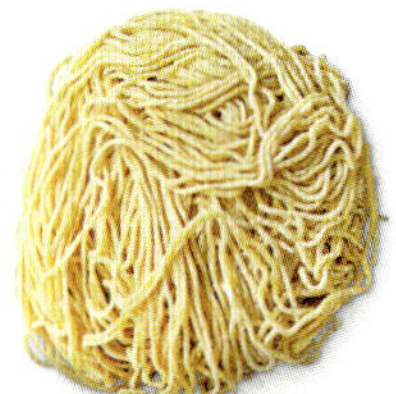

FIDEOS DE TRIGO Y HUEVO

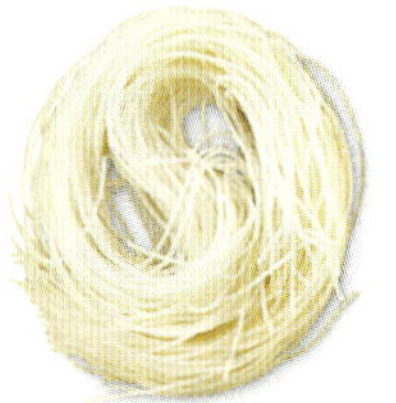

FIDEOS DE SOJA (CELOFÁN O DE CRISTAL)

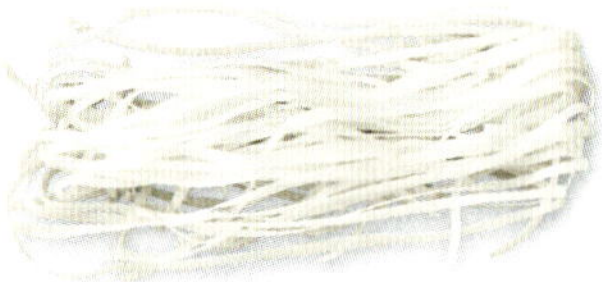

FIDEOS DE ARROZ (VERMICELLI)

△ **Gruesos y finos**
Los fideos de diferentes grosores y con distintos ingredientes conforman numerosos platos, desde sopas hasta salteados.

En 2005, unos arqueólogos chinos hallaron restos de fideos de mijo en un cuenco de barro cerrado en el yacimiento del Neolítico tardío de Lahia, en el noroeste de China. Esto demostraba, en su opinión, que los fideos cocidos se preparaban en esa región desde hacía 4000 años. Sea verdad o no, los fideos parecen haber formado parte de la dieta china desde el siglo II a.C.

En el siglo I d.C., el poeta Du Fu, de la dinastía Tang, ensalzó los *leng tao*, unos fideos verdes fríos consumidos en verano, a los que describía como «fríos como la nieve cuando se deslizan entre los dientes». Un fideo llamado *shui yin*, hecho de masa estirada en tiras del grosor de palillos, aparece en el texto chino del siglo VI *Qi min yao shu*.

Un básico de la China moderna

La producción de fideos se mecanizó en el siglo XIX, y los primeros fideos industriales aparecieron en la década de 1850. Hoy, China es el mayor consumidor mundial de fideos. Estos se elaboran a partir de productos amiláceos, como trigo, arroz, alubia mungo o tapioca, y suelen incluir ingredientes extra, como huevo o gambas.

Los fideos también pueden presentar una gran variedad de formas y tamaños, y se sirven de muchas maneras, como en sopas con verduras, carnes o marisco, o bien salteados con cebolleta, aceite y salsa de soja. En China se suelen servir en las celebraciones: los «fideos de la longevidad» son el plato tradicional de cumpleaños, mientras que los fideos con salsa de carne acompañan la primera comida tras la mudanza a una nueva casa.

Japón y más allá

Japón también tiene una rica tradición y variedad de fideos, o *menrui*, que se remonta al siglo VIII d.C., cuando se cree que llegaron desde China. Parece ser que, en esa época y durante el periodo Heian (794–1185), los *somochi*, unos fideos de arroz enrollados como sogas,

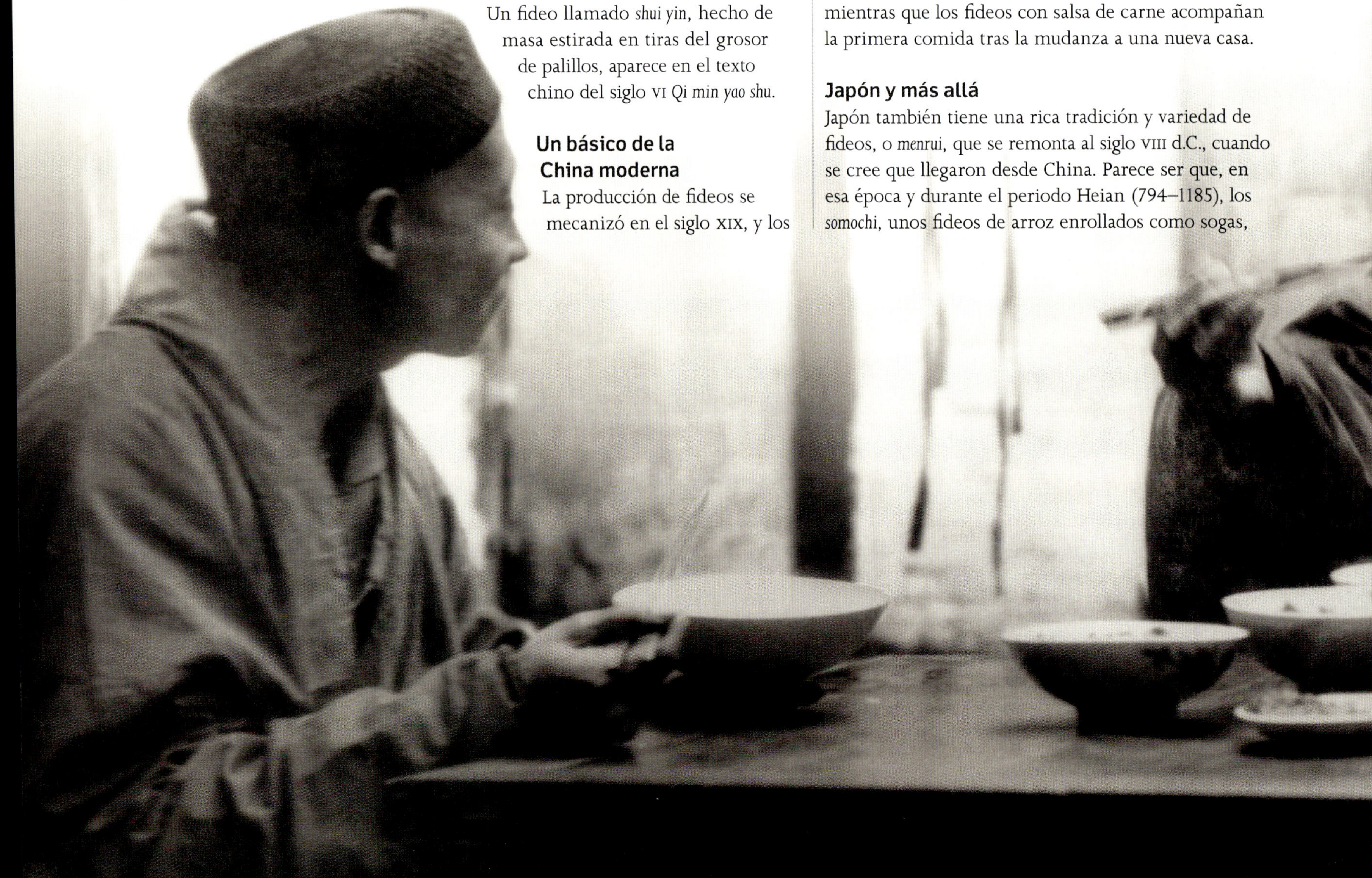

eran los favoritos para las ocasiones especiales, mientras que los *somen*, de trigo, aparecieron durante el periodo Kamakura (1185–1333 d.C.).

Actualmente, los tipos de fideos más populares en Japón son los *udon* (gruesos, suaves y de trigo) y los *soba* (gomosos, pálidos, ligeramente amargos y de alforfón). La elaboración de fideos en Japón es un arte, y en los restaurantes especializados puede verse a los maestros trabajando tras la ventana como estrategia para animar a los nuevos clientes a entrar.

Éxito instantáneo

La historia de los fideos no puede estar completa sin una mención al taiwanés-japonés Momofuku Ando, inventor de los fideos instantáneos en 1958, producto que revolucionó mundialmente la alimentación. Los fideos (pancit o pansit), también son un alimento básico de Filipinas, donde llegaron con los chinos. Se sirven de múltiples formas en puestos de mercados y restaurantes especializados llamados panciterías.

◁ **Trabajo en equipo**
Tradicionalmente, las finas láminas de fideos se colgaban en rieles para el secado. Este grabado japonés muestra a una joven y una sirvienta secando los fideos recién preparados en el jardín.

«Cuanto más largos sean los fideos que coma, más larga será su vida.»

PROVERBIO CHINO

▽ **Una comida informal**
En China, las celebraciones en familia o entre amigos suelen contar con un plato de fideos, por lo general, comido con palillos.

Sémola para el cuscús
Su elaboración requiere un
meticuloso control del tiempo
para garantizar que tenga la
consistencia adecuada.

Sémola   gránulos de subsistencia

La transformación de los cereales en suaves granos de sémola es un lento proceso que han llevado a cabo las mujeres del norte de África durante milenios. Hoy, la sémola se degusta en muchas partes del mundo.

Se desconoce el origen geográfico de la sémola, la réplica magrebí a la pasta. No obstante, se han hallado recipientes que podrían haber servido para elaborarla en tumbas del norte de África del siglo II a.C., durante el reinado del rey bereber Masinisa. La sémola cocinada se llama cuscús (o alcuzcuz), que deriva del bereber *seksu* o *kseksu*, que significa «bien formado» o «redondeado», en alusión a su elaboración. La sémola se elabora a partir de granos de trigo duro aplastados. No obstante, en el África subsahariana se hace con mijo, como en la Antigüedad.

> La primera fábrica de sémola para cuscús comenzó su actividad en Argelia en 1907.

La elaboración tradicional de la sémola empieza por rociar con agua los granos de cereal molidos gruesos y hacerlos rodar a mano hasta conseguir pequeños gránulos. Luego se espolvorea harina seca por encima para mantenerlos separados mientras se tamizan hasta formar gránulos de tamaño similar. Tradicionalmente, el cuscús se prepara en un recipiente de dos partes llamado alcuzcucero, o cuscusera (del francés *couscoussier*), compuesto por una cazuela alta (en la que se cuece el caldo y otros ingredientes que se añaden al plato de servir) y otra encajada encima que presenta perforaciones en la base para que ascienda el vapor y cueza la sémola allí depositada. Una vez cocida, se sirve con verduras, una salsa picante o ligeramente especiada y carne de pollo, cordero o carnero.

Debate en torno al origen

Además de los recipientes de la época de Masinisa, en la región argelina de Tiaret se han identificado otras cazuelas similares a los alcuzcuceros modernos, que datan del siglo IX. Algunas autoridades sostienen que el cuscús nació en los reinos sudaneses de la Edad Media, hoy Níger, Mali, Mauritania, Ghana y Burkina Faso, desde donde se extendió por el norte de África y la región subsahariana hasta llegar en el siglo XVI a Turquía, país en el que sigue siendo muy popular.

El cuscús figura en un libro de cocina anónimo hispanoárabe del siglo XIII, que contiene una receta de alcuzcuz *fitiyani*. Ese mismo siglo, un historiador de Alepo ya menciona el cuscús. La sémola también se conocía en Italia, donde el libro de 1570 del cocinero Bartolomeo Scappi describe un plato llamado *succusu*. En el siglo XVII, el escritor francés Rabelais alude al *coscoton à la moresque* (cuscús moruno). Hoy, la sémola de trigo es un alimento básico del norte de África y muchas partes de Oriente Próximo. También es muy popular en Francia, España, Portugal, Italia y Grecia.

Acompañamiento versátil

En el siglo XX, el trigo sustituyó en gran parte al mijo como grano para elaborar la sémola. En el norte de África se sigue preparando el cuscús tradicional de carne y verduras, aunque también puede ser un plato dulce. Argelia y Marruecos tienen un postre a base de sémola, almendras, canela y azúcar. En Túnez se prepara algo similar con leche condensada, frutos secos y frutas deshidratadas.

La trabajosa elaboración de la sémola está retrocediendo ante la sémola seca y precocida, así como el cuscús precocinado, sobre todo en Occidente, donde se vende en cajas o bolsas acompañado de verduras o garbanzos.

△ **Servido con estilo**
En el norte de África, el cuscús se sirve tradicionalmente en bonitos platos de cerámica.

Origen
Norte de África

Nutriente principal
23 % de hidratos de carbono

Aporta
Selenio

▷ **Pilando el grano**
En el África occidental subsahariana, el descascarillado y la molienda de los granos con los utensilios tradicionales requería tiempo y esfuerzo.

Mijo el grano ancestral de las regiones áridas

El mijo, alimento básico de nuestros antepasados, crecía en los famosos jardines colgantes de Babilonia. Los granos de este histórico cereal siguen consumiéndose hoy, sobre todo en las zonas más calurosas y áridas del mundo.

El breve periodo de crecimiento del mijo (puede recogerse tan solo 45 días después de la siembra) era uno de los factores que hacían de él un cereal tan valioso para nuestros antepasados prehistóricos, que podían cultivarlo en asentamientos temporales para complementar lo que cazaban o recolectaban. Este tipo de cereal engloba miembros de una extensa familia de poáceas que cuenta con más de 6000 especies. El mijo común (*Panicum miliaceum*) y el menor (*Setaria italica*) representaban los cultivos de cereal más importantes de la Antigüedad. Se cree que el mijo era uno de los cinco granos sagrados de la antigua China (junto con el trigo, la cebada, el arroz y la soja). Los restos de granos de mijo sugieren que este cereal se cultivaba a orillas del río Amarillo ya desde el año 6000 a.C. El mijo perlado, o perla (*Pennisetum glaucum*) se cultivaba en Mali entre 2500 y 2000 a.C., hasta que se extendió a India hacia 1500 a.C.

Pan y gachas

El mijo, conocido como *kenjrós* por los antiguos griegos, y como *milium* por los romanos, se usaba en las gachas y en un tosco pan plano. También fue un importante cereal en la Europa medieval. En Polonia, por ejemplo, era un ingrediente habitual de las gachas y los panes ácimos. En la actualidad sigue siendo uno de los granos más importantes del mundo, presente en cereales de desayuno y panes.

▷ **Mijo menor**
Por sus influorescencias pilosas, esta especie también se llama mijo de cola de zorra.

Alforfón

un modesto grano esencial en muchos platos

Este grano, originario de China, es un ingrediente clave de los fideos *soba* japoneses. Con los siglos se ha hecho un hueco en las tradiciones culinarias de Europa y de América del Norte en cereales de desayuno, tortitas y ñoquis.

Pese a que en Europa también se conoce como trigo sarraceno, turco o tártaro, el alforfón ni es trigo ni es realmente un cereal. Al igual que la quinoa, de alto valor nutritivo, el alforfón es un «pseudocereal», un grano alimenticio sin gluten. De hecho, está más emparentado con la acedera y el ruibarbo que con el trigo. Probablemente debe su nombre a su aparición en Europa con los turcos y los tártaros.

Su origen geográfico ha sido objeto de debate. En China se han hallado restos de granos cultivados en 2600 a.C., y en Japón, de polen de alforfón de entre 3500 a.C. y 500 a.C. Recientemente, los genetistas botánicos han rastreado la presencia de su antepasado silvestre en el condado chino de Sanjiang, en la región de Guanxi.

Remedio contra la hambruna

La primera mención del alforfón aparece en escritos chinos de los siglos V y VI d.C. En Japón, el alforfón (o *soba*) fue objeto de un edicto imperial promulgado en 722 d.C. y registrado en el texto histórico *Shoku-Nihongi*, en el que se exhortaba a los campesinos a plantarlo en previsión de la hambruna que podría acarrear una mala cosecha de arroz. De este modo, el alforfón se convirtió en un alimento básico en Japón, donde simplemente se cocinaban las semillas descascarilladas. Durante los siglos posteriores, se molieron para hacer gachas, bizcochos y ñoquis. Hoy, gracias a los fideos de *soba*, el alforfón sigue siendo uno de los alimentos más populares de Japón.

Kasha y crepes

El alforfón llegó a Europa a través de Turquía y Rusia en los siglos XIV y XV, donde su resistencia y capacidad de prosperar en áreas inhóspitas para otros cultivos aseguraron su posición central en la alimentación de los campesinos. Los holandeses lo introdujeron en América del Norte en el siglo XVII.

En Europa, su producción alcanzó su máximo esplendor en el siglo XIX, pero hoy el alforfón sigue siendo popular en muchos platos, desde la *kasha* (gachas) del este de Europa y los *pierogi* (ñoquis rellenos) polacos hasta las tradicionales crepes y *galettes* bretonas.

> ## «Las gachas de alforfón son nuestra madre.»
>
> DICHO POPULAR RUSO

△ **Inicio de la mecanización**
A partir de la introducción de la maquinaria agrícola, la cosecha del alforfón requería un trabajo menos intenso.

Origen
China

Principales productores
Rusia, China, Ucrania

Nutriente principal
72 % de hidratos de carbono

Aporta
Hierro, potasio, vitaminas B

Nombre científico
Fagopyrum esculentum

▷ **La cosecha**
Lo habitual era que toda la comunidad trabajase para sacar adelante la cosecha. En este cuadro del pintor francés Jean-François Millet, las mujeres recogen las gavillas, mientras que los hombres apalean la parva para separar el grano de la paja.

Pan el sustento global

El pan, blanco o integral, con levadura o ácimo, es el más universal de los alimentos básicos. Ha sido y es tan esencial para tantas civilizaciones que su propio nombre se ha convertido en sinónimo de comida.

Casi desde el momento en que los primeros humanos observaron que podían trocear, aplastar y mezclar plantas y transformarlas mediante el calor, empezó a existir el pan. En Italia, la República Checa y Rusia se descubrieron muelas con zonas desgastadas donde había trazas de fécula de espadaña y de helechos de hace unos 30 000 años, lo cual sugiere que los cazadores-recolectores de la Edad de Piedra molían grano y hacían pan con la harina mucho antes del nacimiento de la agricultura, hace 12 000 años.

Antiguos panes planos

Estos panes primitivos se cocían en piedras calentadas sobre la hoguera, un método que se extendió en la Escocia del siglo XIX para cocinar los *bannoks*, unos panes ácimos de avena, y que aún es un emblema culinario de muchos lugares, como México (tortillas), India (*chapati* y *naan*) y Oriente Próximo (tabun y matzá). La primera harina se obtenía moliendo a mano los granos íntegros de un cereal algo tosco, pariente lejano de los utilizados en los panes negros como el *pumpernickel*, aún famoso en Alemania y Europa central. Así como las técnicas agrícolas (como el cultivo de los trigos más productivos y fuertes) se extendieron desde zonas del Creciente Fértil, como Irak y Turquía, lo mismo ocurrió con la técnica de hacer pan. En 3000 a.C., los panes planos se cocían en hornos en India, e incluso en Gran Bretaña, donde en 1999 se hallaron dos mendrugos de 5500 años de antigüedad. En la antigua ciudad mesopotámica de Uruk,

▽ **Labor eterna**
En Jaipur (India), esta vendedora callejera prepara *chapati* (pan ácimo plano) siguiendo el método milenario de la región.

hoy en Irak, aparecieron moldes de barro que apuntan a que entre 4000 y 3100 a.C. se hacía pan. El pan se menciona en repetidas ocasiones en la *Epopeya de Gilgamesh*, de 2000 a.C., por ejemplo, cuando Gilgamesh ofrece a la diosa Ishtar «pan y toda clase de alimentos adecuados para un dios».

El auge del pan en el antiguo Egipto

El pan era vital en la dieta de los antiguos egipcios. Han sobrevivido cientos de panes, algunos de más de 5000 años de antigüedad, depositados como ofrendas en las tumbas. Los antiguos egipcios eran muy buenos panaderos. Hacían tanto pan ácimo –de cebada, espelta y un tipo de mijo–, como pan con levadura, hecho de

◁ **Antigua panadería**
En el antiguo Egipto, es posible que la elaboración de pan y la de cerveza estuvieran conectadas, como indican estas figuritas de madera de una panadería-cervecería (2010–1961 a.C.).

los griegos fueron los inventores del horno de carga frontal, gracias al cual el proceso era más rápido y eficiente, y que contribuyó a sacarlo del ámbito doméstico para convertirlo en una actividad comercial.

Los antiguos romanos obtenían el trigo principalmente de Egipto y también eran excelentes panaderos. Según cuenta el escritor romano Plinio el Viejo, los panaderos profesionales se establecieron en Roma en el siglo II a.C., y formaron un gremio. Junto a la Porta Maggiore, un

«No comas pan delante de otro sin tenderle la mano».

PROVERBIO DEL IMPERIO NUEVO EGIPCIO

escanda y una antigua variedad de trigo hoy conocida como farro, aún empleada por los panaderos italianos. Los egipcios acaudalados preferían el pan blanco, hecho con una fina harina tamizada, mientras que los panes negros se reservaban para los plebeyos. En Egipto, el pan no solo era un alimento, sino que se usó como moneda de cambio. Los constructores de pirámides, como los que trabajaron en la Gran Pirámide del faraón Keops (o Jufu) en 2600 a.C., cobraban en panes y cerveza.

Los panaderos egipcios se las ingeniaron para aislar la levadura que hacía que creciera la masa de pan al hornearla, y la procesaron para que se usara ampliamente ya desde 300 a.C.

Conocimiento compartido

Las técnicas para hacer pan se extendieron desde Egipto hacia Europa, donde las ciudades de la antigua Grecia competían por producir los mejores panes. En el siglo IV a.C., el panadero ateniense Tearión fue muy elogiado, entre otros por el dramaturgo Antífanes, que en su comedia *Ónfale* describe el arte de Tearión como «un espectáculo mágico en Atenas». Asimismo,

▽ **Alimento de las tropas**
El aprovisionamiento regular de pan era clave en cualquier campaña militar. Aquí, las tropas británicas preparan pan para los soldados en el frente durante la Primera Guerra Mundial.

bajorrelieve de la tumba del panadero Marco Virgilio Eurysaces, que data de entre los años 50 y 20 a.C., documenta el proceso de la elaboración del pan en la ciudad. En Pompeya, la ciudad que quedó sepultada por la ceniza de la erupción del Vesubio en 79 d.C., se han descubierto más de treinta panaderías y numerosos panes carbonizados.

Los molinos y la revolución panadera

En la Edad Media, el pan era la base de la alimentación en Europa, y era común usar incluso gruesas rebanadas de pan duro a modo de tajaderos, es decir, como soporte para cortar o comer alimentos, una práctica que perduró

△ **Ir a por el pan**
En el pasado, muchos hogares no tenían horno en el que poder hacer su propio pan. La gente compraba las barras en la tahona, como muestra este grabado italiano del siglo XVII.

hasta el siglo XVI, cuando se generalizaron los platos de peltre para tal uso. La rivalidad entre el pan blanco y el negro surgida en la Antigüedad también perduraba. En Londres, por ejemplo, los «panaderos negros» y los «panaderos blancos» no unieron sus gremios hasta 1645. A finales del siglo XVIII, Inglaterra se erigió en el centro de la revolución industrial, promovida por la tecnología de las máquinas de vapor, como las que se instalaron para alimentar veinte pares de molinos harineros en la que fue la primera gran fábrica de Londres, Albion Mills. Construida en 1786, procesaba diez fanegas inglesas de harina (363 litros) por hora, con lo que sus dueños ostentaban el monopolio del precio de la harina, lo cual hizo que muchos molineros tradicionales debieran cesar en su actividad. La fábrica se quemó misteriosamente

en 1791, para gran regocijo de los comerciantes de harina, que lo celebraron bailando en el puente londinense de Blackfriars.

Albion Mills, no obstante, se anticipó a su tiempo, y el viento y el agua siguieron siendo la principal fuente de energía de los molinos hasta el siglo XIX, cuando fueron sustituidos en toda Europa por el molino de rodillos de acero, un invento suizo que facilitaba la elaboración de la harina blanca, y, en consecuencia, del pan.

En París, el oficial del ejército austriaco August Zang introdujo un nuevo horno a vapor. La *baguette*, la barra de pan indispensable en toda mesa francesa, no apareció hasta 1920, cuando se promulgó una ley que impedía a los panaderos trabajar entre las diez de la noche y las cuatro de la madrugada. Como no podían tener las hogazas tradicionales listas para el desayuno, cocieron una versión reducida, la *baguette*. La mecanización de la producción de pan continuó durante el siglo XX, y los hornos de gas reemplazaron a los hornos de ladrillos que usaban leña o carbón.

El pan moderno

Uno de los hitos en la historia del consumo de pan ocurrió en julio de 1928, cuando una máquina inventada por el ingeniero estadounidense Otto Rohwedder sacó los primeros panes cortados en rebanadas y empaquetados en la Chillicothe Baking Company, en Misuri. En la década de 1930, cerca del 80 % del pan vendido en EE UU era pan de molde cortado y envuelto.

En la década de 1960, el método de producción de Chorleywood, desarrollado en el Reino Unido, precipitó la desaparición de los pequeños obradores tradicionales. Este procedimiento acortaba el periodo de fermentación de la masa, lo que reducía el tiempo necesario para hacer pan, en detrimento de la calidad de este.

Pese a la producción masiva de pan en todo el mundo, han sobrevivido muchas variedades regionales. Los panes negros y rojos de centeno, de origen medieval, siguen siendo muy apreciados en Escandinavia y Europa oriental y central. En Oriente Próximo, los panes planos,

El pan de molde se prohibió en EE UU entre enero y marzo de 1943 para contribuir al esfuerzo bélico.

△ **Más masa**
Durante siglos, la gente se esforzó por reducir la labor de preparar pan. Esta antigua amasadora debió de solucionar tal problema.

como el *sanguake* iraní y el *lavash* armenio, gozan de la misma popularidad que en el pasado. India cuenta con un surtido especialmente rico de panes planos, o *roti*, desde el clásico *chapati* hasta el *puri* (pan frito inflado), la *paratha* (pan plano hojaldrado, a menudo relleno) y el *puran poli* (pan plano dulce).

No obstante, los países del Extremo Oriente, como China y Japón, han sido más lentos en adoptar el pan como alimento básico y no han desarrollado tradiciones panaderas significativas. En China, la elaboración de pan se limita tradicionalmente al norte del país, donde triunfan los panes al vapor, como los *mantou*, posiblemente introducidos tras la invasión mongola del siglo XIII.

Japón solo se abrió a los productos panaderos tras la Segunda Guerra Mundial.

A la antigua usanza

En Occidente, el siglo XXI ha visto un renacer en la industria panadera, que recupera los métodos centenarios en pequeños obradores, trabaja con harinas especiales y emplea técnicas de fermentación tradicionales. Algunos panes, como los hechos a partir de masa madre, les resultarían familiares incluso a los panaderos del antiguo Egipto.

◁ **La propaganda del pan**
En muchos países y épocas, el pan ha sido sinónimo de prosperidad. Este cartel ruso de 1947 lo presenta como un símbolo de bienestar.

▽ **Alimentar a las masas**
Ya en el siglo XVIII, la panadería era una actividad a gran escala que requería mucha mano de obra para preparar y heñir la masa.

Maíz la gramínea más versátil del mundo

Desde sus primeros cultivos en un valle mesoamericano, el maíz ha evolucionado y se ha convertido en un importante cereal que se cultiva en más de 160 países. Sus cientos de variedades son la base alimenticia de miles de millones de personas.

El maíz era tan importante para las antiguas civilizaciones mesoamericanas que sus pueblos veneraban a deidades del maíz. Este cereal pertenece a la gran familia de las poáceas (gramíneas). Esclarecer sus orígenes exactos como planta cultivada generó reñidos debates durante gran parte de los siglos XIX y XX. Sin embargo, los genetistas botánicos han llegado hasta su antepasado, el teosinte (o teocintle), una planta autóctona de Mesoamérica que comparte gran cantidad de material genético con el maíz. Lo que desconcertó durante largo tiempo a los expertos fue la abrumadora diferencia entre esta planta, con apenas 6–12 magros granos en una cubierta rígida exterior, y el gigante verde que hoy conocemos, con sus rechonchas mazorcas cargadas de lustrosos granos.

Se cree que el cultivo del maíz comenzó en torno a 9000 a.C., en la zona meridional central del México

actual. Los campesinos elegían los granos que plantaban en función del tamaño, el sabor o la facilidad de moltura. A lo largo de milenios, las mazorcas se fueron haciendo cada vez más voluminosas, y el número de granos aumentó, hasta alcanzar el tamaño actual.

Las tres hermanas

El maíz, las alubias y la calabaza eran «las tres hermanas», los cultivos básicos de los pueblos indígenas de México y América Central. En este sistema rotatorio de cultivo, surgido hacia 5000 a.C., el primero que se plantaba era el maíz, pues proporcionaba apoyo para las alubias. Una vez cosechado, su almacenamiento era fácil. Después

Origen
México

Principales productores
EE UU, China, Brasil

Nutriente principal
19 % de hidratos
de carbono

Aporta
Vitamina B$_1$, vitamina B$_3$,
vitamina C

Usos no alimentarios
Forraje, etanol
(alcohol combustible),
vasos biodegradables,
revestimientos de papel,
tejidos, alfombras

Nombre científico
Zea mays

△ **Maíz multicolor**
Además de las variedades tradicionales con mazorcas de granos dorados, se cultivan otras de variados colores, tanto para consumo animal como humano.

△ **Maíz en lata**
Etiqueta de una marca estadounidense de maíz en lata de cerca de 1890. El consumo de maíz por las poblaciones urbanas aumentó con los avances del enlatado en el siglo XIX.

> «¿Qué más puede desear un hombre sensato […] que […] verdes panochas de maíz dulce hervidas?»

HENRY DAVID THOREAU, *WALDEN* (1854)

se consumía el grano entero o molido. Las plantas también proporcionaban material para fabricar cestas y alimentar las hogueras. Tras la llegada de los europeos a América en 1492, los colonos españoles se iniciaron en el cultivo de maíz, y los comerciantes empezaron a enviarlo a España, desde donde llegó a Italia. En el siglo XVIII, el maíz fue llevado a China, Corea y Japón. Después de la Segunda Guerra Mundial, las variedades tradicionales se cruzaron para obtener híbridos resistentes al frío y la humedad del norte de Europa.

Resistente y adaptable

Hoy, el maíz es el principal cultivo alimentario de América del Sur y Central, México, el Caribe y el África subsahariana, donde es el alimento básico de la mitad de la población. Es uno de los cereales con mayor capacidad de adaptación. Además, no solo es versátil como cultivo, sino también como alimento. Se come entero en mazorca, se añade a guisos, como el *ajiaco* (una especialidad colombiana), y se muele para hacer harina de maíz, usada para muchos panes —como el típico pan de maíz del sur de EE UU—, las tortillas mexicanas, las arepas venezolanas y la polenta italiana. También se usa en la industria alimentaria para la elaboración de numerosos productos como aceite, maicena, copos y sirope.

▽ **Vendedor de palomitas**
Un vendedor de palomitas de principios del siglo XX posa junto a su vehículo adaptado. En aquella época, este tentempié se popularizó en EE UU.

Comida y religión

A lo largo de la historia, la religión y la comida han estado indisociablemente ligadas en diversas culturas de todo el mundo. Para muchos, la comida forma parte de la práctica religiosa, como, por ejemplo, el Rosh Hashaná, la celebración del Año Nuevo judío, durante la cual se preparan *simanim*, platos simbólicos con rodajas de manzana bañadas en miel que representan el deseo de un dulce año venidero.

Muchas personas escogen consumir o evitar ciertos alimentos según sus creencias religiosas. La ley islámica establece que hay alimentos *halal*, que se pueden comer, y *haram*, que se deben evitar. En la misma línea, para los judíos hay unos alimentos permitidos *(kosher)* y otros prohibidos *(treif)*.

En el hinduismo, las vacas son animales sagrados, pero aunque comer su carne está prohibido, se permite el consumo de productos lácteos, como leche, mantequilla, queso y yogur. Algunos budistas rechazan comer cebolla, cebolletas, cebollino, ajos y puerros, mientras que los jainíes evitan comer verduras de raíz, carne y pescado.

Para el sijismo, comer en comunidad es muy importante. Cada *gurdwara* (literalmente, «puerta que conduce al gurú», nombre con el que los sijes designan los lugares de culto) contiene una *langar*, o cocina, en la que todo el mundo, independientemente de su credo, sexo o color de piel, es bienvenido para disfrutar de una comida sin entregar nada a cambio. La idea vino del Gurú Nanak Dev Ji, primer gurú del sijismo, defensor de la igualdad y contrario al sistema de castas hindúes, según el cual la gente de castas distintas rechazaba juntarse para comer. Todas las tareas se reparten, desde cocinar y servir hasta recoger y limpiar después. Es una demostración de *sewa*, un servicio desinteresado a los demás miembros de la *sadhsangat* (comunidad).

◁ **Campamento sin castas**
Los espacios sagrados sijes, como el campamento del santo Baba Bir Singh del siglo XIX, daban de comer cada día a miles de personas de toda condición social.

Lentejas *legumbre de numerosas culturas*

Las lentejas fueron uno de los primeros cultivos de la historia. Otrora consideradas alimento de pobres, son muy proteicas. Hoy están presentes en las dietas de todo el mundo y gozan de una reciente popularidad entre los vegetarianos en Occidente.

Origen
Oriente Próximo, Asia central

Principales productores
Canadá, India, Turquía

Nutriente principal
63 % de hidratos de carbono

Aportan
Hierro, zinc, vitaminas B$_2$, B$_3$, B$_9$, vitamina K

Nombre científico
Lens culinaris

Las plantas de lentejas surgieron en Oriente Próximo y Asia central hace unos 9000 años. Pueden alcanzar los 45 cm de altura y producen flores azul celeste. Las vainas oblongas de esta legumbre miden unos 15 mm de largo y contienen un par de diminutas semillas redondas u ovaladas. La mayoría son verdes o marrones, pero las hay también negras, rojas, amarillas o naranjas. El nombre de la planta y sus semillas deriva del latín *lens*, palabra que dio lugar al nombre del doble cristal convexo empleado en oftalmología (lente).

Orígenes ancestrales

Los primeros restos carbonizados de lentejas aparecieron en la cueva Franjzi, en Grecia, y datan de cerca de 11 000 a.C. En el yacimiento sirio de Tell Mureybet se desenterraron restos similares, de entre 9000 y 8000 a.C. Se cree que el cultivo de lentejas, como el de tantas otras plantas, comenzó en el Neolítico, en torno a 7000 a.C., en el Creciente Fértil (que abarca la parte este de Turquía, el norte de Irak y Siria). Asimismo, se han hallado restos de lentejas en las ruinas de una aldea de la Edad del Bronce junto al lago suizo de Biel.

LENTEJAS NARANJAS PARTIDAS

LENTEJAS PARDINAS

Comida de pobres

En la antigua Grecia, las lentejas se consideraban el alimento de las clases bajas. Se usaban para hacer sopas y pan, así como *fake*, unas gachas cuyo nombre viene del griego *fokos* (lenteja). El dramaturgo griego Aristófanes las menciona en sus textos, y el

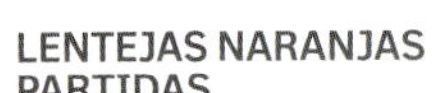

◁ **Del naranja al verde**
Existen numerosas variedades de lentejas con diferentes colores y propiedades. No todas requieren remojo antes de la cocción.

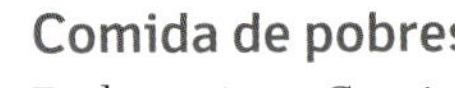

LENTEJAS VERDINAS

poeta romano Juvenal describe un plato de lentejas que comían los pobres llamado *conchis*, en el que se cocinaban las lentejas con sus vainas.

Puede que las lentejas fueran populares en la antigua Grecia, pero no puede decirse lo mismo de la Europa medieval. En los libros de cocina de la Edad Media figuran muy pocas recetas de lentejas, al menos hasta el siglo XVI. En Inglaterra eran un alimento desdeñado, considerado por los ricos solo apto para la alimentación de los animales.

Mientras en Europa se menospreciaban, fueron una parte importante de la dieta de muchas partes de África y Asia. En India, las lentejas partidas se usan para hacer *dhal*, que acompaña casi todas las comidas y supone una fuente de proteínas fundamental para los vegetarianos.

Comida para el mundo moderno

En el nuevo paradigma occidental en materia de salud y nutrición, que aboga cada vez más por un consumo reducido de carne, las lentejas han ganado popularidad en todo el mundo y se han convertido en un alimento de moda. Así, en Francia, las lentejas de Puy han alcanzado un estatus similar al de los vinos franceses más caros, mientras que el sabor y la textura de las pequeñas lentejas negras, o beluga, han sido comparados con los del caviar.

△ **Un trato apresurado**
En un relato bíblico, Esaú regresa tan hambriento del campo que cede a su hermano Jacob sus derechos de primogénito a cambio de un plato de lentejas.

▷ **Enorme caldero**
El cocinero jefe del Templo Dorado de Amristsar (India) prepara un gran caldero de sopa de lentejas para compartir siguiendo la tradición de comida comunitaria, o *Guru ka Langar*.

Éxito creciente
En el siglo xx, las ventas de alubias blancas cocidas y enlatadas alcanzaron niveles altísimos en Occidente.

Alubias blancas y rojas *perlas de sabor*

Desde el siglo XV, estas variedades de la alubia común salieron de su América originaria hasta convertirse en una importante fuente de calorías ricas en proteínas en muchos países del mundo.

△ **Alubias rojas con forma arriñonada**
La variedad conocida como alubia de riñón suele ser blanca.

La historia de estas variedades de alubias, también llamadas judías, frijoles o habichuelas, comienza en América Central y del Sur, de donde era originaria la antepasada silvestre de la alubia común. Las pruebas arqueológicas sugieren que ambos tipos se domesticaron por primera vez en los Andes peruanos y en México, hace entre 9600 y 7000 años.

Las alubias, por su facilidad de cultivo y almacenamiento, se convirtieron enseguida en un cultivo primordial. A principios del siglo XVI, ambos tipos se cultivaban en América. Los incas comían alubias blancas tostadas, y los mayas las cocían con chiles, mientras que los aztecas las mezclaban con pulpa de maíz hervida y lima para crear un plato llamado *atolli* (atole).

△ **Vainas de la abundancia**
Todas las variedades de alubia común producen semillas comestibles contenidas en vainas que a menudo también se consumen.

Travesía del Atlántico

Se dice que pudo haber sido Colón quien introdujo las primeras semillas de alubia blanca en España a

> Las alubias blancas eran el rancho de los marinos de EE UU a principios del siglo XIX.

principios del siglo XVI. Lo que es seguro es que, en 1528, el papa Clemente VII presentó algunas alubias grandes con forma de riñón al erudito italiano Piero Valeriano, que las sembró en tiestos, se comió la cosecha resultante y encontró que el plato que ordenó preparar con ellas estaba delicioso. Las alubias, *fagioli* en italiano, enseguida se empezaron a cultivar por el norte de Italia. Eran tan apreciadas que, según cuenta la leyenda,

cuando la sobrina de Clemente VII, Catalina de Médicis, se casó con el futuro rey de Francia Enrique II en 1533, se llevó estas alubias consigo, junto con un equipo de cocineros de su tierra natal que supieran prepararlas. Las alubias blancas no tardaron en popularizarse en Francia, sobre todo en Provenza, donde se las llamaba *fayoun*. En el suroeste de Francia se convirtieron en un ingrediente crucial del contundente guiso conocido como *cassoulet*. Se desconoce el momento exacto en que las alubias cambiaron de nombre, y la primera referencia a esta variación aparece en un diccionario de 1640.

Los colonos españoles llevaron las alubias rojas a Luisiana a finales de la primera década del siglo XVIII. En esa época, los haitianos que huyeron a Nueva Orleans tras una rebelión de esclavos en su tierra llevaron especiadas recetas caribeñas de arroz y alubias. En la propia Nueva Orleans, las alubias rojas con arroz se convirtieron en uno de los platos criollos favoritos.

Fama mundial

Hoy, las alubias blancas, rojas y pintas se consumen en todo el mundo. En el norte de India son el elemento esencial del *rajma*, un plato denso y picante. En España es famosa la fabada asturiana, con una variedad blanca local (*faba*), morcilla asturiana, chorizo, tocino y lacón. En La Rioja española se prepara un plato semejante con caparrón, una variedad local de alubia pinta, conocido como caparrones con sacramentos. En la paella valenciana se utiliza un tipo local de judión blanco llamado *garrofó*. También son célebres las *feijoadas* portuguesas y brasileñas.

ALUBIAS BLANCAS (SECAS)

Origen
América Central y del Sur

Principales productores
Brasil, India

Nutriente principal
33 % de proteínas

Nombre científico
Phaseolus vulgaris

△ **Festín de alubias**
En Francia se llama *haricot* a muchos tipos de alubia común. El color de las semillas puede variar enormemente.

Alubias azuki y mungo
pequeñas alubias del bienestar

Estas alubias de la misma familia son hoy importantes fuentes nutritivas en los países asiáticos donde se cultivan.

La historia del cultivo de estas alubias, ambas originarias de Asia y pertenecientes al género *Vigna*, data de hace muchos siglos. Puede que las alubias azuki, o adzuki (*Vigna angularis*), sean autóctonas de China y Corea, y llegaran a Japón entre los siglos III y VIII. Las alubias mungo (*V. radiata*), en cambio, surgieron más al oeste. En India se han hallado alubias mungo carbonizadas de más de 4000 años de antigüedad. El cultivo de esta variedad se extendió a China, el Sureste Asiático y África.

Alubias rojas de la suerte

Las azuki se pueden hacer estallar como las palomitas de maíz, o secar y moler para producir harina. Con sabor a nuez y un mayor contenido de azúcar que la mayoría de las alubias, son un ingrediente muy apreciado en repostería. De hecho, la mayoría de las azuki cultivadas en Japón se destina a la elaboración de la pasta dulce llamada *an* o *anko*. El tono rojo de la azuki también hace de esta alubia uno de los ingredientes favoritos de los platos festivos japoneses para las celebraciones familiares.

En China, además del color de la suerte, el rojo es el color de la celebración, por lo que no es de extrañar que la pasta de azuki sea un popular relleno de los pasteles de luna, los dulces de la fortuna que se comen en la fiesta de Medio Otoño.

Las alubias mungo aparecen mencionadas en la literatura sánscrita primitiva, en el *Yajurveda* (c. 1000 a.C.),

▷ **Campo de alubias**
Las azuki se apilan y se secan en los campos tras la cosecha de otoño en Hokkaido, la gran isla del norte de Japón.

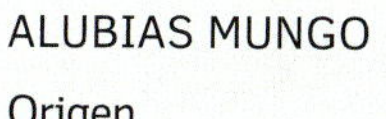

En Japón existe la tradición de cocinar alubias azuki con arroz para las chicas que alcanzan la pubertad, en señal de bendición.

donde se las llama *masura*. Buda consideraba que estas alubias estaban «repletas de cualidades para el alma» y «desprovistas de defectos». Hoy en día, las mungo están muy presentes en las dietas asiáticas y son más famosas que nunca en Occidente, especialmente entre los veganos. Se pueden comer cocidas en ensaladas, sopas, productos de panadería y helados, y también pueden molerse para hacer fideos celofán, los clásicos *vermicelli* transparentes chinos.

En India y Pakistán, las mungo se añaden a los especiados *dhal* del mismo modo que las lentejas. Los germinados de mungo, en ensaladas o en salteados, son famosos en Oriente y en Occidente.

ALUBIAS MUNGO

Origen
India

Principal productor
India

Nutriente principal
63 % de hidratos de carbono

Aportan
Calcio

Nombre científico
Vigna radiata

◁ **Brotes verdes**
Las alubias mungo son muy versátiles. Pueden comerse cocinadas de diversas maneras y sus brotes son muy apreciados en ensaladas.

▽ **Germinación**
En las condiciones adecuadas, las azuki y las mungo germinan. Primero desarrollan diminutas raíces, y después, un tallo foliado.

Soja

el vegetal más nutritivo del mundo

La soja, altamente nutritiva y proteica, es uno de los alimentos básicos del planeta. Pese a ser rechazada en Occidente, tachada de indigesta y solo apta para el ganado, hoy se consume en todo el mundo como una alternativa saludable a la carne.

Existe cierta controversia en torno a la historia de la soja. La *Gran Enciclopedia Soviética* (1926–1990) sitúa sus orígenes en China hace unos 5000 años. Sin embargo, los restos de soja más antiguos, hallados en yacimientos arqueológicos de Corea, datan de alrededor de 10 000 a.C., lo que sugiere que crecía silvestre desde antes de esa fecha. Lo que se sabe a ciencia cierta es que la soja se cultivaba en la parte oriental del norte de China hace al menos 3000 años.

La planta moderna de soja puede alcanzar un metro de altura. Da flores rojas, violetas o blancas, que desarrollan vainas pilosas de hasta 5 cm de largo cada una de las cuales contiene dos o tres semillas del tamaño de un guisante. En función de la variedad, estas alubias pueden ser redondas u ovaladas, y su gama de colores va desde el amarillo o el verde hasta el marrón o el negro.

△ **Salsa de soja**
Este recipiente japonés contiene salsa de soja, de sabor intenso.

En el siglo VI, los monjes budistas chinos llevaron la soja a Corea y Japón, donde pronto se convirtió en un ingrediente básico. En aquel país, donde escaseaba la carne, su contenido proteico era de gran valor. Los comerciantes de la Ruta de la Seda llevaron la soja hacia el Sureste Asiático.

Pugna por la aceptación

El botánico alemán Engelbert Kaenfer llevó las primeras semillas de soja a Europa a finales del siglo XVII, pero los intentos de cultivo fracasaron. Se describía como dura de comer y de sabor demasiado «alubioso», y se tachó de indigesta. Por razones muy similares, los intentos de establecer su cultivo resultaron igualmente infructuosos en América del Norte hasta la Segunda Guerra Mundial, cuando el aceite de soja reemplazó a las grasas y los aceites importados, que comenzaban a escasear, y los campesinos empezaron a alimentar al ganado con soja. El consumo de soja en Occidente despegó en 1945, para alimentar a los supervivientes de la guerra en Europa. En EE UU también se empezó a reconocer el potencial regenerador de los campos al alternar su cultivo con el de maíz. La soja siguió empleándose como pienso y en la industria del aceite. Mientras tanto, las factorías

△ **Agricultura extensiva**
Los cultivos modernos de soja se llevan a cabo a gran escala en las principales regiones productoras, como Brasil.

Origen
China o Corea

Principales productores
EE UU, Brasil, Argentina

Nutriente principal
18 % de proteínas

Aporta
Calcio, hierro

Usos no alimentarios
Pienso, fibra

Nombre científico
Glycine max

◁ **Expulsar los demonios**
El ritual japonés del *mamemaki* consiste en arrojar semillas de soja tostadas por la puerta o contra una persona disfrazada de demonio para simbolizar la expulsión de los espíritus malignos de la casa.

de automóviles Ford comenzaron a fabricar accesorios de coche a partir de los residuos del prensado para obtener aceite.

Adoptada por América del Norte

De la noche a la mañana, la soja era el no va más. Su cultivo se extendió desde el Medio Oeste de EE UU, y pronto pudieron verse campos de soja en veinte estados, sobre todo a orillas del Misisipi, área que la exportaba al golfo de México. Desde entonces,

▷ **Joven y verde**
La palabra japonesa *edamame* significa «alubias en rama». Las semillas de soja se recogen sin madurar y se cocinan las vainas enteras.

«[la soja] tiene una naturaleza dulce y cálida…»

LE HUU TRAC, ESCRITOR VIETNAMITA (1720–1791)

EE UU se convirtió en el mayor exportador de los dos tercios de la soja producida en el mundo (el tercio restante proviene de Brasil, Argentina y China).

Al ser una de las fuentes de proteínas más ricas y menos costosas, la soja se ha convertido en uno de los pilares alimenticios de la humanidad. Se consume en forma de leche de soja o de tofu (cuajada de soja), y sus brotes se incorporan a ensaladas y salteados. Las *edamame* (vainas de soja inmaduras) se pueden hervir o cocer al vapor, y sus semillas se degustan como productos saludables para picar. Otros preparados de soja asiáticos tradicionales, como el *tempeh*, el *miso* y la pasta de soja fermentada son hoy de lo más común en Europa.

Pallares

veneno en potencia y salvavidas

En África, el Sureste Asiático y América del Sur, estas nutritivas alubias salvan a millones de personas de la hambruna.

Origen
Perú

Nutriente principal
63 % de hidratos
de carbono

Aportan
Fósforo, potasio,
magnesio, vitamina B$_3$,
vitamina K

Nombre científico
Phaseolus lunatus

Si bien esta leguminosa ha salvado muchas vidas, es también una verdadera amenaza para la salud. Los pallares crudos contienen cantidades importantes de cianuro, una sustancia venenosa que se destruye por el calor, por lo que siempre deben comerse cocidos.

▷ **Alubias decorativas**
Los pallares eran un alimento vital de la civilización mochica, en Perú. Este cántaro, de los siglos III–V d.C., está decorado con un motivo de alubias.

Los pallares salen de unas vainas planas y oblongas de 7,5 cm. También se conocen por otros nombres, como judías de Lima, en referencia a la capital de Perú, de donde son originarias; judiones, por su semilla grande y plana; y *garrofó*, en la Comunidad Valenciana, donde forman parte de la popular paella valenciana.

Migrantes peruanos

Los descubrimientos arqueológicos sugieren que los pallares pudieron existir en Perú ya *c.* 7000 a.C. La alfarería del pueblo mochica, del norte de Perú, atestigua la importancia de esta planta en la vida peruana. Su cultivo terminó por desplazarse al norte, hasta México y el Caribe. A finales del siglo XV, los conquistadores españoles llevaron las semillas a Europa y Asia, mientras que los comerciantes portugueses las dieron a conocer en África, donde prosperaron. A lo largo de los siglos posteriores, muchas regiones adoptaron los pallares como hidrato de carbono básico con un elevado contenido proteico (21 %).

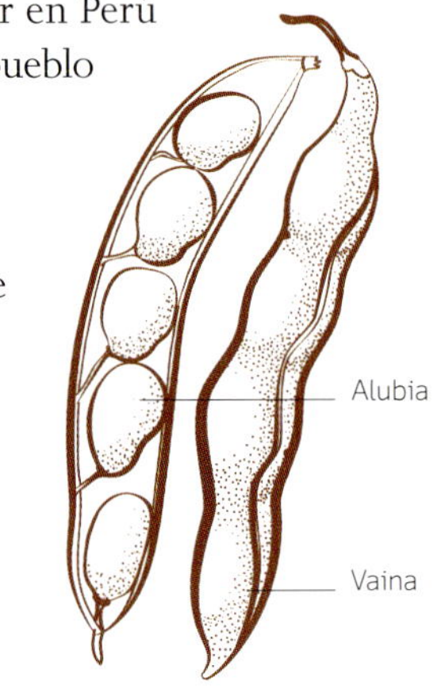

△ **Interior de la vaina**
Cada vaina contiene entre dos y cuatro alubias. Estas suelen ser color crema o verde, aunque también existen variedades moradas o con motas pardas.

△ **Cuenco de la abundancia**
En su *Bodegón con habas*, la pintora del siglo XVII Giovanna Garzoni reproduce fielmente una imagen que debió de ser habitual en las cocinas de la época.

Origen
Norte de África,
Oriente Próximo

Principales productores
China, Australia, Francia

Nutriente principal
58 % de hidratos
de carbono

Aportan
Vitamina B$_1$, vitamina B$_2$

Nombre científico
Vicia faba

Estas alubias deben su nombre científico *lunatus* a su forma de media luna.

Habas fuente de nutrientes ancestral

El misterio y la superstición envuelven la historia de las habas. Los antiguos egipcios las consideraban impuras y peligrosas, por lo que los sacerdotes tenían prohibido contemplarlas y, por supuesto, comerlas.

Cuenta la leyenda que, a pesar de su importancia alimenticia, entre los antiguos egipcios y griegos había quien evitaba las habas, posiblemente porque existía la creencia de que estas legumbres albergaban el alma de los difuntos. Algunas historias sugieren que a Pitágoras, el matemático griego del siglo I a.C., le llegó la hora cuando unos maleantes lo persiguieron hasta un campo de habas. Al no querer arriesgarse a pisar ningún alma, sus intentos de huir se complicaron y, finalmente, incapaz de escapar, fue asesinado.

Se cree que las habas son uno de los cultivos más antiguos de la humanidad. Los restos más antiguos de habas datan de 6800–6500 a.C. y se hallaron en Israel. En el Mediterráneo y Europa central también se han descubierto restos de c. 3000 a.C. Se cree que tuvieron un papel importante en la alimentación cotidiana de muchos pueblos mediterráneos y en muchas civilizaciones de Oriente Próximo.

Hoy las habas son populares en todo el planeta. Resistentes y fáciles de cultivar, han viajado desde su tierra natal, Oriente Próximo y Asia, hasta Europa, América, África y gran parte de Asia, donde se han integrado como ingrediente clave en numerosos guisos tradicionales y acompañamientos de verduras.

△ **Vaina de habas**
Las variedades modernas de habas pueden tener vainas de 3 cm de grosor y más de 15 cm de largo que, a su vez, pueden contener hasta ocho semillas ovaladas.

Garbanzos alimento para los pobres

Conocidos en Occidente como el ingrediente principal de platos típicos de Oriente Próximo, como el *hummus*, los garbanzos fueron para las civilizaciones del mundo antiguo una fuente rápida de calorías ricas en proteínas durante miles de años.

La historia de los garbanzos comienza hace alrededor de 11 000 años, cuando los garbanzos salvajes empezaron a seleccionarse y cultivarse por primera vez en el sureste de la actual Turquía y Siria. La variedad más antigua es la *desi*, que llegó a India c. 2000 a.C. Fue allí donde se originó la variedad *kabuli*, el tipo más extendido hoy. Mientras los *desi* son pequeños, angulosos, oscuros y de interior amarillo, los *kabuli* son más grandes, redondeados y de color beis, y están cubiertos por un hollejo fino.

Algunos de los platos de las antiguas civilizaciones de Egipto, Grecia y Roma incluían garbanzos. Los griegos los comían cocidos o machacados. Sócrates y Platón

△ **Alimento saludable de la Edad Media**
En la Edad Media, los garbanzos –mencionados en el tratado de salud del siglo XIII *Tacuinum sanitatis*– se valoraban por sus propiedades curativas, más que por sus virtudes gastronómicas.

> En la Europa del siglo XVIII, los garbanzos tostados se consumían molidos como sustituto del café.

aludieron a los beneficios nutricionales de los garbanzos. Se cree que la familia de Cicerón los cultivaba, y Plinio el Viejo los recomendaba como alimento saludable en el siglo I d.C. En el libro del siglo IV o V *De re coquinaria* –una recopilación de recetas atribuidas al gastrónomo del siglo I Marco Gavio Apicio– ya aparecían platos de garbanzos. Galeno, médico del emperador Marco Aurelio en el siglo II, creía que los garbanzos eran más nutritivos que otras legumbres consumidas por los romanos y que, además, causaban menos flatulencias. Eran, decía, el alimento ideal de los pobres, que no podían permitirse la carne o el pescado.

Difusión a Occidente

En el primer milenio de la era cristiana, el consumo de garbanzos se extendió por Europa. Carlomagno ordenó plantarlos en sus huertos del norte de Europa, y los árabes los llevaron a España y Sicilia. Durante la Edad Media, los judíos sefardíes de España y Portugal cocinaban con antelación potajes de garbanzos para comer el *sabbat*, cuando estaba prohibido cocinar. En España, esta legumbre se consumía ampliamente en guisos como el potaje de cuaresma, y pervive en los diversos cocidos y callos regionales. En el Egipto medieval, los garbanzos secos se molían y se mezclaban con agua y especias para crear la célebre masa de *falafel*. El *hummus*, pasta de garbanzos y *tahini* (salsa de sésamo), también se originó en Oriente Próximo.

A principios del siglo XVI, españoles y portugueses llevaron los garbanzos a América. Hoy, EE UU cultiva y exporta garbanzos, principalmente a Europa. En India son, con diferencia, la legumbre más popular, guisada en curris y molida para hacer diversas clases de pan.

△ **Vainas y hojas**
La planta del garbanzo tiene hojas pequeñas y ovaladas y flores blancas con vetas azules. Cada vaina contiene hasta tres semillas, o garbanzos.

▷ **Escala de popularidad**
Un comerciante turco de principios del siglo XX pesa su mercancía. Durante siglos, Turquía ha sido uno de los mayores consumidores de garbanzos, aunque ya no sea uno de los principales productores.

Origen
Asia occidental

Principales productores
India, Australia, Pakistán

Nutriente principal
63 % de hidratos de carbono

Aportan
Hierro, magnesio, zinc, vitamina B$_2$, vitamina B$_3$

Nombre científico
Cicer arietinum

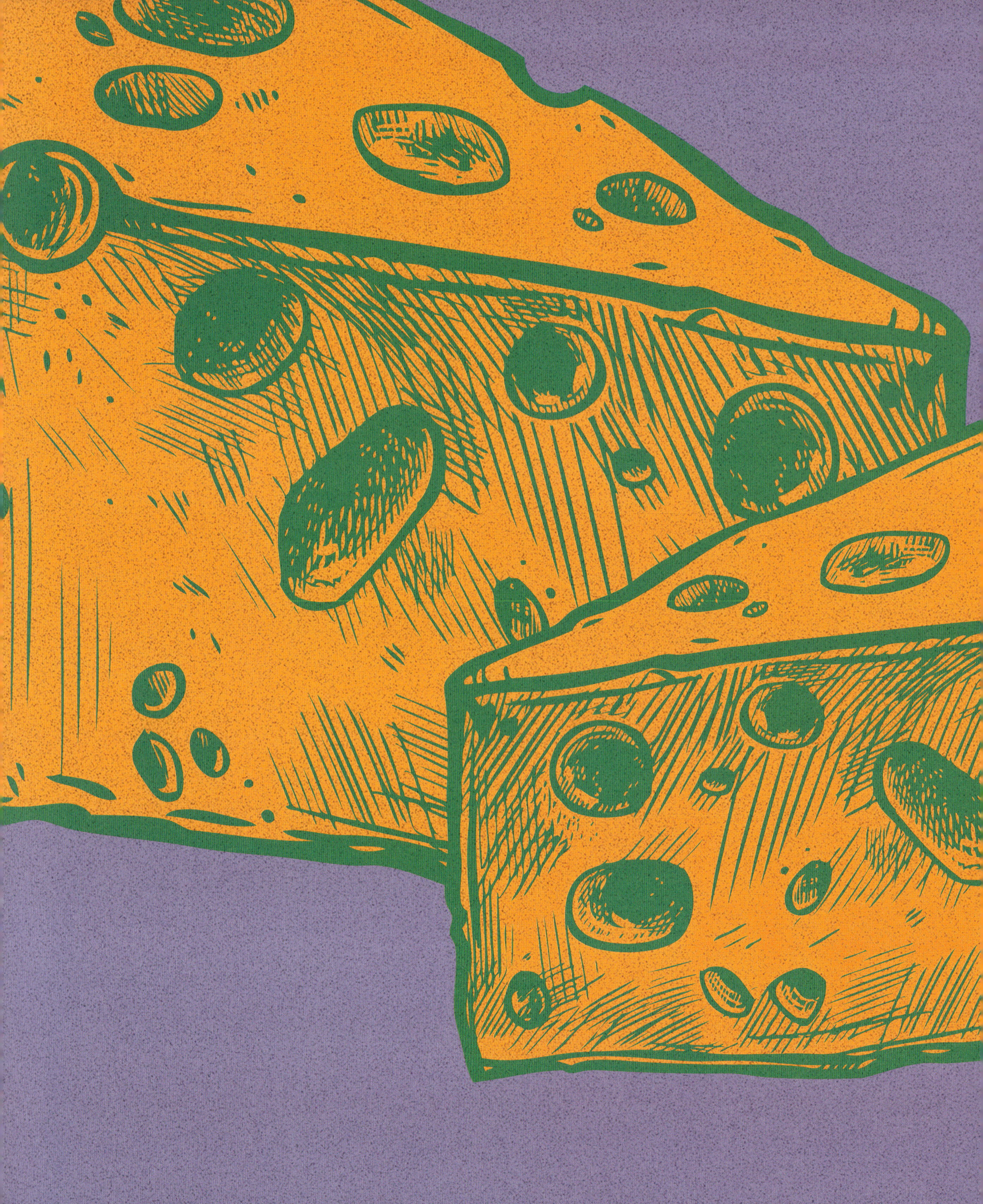

Lácteos y huevos

Lácteos y huevos

Teniendo en cuenta que muchos pueblos prehistóricos no podían digerir la lactosa de la leche, resulta sorprendente que los lácteos se convirtieran en una pieza central de la dieta humana en tantas partes del mundo. La leche y sus derivados nunca han estado muy presentes en la cocina de Extremo Oriente, el Sureste Asiático o América, pero la vida en Europa, Asia central y Oriente Próximo dependía a menudo del consumo de lácteos.

Difícil de tragar

Hace unos 9000 años, las comunidades de Oriente Próximo empezaron a domesticar ovejas, cabras y vacas, y a ordeñarlas. Sin embargo, esa leche no era una fuente de alimento directa, ya que era prácticamente indigerible. Nuestros antepasados carecían de la lactasa, la enzima necesaria para descomponer la lactosa, el azúcar de la leche. Los humanos del Neolítico nacían con la capacidad de producir lactasa para digerir la leche materna, pero esa capacidad se iba perdiendo ya desde la infancia, y los adultos eran intolerantes a la lactosa e incapaces de digerir bien la leche.

Con el paso de los años, dos hechos catalizaron el cambio respecto a los alimentos lácteos. En primer lugar, las comunidades descubrieron cómo elaborar productos de leche fermentada, como el yogur, el kéfir, la nata y el queso: el ácido láctico, presente en el estómago de los mamíferos productores de leche, era el ingrediente secreto que descomponía la lactosa para hacerla más digerible. Además, los lácteos fermentados se conservaban durante más tiempo que la leche fresca, así que ofrecían la posibilidad de un abastecimiento a largo plazo, especialmente para los periodos del año en que el ganado no daba leche. Esto supuso un hito para la supervivencia de las comunidades basadas en la ganadería lechera.

El segundo cambio fue que estas comunidades lecheras desarrollaron tolerancia a la lactosa, probablemente fruto de la reproducción entre individuos con la mutación genética que permitía digerirla, hecho sumado a la creciente fertilidad entre los portadores del gen mutante. Este proceso duraría unos 7000 años. Durante ese periodo, se cree que la dieta rica en lácteos también alteró la fisiología humana: los lácteos son ricos en calcio (determinante para el crecimiento óseo),

△ **Antigua ganadería lechera**
Ordeñar a las vacas ya era habitual en la Antigüedad, como muestra esta pintura mural de una tumba en Saqqara (Egipto), que data de c.2400 a.C.

▷ **La lechera del diablo**
En la Europa medieval proliferaron las imágenes de lecheras ayudadas por demonios en su tarea. Esta era una labor esencialmente femenina.

▽ **Alimento de las tropas**
Unos oficiales del ejército italiano se abastecen en una quesería en 1916. El queso, nutritivo y transportable, era un elemento fijo del rancho del ejército.

en aminoácidos (necesarios para la formación muscular) y en yodo (mineral esencial para el crecimiento).

Los huevos eran la otra fuente principal de yodo que ayudó a mantener el crecimiento saludable de las civilizaciones antiguas. A diferencia de los lácteos, geográficamente limitados, los huevos eran universales: estaban presentes en casi todas las culturas del mundo. En regiones como Japón y China, donde la ganadería productora de leche no era común, los huevos proporcionaban calorías y grasas esenciales sin necesidad del trabajoso proceso de ordeñado, filtrado y mazado.

> En su lista de comestibles, los peregrinos del *Mayflower* incluyeron la mantequilla y el «buen queso».

Los lácteos y la estatura

Numerosos estudios han demostrado la correlación entre una sociedad bien nutrida y la altura de sus individuos; algunos, incluso, han sugerido una correlación directa entre el consumo de lácteos y la altura, lo que podría explicar por qué los neerlandeses, con un elevado consumo de lácteos per cápita, son uno de los pueblos más altos del mundo. Así, en lugares donde los productos lecheros han formado parte esencial de la dieta, como en el norte de Europa, los humanos han desarrollado un cuerpo más grande que en regiones con un consumo reducido o nulo. Los productos lácteos fermentados —el kéfir y el yogur en particular— tienen la ventaja añadida de contener probióticos: las bacterias buenas que ayudan al intestino a digerir y mantener un equilibrio saludable, evitando las enfermedades gástricas.

La solución del queso curado

La mantequilla y el queso son los lácteos que gozan de mayor longevidad, y, conservados con sal o aceite, pueden durar meses e incluso años. El queso curado fue la solución para almacenar la leche por largos periodos de tiempo. En los climas secos y húmedos se podía envejecer el queso durante periodos más largos, porque se formaba menos moho. El parmesano, el gouda y el cheddar son ejemplos de quesos añejos, aunque hay pocos como el queso de yak nepalí, que aguanta hasta veinte años. El queso se convirtió en una especialidad local en toda Europa, Oriente Próximo, Asia central, Pakistán e India, con una gran diversidad en sabor y consistencia, reflejo de la ganadería y las condiciones ambientales de cada región.

En el siglo XIX, la pasteurización cambió el consumo de los productos lácteos. Eliminadas las bacterias, la producción de lácteos a gran escala se volvió comercialmente viable, y las fábricas empezaron a procesar estos productos y a transportarlos en cámaras frigoríficas hasta los mercados.

▽ **Alimento básico holandés**
Los lácteos han sido un alimento básico en los Países Bajos desde hace siglos. Esta foto de 1900 muestra a dos lecheras cargando cubos de leche.

△ **Leche para las masas**
Las máquinas de pasteurización y homogenización, desarrolladas en la década de 1930, permitieron producir y vender leche a escala industrial.

▷ **Más allá de la leche de vaca**
Los lácteos de yak son un producto clave de la dieta de los tibetanos nómadas. Las mujeres aún usan métodos tradicionales para hacer queso de leche de yak.

Leche bebida a la par que comida

Para los primeros humanos, la leche era una sustancia perjudicial que solo los niños podían digerir bien. Con el tiempo, los adultos también se adaptaron al consumo de lácteos, que se convirtieron en una fuente clave de nutrientes.

Pocos alimentos han requerido semejante salto adaptativo por parte del ser humano para poder ser consumidos. En la Edad de Piedra, la leche de los animales no era apta para los adultos. Aunque sus hijos nacían con lactasa, la enzima que les permitía descomponer la lactosa (el principal azúcar de la leche) y digerir la leche materna, cuando llegaban a la edad adulta, dicha enzima se desactivaba, tras lo cual el consumo de leche animal podía producir trastornos de salud.

Adaptación a la naturaleza

Hace unos 10 500 años, los primeros campesinos de Oriente Próximo empezaron a domesticar animales, como vacas, ovejas y cabras. Estos primeros ganaderos dieron con un modo de hacer la leche digerible por medio de un proceso de fermentación que la convertía en alimentos como queso o yogur, que, como hoy sabemos, poseen niveles reducidos de lactosa. Se han hallado restos de leche en alfarería de Gran Bretaña y del este de Europa que datan de 7000 a.C., y vasijas coladoras que podrían haber servido para hacer cuajada u otros lácteos.

En esa época, la ganadería y el pastoreo ya se habían extendido desde Oriente Próximo hasta Europa central. Cerca de 5000 a.C. se produjo progresivamente una mutación genética que hacía que la lactasa fuera activa en los adultos, y tal mutación se extendió entre las poblaciones que ya habían instaurado la ganadería lechera, tanto en Europa como en reductos de Oriente Próximo donde la leche de vaca era parte de la dieta. Un grabado sumerio del templo de Ninhursag, en Tell al-Ubaid (Irak), muestra el ordeño del ganado y la elaboración de queso y mantequilla entre 2500 y 2000 a.C. En 3000 a.C., la vaca lechera

◁ **Cantimplora tradicional**
Los rendille, tribu de África oriental, son pastores nómadas por tradición. Antes de casarse, una novia tejió la funda de esta calabaza para transportar leche.

▽ **Venta de leche**
La leche se guardaba en lecheras metálicas para mantenerla fresca. Esta familia alemana se prepara para llevarla al mercado en Colonia, a finales del siglo XIX.

◁ Ordeño diario
A las vacas domesticadas hay que ordeñarlas dos veces al día. Esta postal francesa del siglo XIX, de la compañía de extracto de carne Liebig, representa a un lechero cubano.

ya se domesticaba en el norte de África, donde tuvo un papel clave en la agricultura egipcia, y, mil años después, también en el norte de India, por los nómadas arios.

En el mundo moderno

En la Edad Media, la leche y sus derivados eran elementos básicos de la dieta europea. A principios del siglo XVI, los españoles llevaron ganado al Nuevo Mundo. En 1624, las primeras vacas llegaron a Nueva Inglaterra y, a finales de ese siglo, a los estados del Oeste. En América del Norte y Europa, la industrialización de los siglos XVIII y XIX desplazó a la gente a las ciudades, lejos de fuentes de leche fresca y saludable. A fines del siglo XIX, el descubrimiento de la pasteurización, un rápido proceso de calentamiento y enfriado que hacía de la leche un alimento más seguro y duradero, permitió aumentar considerablemente la producción lechera para atender el consumo de las poblaciones urbanas en crecimiento. En la misma época, su envasado en botellas de vidrio facilitó su distribución.

Animales lecheros

Las vacas son las productoras de leche por excelencia, pero las ovejas, las cabras, las camellas y las búfalas producen también cantidades importantes, y son capaces de sobrevivir en condiciones mucho más áridas que aquellas. Durante milenios, estos animales han abastecido de leche a las regiones más cálidas del mundo, y han proporcionado nutrientes e hidratación cuando el agua escaseaba.

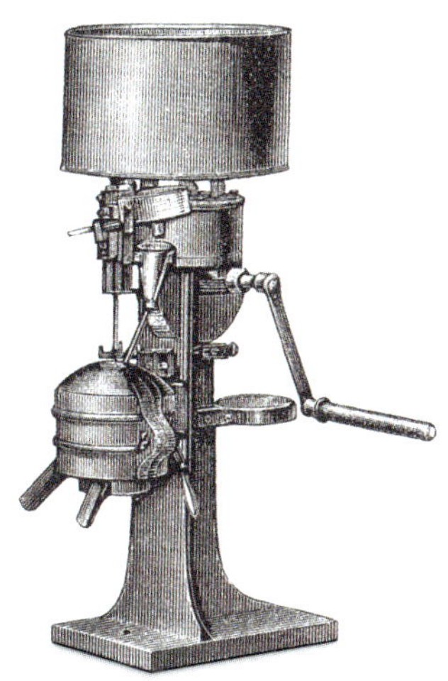

△ Separador manual
La aplicación de una fuerza centrífuga separa la nata de la leche, con la que se hace mantequilla.

Se estima que el 90 % de la población de China, Japón y el Sureste Asiático carece de la enzima necesaria para digerir la leche.

YOGUR DE LECHE DE VACA

Origen
Oriente Próximo

Principales productores
Alemania, Francia, Grecia

Nutriente principal
12 % de hidratos de carbono

Aporta
Calcio, potasio, vitamina D

Yogur y kéfir

productos lácteos deliciosamente digestibles

El proceso de fermentar leche animal, descubierto por casualidad hace miles de años, dio lugar a productos más espesos y duraderos, como el yogur y el kéfir.

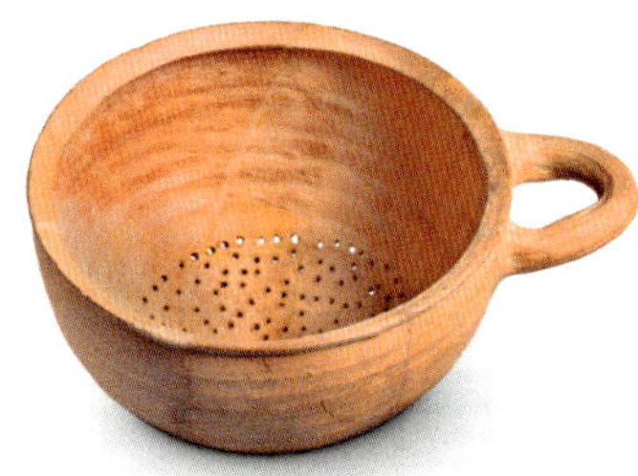

△ **Colador de leche**
La supervivencia de vasijas para la elaboración de yogur, como este cuenco del siglo VI a.C., de Lidia (hoy en Turquía), evidencia la larga historia del yogur.

▽ **Tienda de yogur**
En la ciudad india de Benarés, el yogur sigue preparándose según el método tradicional. Se utiliza en bebidas, como el *lassi*, y en varias salsas de curri.

El hecho de que la palabra «yogur» derive del turco *yoğurt* sugiere que sus orígenes están en Asia occidental, donde las comunidades de pastores descubrieron cómo elaborar productos de leche fermentada hace 8000 años. Se cree que la leche se almacenaba en bolsas hechas con estómagos de animales. Estos contenían unas enzimas que, a una temperatura suficientemente alta para incubar, actuaban como fermento, espesando la leche y confiriéndole el característico sabor agrio del yogur. El yogur no solo estaba bueno, sino que aguantaba más que la leche fresca y era más fácil de digerir, pues su fermento activo descomponía el azúcar de la leche, llamado lactosa. Fue un hallazgo clave para las civilizaciones ancestrales, en las que la mayoría de la gente era intolerante a la lactosa.

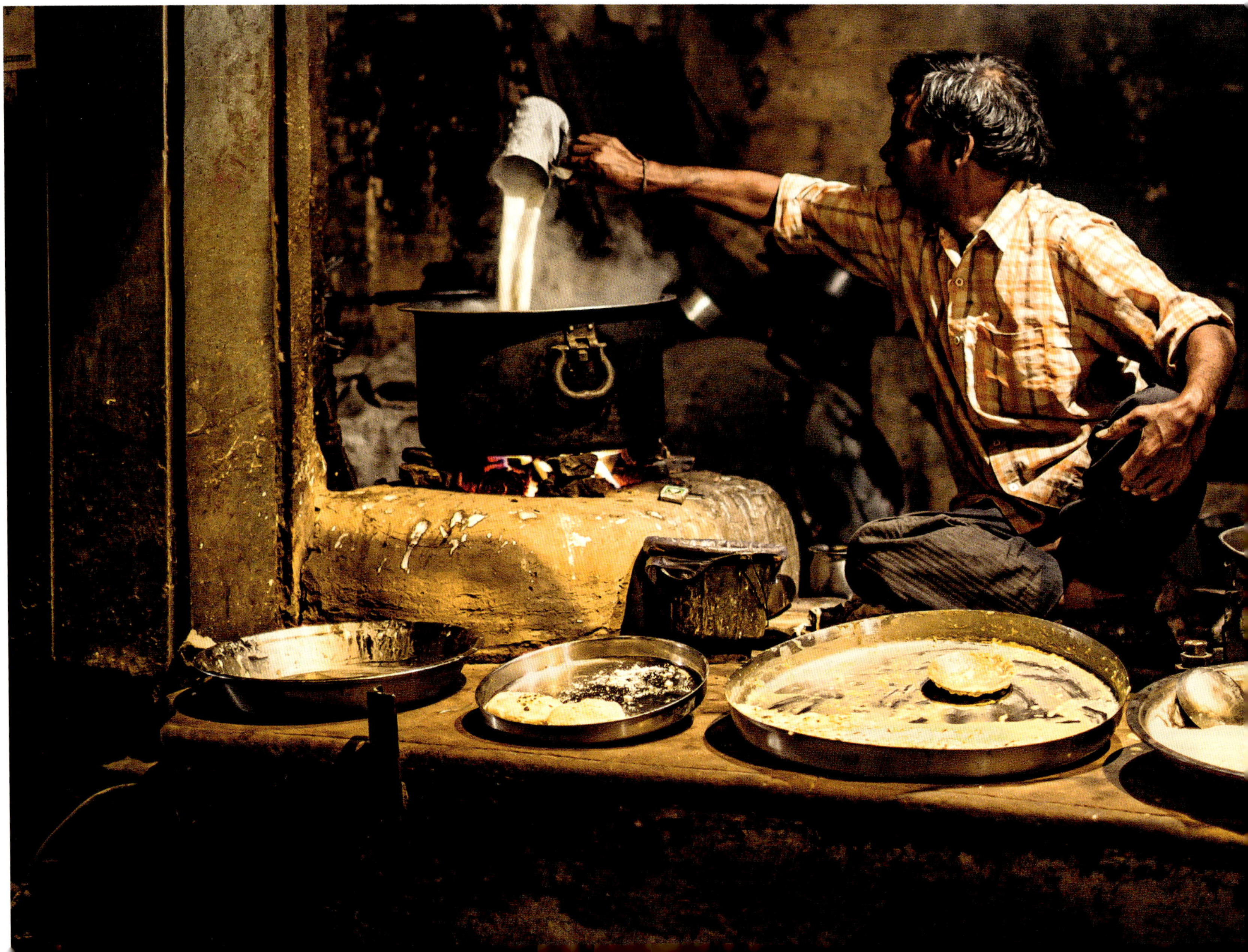

La cultura del yogur se extendió hacia el este. Los textos ayurvédicos antiguos mencionan los beneficios para la salud derivados del consumo de productos de leche fermentada. En India, el *dahi* es un tipo de yogur de leche de vaca. En Nepal, Bután y Tíbet se elabora una amplia gama de productos similares al yogur a partir de leche de yak. En Occidente, los famosos efectos reparadores del yogur llevaron a los griegos a adoptarlo, pese a que anteriormente habían tenido la leche como algo «salvaje». Desarrollaron su propio tipo de yogur, llamado *oxygala* −«leche ácida»−, que solía mezclarse con miel.

Los mágicos granos de kéfir

Las técnicas para conseguir leche fermentada llegaron a Rusia con los tártaros, un pueblo seminómada de Mongolia. En las montañas del Cáucaso, en la frontera sur de la Rusia actual, se cree que los pastores crearon un tipo único de producto de leche fermentada llamado kéfir. Además de la leche de vaca, cabra u oveja, requería un fermento inicial de granos de kéfir, una mezcla de bacterias y levaduras. La técnica llegó a otros lugares de Europa en el siglo XIX, donde el kéfir fue ensalzado por su valor en el tratamiento de la tuberculosis y diversos problemas digestivos.

Leche de yegua mongola

En las estepas de Asia central, donde los caballos eran el ganado predominante, los mongoles, kazajos y otras tribus crearon otra variedad de yogur llamada *kumiss*, hecho a partir de leche de yegua. El explorador veneciano Marco Polo y el flamenco Guillermo de Rubruquis, quienes visitaron a los mongoles en el siglo XIII, describen en sus relatos las grandes reservas de *kumiss* del kan y su corte. Según Rubruquis, los 300 guerreros del campamento militar del kan bebían *kumiss* a diario, producido por la leche de 3000 yeguas y fermentado en recipientes de cuero de caballo. Su insaciable sed de *kumiss* podría explicarse en parte por su leve contenido alcohólico, resultado del elevado contenido de azúcar de la leche de yegua.

△ **Publicidad agresiva**
«Miles de personas lo disfrutan a diario», proclama este anuncio suizo, que promociona los beneficios de tomar yogur habitualmente.

«Si quieres yogur en invierno, lleva una vaca en el bolsillo.»

PROVERBIO TURCO

Remedio turco

Los libros medievales turcos describen el uso que los nómadas de la zona hacían del yogur, los cuales lo recomendaban para las quemaduras solares y contra la diarrea. Por lo visto, la severa diarrea que sufrió Francisco I de Francia en 1542 llevó a sus aliados otomanos a ofrecerle yogur como remedio, lo que propició que el yogur se pusiera en boga en Francia.

No fue hasta principios del siglo XX cuando los investigadores médicos consiguieron aislar e identificar las bacterias del ácido láctico del yogur y, así, respaldar científicamente los beneficios de su consumo para la salud. Para mucha gente de todo el mundo, esta es la principal razón para comerlo y beberlo, pero muchos millones de personas disfrutan sencillamente del yogur como postre, azucarado o con fruta, o bien lo utilizan como ingrediente en una gran variedad de sabrosos platos y salsas, como el *tzatziki* griego.

△ **Granos prodigiosos**
Los granos de kéfir son un cultivo de bacterias de ácido láctico y levaduras mezclado con proteínas, grasas y azúcar. Se añaden a la leche para producir la bebida homónima.

Nata y mantequilla
derivados lácteos que enriquecen y alimentan

Desde el *ghee* hasta el suero de mantequilla o la nata, los versátiles y reconfortantes derivados de la leche se han ganado una posición privilegiada en muchas culturas por su sabor y sus beneficios nutricionales.

Cuando los humanos empezaron a criar ganado, hace unos 10 000 años, también descubrieron que, si dejaban la leche reposando un día, se formaba en la superficie una capa espesa y grasienta, la nata; y que, si la retiraban y la removían de forma continua, esta se convertía en mantequilla. La primera prueba escrita de esto aparece grabada en una tableta de arcilla de hace 4000 años, desenterrada en la ciudad sumeria de Uruk, hoy Warka, en Irak. La tablilla detalla los productos lácteos hechos con leche de vaca y oveja, incluidas la nata y la mantequilla.

Ghee sagrado
La mantequilla de los sumerios estaba probablemente clarificada, un proceso que extrae el agua y las proteínas de la leche para dejar solo la grasa, conocida en India como *ghee*. La mantequilla clarificada se conserva más tiempo en climas cálidos, y soporta temperaturas más altas de cocción. Para la mitología hindú de la India antigua, el dios Prajápati había creado el mundo tras producir *ghee* frotándose las manos y echarlo al fuego. El verter el *ghee* en el fuego se convirtió en un ritual

▷ **Mantequera gigantesca**
Esta talla en piedra del siglo XII, de un templo de Angkor Vat (Camboya), representa a demonios agitando un gran batidor para convertir un mar de leche en mantequilla.

importante de la religión védica, establecida en India hacia 1500 a.C. La veneración por la mantequilla perdura en la India moderna. En la jerarquía hindú de los alimentos, un alimento inferior cocinado en *ghee* puede devenir superior; las lámparas de los lugares sagrados se alimentan de *ghee*, y en las bodas hindúes los varones compiten para ver quién es capaz de comer más *ghee*.

Mantequilla salvavidas
En las regiones más templadas se prefería la mantequilla de leche entera sin clarificar, más nutritiva. Los pueblos del Himalaya hacían un preparado de té, introducido durante la dinastía china Tang (618–907 d.C.), y mantequilla de yak, brebaje que proporcionaba calor y lípidos. Griegos y romanos consideraban la mantequilla como alimento de las tribus bárbaras del norte de Europa, donde constituía una fuente de nutrientes tan accesible como importante. En Irlanda se ha encontrado mantequilla de hace unos 5000 años en turberas, posiblemente una forma ancestral de conservar los

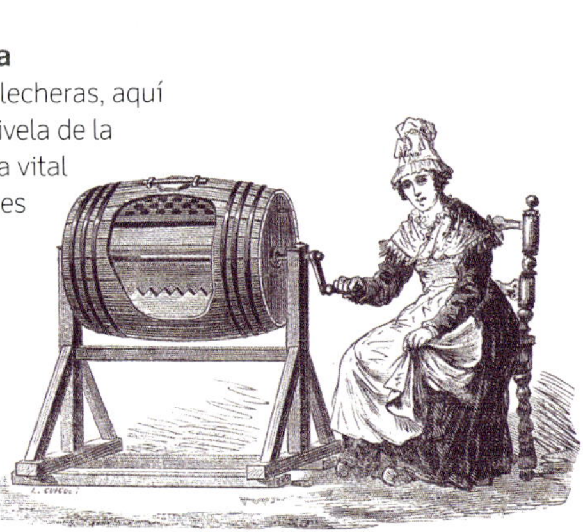

▽ **Mantequera**
El papel de las lecheras, aquí girando la manivela de la mantequera, era vital en las sociedades lecheras de muchas partes del norte de Europa de principios del siglo XIX.

▷ **Trabajo comunitario**
Estas mujeres de Ceilán (hoy Sri Lanka) convierten la leche en *ghee* usando un sencillo cuenco de barro y un batidor.

alimentos. El uso de mantequeras, presentes en Escocia desde al menos el siglo VI d.C., se extendió por Europa en el siglo XIII; y la elaboración de la mantequilla se convirtió en responsabilidad de las lecheras, que, por lo general, eran las esposas de los campesinos, o bien mujeres empleadas por el propietario de las tierras.

Cambio de fortuna

La demanda de mantequilla alcanzó tal volumen en la Francia del siglo XIX que Napoleón III pidió la creación de un sustituto viable. En 1869, el químico Hippolyte Mège-Mouriès inventó la «oleomargarina» (luego llamada «margarina»), sustancia parecida a la mantequilla hecha de grasa de vaca refinada y leche, aunque más adelante también se fabricó con grasas vegetales. La margarina

ayudó a paliar la escasez de mantequilla durante la Segunda Guerra Mundial, y fue ganando adeptos. En la década de 1980 se la consideraba más saludable que la mantequilla, pero las tornas cambiaron a comienzos del siglo XXI, cuando se descubrió que las grasas de la margarina eran mucho menos sanas que las naturales de la mantequilla.

La nata fue un lujo culinario hasta que, a finales del siglo XIX, el ingeniero sueco Gustave de Laval inventó una centrifugadora que separaba la nata de la leche. Esto desencadenó la producción masiva de nata y contribuyó al auge de los postres cubiertos o rellenos de nata montada.

△ **Helado para todos**
Una postal de 1885 anuncia una nueva heladera en EE UU, donde la producción industrial de helados había empezado en 1851. Surgidos en 1874, los *soda fountains*, establecimientos donde servían helados y refrescos de helados, marcaron el inicio de la rápida difusión de los helados.

> «Ojalá seas la mantequilla en el corral, ojalá seas la nata en el redil.»

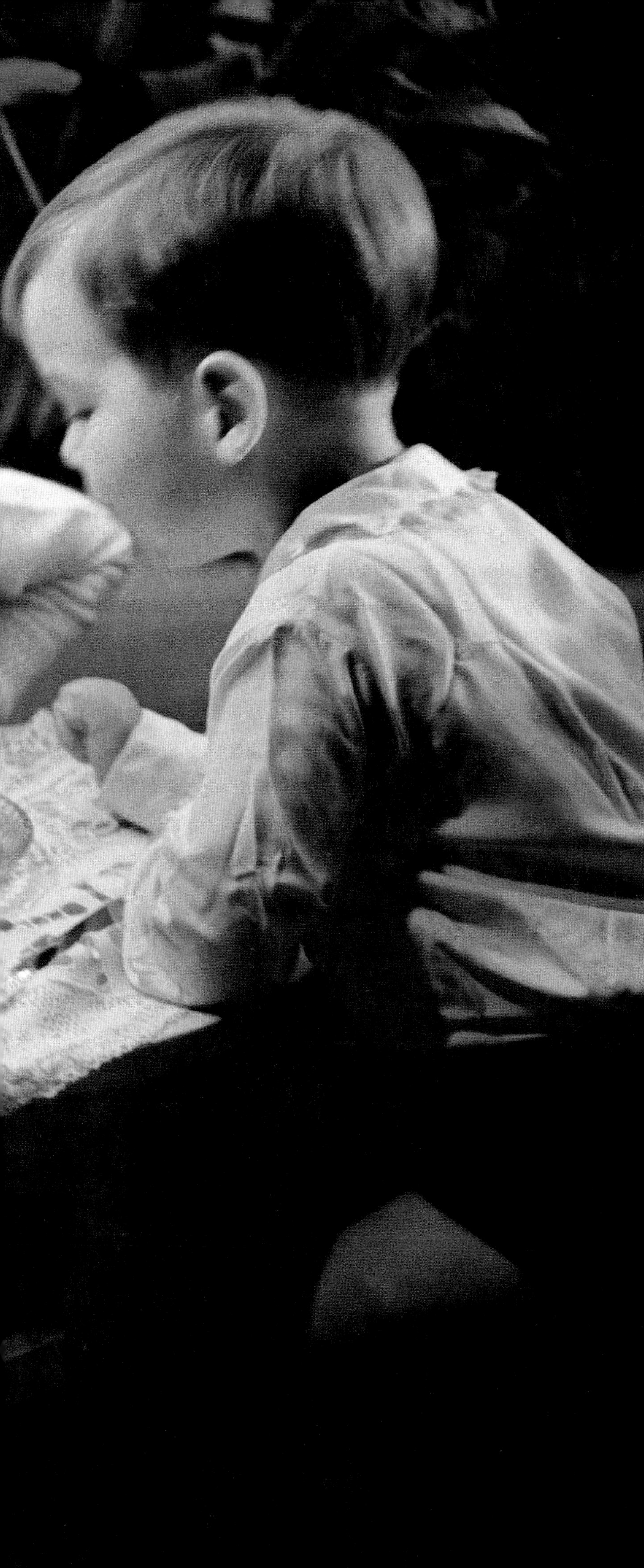

Celebraciones y ocasiones especiales

La comida y los festejos van de la mano en todo el mundo. China, por ejemplo, marca el inicio de su nuevo año con un festival de quince días en el que el país prácticamente se para. Los platos festivos tradicionales incluyen fideos, empanadillas, pescado, rollitos de primavera, *tangyuan* (bolas de arroz dulces) y unos pasteles de arroz glutinoso llamados *nian gao*. Los fideos simbolizan felicidad y longevidad, y los rollitos y las empanadillas significan riqueza. El *tangyuan* representa la unión familiar, y el pescado, servido al final de la comida y por orden de edad, significa prosperidad.

Los dorados pasteles de luna, rellenos de semillas de loto y pasta de alubia roja o negra, son el plato central del festival chino del Medio Otoño (o fiesta de la Luna) y se cree que auguran buena suerte. En los banquetes de las bodas chinas hay cochinillo asado, pescado, paloma, pollo, langosta y panecillos rellenos de semillas de loto. La langosta (que representa el dragón) y el pollo (el fénix) se sirven juntos, pues simbolizan el *yin* y el *yang* de las familias unidas.

Con las *besan ki burfi* –unas galletas dulces de harina de garbanzo, *ghee*, azúcar y cardamomo cubiertas de nueces–, hindúes, jainistas y sijs celebran el Diwali, la fiesta de luces de cinco días en honor a Lakshmi, diosa de la prosperidad. El *gulab jamun*, bolas de masa fritas bañadas en sirope, es otra de las especialidades del Diwali, así como los *mithai* (dulces), el *jalebi* (postre frito con sabor a azafrán) y el *kulfi* (helado indio).

La comida también está en el centro de las festividades judías. En la fiesta de Purim, que celebra la salvación del pueblo judío de las matanzas en Persia en el siglo IV a.C., se comen *hamantaschen* (pasteles triangulares), galletas rellenas de semillas de amapola, mermeladas, pasas, nueces, dátiles, albaricoques, chocolate y otros dulces. También integran el menú de Purim los *kreplach*, una especie de ñoquis rellenos de carne que suelen servirse en una sopa.

◁ **Pedir un deseo**
En ciertas ocasiones, ya sean un hito personal, como un cumpleaños, o una festividad religiosa celebrada por millones de personas, ciertos platos forman parte inextricable de nuestra cultura.

Queso fácil de conservar y sabroso

Para las antiguas sociedades lecheras, el descubrimiento del proceso químico que separa la leche en cuajada y suero supuso crear una fuente almacenable de proteínas y sentó las bases de unas variadas tradiciones queseras.

Si bien no se ha podido determinar el momento en que los humanos empezaron a hacer queso, la prueba más antigua de la existencia de este alimento es una colección de 34 coladores de queso de unos 7500 años de antigüedad. Las vasijas perforadas, halladas en la región polaca de Kuyavia, contenían trazas de residuos de leche, lo que apunta claramente a la elaboración de queso. Este queso ancestral era probablemente similar al picodon, un queso de cabra francés típico de las montañas de Ardèche y Drôme que se hace con un tipo de colador prácticamente idéntico al que se encontró.

Para las antiguas sociedades lecheras, el queso era una forma de conservar los beneficios nutricionales de la leche. Mientras que la leche se estropeaba en un par de días, el queso podía mantener su frescor durante semanas, meses e incluso años, en el caso de algunos quesos de pasta dura. Además, al ser sólido, el queso resultaba más fácil de transportar que la leche, la nata o el yogur. Para estos humanos arcaicos, dado que en su mayoría carecían de la enzima necesaria para digerir el azúcar de la leche (lactosa), otra ventaja de convertir la leche en queso era que tal proceso reducía sustancialmente su cantidad de lactosa, por lo que era más fácil de digerir.

Transformado por enzimas

La clave en esta reacción química es la presencia del cuajo, un grupo de enzimas producidas en el estómago de los jóvenes mamíferos herbívoros para ayudarlos a digerir la leche de sus madres. Para hacer queso, el cuajo se añade a la leche para separar el suero de leche (líquido) y la cuajada (sólida). Si bien hoy se puede obtener cuajo vegetariano a partir de hongos o microorganismos modificados, el cuajo animal era el catalizador original, y sigue siéndolo en muchos quesos, como el parmesano y el gorgonzola, cuyas regulaciones estipulan que deben hacerse con cuajo de becerro.

A lo largo de la historia se ha elaborado queso de casi cualquier animal productor de leche. La de yak sirve de base para varios quesos tradicionales en Tíbet, Bután, Nepal y Mongolia. Uno de los más conocidos es el chhurpi, hecho a partir de leche de yak, que puede ser blando o duro. Tras hervir la leche, el queso resultante, sólido pero suave, se envuelve en un tejido ligero que se deja colgando para escurrir. Para hacer chhurpi duro, este queso suave se prensa para extraer aún más agua, se

△ **Industria rural**
La elaboración de queso era una actividad importante en la Europa medieval. En esta ilustración alemana del siglo XV, un perro bebe el suero del queso recién hecho.

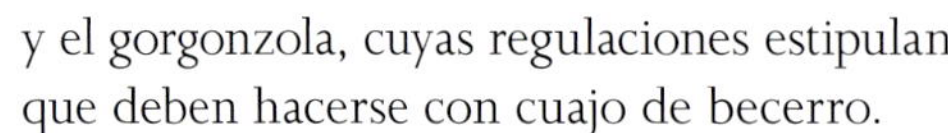

«¿Cómo se puede gobernar un país que tiene 246 variedades de queso?»

CHARLES DE GAULLE, GENERAL Y POLÍTICO FRANCÉS, EN 1958

corta en rodajas y se deja secar al sol o se ahúma sobre un fuego. Los palitos de chhurpi han sido un aperitivo tradicional de la región del Himalaya durante siglos, y este queso puede aguantar hasta veinte años si se conserva adecuadamente, envuelto en una piel de yak.

Quesos de otros animales

India e Italia poseen una tradición quesera de leche de búfala de agua. En el estado de Jammu y Cachemira, en el norte de India, se produce un queso suave y elástico llamado kalari, y en todo el país se elabora chhena, un queso fresco de leche de vaca o de búfala. Puede que el búfalo llegara a Italia a través de Oriente Próximo hacia el año 600. En el siglo XII había rebaños de búfalos establecidos en las llanuras del sur de Roma, y la leche de búfala se usaba para hacer yogur y mozzarella. En Oriente Próximo, el queso era tradicionalmente de leche de cabra u oveja, y, a veces, de una mezcla de ambas. Muchos de aquellos quesos aún son una parte esencial de la dieta de Oriente Próximo, como el nabulsi, un

▷ **Antiguo rallador**
Los antiguos griegos eran grandes amantes del queso. Esta estatuilla de terracota del siglo VI a.C., procedente de un pueblo al norte de Atenas, representa a un hombre rallando un bloque de queso duro.

▷ **Molde de madera**
El oscypek es un queso ahumado polaco, hecho de leche de oveja salada, y prensado en un molde con una característica forma de huso.

queso semiduro hecho de leche de cabra sin hervir; el ackawi, queso fresco de vaca, a menudo espolvoreado con semillas de sésamo; y el testouri, un queso de oveja egipcio con forma de bola. En el mundo árabe, aunque las camellas dan leche, prácticamente no existen quesos de su leche, pues esta es muy difícil de separar.

Conservado en salmuera

El halloumi es popular en todo Oriente Próximo, pero surgió en la isla de Chipre durante la era medieval. Este queso tiene un punto de fusión extraordinariamente alto, como resultado de someter la cuajada fresca a temperaturas muy elevadas que la cuecen ligeramente antes de ser prensada y sumergida en salmuera. Debido a esta temperatura de fusión y a su textura firme, el halloumi suele tomarse frito o asado.

Hay muchos quesos como el halloumi que pasan por salmuera, tanto por razones de conservación como de sabor. Durante este proceso, el queso se baña en agua salada durante semanas o meses.

El queso feta, una de las variedades más antiguas del mundo y un alimento básico de la dieta griega, se cura en salmuera hasta seis meses, y si se deja en el líquido, puede aguantar otros tantos sin estropearse. Cuando los colonos griegos llegaron a Sudán a inicios del siglo XX, los pastores nómadas sudaneses adaptaron la forma de hacer feta: utilizaban cualquier leche que les sobrara de sus vacas, ovejas y cabras para hacer gibna bayde, un queso encurtido del estilo del feta.

△ **Producción en serie**
El queso empezó a producirse a gran escala en el siglo XIX, aunque, como muestra esta ilustración de un libro alemán de agricultura, seguía siendo un proceso manual.

CHEDDAR

Origen
Cheddar, en Sommerset (Reino Unido)

Principales productores
Reino Unido, Nueva Zelanda, Canadá

Nutriente principal
32 % de grasa

Aporta
Calcio, vitamina A

LE VÉRITABLE ROQUEFORT DOIT MURIR DANS LES CAVES
SPÉCIALES NATURELLES DE ROQUEFORT
ROQUEFORT
PRODUCT OF FRANCE
SOCIÉTÉ FONDÉE EN 1842
SOCIÉTÉ
SOCIÉTÉ
SURCHOIX
SOCIÉTÉ FONDÉE EN 1842
LA
SOCIÉTÉ
LA PLUS GROSSE PRODUCTION
DU VÉRITABLE ROQUEFORT

Variedades cremosas de climas fríos

La salmuera era clave en los climas cálidos para evitar que el queso se estropeara muy pronto, pero en los climas más fríos del norte de Europa se necesitaba menos sal para garantizar la conservación. En consecuencia, allí surgieron tipos de queso más cremosos y suaves, además de otros curados, añejos o azules. La Edad Media y el Renacimiento fueron periodos creativos para la quesería. Italia lideró la producción en cuanto a la variedad de quesos, un legado de la devoción de los antiguos

---

El queso más caro del mundo es el pule, hecho en Serbia con leche de burra. En 2012 tenía un precio de 1000 euros el kilo.

---

romanos por este producto. El gorgonzola, elaborado en el valle del Po desde el año 879, era solo una de los cientos de variedades disponibles. Los romanos introdujeron la elaboración del queso en Gran Bretaña, y, a partir de los siglos XI y XII, la experimentación local produjo algunos famosos quesos de vaca, como el chesire, el stilton o el cheddar. Los británicos también desarrollaron cierta predilección por el parmesano, sobre todo después de que el papa Julio II entregara a Enrique VIII cien ruedas de parmesano como regalo diplomático en 1511.

Suave y sabroso

En Francia, la elaboración de queso era una labor central de la vida monástica. Se cree que el brie, queso suave de vaca, surgió en el monasterio de Reuil-en-Brie en el siglo VIII. Carlomagno, rey de los francos y futuro emperador del Sacro Imperio Romano, se aficionó a él, y así se convirtió en el queso favorito de la realeza y en un elemento esencial de los banquetes aristocráticos. A finales del

siglo XVIII, Napoleón Bonaparte contribuyó a popularizar el camembert después de que se lo presentaran en la ciudad normanda de Surdon. Se decía que el camembert, también un queso blando de vaca, se elaboraba a partir de una receta secreta transmitida por un monje de Reuil-en-Brie. En los Países Bajos, el queso amarillo llamado gouda empezó a fabricarse en 1697.

Los quesos regionales europeos eran caseros hasta 1815, cuando la primera fábrica de quesos abrió en Suiza. A partir de la fabricación masiva de cuajo en la década de 1860, la producción comercial de queso despegó. Con todo, la tradición local no cayó en el olvido y el queso casero sigue siendo uno de los alimentos artesanales más diversos y protegidos de Europa.

Queso azul

Normalmente, la presencia de moho en la comida indica que ya no está fresca y que su ingesta puede resultar peligrosa. Los quesos azules son diferentes. *Penicilinum roqueforti* y *Penicilinum glaucum*, los mohos que crean los quesos azules y les confieren su característico sabor intenso, no son tóxicos. Los mohos del género *Penicilinum* se generan naturalmente, y se cree que los primeros quesos azules fueron hallazgos fortuitos, de cuando el queso se guardaba en lugares frescos como las bodegas. Cuenta la leyenda que el roquefort, queso azul francés, nació cuando un joven pastor vio pasar a una hermosa muchacha, se fue a coquetear con ella y dejó su almuerzo en una cueva. Cuando, meses después, volvió a recuperar los restos de su comida, el queso estaba veteado de moho azul y resultó ser muy sabroso.

Hoy, la elaboración de los reputados quesos azules, como el roquefort francés, el gorgonzola italiano, el cabrales español o el stilton inglés, no deja nada al azar. El moho se añade después de escurrir las cuajadas, prensarlas en forma de rueda y perforarlas para permitir que el aire penetre en el queso y que el moho pueda crecer en las características vetas azules.

◁ **Verdadero roquefort**

Para conseguir la etiqueta de «Roquefort», este queso debe envejecer en las cuevas de Combalou, en Roquefort-sur-Soulzon, en el sur de Francia.

▷ **Prensa de quesos**

En el siglo XIX, en Gran Bretaña, cada granja lechera producía su propio queso. Esta prensa permitía prensar varias ruedas de queso a la vez.

△ **Una enorme variedad**

Existen cientos de tipos diferentes de quesos en el mundo —como el danés azul, el camembert, el emmental o el edam— con sabores y texturas característicos.

HUEVO DE CODORNIZ

HUEVO DE GANSO

HUEVO DE AVESTRUZ

▷ **Huevos de muchos tamaños**
A lo largo de los siglos, los humanos
han consumido huevos de gran
variedad de aves, muchos de los
cuales se siguen comiendo hoy.

HUEVO DE PATO

HUEVO DE GALLINA ENANA

HUEVO DE GALLINA

Huevos nutrición concentrada en un cascarón

Ricos en proteínas, versátiles y excelentes para combinar con otros alimentos, los huevos han sido un elemento básico de la dieta humana desde que nuestros antepasados del Neolítico empezaron a robárselos a las aves de sus nidos.

Para los pueblos del Neolítico, los huevos, robados de nidos de aves salvajes, eran una fuente de calorías y proteínas fácil de obtener. En algún momento, nuestros ancestros se percataron de que retirar huevos de los nidos incitaba a las aves a poner más, lo que alargaba la temporada de puesta. Miles de años después, cuando ya se domesticaban aves, los humanos tenían que enfrentarse a una elección: matarlas para obtener su carne o dejarlas con vida para asegurarse una provisión de huevos a largo plazo. Casi siempre escogían la segunda opción, y así nació la industria de los huevos.

Los huevos de la gallina roja salvaje, ancestro del pollo doméstico actual, se comían probablemente desde 7500 a.C. en el sur y el sureste de Asia. Es probable que tanto el ave como sus huevos llegaran a Egipto hacia 1500 a.C. Se han hallado indicios de consumo de huevo en las tumbas de los antiguos fenicios, cuyas ciudades-estado, como Tiro y Sidón, florecieron hacia 1000 a.C. en la costa mediterránea de los actuales territorios de Siria, Líbano e Israel. Los fenicios comían huevos de avestruz, y decoraban los cascarones para colocarlos en las tumbas como ofrendas. Otras culturas

△ **El huevo y la gallina**
Se sabe que los antiguos griegos comían huevos. La divinidad griega representada en este busto de terracota sostiene un huevo y un ave muy parecida al gallo actual.

antiguas también comían y decoraban huevos de avestruz, como los persas, los griegos y los romanos. Los chinos comían huevos de paloma, mientras que los egipcios consumían los huevos de multitud de aves, como patos, ocas, codornices e incluso pelícanos.

¿Cómo desea los huevos?

Fue en el segundo milenio a.C. cuando se documentó la utilidad de los huevos para ligar y espesar la harina. Hay registros de alimentos del antiguo Egipto que mencionan unos cuarenta panes y pasteles distintos, algunos hechos con huevo. Los romanos los utilizaron en multitud de recetas; parece que preferían los huevos de pavo real a los de gallina, y los usaban en toda clase de dulces, como la tarta *libum*.

Muchos de los preparados a base de huevo consumidos hoy se originaron en la antigua Roma, como las tortillas, las tartaletas de crema de huevo y los huevos escalfados. Una colección de recetas publicada entre los siglos IV y V d.C. y atribuidas a Marco Gavio Apicio, gastrónomo romano del siglo I d.C., contenía la primera receta conocida de crema pastelera al horno, y dictaba a los cocineros las instrucciones: batir leche, miel y huevos y cocinar la mezcla en un plato de barro a fuego medio. Los huevos se usaban como espesante para ligar salsas, y estaban presentes en sabrosos platos como los huevos pasados por agua en salsa de piñones o los huevos cocidos servidos con ruda y anchoas.

Salud y renacimiento

En el siglo VI d.C., el médico bizantino Antimo escribió largo y tendido sobre los huevos, estudió los beneficios nutricionales de los de gallina, pata, oca, codorniz, paloma, perdiz, pava real, grulla, torda y otras aves pequeñas. Recomendaba cocer los huevos para mejorar su digestión, y aconsejaba ponerlos en agua fría y llevarlos a ebullición a fuego lento. Su receta del *afrutum*, un suflé con pollo o vieiras, requería claras de huevos grandes para producir una espuma generosa.

En el Imperio bizantino del Mediterráneo oriental, así como en otras culturas cristianas, el huevo

△ **Alimento para el viaje**
Los antiguos egipcios apreciaban los huevos y los incluían en las provisiones que colocaban en las tumbas para dar sustento a los difuntos en el más allá.

simbolizaba la resurrección de Cristo. Desde los tiempos paganos, los huevos representaban el renacimiento, y se pintaban de colores alegres para celebrar la llegada de la primavera. En el antiguo Egipto se colgaban en los templos para propiciar la fertilidad.

Comer huevos en Pésaj (la Pascua hebrea) era una tradición del pueblo judío, que, finalmente, los cristianos adoptaron como símbolo de su Pascua. Se cree que la costumbre británica de vender huevos por docenas viene de la época isabelina y que está

«Un huevo siempre es una aventura; el siguiente puede ser diferente.»

OSCAR WILDE, ESCRITOR IRLANDÉS (1854–1900)

inspirada en el simbolismo cristiano de los doce apóstoles.

Vaivenes de la moda

Desde finales del siglo XX, sobre todo en Occidente, el huevo fue perdiendo popularidad por su contenido en colesterol, asociado con un mayor riesgo de padecer enfermedades cardiacas. Pero, a comienzos del siglo XXI, estudios científicos habían disipado estos temores, y hoy los huevos se consideran de nuevo un alimento sano y proteico. Sin embargo, la preocupación por los métodos de producción intensivos en inmensos criaderos ha generado un interés creciente por los huevos de aves criadas en condiciones más naturales.

▷ **Frescos de la granja**
En la Europa del siglo XVIII, los huevos se compraban a comerciantes, como esta vendedora francesa, que llevaba sus productos a los mercados del centro de la ciudad.

Nutriente principal
13 % de proteínas

Aportan
Hierro, calcio, zinc, vitamina A, vitamina D

Usos no alimentarios
Forraje, productos farmacéuticos

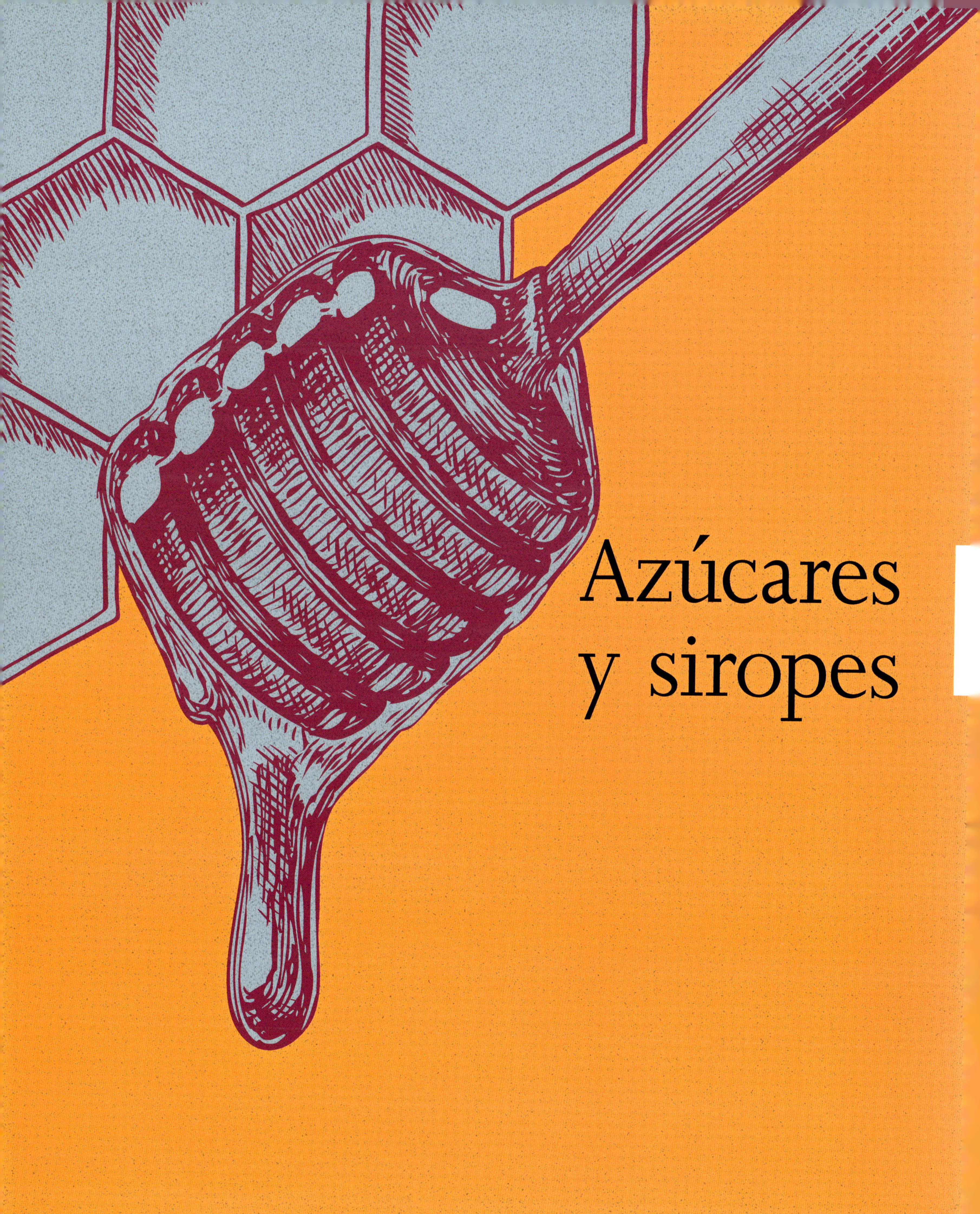

Azúcares y siropes

Azúcares y siropes

Según los biólogos evolutivos, hace miles de años que los humanos sienten predilección por los alimentos dulces, y hay evidencias de que ya consumían azúcar hace al menos 10 000 años. Una de las explicaciones posibles es que el sabor dulce suele indicar una elevada cantidad de calorías y de energía rápida, lo que resultaba muy útil en términos de supervivencia. Así, los seres humanos estaban «programados» para buscar alimentos dulces. Otro de los factores que quizá influyeron en el proceso es que los primeros humanos desarrollaron aversión al sabor amargo, un rasgo que los ayudaba a evitar plantas potencialmente tóxicas cuando buscaban alimentos. Por contra, cuanto más dulce fuera un alimento, más probable era que fuera inocuo.

La miel fue el alimento más dulce disponible para muchos pueblos prehistóricos, y hay indicios que apuntan a que los pueblos del Mesolítico, hace hasta 10 000 años, ya la recolectaban. En las cuevas de la Araña, en Bicorp (Valencia, España), una pintura rupestre muestra con claridad a una figura humana trepando por lianas o cuerdas para recoger miel de una colmena silvestre. La figura, conocida como el «hombre de Bicorp», lleva un recipiente para llevarse el panal, y está rodeado por abejas que parecen enfadadas.

El principio de la industria del azúcar

Aunque la miel y las savias dulces se dan de forma natural en la naturaleza, la sustancia granulada a la que llamamos «azúcar» apareció con la llegada del cultivo y del procesamiento de las cosechas. En Nueva Guinea, las cañas nativas (plantas altas con tallos gruesos y articulados) se empezaron a cultivar hacia 6000 a.C. Una de las variedades de caña se usaba en la construcción, mientras que otra variedad, más blanda y dulce, se cultivaba para mascarla. Era la caña de azúcar, que, incluso cruda, proporcionaba un refrescante y energético jugo dulce. Gracias al comercio con Polinesia, la caña de azúcar llegó a India, y fue allí donde, hacia 400 a.C., se empezó a extraer una forma rudimentaria de azúcar.

A lo largo de los mil años siguientes, el azúcar se fue extendiendo poco a poco por el mundo, seduciendo a quienes se lo podían permitir y desbancando a la miel y a otros siropes vegetales como

△ **Dulce tentación**
Nuestros antepasados ya se sentían atraídos por lo dulce, como muestran las pinturas de la cueva de la Araña, en Valencia (España). La miel era apreciada por su sabor y su aporte de energía.

◁ **Apicultura**
Esta imagen de un manuscrito del siglo xv muestra a una mujer recogiendo miel. En la Edad Media se cultivaban colmenas de abejas para obtener miel y cera.

△ **Un Nuevo Mundo no tan dulce**
En las Américas, el empleo de esclavos en la producción de azúcar tenía sus raíces en el siglo xvi, cuando Cristóbal Colón llevó a Santo Domingo la caña de azúcar asiática.

fuente de edulcorantes. También conllevó un legado brutal de esclavitud en las plantaciones de caña de azúcar caribeñas.

Riqueza y salud dental

En la Europa renacentista era habitual que los miembros más ricos de la sociedad tuvieran los dientes negros y cariados a consecuencia del consumo excesivo de azúcar. Solo los más acaudalados podían permitirse el carísimo producto importado, y la reina Isabel I de Inglaterra es un ejemplo de ello. Conocida por su afición al dulce, se cree que sufría de caries severas. En cambio, los pobres, que recurrían a la fruta o a la miel silvestre para saborear el dulce, sufrían menos caries. El estudio de registros dentales a lo largo de cientos de años ha revelado que, a principios del siglo XIX, en Inglaterra hubo un importante incremento de los casos de caries entre las clases más altas: no era raro que perdieran alguna o todas las piezas dentales como consecuencia de la caries y la periodontitis antes de llegar a los treinta años de edad. Al mismo tiempo, la importación de azúcar crecía a un ritmo extraordinario y, entre

> Además de añadir sabor dulce, el azúcar actúa como conservante en alimentos como las gelatinas y las mermeladas.

1704 y 1901, la ingesta de azúcar de los británicos se multiplicó por veinte. En doscientos años, Europa, América del Norte, Asia y las colonias europeas de todo el mundo habían desarrollado el gusto por los productos de azúcar refinado.

De la remolacha azucarera a la diabetes

A partir del siglo XIX, el azúcar se convirtió en un producto barato y los humanos lo añadieron a sus dietas en cantidades aún mayores. En parte, esto se debió al descubrimiento de la remolacha azucarera, que ofrecía una alternativa mucho más barata al azúcar de caña. En 1826, el goloso jurista francés Jean Anthelme Brillat-Savarin anotó que el consumo de azúcar en Europa era «más frecuente cada día»; en su *Fisiología del gusto* (1825), citaba el azúcar como una de las primeras causas de obesidad en la sociedad de principios del siglo XIX.

En la actualidad se culpa al azúcar de multitud de problemas de salud que aquejan sobre todo a Occidente, como la obesidad y la diabetes. Los nutricionistas estiman que el consumo directo de azúcares en forma de azúcar, mieles o siropes no supera el 20 %. El 80 % restante procede de comidas y bebidas a las que se han añadido azúcares. Estas fuentes de azúcar ocultas (con frecuencia alternativas baratas, como el sirope de maíz) se han asociado al aumento de la obesidad. Los consumidores preocupados por la salud optan por alternativas naturales y ricas en antioxidantes, como la miel y los siropes de arce o agave.

△ **Una alianza siniestra**

En el siglo XIX, hablar de azúcar era hablar de esclavitud. Pese a innovaciones como los molinos, el azúcar de las Indias Orientales era fruto del trabajo de esclavos.

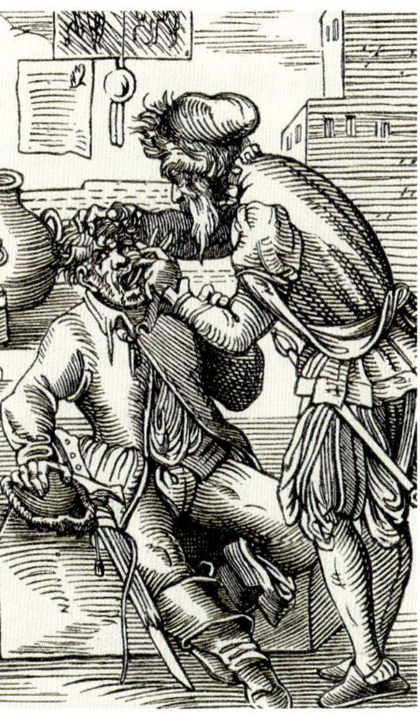

▷ **El dulce tenía un precio**

Durante el Renacimiento, el aumento de la ingesta de azúcar entre la nobleza europea llevó al aumento de las caries y del trabajo de los barberos, que eran quienes extraían dientes.

△ **Por todo lo alto**

Durante la década de 1950, el gobierno indio invirtió significativamente en la producción de azúcar. Ahora es el segundo productor mundial de azúcar de caña, solo por detrás de Brasil.

Miel el primer edulcorante

La miel se conserva indefinidamente, tiene un atractivo sabor dulce y es buena para la salud: se ha ganado a pulso su lugar como uno de los alimentos más apreciados de la historia de la humanidad.

Una pintura rupestre de hace unos 8000 años hallada en la localidad valenciana de Bicorp (España) demuestra que los humanos prehistóricos sabían que las colmenas de abejas contenían miel y que merecía la pena conseguirla: un hombre con un recipiente trepa por una liana y extrae miel de una colmena. Una de las tácticas consistía en ahumar las colmenas, para que las abejas salieran y poder coger la miel sin riesgo de picaduras. Es posible que los humanos siguieran el rastro que dejaban otros animales buscadores de miel, como los tejones meleros.

Una cuestión de vida o muerte

Para los antiguos, la miel cruda era más que una dulce variación de una dieta a base de carne, frutas y verduras amargas: también era una valiosa fuente de nutrientes. La miel es rica en minerales y oligoelementos, ayuda a prevenir las úlceras de estómago y contribuye a crear un medio intestinal en el que proliferan las bacterias «buenas». También ejerce una acción antibiótica que acelera la cicatrización de heridas. Estas propiedades podían marcar la diferencia entre la vida y la muerte en las sociedades antiguas. La miel contiene más nutrientes que el azúcar de mesa normal, pero, al contrario de lo que muchos suponen, aporta tantas calorías como el azúcar refinado. Por lo tanto, el nivel de glucosa en sangre sube con la misma rapidez al comer miel que al comer azúcar.

◁ **Locura por las abejas**

Los victorianos tenían una visión romántica de la apicultura. Este dibujo de una ornamentada colmena procede de un libro sobre abejas publicado en 1827.

Los orígenes de la apicultura

En algún momento, los humanos pasaron de robar colmenas a cultivar abejas en colmenas construidas para ello. Pudo suceder en el Bajo Egipto, que, en 3000 a.C., era conocido como «el país de las abejas», por la abundancia de este insecto en el delta del Nilo. Se han hallado evidencias de apicultura en las ruinas de Shepsep-ib-Ra, el templo solar del faraón Niuserra (c. 2474–2444 a.C.), de la V dinastía. Una de las salas está decorada con relieves de actividades estacionales, incluyendo la apicultura. Durante la VI dinastía, la miel ya era un producto valioso para el comercio.

La importancia de la miel en la Edad Media queda patente en las leyes fiscales de Alemania, que estipulaban que los siervos debían pagar sus impuestos a los señores feudales en forma de miel y cera de abeja. En Europa,

▷ **Apicultores míticos**
Este detalle de un cuadro de Piero di Cosimo (siglo xv) muestra a faunos y sátiros animando a un enjambre de abejas a instalarse en un árbol hueco, en una alegoría de la búsqueda exitosa de fertilidad, representada por la miel.

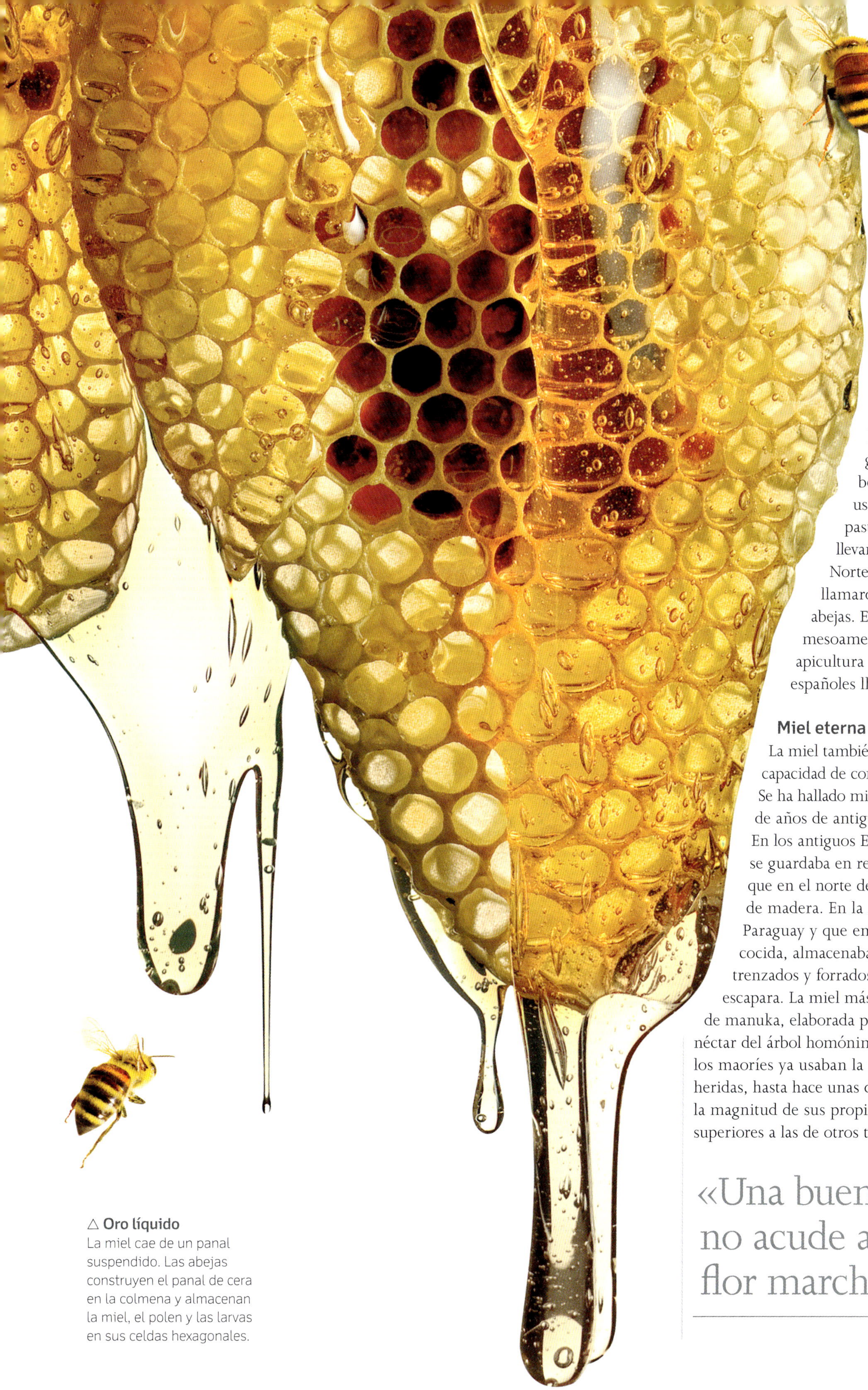

MIEL DE MANUKA

Origen
Nueva Zelanda

Principales productores
Nueva Zelanda, Australia

Nutriente principal
81 % de hidratos
de carbono

Usos no alimentarios
Medicinal (antibiótico)

la miel se utilizaba de manera generalizada: era la base de bebidas como el hidromiel y se usaba como edulcorante en panes, pastas y caramelos. Los europeos llevaron la apicultura a América del Norte, donde los indios americanos llamaron «moscas inglesas» a las abejas. En cambio, mexicanos y mesoamericanos ya practicaban la apicultura cuando los conquistadores españoles llegaron en el siglo XVI.

Miel eterna

La miel también resultaba muy valiosa por su capacidad de conservarse casi indefinidamente. Se ha hallado miel en tumbas egipcias con miles de años de antigüedad y que aún es comestible. En los antiguos Egipto, Grecia y Roma, la miel se guardaba en recipientes de arcilla, mientras que en el norte de Europa solían usarse barriles de madera. En la Antigüedad, en lo que hoy es Paraguay y que entonces no conocía la arcilla cocida, almacenaban la miel en cestos de juncos trenzados y forrados de cera, para que la miel no escapara. La miel más valiosa de todas quizá sea la de manuka, elaborada por abejas que se alimentan del néctar del árbol homónimo en Nueva Zelanda. Aunque los maoríes ya usaban la miel de manuka para curar heridas, hasta hace unas décadas no se ha confirmado la magnitud de sus propiedades antibióticas, muy superiores a las de otros tipos de miel.

> «Una buena abeja no acude a una flor marchita.»
>
> PROVERBIO RUMANO

△ **Oro líquido**
La miel cae de un panal suspendido. Las abejas construyen el panal de cera en la colmena y almacenan la miel, el polen y las larvas en sus celdas hexagonales.

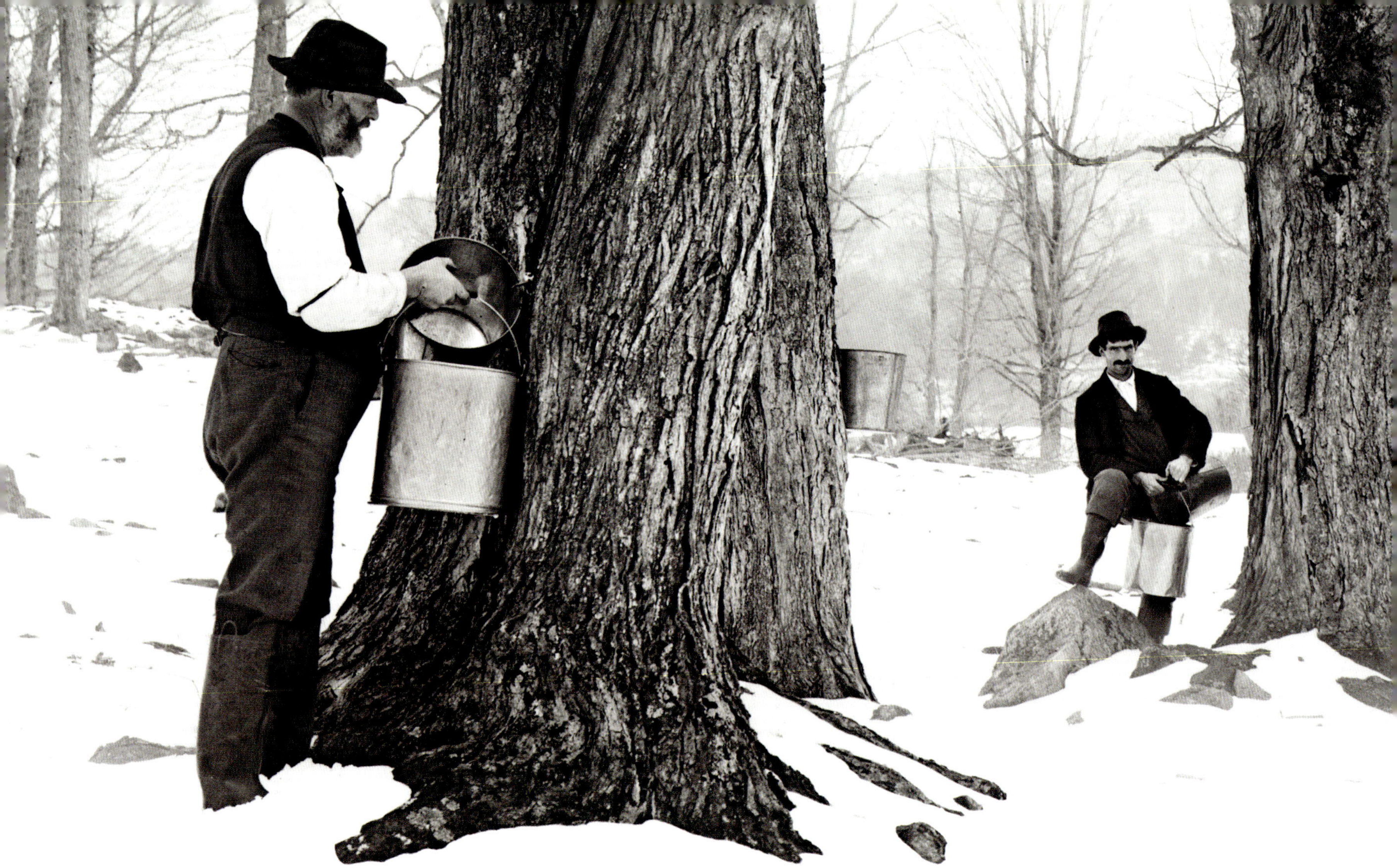

Sirope de arce

el dulce sabor de la primavera

El sirope de arce, acompañamiento clásico de las tortitas y el beicon del desayuno norteamericano, es el azúcar líquido condensado y no refinado que se extrae del arce. Los fabricantes no han podido imitar aún su suave dulzura.

Origen
América del Norte

Principales productores
Canadá, EE UU

Nutriente principal
67 % de hidratos de carbono

Aporta
Zinc, vitamina B_2

El sirope o jarabe de arce se produce en Canadá y en el noreste de EE UU. Los indios norteamericanos (sobre todo en el sureste de Canadá, Nueva Inglaterra y los Apalaches, donde florecían varias especies de arce) lo elaboraban a partir de la savia de arce desde mucho antes de la llegada de los europeos. Estas regiones también ofrecían las condiciones ideales para que los árboles produjeran su dulce savia: noches frías y días cálidos. Aunque hay 128 especies de arce, solo unas pocas son adecuadas para la producción de jarabe con un contenido en azúcar inusualmente elevado, de entre un 2 % y un 5 %. El más dulce de todos es el arce azucarero (*Acer saccarum*), pero el arce negro (*A. nigrum*) y el arce rojo (*A. rubrum*) también producen una savia muy dulce. En verano, las hojas producen el azúcar que luego es transportado a la madera, que lo almacena durante el invierno en forma de hidratos de carbono. Cuando la temperatura vuelve a subir, los hidratos de carbono se transforman en sacarosa, que se disuelve en la savia.

Leyendas y fiestas

En el folclore indígena norteamericano, una leyenda iroquesa explica que Wokis, un jefe indio, arrancó su *tomahawk* (hacha de guerra) de un arce para salir de caza

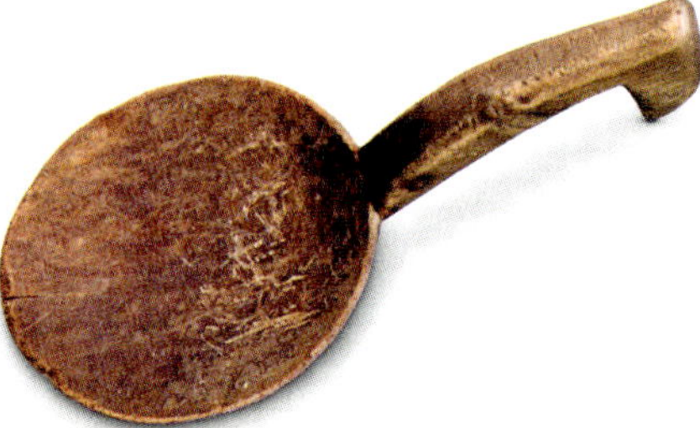

△ **Cuchara de sirope**
Los indios menomini, de los Grandes Lagos de América del Norte, usaban cucharones de madera como este para recoger el sirope de arce.

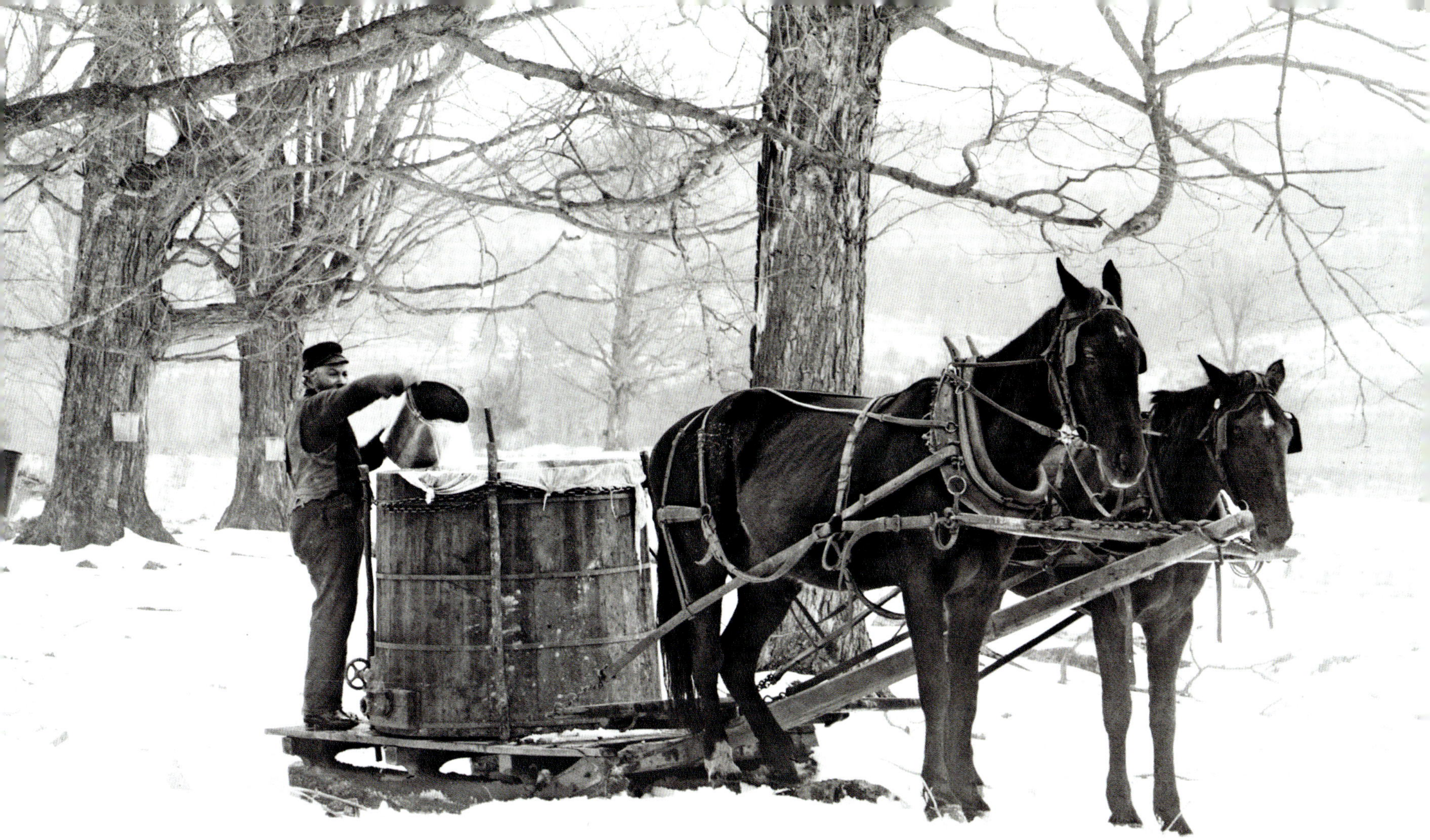

un cálido día de verano. Más tarde, ese mismo día, su *squaw* (esposa) fue a buscar agua para cocinar, y, al pasar frente al arce en cuestión, vio que de la hendidura que había dejado el *tomahawk* salía un líquido. Lo recogió para ahorrarse el trayecto al río y preparó la cena con él. El jefe lo encontró delicioso y, a partir de ese día, la comunidad empezó a extraer la dulce savia de los arces.

Leyendas aparte, es evidente que, en algún momento, los indios norteamericanos se dieron cuenta de que la savia de los arces era dulce y comestible. Si la hervían se reducía a un sirope marrón, y si la mantenían al fuego cristalizaba. El sirope de arce era una importante fuente de nutrición y energía, y era celebrado en la primera luna llena de la primavera, a la que llamaban «luna de azúcar». Los anishinabek (o pueblos originarios) llamaban al mes lunar que iba de finales de marzo a finales de abril *izhkigamisegi geezis*, «el mes de hervir», porque el azúcar se hervía a principios de primavera. Los primeros colonos aprendieron rápidamente la técnica para extraer la savia de los árboles y conseguir un edulcorante para cuando el azúcar o la melaza escasearan. Los colonos llamaban a los arces «árboles de azúcar», y taladraban los troncos para recoger la savia en cubos.

La savia de arce contiene entre un 2% y un 5% de azúcar; el resto es agua.

Cuestión de grado

Hoy, cerca del 80% del sirope de arce del mundo procede de Quebec (Canadá). Se gradúa según su densidad y su color: cuanto más oscuro es el sirope, más intenso es el sabor. La mayor parte del sirope se vende en su forma natural, para utilizarlo sobre fruta y postres. Canadá también produce varios dulces a base de sirope de arce.

△ **Cosecha invernal**
Unos hombres recogen con cubos la savia de los arces en el norte de EE UU a principios del siglo XX.

▽ **Reduciendo la savia**
En el siglo XIX, y antes, el sirope se hervía en los mismos bosques donde se recogía.

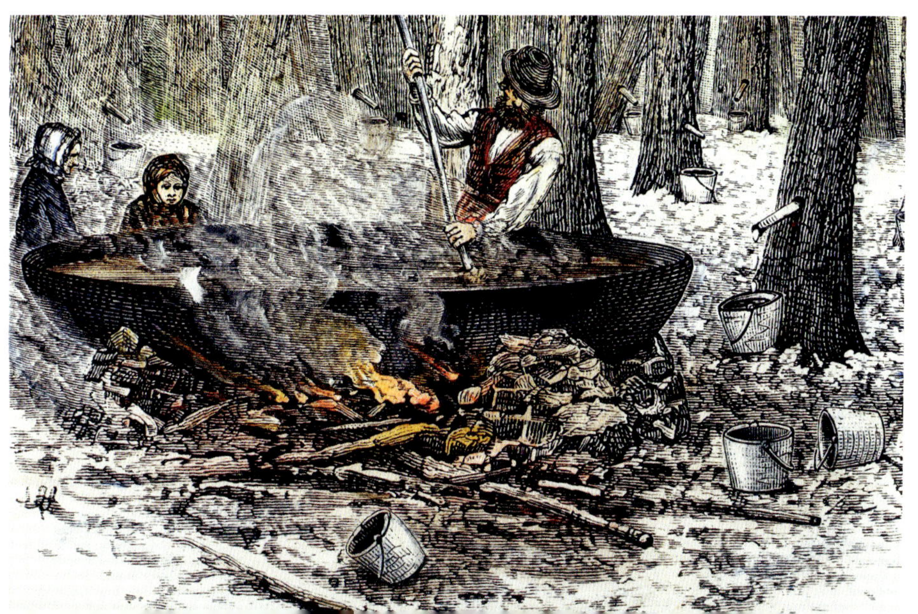

Azúcar cristales dulces

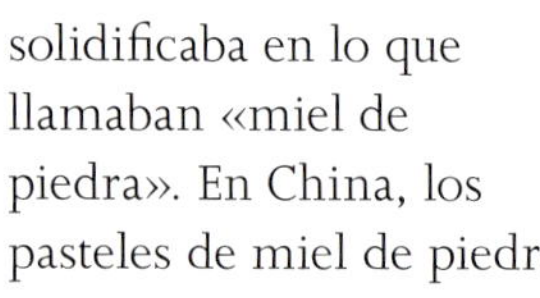

El azúcar solidificado que producía la caña de azúcar fue un lujo durante más de 2000 años, hasta que el descubrimiento de la remolacha azucarera hizo el azúcar accesible a todos.

△ **Moler la caña**
Este molino peruano del siglo XIX era manual, por lo que aplastar la caña de azúcar para extraer la dulce savia requería un gran esfuerzo.

Hace 8000 años, la caña de azúcar crecía silvestre en lo que hoy es Nueva Guinea. La savia de esta hierba alta y fuerte es azucarada, y los habitantes de esta isla mascaban trozos del tallo hasta que extraían todo el jugo. En esa época empezaron a cultivar la planta para poder contar con una fuente de dulzura permanente. A lo largo de los siglos, el comercio llevó la caña de azúcar hacia Polinesia, y llegó a Hawái en el siglo I d.C. La caña de azúcar también viajó hacia el oeste, hacia Indonesia y Filipinas, y llegó a India hacia 3000 a.C. Fue allí donde la caña de azúcar inició la transformación que la convertiría en uno de los productos más valorados del mundo.

Elaboración de la «miel de piedra»

Desde India, la caña de azúcar viajó a China hacia 800 a.C., y los textos chinos de la época mencionan los campos de caña de azúcar indios. En 510 a.C., cuando el emperador persa Darío invadió India, refirió la existencia de «una caña que hace miel sin abejas». Hacia 400 a.C., los indios habían desarrollado una técnica rudimentaria con la que elaboraban azúcar en polvo que luego se solidificaba en lo que llamaban «miel de piedra». En China, los pasteles de miel de piedra, o shi-mi, importados de India, eran uno de los productos más caros del país. Cuando Alejandro Magno regresó a Grecia tras su campaña en India en 325 a.C., trajo consigo un poco de esa «miel en polvo».

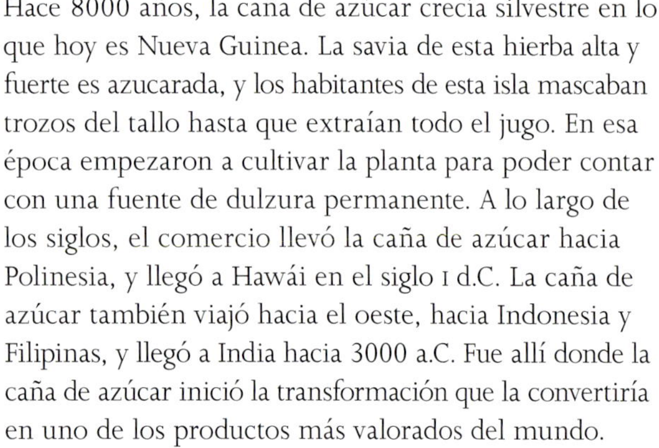

△ **Palo de azúcar**
Estos niños egipcios disfrutan del azúcar de la manera original, mascando caña.

Cerca del 70 % de la producción de azúcar procede de la caña de azúcar.

Cristales blancos

En el siglo I d.C., el médico griego Dioscórides describió el azúcar como «una especie de miel concentrada llamada *saccharum*, que se encuentra en cañas de India y Arabia, que tiene una consistencia parecida a la de la sal, es quebradiza y se parte con los dientes». Hacia 350 d.C., India desarrolló un método para transformar la caña de azúcar en cristales granulados. El azúcar se convirtió en una de las principales exportaciones indias y viajó a Persia y Egipto, donde, a partir del año 700, se perfeccionaron aún más las técnicas de procesado, sobre todo en lo relativo a la purificación y el refinado. El mundo árabe había empezado a producir su propio azúcar. Cuando los cruzados se aficionaron al azúcar durante sus viajes a Tierra Santa en la Edad Media, los árabes empezaron a comerciar con él en Europa. Como solo se producía en India y Oriente Próximo y la demanda europea crecía, el precio del azúcar era muy alto.

◁ **Refinería de azúcar**
Este grabado flamenco de *c.*1600 muestra cómo se refinaba el azúcar entonces. Las cañas se cortaban en trozos para aplastarlas y extraer el líquido azucarado, que luego se vertía en unos moldes.

Dulces a la venta
El elaborado atuendo de esta
confitera de la década de 1730
es también un escaparate
para sus productos, como
fruta confitada y cucuruchos
de papel llenos de caramelos.

△ **Herramienta de trabajo**
Hoy, la caña de azúcar se cosecha con máquinas, pero antes se usaban machetes.

Alimento saludable en el Medievo

En Europa, los hogares medievales acaudalados trataban el azúcar como una especia rara, y lo usaban en platos de carne, sopas, pasteles y pastas. La dietética de la época clasificaba los alimentos como fríos o calientes y como secos o húmedos, y establecía que el azúcar era un alimento caliente y húmedo. Se creía que tenía un efecto beneficioso para la constitución tanto de los enfermos como de los sanos. Según el tratado *Tacuinum sanitatis*, del siglo XI, «el azúcar refinado […] ejerce un efecto purificador en el cuerpo y beneficia al pecho, a los riñones y a la vejiga […]. Es bueno para la sangre y, por tanto, adecuado para todos los temperamentos, edades, estaciones y lugares». Guillaume Tirel, cocinero de la corte real francesa en el siglo XIV, aconsejaba añadir azúcar a la mayoría de los platos salados, especialmente en los destinados a enfermos; en *Le viandier* establece que todo plato para un enfermo «debe contener azúcar». El azúcar también era clave en las medicinas de la época, porque contrarrestaba el sabor amargo de los principios activos vegetales.

Comerciar con la dulzura

Los comerciantes venecianos de la Edad Media se apresuraron a hacerse un hueco en el comercio del

> «Si no puedes ofrecer azúcar, al menos usa palabras dulces.»

PROVERBIO INDIO

azúcar, así que fundaron sus propias plantaciones en la isla de Chipre e inventaron los molinos hidráulicos. A partir de las cañas cosechadas, los molinos producían sirope de azúcar, que luego se solidificaba en pequeños bloques que facilitaban su transporte. El manual de Francesco Pegolotti, comerciante de azúcar veneciano del siglo XIV, enumera más de una docena de formas de azúcar en el mercado europeo, como azúcar en polvo, en pastillas o en terrones, además de azúcares aromatizados con violetas y rosas. A estas alturas ya habían aparecido en las grandes ciudades italianas tiendas de caramelos que vendían cucuruchos de papel llenos de caramelos de azúcar de caña.

Su peso en azúcar

A pesar de su intenso comercio, el azúcar seguía siendo muy escaso, y su elevado precio le había valido el apodo de «oro blanco». En la Europa del siglo XVI, una bolsita podía costar el equivalente de un jornal. Era caro incluso en Oriente Próximo, que producía uno de los azúcares de mejor calidad. Cuando el sultán Ahmad I al-Mansur inició la construcción del palacio de El Badi en Marrakech (Marruecos) a finales de la década de 1500, el coste de los materiales de construcción (oro, mármol italiano y ónice) se calculó según su peso en azúcar.

A inicios del siglo XVI ya había plantaciones de caña de azúcar en el Caribe; Cristóbal Colón había llevado plantones de caña de azúcar desde las islas Canarias en su segundo viaje a las Américas (1493), aunque al parecer fueron las plantas llevadas en el siguiente viaje (1498) las que prosperaron. La producción de caña de azúcar en esa parte del mundo tuvo una enorme influencia en su historia durante los siglos siguientes.

Mientras los españoles se afanaban en consolidar la producción de azúcar en el Caribe, los portugueses

△ **A vapor**
El invento de la máquina de vapor transformó la producción de azúcar. Este colosal molino operaba en una refinería cubana en la década de 1880.

centraban sus esfuerzos en sus plantaciones de Brasil. Los esfuerzos de cultivo y de procesamiento que llevaron a cabo estas dos potencias navales europeas no habrían servido de nada si no hubiera habido un mercado maduro para vender el producto. Los Países Bajos fueron clave para la expansión de la red comercial del azúcar en Europa. También ayudaron a impulsar la producción de azúcar en las Indias Occidentales, por lo que, a finales del siglo XVII, el precio del azúcar había caído a la mitad. De todos modos, seguía estando fuera del alcance de la mayoría de la población.

Una nueva fuente de azúcar

Dos siglos después, un químico alemán hizo un hallazgo que transformaría drásticamente el futuro del azúcar. Andreas Margraff experimentaba con remolachas cuando descubrió que estos tubérculos contenían sacarosa que era indistinguible de la del azúcar de caña. La primera fábrica europea de azúcar de remolacha abrió sus puertas en 1801 en lo que hoy es Polonia, y muy pronto se abrieron otras en el norte de Francia, Alemania, Austria, Rusia y Dinamarca, a medida que el cultivo de remolacha azucarera se iba extendiendo. El azúcar pasó a ser mucho más barato y abundante. De ser un lujo reservado a los más ricos, el azúcar se convirtió en un alimento básico de la población común durante los siglos XIX y XX, cuando infusiones dulces, mermeladas, caramelos, pasteles y galletas se convirtieron en comida corriente. En la actualidad, la industria de la alimentación usa el azúcar de forma generalizada.

◁ **Una buena cosecha**
Una caña de azúcar lista para ser cosechada puede medir el doble que una persona adulta. Un cosechador experto, como estos del Caribe, puede cortar 500 kg de caña en una hora.

△ **Dulce y puro**
En EE UU, Filadelfia centralizó la industria del refinado de azúcar en el siglo XIX. Franklin Sugar era una de las refinerías más grandes de la ciudad.

Aceites y condimentos

Aceites y condimentos

Desde hace milenios se han elaborado aceites de un amplio surtido de frutas, hortalizas, flores, semillas y frutos secos. En el mundo antiguo, los aceites no solo se utilizaban para cocinar: también servían como combustible para los candiles y como ingrediente de pomadas, bálsamos y medicinas, e incluso para conservar cuerpos como los de los faraones egipcios. Asimismo, los aceites se usaban para preservar los alimentos en Egipto, Grecia y Roma. La verdura y el queso se conservaban relativamente bien en aceite.

La omnipresente aceituna

Se estima que, en el actual Oriente Próximo, los pueblos neolíticos recolectaban aceitunas hace 10 000 años para prensarlas y hacer aceite. En el yacimiento arqueológico de Ein Zippori, en el norte de Israel, se han hallado esquirlas de vasijas con restos de aceite de oliva que datan de hace 8000 años. De hecho, desde que hay registros escritos, la oliva aparece mencionada con tanta frecuencia en la historia de los aceites que resulta fácil olvidar las demás plantas que proporcionan esta útil sustancia. En la Europa meridional de la Edad Media se cocinaba con aceite, pero los pueblos del norte preferían las grasas o mantecas animales, allí más disponibles. Las palabras «aceite» y «aceituna» tienen una raíz árabe, *zayt*, que significa aceituno (olivo). La etimología de olivo y oliva es latina (*oliva*).

Otros tipos de aceite

A raíz de que viajeros y exploradores surcaran los mares con plantas de distintos lugares, empezaron a consumirse diversos tipos de aceites en continentes diferentes. Así fue como el de aguacate, almendra, girasol, sésamo, coco, maíz y muchos más se extendieron de país en país. Hoy, el aceite de maní (o cacahuete) de América del Sur se emplea en todos los continentes; su punto fuerte radica en que apenas tiene sabor y soporta temperaturas muy altas sin llegar a quemarse. En India, las semillas de sésamo, colza o mostaza se trituraban para extraer su aceite. Con el tiempo, una especie de molino empleado desde *c.* 1500 a.C. evolucionó hasta el *ghani*, una versión más grande que se accionaba usando animales de tiro; parecía un mortero gigante, solo que adaptado de tal forma que

△ **Prensado sano**
El aceite de oliva forma parte de nuestra dieta desde hace milenios. A finales del siglo XX se descubrió que contiene elementos beneficiosos para la salud, como compuestos antiinflamatorios.

◁ **Producción mecanizada**
En la Antigüedad se usaban varios métodos para extraer el aceite de oliva, como el pisado. En el siglo III, las prensas mecanizadas eran corrientes en todo el Imperio romano.

△ **Fresco confort**
Lo más común era almacenar el aceite en grandes vasijas o ánforas de barro, que solían guardarse bajo tierra, donde las bajas temperaturas evitaban su deterioro.

el majadero, en el centro y vertical, era movido por un animal de tiro enganchado a él mediante un eje de madera. Este método, empleado también en Sri Lanka y Afganistán, aún se usa con bastantes semillas, pero a muy pequeña escala. Hay una sucinta referencia a una prensa de aceite en la literatura sánscrita de *c.* 500 a.C., pero no se describen sus partes. Desde entonces, los métodos de prensado de semillas se han modernizado, pero resulta interesante pensar que muchos de los aceites de la Antigüedad siguen empleándose en nuestros días.

Condimentos: potenciadores del sabor

La historia de los condimentos ha seguido un patrón similar a la de los aceites. La propia palabra viene del latín *condire*, «sazonar», y el *condimentum* se usaba para realzar el sabor de la comida. Durante milenios se han empleado multitud de condimentos, y la historia de muchos de ellos puede seguirse hasta sus orígenes.

El *garum* de los antiguos romanos era una especie de pasta de boquerones fermentada, muy extendida y presente en multitud de platos de la época. Los arqueólogos hallaron una jarra de cerámica de *garum* en un yacimiento romano del norte de Inglaterra con la etiqueta de «calidad superior». En Oriente se sazonaba con más sutileza, poniendo el énfasis en el equilibrio de los sabores: salado, amargo, dulce y ácido. El kétchup, hoy conocido en todo el mundo, nació como *kecap* (de soja dulce) en el Sureste Asiático, aunque su ingrediente cambió radicalmente en su trayecto hacia Occidente. La primera receta de kétchup con tomates no se publicó en EE UU hasta 1812. Son muchos los condimentos que han evolucionado manteniendo sus ingredientes originales, pero todos han viajado y se han adaptado para encajar con los gustos de quienes los adoptaban. Un ejemplo es la salsa Worcestershire, así nombrada en honor a la

---

Las primeras prensas de olivas conocidas datan del siglo VI a.C., en Turquía, y usaban una viga y una piedra.

---

ciudad inglesa donde fue creada. A principios del siglo XIX, un aristócrata que había pasado una temporada en India pidió a dos químicos, John Wheeley Lea y William Perrins, que elaboraran un brebaje a partir de una vieja receta que se trajo consigo. A los químicos no les gustó el sabor, pero guardaron una porción. Al volver a probar la salsa tiempo después, les pareció más agradable y empezaron a producirla y a venderla.

La sal es tal vez el condimento por excelencia, aunque sea demasiado importante como para considerarla, como a tantos otros condimentos, un mero ingrediente opcional en nuestras dietas. No se debe abusar ni prescindir de ella: tanto para los humanos como para los animales, en el punto medio está la virtud.

△ **Al mercado en barca**
En Filipinas, el vinagre, o *suka*, que se solía transportar en barcas, ha estado en su dieta desde hace generaciones. Se hace de caña de azúcar, palma de cocotero o palma de nipa.

▷ **Fábrica de *garum***
El *garum*, una salsa de pescado fermentado, era tan famoso en la antigua Roma que se crearon «fábricas» especiales para procesar su ingrediente clave: el boquerón en salazón, o anchoa.

△ **Sal negra**
El monasterio de Solovetsky, fundado en el siglo XV en una isla del mar Blanco, debía su increíble riqueza a la sal. La sal que producían allí era negra, debido a que la mezclaban con algas.

Aceite de oliva oro líquido

El aceite de oliva, un básico de la cocina mediterránea desde la Antigüedad hasta el presente, es hoy prestigioso en el mundo entero, tanto por su sabor como por sus saludables propiedades. El poeta griego Homero lo llamó «oro líquido».

Hace millones de años, una especie silvestre de olivo crecía en la península Itálica, pero este árbol se cultivó por primera vez en el Mediterráneo oriental. Los restos de huesos y pulpa de aceitunas de Kfar Samir, un yacimiento sumergido en la costa de Haifa, en Israel, corroboran que allí se producía aceite de oliva ya en 4500 a.C. En toda la región mediterránea, los hallazgos arqueológicos como las prensas o las ánforas revelan la importancia económica del aceite en la Antigüedad. En el palacio de Cnosos, en Creta, aparecieron tablillas de arcilla de c. 1450 a.C. con las palabras «aceite de oliva» y «olivo» grabadas en el alfabeto de los griegos micénicos.

Antiguo esplendor del aceite

Con una amplia paleta cromática, desde el amarillo hasta el verde oscuro, el aceite del fruto del olivo prensado era, junto con la uva y el trigo, uno de los tres alimentos básicos del antiguo mundo occidental,

△ **Almacenamiento antiguo**
El aceite de oliva se solía almacenar y transportar en *pithos*, grandes tinajas de barro como esta, hallada en el palacio minoico de Malia, en Creta.

además de usarse ya como combustible. Desde principios del primer milenio a.C., los fenicios, habitantes del actual territorio de Líbano, Siria y el norte de Israel, ya comerciaban con aceite de oliva en el Mediterráneo. No solo era valioso como alimento: también se usaba en candiles, cosméticos, perfumes y en el embalsamamiento de difuntos. En la antigua Grecia, los atletas se untaban con aceite antes de las competiciones para reducir la fatiga muscular y evitar esguinces. En la *Odisea*, tras terminar su épico periplo, Odiseo recibe un masaje con «oro líquido».

En la era romana, el aceite de oliva se producía en cientos de sitios de Hispania y el norte de África, desde donde se transportaba a provincias de lo que hoy es Gran Bretaña, Alemania, Francia y otras zonas del imperio. Se estima que, en los siglos I y II d.C., la producción anual de aceite de oliva de la Bética romana (la actual Andalucía) alcanzó los 100 millones de litros.

Del árbol a la mesa

Tras recoger las aceitunas del árbol, estas se lavaban y deshuesaban, y la pulpa se prensaba en capachos.

las fases del proceso, desde el cultivo hasta el tratamiento de los productos residuales. Cuando los colonos españoles y portugueses llevaron jóvenes olivos a América del Sur en los siglos XVI y XVII, los árboles enseguida se extendieron por los valles de Perú y de Chile con un clima similar al del Mediterráneo. En el siglo XVIII, los misioneros franciscanos plantaron olivos en el sur de California, y, en 1870, la costa de California contaba con pequeños vergeles donde se cultivaban diferentes variedades de olivos. Quince años después, sin embargo, tras los progresos industriales que facilitaron la extracción del aceite de maíz y otras semillas, la producción de aceite de oliva dejó de ser rentable para los agricultores californianos, que pasaron a cultivar olivos para el consumo de aceitunas.

En Europa, la producción de aceite de oliva había aumentado para satisfacer la demanda de las crecientes

> «Tesoro precioso y perfume de aceite hay
> en la casa del sabio, mas el necio los devora.»

PROVERBIOS 21,20

△ **Nuevo invento**
Este grabado de los Países Bajos muestra una prensa de olivas capaz de extraer más aceite en la serie «Nova Reperta» («Nuevos inventos de los tiempos modernos»), de c. 1600.

Origen
Mediterráneo oriental

Principales productores
España, Italia, Grecia

Nutriente principal
93 % de grasa

Aporta
Vitamina E, vitamina K

Usos no alimentarios
Jabón, cosméticos

Luego se aclaraba con agua, y se dejaba que el aceite se separara. Tras al menos dos filtrados, se almacenaba en grandes tinajas. En su *Historia natural* (79 d.C.), el erudito romano Plinio el Viejo declaraba el aceite de oliva de Italia central como el mejor. Recomendaba el de primera prensada por su óptimo sabor, y avisaba de que, a diferencia del vino, el aceite de oliva no envejecía bien.

Los romanos usaban el aceite de oliva en prácticamente todos sus platos: aliños, salsas, sopas, carne y pescado, guisos y pasteles salados y dulces. La caída del Imperio romano de Occidente paralizó la producción de aceite de oliva en Italia, pero esta continuó en el Imperio bizantino y la península Ibérica, el norte de África y Oriente Próximo, tras las conquistas islámicas que empezaron en el siglo VII d.C. El aceite de oliva se utilizaba en una miríada de platos salados y dulces de la cocina árabe.

La aceituna viaja al oeste

En la Edad Media, la producción de aceite de oliva floreció en España, Italia y Grecia, donde seguía formando parte de la dieta cotidiana. En Italia, cada pueblo regulaba todas

△ **Recogida de aceitunas**
Este mosaico del siglo II de la ciudad de Chebba, en Túnez, muestra a un labrador romano recogiendo olivas después de varear el árbol para hacer caer el fruto maduro al suelo.

△ **Prensa de madera**

Las prensas y los molinos de olivas (o almazaras) no cambiaron durante siglos. Esta es de un pueblo bereber en Argelia. Se necesitan cinco kilos de aceitunas para producir un litro de aceite.

poblaciones urbanas en los siglos XVIII y XIX. No obstante, en los dos siglos posteriores, también decayeron las ventas por la competencia de nuevos aceites y combustibles. La demanda siguió en declive hasta mediados del siglo XX, y los productores tuvieron que reducir sus costes. Como resultado de estas presiones comerciales, se extendió la producción de aceite de oliva mezclado con aceites más baratos, como el de algodón o de semillas.

Mejora de la calidad

El Consejo Oleícola Internacional (COI) se fundó en 1955 para regular los criterios, la producción y los acuerdos de comercio internacional en torno al aceite de oliva. Hoy día, sus miembros producen el 98 % del aceite de oliva mundial. El COI estipula que el aceite de oliva virgen debe ser producido sin alterar su estructura química.

Asimismo, el COI ha establecido las diferencias entre aceite de oliva virgen extra (AOVE), aceite de oliva virgen (AOV) y aceite de oliva virgen lampante (AOVL), entre otros, según su porcentaje de ácido oleico (acidez libre). El AOVE, de calidad superior, tiene la acidez más baja (un máximo de 0,8 %); la acidez del AOV puede llegar al 2 %; y el AOVL presenta una acidez superior al 3,3 %, y no es apto para el consumo (se destina a las industrias de refinado o a usos técnicos).

Oro del siglo XXI

El aceite de oliva virgen extra es un aceite de calidad superior, hoy enormemente codiciado tanto por su

«El Mediterráneo termina donde los olivos dejan de crecer.»

GEORGES DUHAMEL, ESCRITOR FRANCÉS (1884–1966)

sabor como por sus beneficios para la salud. Se cree que la longevidad y los bajos índices de cardiopatías en ciertas comunidades de Italia pueden estar relacionados con una ingesta elevada de aceite de oliva, elemento primordial de la dieta mediterránea.

Los cocineros de todo el mundo, incluyendo países de Extremo Oriente donde no existía tradición ni de cultivo de olivos ni de consumo culinario de aceite de oliva, cada vez usan más este versátil producto. El consumo mundial ha aumentado más de un 70 % desde 1990–1991, y roza los 3400 millones de litros al año. Esta moda se ha notado especialmente en países como Reino Unido, Alemania y Japón, donde las ventas de aceite de oliva han crecido hasta en un 1400 % desde principios de la década de 1990.

España, con unos 300 millones de olivos (en unos 2,5 millones de hectáreas), es el mayor productor mundial (1,25 millones de toneladas, alrededor del 40 % de la producción mundial), seguido de Italia (el 15 %) y Grecia (10 %). Italia es el principal consumidor, seguido de España y EE UU, donde las ventas han aumentado un 250 % en 27 años. Estas cifras representan un poderoso testimonio del resurgimiento de este «oro líquido».

▷ **Calidad superior**

El aceite de los olivares de la costa francesa mediterránea se anunciaba como producto de calidad superior en las tiendas de alimentación de París de principios del siglo XX.

▽ **Hasta donde alcanza la vista**

Los olivares de Andalucía, en el sur de España, cubren cerca de 1,6 millones de hectáreas, y producen alrededor del 25 % del aceite de oliva del mundo.

HUILE D'OLIVE
SUPÉRIEURE
EAU DE
FLEURS D'ORANGER
EXTRA
UNION DES PROPRIÉTAIRES DE NICE
SOCIÉTÉ ANONYME AU CAPITAL DE 500.000 FRANCS
DÉPÔT
CHEZ M. H. Sébald, PRODUITS ALIMENTAIRES
15, Rue Ducis, VERSAILLES
MAISON DE VENTE
10, Avenue de l'OPÉRA
PARIS
S. PARIS . 1638.90

Aceite de girasol sol líquido

Apreciado como alternativa a las grasas de los lácteos, el pálido aceite amarillo de las pipas de girasol se usa tanto en las cocinas caseras como en la industria alimentaria de todo el mundo.

△ **Escala industrial**
Allí donde existe un cultivo comercial del girasol, se emplean métodos de cosecha modernos, como aquí en Dugald (Canadá).

La historia del aceite de girasol comienza en América, donde, en tiempos prehistóricos, los indios recolectaban semillas de girasol silvestre para alimentarse. Tras la llegada de los españoles al Nuevo Mundo en el siglo XVI, el girasol llegó a Europa, probablemente por su valor ornamental. Solo se empezó a explotar comercialmente después de que el zar Pedro el Grande lo introdujera en Rusia a principios del siglo XVIII. Los rusos no solo gustaban de comer las semillas, sino que extraían el aceite de ellas. A principios del siglo XIX, unas 800 000 hectáreas de tierra rusa estaban dedicadas a los girasoles. En 1830, el girasol se cultivaba para hacer aceite con fines comerciales. En las décadas posteriores, los agricultores rusos no solo mejoraron la resistencia a las enfermedades de diversos tipos de girasol, sino que además aumentaron su contenido oleico, que pasó de un 20 % a más de un 50 %.

La patente de 1716 para la extracción de aceite de girasol era para el tratamiento de lana y cuero.

Suave expansión

A mediados del siglo XX, cuando se relacionaron las grasas animales saturadas, como la mantequilla, con las enfermedades cardiacas, los fabricantes alimentarios recurrieron al aceite de girasol para hacer margarinas. Hoy, su uso está extendido en la industria alimentaria para producir margarina, repostería y aperitivos, y en los hogares se usa como ingrediente de aliños o aceite para cocinar. En los últimos años se han desarrollado nuevos aceites de girasol ricos en ácido oleico, un ácido graso monoinsaturado beneficioso para la salud.

▽ **Campo radiante**
En plena floración, a
mediados de verano,
los girasoles exhiben un
deslumbrante colorido.

Origen
México

Principales productores
EE UU, China, Turquía

Nutriente principal
100 % de grasas

Aporta
Ácido linoleico

Usos no alimentarios
Pomadas, jabón, pintura,
tinta, insecticidas,
nitroglicerina, textiles

◁ **Asociación saludable**
En este anuncio de un
remedio herbal para la tos,
la imagen de la planta de
maíz transmite claramente
un mensaje de salud.

Aceite de maíz extracto dorado

El aceite de maíz es un derivado inicialmente subestimado que
ha acabado convirtiéndose en un producto básico en la cocina
doméstica y en la producción de numerosos alimentos.

El primer paso en la historia del aceite de maíz fue el
desarrollo, en 1842, de un nuevo proceso industrial que
extraía la proteína, el almidón, la fibra y el germen de
los granos de maíz. Aunque los primeros fabricantes
solo estaban interesados en dos subproductos del maíz
—el almidón y el azúcar—, Thomas Hudnut, un molinero
de Indiana, empezó a investigar posibles usos del germen
desechado. A principios de la década de 1880 inventó un
procedimiento mecánico para extraer aceite del germen.
Tras su muerte, su hijo Benjamin perfeccionó el método
y acuñó el nombre «*mazoil*» para el aceite resultante. En
1902, los molinos Hudnut vendían 380 000 litros al día.

El característico sabor del aceite de maíz —además de
su estabilidad, facilidad de almacenamiento y elevado
punto de humeo— propició el éxito comercial del
producto. Las ventas de aceite de maíz experimentaron
otro auge a mediados del siglo XX, cuando los aceites

▷ **Fuente de aceite**
El aceite de maíz se extrae del
germen del grano de las mazorcas,
después de haber procesado las
partes exteriores almidonadas.

vegetales empezaron a considerarse más sanos que
los animales. A mediados de la década de 1960, el
aceite de maíz y la margarina de maíz estaban ya
muy presentes en las cocinas occidentales.

Multiusos

Aunque muchos han cuestionado sus beneficios para la
salud, el aceite de maíz sigue siendo el aceite más usado
en todo el mundo para cocinar y elaborar productos
industriales como las patatas fritas, la mayonesa, los
aliños de ensalada y las coberturas de repostería.

Comida a bordo

El 4 de octubre de 1883, el *Express d'Orient* salió
de la estación de Strasbourg de París (hoy estación
de Paris-Est) en su viaje inaugural. El tren era un
proyecto del empresario belga Georges Nagelmackers,
que había fundado la Compagnie Internationale des
Wagons-Lits (Compañía Internacional de los Coches-
Cama) el año anterior. Era el último grito en lujo, con
un elegante vagón comedor que servía comida de
primera categoría. De camino a Estrasburgo, los
pasajeros degustaron una cena de diez platos con
ostras, rodaballo, pollo a la cazadora, *chaud-froid*
de carne de caza y pudin de chocolate.

Nagelmackers, no obstante, se inspiró en una idea
del estadounidense George Pullman, quien, en 1867, ya
se había labrado una fama como fabricante de coches-
cama y había introducido el primer vagón restaurante
en el mundo del viaje: llamado *Delmonico*, como el
celebrado restaurante de Nueva York, circulaba entre
Chicago y Springfield. La idea cuajó y fue adoptada
por ferrocarriles como el Michigan Central, el Baltimore
& Ohio, el Northern Pacific y el Santa Fe. En 1879,
Pullman también fabricó el primer vagón comedor
del Great Northern Railway británico, que circulaba
entre la estación londinense de King's Cross y Leeds.

En los primeros vagones comedor de EE UU, la
comida típica consistía en costillas de cordero asadas,
chuletas de ternera empanadas y búfalo, todo regado
con una copa de champán. En las décadas de 1920 y
1930, en el menú se incluyeron platos como la langosta
cocida *à l'américaine*, la trucha de montaña *au bleu* y el
curri de cordero madrás. En la cocina, tres cocineros
y un chef sacaban unas trescientas comidas en un
lapso de entre tres y cuatro horas, tres veces al día,
mientras el servicio preparaba las ensaladas, el pan
y las bebidas, y todo por relativamente poco dinero,
incluso para los estándares de la época. En 1940,
una comida de tres platos, con sopa, costillas de res,
patatas, verduras y helado, podía costar solo un dólar
y medio a bordo del Pennsylvania Railroad.

◁ **Comedor de primera clase**
A finales de la década de 1930, los pasajeros de primera
del Great Western Railway británico podían degustar
comidas de tres platos por unos 18 peniques y medio.

Si Vous Voule de la Moutarde, I en fais
Moutarde
boête
à la
Moutard

Origen
Todo el mundo

Principal productor
Italia

Nutriente principal
Ninguno

Usos no alimentarios
Limpieza, desinfectante,
medicina tradicional

Vinagre

condimento y conservante ácido

Hace varios miles de años se descubrió que el vino se convertía en vinagre si se exponía al aire. Desde entonces, este líquido ácido ha servido como condimento, conservante y base de los encurtidos y escabeches.

△ **Aeración extra**
El sistema Schützenbach, inventado en 1823, dejaba entrar más aire, lo que aceleraba la producción de ácido acético.

El origen exacto del vinagre se desconoce, pero se cree que ya era muy habitual en la antigua Roma, donde se utilizaba en los aderezos y las conservas en salmuera. También era un ingrediente de la *posca*, un refresco de origen griego (*oxycrate*) hecho de vinagre de vino diluido en agua aromatizada con hierbas, que bebían los soldados romanos y los miembros de las clases bajas.

La palabra «vinagre» viene de una descripción francesa del siglo XIII, que significa «vino agrio». El vinagre es esencialmente ácido acético y agua. También se puede elaborar a partir de muchos cereales, frutas,

> «El vino más dulce se convirtió en el vinagre más intenso.»

JOHN LILY, ESCRITOR INGLÉS, *c.* 1600

verduras, hierbas y flores previamente fermentadas para producir alcohol. El vinagre de malta, condimento del *fish and chips* en Reino Unido, se hace a partir de una cerveza de malta de cebada. El vinagre de arroz, habitual en la cocina del este y sureste de Asia, se produce en China desde *c.* 1200 a.C. En la Corea del siglo XV ya se hacía vinagre de arroz, cebada y flores de iris.

Avances tecnológicos

En la Edad Media, los productores de vinagre de Orléans (Francia) desarrollaron un método mejorado de elaboración de vinagre de vino. Vertían el vino en una barrica de roble sin llenarla del todo y añadían una pequeña cantidad de «madre» (una sustancia de celulosa y bacterias *acetobacter* generada de forma natural) para iniciar el proceso de conversión del alcohol en ácido acético. Luego sellaban la barrica y perforaban la tapa para permitir la exposición al aire. Cuando el vinagre estaba listo, el volumen se había reducido en torno al

△ **Artilugio ingenioso**
Este vendedor ambulante francés del siglo XVII lleva un curioso artefacto que servía para dispensar mostaza y vinagre de vino tinto.

85 %, quedando una masa de bacterias de vinagre en el fondo de la barrica. Esto iniciaría el siguiente fermento al añadirle más vino, creando así un proceso continuo.

Concentrado y maduro

Hoy, gran parte de los vinagres se producen de forma industrial, pero aún perviven también elaboraciones artesanales en algunos lugares del mundo. En España destacan los vinagres de Jerez, que envejecen en madera entre seis meses y dos años. El vinagre balsámico italiano es oscuro y denso, y puede ser dulce como un sirope.

△ **Método tradicional**
A diferencia de muchos vinagres chinos, el de Shaanxi se hace con sorgo, trigo, cebada y guisantes. En la imagen, la mezcla caliente se enfría antes de la siguiente fase del proceso de elaboración.

Se hace a partir de mosto de uvas Trebbiano y Lambrusco, entre otras, de las provincias de Módena y Reggio Emilia, envejecidas un mínimo de doce años en barricas cada vez más pequeñas y de diferentes maderas. El vinagre maduro de Shaanxi, de China, es oscuro e intenso, y de tan elevado precio que son habituales las falsificaciones.

Sal primer conservante alimenticio

Hoy, la sal es un mineral accesible y barato, casi banal, pero durante miles de años fue un bien de lo más cotizado. La sal, que para Homero era una «sustancia divina», es esencial para la vida.

La sal común, o cloruro de sodio, puede encontrarse en todo el mundo en diversas formas, y casi un 70 % de la superficie de la Tierra está cubierta de agua salada. Durante miles de años, los humanos han obtenido sal en salinas de agua marina o de manantial salado, o bien en minas de sal. Es el único mineral comestible sin necesidad de procesamiento previo. Además de realzar el sabor de los alimentos, la sal ha sido útil en multitud de ámbitos —conservas, sanación, rituales o moneda de cambio— desde los albores de la humanidad.

Algunas culturas conferían propiedades sagradas o mágicas a la sal. Durante la Edad Media, en ciertas partes del norte de Europa se echaba sal en las mantequeras para evitar que las brujas agriaran la mantequilla, y la sal se usaba para proteger a personas y animales contra las maldades de las brujas y los duendes. La sal, por la cual se han librado guerras, ha tenido una posición central en los cuentos populares y las leyendas de todo el mundo, como, por ejemplo, la de una princesa india que afirmó querer a su padre «tanto como a la sal», y él estuvo enfadado hasta que comprendió el cumplido de su hija.

Recolección de sal en la Antigüedad

El antiguo lago salado de Yuncheng, en la provincia de Shaanxi, conocido como el «mar Muerto» de China, ha servido para la extracción de sal desde c. 6000 a.C. Cada verano, cuando descendía el nivel de las aguas

lacustres por el calor del sol, la sal podía rascarse de las orillas expuestas. La producción salina en China estaba ya muy avanzada, aunque los primeros registros escritos datan de 800 a.C., época en que los impuestos de la sal suponían más de la mitad de los ingresos del país. Los primeros pozos de sal del mundo se perforaron en Sichuán en 252 a.C. para explotar unas reservas subterráneas de agua salada.

Las dos plantas de producción de sal gorda más antiguas datan del V milenio a.C. Los depósitos de sal de Duzdagi, en el valle de Araxes (Azerbaiyán), ya se explotaban en 4500 a.C., y la extracción ya era intensiva en 3500 a.C. El asentamiento prehistórico de Solnitsata —«pozo de sal» en búlgaro—, cerca de la actual Provadia, en Bulgaria, también data de 4500 a.C. Los habitantes hervían agua salada de un manantial cercano y hacían ladrillos de sal, que se usaban para conservar la carne y también para comerciar.

Virtudes conservantes

Los antiguos egipcios usaban sal para momificar a sus difuntos. Empleaban un conservante llamado natrón, una mezcla natural de diferentes formas de sodio y sal común. El proceso de conservación funcionaba muy bien, y se han hallado momias de hace más de 4000 años aún en buenas condiciones. Los egipcios extraían sal marina de los salitrales de Alejandría, en la costa mediterránea, y la

◁ **Factoría de salazón**
En el siglo II a.C., la villa romana de Baelo Claudia, cerca de la ciudad andaluza de Tarifa (España), producía pescado salado y *garum*.

△ **Pura sal**
La sal blanca seca se transfiere a contenedores de madera en esta salinera austriaca a principios del siglo XX.

Origen
Todo el mundo

Principales productores
EE UU, India, China

Aporta
Sodio

Usos no alimentarios
Conservante, deshielo, productos de limpieza

Nombre científico
Sodium chloride

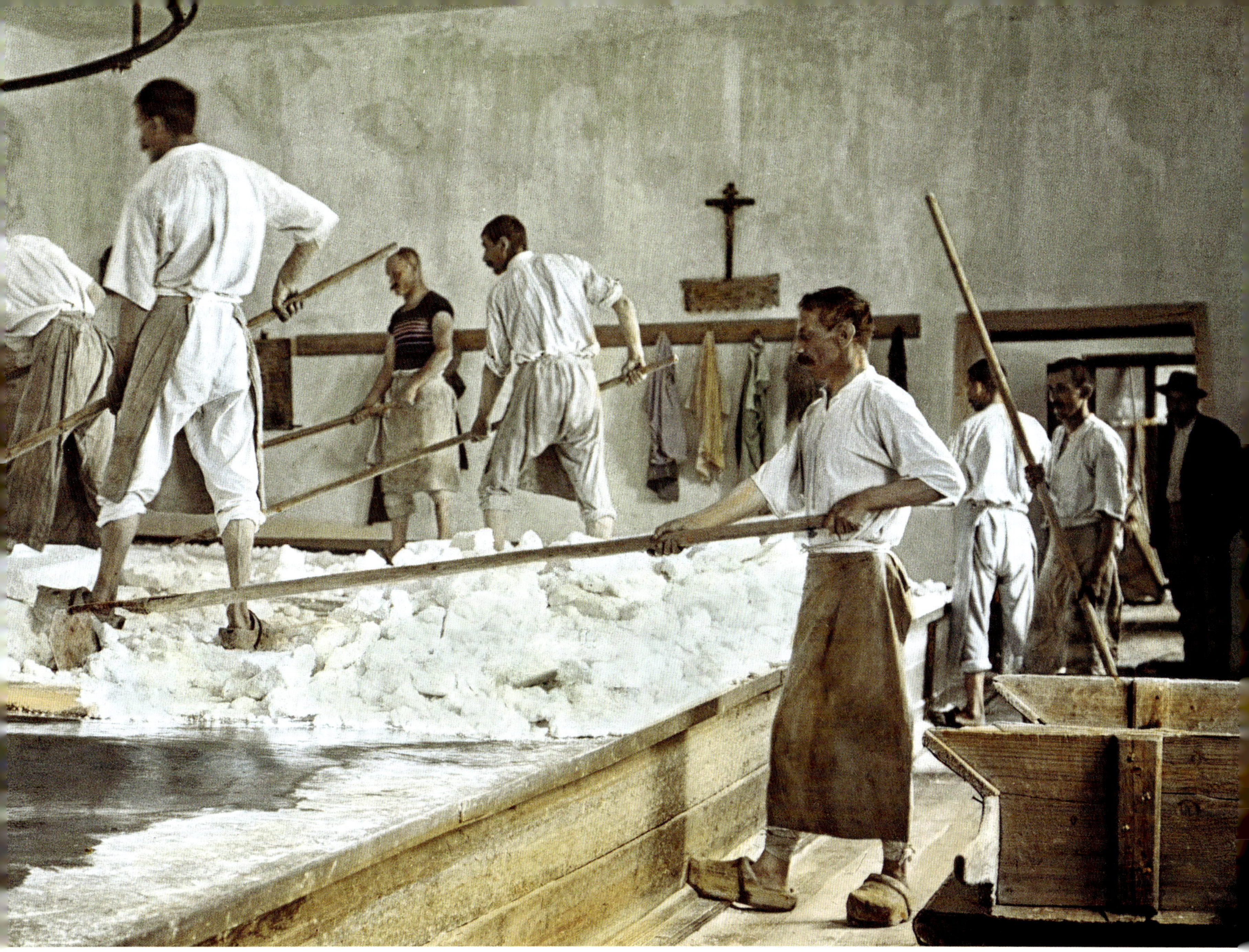

empleaban para curar y conservar la carne y el pescado, tanto para su propio consumo como para la exportación. Muchas sociedades antiguas debían sacrificar animales a finales de otoño cuando no había forraje suficiente para mantenerlos durante el invierno, y entonces la sal era crucial para conservar su carne. La salazón en seco era el método más simple, en el que la carne se frotaba con sal y se metía en una tinaja con más sal. Para la salazón húmeda, la carne se introducía en un barril lleno de una solución de agua y sal, o salmuera, y especias con propiedades antibacterianas. La carne conservada así podía aguantar años, pero, con el tiempo, se volvía menos apetitosa, pues era muy dura de comer.

El pescado en salazón también podía aguantar casi de forma indefinida, aunque, en periodos largos, su carne también se endurecía. Un manual doméstico del siglo XIV escrito en París (Francia) explica cómo se ha de ablandar el pescado en salazón conservado durante diez o doce años: «Y cuando se haya almacenado durante mucho tiempo y se desee comer, habrá de golpearse con un mazo de madera durante una hora entera».

La salazón de verduras era un método de conservar la producción del verano para los meses invernales, y se realizaba a gran escala, sobre todo en Europa del Este. Las capas de verduras cubiertas con sal se disponían en vasijas de piedra, y estas se dejaban cerradas hasta que

«La sal nació de los padres más puros: el sol y el mar.»

PITÁGORAS, FILÓSOFO Y MATEMÁTICO GRIEGO (*c.* 570–490 A.C.)

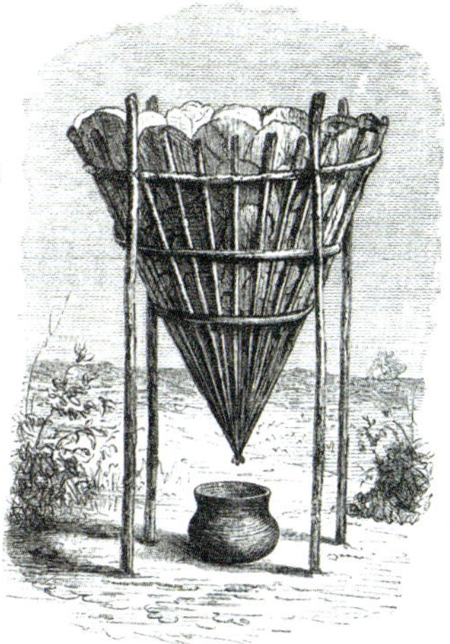

▷ **Sal de la tierra**
Esta ilustración de 1885 muestra el mecanismo, simple pero efectivo, usado para extraer sal de terrenos salinos en Urua (hoy República Democrática del Congo), en África central.

△ **Salero del siglo XVII**
El valor de la sal se reflejaba en el exquisito diseño de los recipientes en los que se servía durante los siglos pasados.

▽ **Salinas**
La sal se extrae del Valle Sagrado de Perú desde que los incas construyeron estos salitrales (las salinas de Maras) en el siglo XV.

se necesitaran las verduras. Otro método consistía en salar el producto y conservarlo en vinagre.

Durante siglos, la sal producida por la evaporación solar en la zona de la bahía de Bourgneuf, en el oeste de Francia, se consideró la mejor para conservar la carne. Sus grandes cristales penetraban en la carne, sin formar una costra de sal, como sucedía al usar sal más fina.

Pero esta sal, llamada «sal de la bahía», era gris y contenía muchas impurezas. Los neerlandeses dieron con un modo de arreglarlo, volviendo a disolver la sal en agua marina y calentándola en salitrales abiertos hasta que solo quedaba sal blanca. En el siglo XVII, este método de refinado llamado «sal sobre sal» también se practicaba en la costa inglesa. Ya antes, en el siglo XVI, la sangre, los huevos y la cerveza se habían usado para refinar sal.

Símbolo de estatus y confianza

La importancia de la sal a lo largo de la historia queda reflejada en las palabras y dichos que derivan de ella. El *salinator* era el oficial responsable de fijar los precios en

> La Amethyst Bamboo 9×, hecha a partir de sal gris marina de Corea, es la sal más cara del mundo.

la antigua Roma, y la palabra «salario» viene de *salarium*, la ración de sal que recibían los soldados. La costumbre romana de echar sal en las hojas verdes para reducir su amargor derivó en la palabra «ensalada», que viene del latín *salata* («salada»). En la Inglaterra medieval, la posición del salero en la mesa de los nobles servía para marcar la línea entre los invitados importantes y los demás.

La sal llegó a ser tan valiosa que en varias culturas era conocida como el «oro blanco», y su poder conservante le confería unas cualidades casi místicas. La sal se convirtió en un símbolo de pureza y lealtad en diferentes religiones, y de confianza y amistad en el mundo secular. En Rusia, el pan y la sal son símbolos de hospitalidad, y, para los árabes, aceptar el pan y la sal ofrecida por el anfitrión simboliza confianza mutua.

La necesidad universal de sal hizo de ella un bien muy valioso, y las sociedades que estaban bien abastecidas podían prosperar gracias al comercio con otros lugares menos favorecidos. Al ser tan necesaria, la sal fue objeto de impuestos, los cuales podían llegar a aumentar varias veces su valor de mercado. Este tributo, instaurado por primera vez en China, lo aplicaron durante varios siglos numerosos gobernantes de todo el mundo, pero, tal vez, el ejemplo más notable sea la *gabelle*, o gabela de la sal. Instaurada en Francia en el siglo XIII y considerada por los sucesivos monarcas como una buena forma de recaudar dinero, la *gabelle* terminó siendo uno de los desencadenantes de la Revolución francesa de 1789.

Hoy, gracias a los nuevos métodos de producción y transporte, la sal es tan accesible que resulta fácil olvidar la alta estima de la que un día gozó.

◁ **Cerdo curado**
En el norte de Italia, los productores de jamón de Parma restriegan las patas del cerdo con sal gorda, y las conservan entre 9 y 18 meses hasta que están curadas.

«No confíes en nadie antes de haber comido mucha sal con él.»

CICERÓN, POLÍTICO Y ORADOR ROMANO (106–43 A.C.)

Salsa de soja condimento asiático clásico

Hecha por vez primera en China hace unos 2000 años, la salsa de soja fue en origen una alternativa a la valiosa sal. Hoy, este condimento hecho de semillas de soja fermentadas añade sabor a la cocina asiática en todo el mundo.

La primera prueba escrita de la existencia de la salsa de soja apareció en una tablilla de bambú hallada en una tumba del siglo I a.C. de la dinastía Han en China. Sin embargo, se cree que, al principio, las semillas de soja se consumían en una pasta fermentada, no como la fina salsa que conocemos hoy en día. Hay registros del siglo III que mencionan la fermentación de soja en Corea. Cuando el budismo llegó a Japón en el siglo VI, los monjes también se llevaron consigo ciertos alimentos y condimentos a base de soja. La salsa de pescado de Japón fue sustituida por *shoyu* (soja), y en 1558, cerca de Edo se producía una salsa de soja clara.

Se necesitan cuatro ingredientes para elaborar la clásica salsa de soja: semillas de soja, ricas en proteínas; trigo, cuyo dulzor compensa la intensidad de su sabor; sal, que también actúa como conservante contra las bacterias indeseadas; y agua mineral. La mezcla fermenta al añadir una levadura llamada *Aspergillus oryzae*, y para hacer una salsa de soja de calidad superior se necesitan dos años de fermentación. La salsa de soja oscura se usa como aderezo y se madura más tiempo que la clara, o ligera. Este producto llegó a Europa en el siglo XVII con los comerciantes de los Países Bajos, aunque los europeos fueron incapaces de dominar el arte de su elaboración.

△ **Puesto de honor**
La botellita o jarra de salsa de soja es una presencia obligada en la mayoría de mesas chinas y japonesas. Un estrecho caño permite dispensar la cantidad exacta de salsa.

Salsa de pescado
de olor acre, pero muy popular

Puede que la salsa a base de pescado en salazón fermentado no resulte atractiva al olfato, pero fue ya un condimento esencial en la cocina de la antigua Roma, y sigue siéndolo en el este y sureste de Asia.

Origen
Región mediterránea, Asia

Principal productor
Tailandia

Nutriente principal
5 % de proteínas

Aporta
Sodio, potasio, magnesio, vitamina B$_6$

La salsa de pescado era un elemento esencial de las dietas de la Grecia y la Roma clásicas. Se conocía con los nombres *garum* y *liquamen*, y se usaba como condimento e ingrediente. Tan famoso como el kétchup hoy, los romanos lo producían en fábricas en las costas mediterráneas de la península Itálica, Hispania y Egipto, y a orillas del mar Negro, donde había mucha sal.

Sol, sal y pescado
Se empleaban varios métodos para su elaboración. Primero se efectuaba la salazón de pescados pequeños (normalmente, boquerones) y medianos, e incluso de las entrañas de otros más grandes, y se dejaba fermentar (no pudrir, como a menudo se piensa) en grandes cubas de piedra expuestas al calor del sol durante dos o tres meses. El olor que desprendía el *garum* mientras maduraba implicaba que las fábricas tenían que estar alejadas de los pueblos y ciudades. El producto resultante se escurría, y el líquido se almacenaba en vasijas de terracota. El residuo sólido (*allec*) también se utilizaba en la cocina. Además de ser rico en proteínas y minerales, se decía que era bueno para la dentadura e incluso como antídoto contra la picadura de «dragones marinos».

Variantes de ayer y de hoy
Se producía *garum* de distintas calidades, y uno de los más codiciados era el de caballa. Su calidad quedaba reflejada en su precio, tan elevado como el del perfume, y Plinio el Viejo lo describió como «exquisito licor». No obstante, no a todo el mundo le gustaba. Séneca, el filósofo romano, dijo a propósito del *garum*: «El

▷ **Forma característica**
Los comerciantes romanos usaban las ánforas de terracota con su base alargada para transportar líquidos como *garum*, aceite o vino.

costoso extracto de pescado venenoso quema el estómago con su putrefacción salada».

Los orígenes de la salsa de pescado en Asia son inciertos, pero, hoy, ninguna gastronomía del este y sureste de Asia, donde se emplea tanto para cocinar como en la mesa, está completa sin ella. En Vietnam se conoce como *nuoc mam*, y se elabora con boquerones, sal y, a menudo, guindillas. En Japón, la salsa se hace con peces o cefalópodos locales, y existen multitud de variantes regionales. El *nam pla* tailandés suele incorporar guindillas.

> En la antigua Roma, el mejor *garum* era para las elites, y el peor, para los esclavos.

△ **Fábrica de fermentación**
En el Japón del siglo XVII, la fermentación natural de la salsa de soja era un proceso manual, y producir grandes cantidades era laborioso y costoso.

Origen
China

Principal productor
Japón

Nutriente principal
12 % de proteínas

Aporta
Sodio

▷ **Vasijas apiladas**
En la década de 1960 se seguían usando vasijas de arcilla para almacenar la salsa de pescado (*nuoc mam*) en Vietnam.

Hierbas y especias

Hierbas y especias

En nuestro ámbito de interés se define como hierba una planta cuyas hojas se utilizan como alimento o medicina, o para añadir aroma y sabor. Una especia es una sustancia vegetal aromática o picante, obtenida sobre todo a partir de plantas tropicales, que se utiliza para condimentar comidas y bebidas. Los pueblos antiguos tenían a su disposición todo tipo de plantas y, como muchas otras especies animales, el instinto los llevó a usar hierbas útiles o seguras para comer. Puede que envolvieran la carne en hojas para transportarla o almacenarla, y que, así, descubrieran gradualmente los sabores y las cualidades conservantes de muchas hierbas y plantas.

Medicinas antiguas, antiguos sabores

Existen abundantes referencias a hierbas en los escritos de muchas civilizaciones antiguas, como las de China y Egipto, pero sus aplicaciones eran principalmente medicinales. Griegos y romanos, en cambio, desarrollaron un aprecio temprano por las hierbas, y no solo las usaron para cocinar, sino también en cosmética y perfumería; además, las asociaron a todo tipo de supersticiones. La expansión del Imperio romano introdujo muchas plantas desconocidas en las tierras que conquistaba, incluidas hierbas comunes en su área de influencia. Como resultado, estos pueblos modificaron y adaptaron el uso de estas plantas a sus propios gustos, costumbres y cocinas.

Hierbas y religión

Dada la naturaleza estacional de los cultivos, los pueblos antiguos vincularon la siembra, la recolección y el almacenamiento de las hierbas a las prácticas religiosas ligadas a los elementos de la naturaleza; el siguiente paso fue su asociación con las deidades relacionadas con el sol, la luna y las estaciones. En Occidente, a medida que el cristianismo desplazó a las religiones previas, los monjes avanzaron en su conocimiento de las hierbas, sobre todo en el contexto de la medicina. Los monasterios de la Europa medieval se habían establecido como autoridades en materia de hierbas, que cultivaban en sus jardines y de cuyos usos y propiedades mantenían registros escritos. En la actualidad, estas propiedades son bien conocidas, y su cultivo parece asegurado.

△ **Recolección de hierbas**
En la Europa medieval, las hierbas no solo se usaban para cocinar; también como repelentes de insectos, desodorantes y hasta como protección contra espíritus malignos.

◁ **Liberar el sabor**
A lo largo de los siglos, la molienda de especias en mortero ha demostrado ser un método práctico para extraer su sabor, sobre todo en países como India, en cuya cocina tienen un papel clave.

△ **Gran beneficio**
Tras las Cruzadas, el comercio de especias de Oriente aumentó con rapidez. De hecho, sus comerciantes podían hacerse muy ricos… siempre que sobrevivieran a los peligros del mar.

La seducción de lo exótico

Cada país tenía sus hierbas; pero las especias, cultivadas sobre todo en Asia, Oriente Próximo y el Mediterráneo, eran exóticas; y su rareza las hacía aún más deseables. Se contaban relatos sobre los peligros de recoger especias guardadas por serpientes voladoras o pájaros feroces… Y, por supuesto, para un barco que regresaba del extremo del mundo existía el peligro de alejarse en exceso de tierra. Esas leyendas servían para mantener altos los precios, además de disuadir a otros del intento de encontrar las fuentes de tan valiosas mercancías.

Aunque el comercio de especias tenía milenios de antigüedad, alcanzó su apogeo en el siglo I d.C., cuando el apetito de los romanos por ellas parecía insaciable. Las carnes exóticas se cocinaban con toda clase de especias, y no se comía nada que no fuera acompañado por algún tipo de salsa. Las especias se embarcaban desde India a Roma, y también se usaban en vinos, perfumes y aceites cosméticos. Una especia antigua popular fue el silfio de la Cirenaica (en la actual Libia): los romanos lo utilizaban en la comida, en medicina e incluso para el control de la natalidad. De hecho, les gustaba tanto que probablemente provocaron su extinción, pues los científicos aún no han encontrado ejemplares supervivientes.

Especias como el silfio eran buenas para el comercio, porque resistían bien el paso del tiempo y el transporte. La Ruta de la Seda, que conectaba Extremo Oriente y Occidente, llevó a Europa y más allá artículos de lujo, entre ellos, especias. Algunos estudiosos han llegado a plantear que la cantidad de oro enviado por Roma a cambio de ellas aceleró la caída del Imperio. Sea como fuere, el comercio de especias aportó riquezas incalculables a otros lugares. Para empezar, Venecia prosperó por ser el centro de control de la importación y exportación de especias durante siglos.

> El primer tratado herbario conocido, datado hace unos 5000 años, se atribuye al emperador chino Shen Nung.

De las Cruzadas a la despensa

En los siglos XII–XIII, las Cruzadas favorecieron que de nuevo llegaran muchas especias a Europa, lo cual creó una nueva demanda de estos productos exóticos. Los precios alcanzados por las especias supusieron que solo pudieran verse en las mesas de los pudientes; pero esto sirvió para incentivar su demanda. En 1602 se fundó la Compañía Holandesa de las Indias Orientales, que mantuvo el monopolio casi absoluto del comercio de especias durante cerca de 200 años. Finalmente, las especias se difundieron aún más lejos, sobre todo cuando fueron llevadas a América por los primeros colonizadores. Con el desarrollo de las comunicaciones y del transporte intercontinental, hoy se encuentran hierbas y especias en las cocinas de todo el mundo.

△ **La otra Compañía de las Indias Orientales**
Para desafiar el domino holandés del comercio de especias en Asia, Isabel I de Inglaterra estableció la Compañía Británica de las Indias Orientales.

▷ **Sopesar el precio**
Ya hacia 2000 a.C., las especias se llevaban de países de Extremo Oriente a Oriente Próximo. Durante siglos solo se las podían permitir los ricos; y en el siglo XIX ya fueron más asequibles.

△ **Las especias de la vida**
Hoy, los sacos de distintas especias están presentes habitualmente en los mercados asiáticos, sobre todo en países como India, donde sería impensable preparar una comida sin ellas.

◁ **Hierba del inframundo**
Los griegos asociaban el perejil con Perséfone, reina del inframundo, representada aquí junto a su esposo, Hades, en un relieve del siglo v a.C.

Perejil edulcorante del aliento

Ricas en vitaminas y minerales, las hojas de sabor refrescante de esta hierba se han usado como condimento desde la Antigüedad.

△ **Verde oscuro**
El intenso color verde del perejil de hoja rizada añade impacto visual a platos cuyo aspecto, en otro caso, resultaría anodino.

Nativo del Mediterráneo, el perejil ha sido cultivado desde hace más de 2000 años, y, antes de entrar en las cocinas, se usaba medicinalmente. Hay más de treinta variedades de perejil (*Petroselinum crispum*), siendo las más populares el perejil de hoja lisa, común en la zona mediterránea y de sabor más intenso, y el perejil de hoja rizada. La variedad rizada tiene hojas verdes oscuras con ápices divididos crespos, mientras que la lisa es algo más pálida, con divisiones más profundas y hojas livianas.

La hierba del diablo

Los antiguos griegos asociaban el perejil con la muerte. En lugar de comerlo, lo plantaban en sus lugares de enterramiento y adornaban las lápidas con manojos. Los romanos lo usaron para sazonar salsas y ensaladas, y a menudo lo masticaban para endulzar el aliento después de comer ajo o cebolla. Se dice que tanto griegos como romanos se lo daban de comer a sus caballos de tiro para aumentar su energía.

En la Edad Media, el perejil fue conocido como hierba del diablo, y se pensaba que el hecho de que tardara tanto en germinar se debía a que sus semillas debían ir hasta el diablo nueve veces y volver antes de brotar, a menos que se plantara en Viernes Santo. Se cree que, en el siglo VIII, Carlomagno, rey de los francos y futuro emperador del Sacro Imperio, lo cultivaba en sus jardines, posiblemente para uso culinario.

El perejil tiene un sabor intenso y ligeramente picante, y se usa en sopas, salsas, ensaladas, rellenos y adobos. Finamente picado, también se suele espolvorear sobre el plato justo antes de servirlo para añadir color y un gusto fresco. El *tabbule* de Oriente Próximo, una ensalada hecha con tomate, trigo bulgur, menta y verduras, se elabora con abundante perejil picado.

Menta fresco estimulante del apetito

De fama mítica y con una larga historia como condimento y medicina, la menta se sigue usando hoy de forma habitual en comidas dulces y saladas, en golosinas y en infusiones para apagar la sed.

Originaria de Asia, desde donde se extendió por Europa a través del norte de África, la menta se cultiva hoy en todo el mundo. Recibió su nombre por la ninfa Mente (o Menthe), a la que, según el mito griego, la reina del inframundo Perséfone golpeó y pisoteó hasta dejar convertida en planta al descubrir la infidelidad de su esposo Hades con ella. Incapaz de romper el hechizo, Hades insufló en la planta un aroma maravilloso para asegurarse de que el mundo no la olvidara.

Se cree que existen unas 25 especies de menta. La más usada en cocina es la hierbabuena (*Mentha spicata*), mientras que el híbrido *Mentha × piperita* (netamente europeo), llamado menta piperita o simplemente menta, de sabor más potente, ha sido muy valorado en medicina. Se han hallado rastros de menta en una

> Según el folclore europeo, frotar el bolsillo con hojas de menta trae buena suerte y prosperidad.

▷ **Diversas formas**
La forma de las hojas de menta varía según el tipo. Las de la piperita (imagen) son ovaladas y serradas.

tumba egipcia datada entre 1035 y 332 a.C., y hay registros escritos de su popularidad en la antigua Grecia, donde se usaba como limpiador restregándola sobre las mesas donde se comía. Posteriormente, los romanos la utilizaron como condimento y estimulante del apetito.

Sabor estable

Hoy, la menta fresca o seca se emplea para sazonar multitud de platos. La salsa o la jalea de menta es un acompañamiento predilecto del asado de cordero en Reino Unido. También se añade a salsas de yogur, como el *tzatziki* griego o el *raita* indio, y las hojas picadas se añaden a ensaladas como el *tabbule* de Oriente Próximo, donde también se bebe mucho en infusión. Además, esta hierba se ha convertido también en el saborizante más habitual para chicles, y se utiliza en una gran variedad de golosinas.

MENTA PIPERITA

Origen
Asia

Principales productores
Marruecos, Argentina, España

Aporta
Calcio, hierro, vitamina B_3, vitamina C

Usos no alimentarios
Medicinal, perfumería

Nombre científico
Mentha x *piperita*

▽ **Cosecha fragante**
El cultivo de menta fue común en el sur de Inglaterra. Aunque se abandonó por completo durante la Segunda Guerra Mundial, se ha recuperado en los primeros años del siglo XXI.

Salvia la hierba protectora

Valorada ya en tiempos antiguos por sus reputadas propiedades curativas, esta clásica de las huertas europeas ha sido utilizada durante milenios tanto para ritos ceremoniales como para sazonar las comidas.

Existen más de 900 especies de salvia, pero la común (*Salvia officinalis*) es la de uso más extendido. Su nombre en latín procede de *salvus* (sano) o *salveo* (curar). Nativa de las regiones costeras del norte del Mediterráneo, la salvia también crecía silvestre en el centro y norte de la península Ibérica y en la región occidental de la península de los Balcanes. Hoy crece en gran parte del mundo. La planta presenta pares de hojas entre ovadas y elípticas, de haz verde y envés blanquecino y aterciopelado, que se extienden desde un tallo erecto. Las flores son de color púrpura azulado y de aroma almizclado y terroso. Es una planta perenne que alcanza los 80 cm de altura, aunque hay variedades de diferentes tamaños. Asociada con la longevidad, abundan las leyendas sobre príncipes de larga vida que bebían tés de salvia, así como un refrán que reza: «El que quiera vivir sin desmayo, tome salvia en mayo».

Sumamente valorada

El griego Teofrasto, considerado padre de la botánica, ya anotó en su *Historia de las plantas* (c. 350–287 a.C.) que la salvia era una hierba útil. Según registros históricos, en Grecia y Roma se usó originalmente para conservar la carne y como potenciador de la memoria. Para los romanos era tan sagrada que celebraban ceremonias para su siembra y cosecha.

Su presencia en Reino Unido fue documentada en el siglo XVI por el naturalista John Gerard, que la menciona en *The herball* (1597), donde escribió que la salvia era «singularmente beneficiosa para la cabeza y la inteligencia» y útil para una larga lista de dolencias.

La salvia es apreciada en muchas cocinas europeas. Hoy se usa en todo el mundo occidental para añadir sabor a diversos platos salados, en especial de cerdo, ternera (a destacar el plato italiano *saltimbocca*), aves e incluso queso. También es popular como infusión refrescante.

△ **Visión artística**
Este grabado, obra de Pierre Jean François Turpin, uno de los más eminentes artistas botánicos franceses, representa fielmente las hojas y flores de la salvia.

◁ **Sabrosa y decorativa**
La salvia no solo transforma muchos platos salados, sino que, con sus hojas suavemente aterciopeladas, es también una popular planta frondosa de jardín.

Origen
Norte del Mediterráneo

Principales productores
Albania, Marruecos, Turquía

Aporta
Calcio, hierro, vitamina A

Usos no alimentarios
Herbario, medicinal, aceite esencial

Nombre científico
Salvia officinalis

Romero

una hierba para recordar

Esta hierba ligeramente leñosa y de gusto astringente hunde sus raíces en el mito y la leyenda, además de tener un lugar fijo en las cocinas modernas.

Nativo del norte de África y del área mediterránea, su nombre en latín, *ros maris* (rocío del mar), hace referencia a su origen en zonas costeras, aunque también se baraja que provenga del griego *rhōps myrínos* (arbusto perfumado). Es un arbusto leñoso perenne que puede alcanzar los 2 m de altura, de hojas agudas, lanceoladas y oscuras, y flores azules en verano. En las laderas del sur de Europa aún crece silvestre en matas grandes y extensas.

Usos diversos

Las civilizaciones antiguas de regiones próximas a las costas donde crecía el romero le dieron usos diversos, tanto ceremoniales como domésticos. En el proceso de momificación, los egipcios introducían ramitas de romero entre las vendas con que envolvían la momia. El romero figura entre las 600 plantas mencionadas por Dioscórides, médico griego del siglo I d.C., en su *De materia medica*; y en la antigua Grecia se enredaban ramitas de romero en el cabello de los estudiantes para estimular la memoria y ayudarlos a concentrarse en los exámenes. Esta creencia en sus propiedades memorísticas, que pervivió a lo largo de los siglos, fue mencionada por William Shakespeare en *Hamlet* (1601): «Esto es romero, para recordar. Acuérdate, amor».

Carlomagno, emperador del Sacro Imperio, incluyó el romero en su acta de leyes *Capitulare de villis* (c. 800), ordenando que se cultivara en sus haciendas. En el siglo I d.C., los ejércitos romanos llevaron plantas de romero a Britania, donde fue apreciado por sus supuestas propiedades medicinales y cultivado en las regiones del sur. Durante la Peste Negra (1346–1353), gentes de toda Europa quemaban romero en sus hogares con la esperanza de repeler la plaga. Tres siglos después, los primeros colonos llevaron con ellos la planta al Nuevo Mundo.

Hoy, el romero es sumamente apreciado en muchos países por su valor culinario, medicinal y cosmético, así como arbusto ornamental (en gran parte porque sus aceites naturales repelen los mosquitos y otros insectos que dañan los cultivos). En Europa y América se usa para condimentar carne y aves, y en ocasiones se añade a panes, bizcochos y galletas.

△ **Premio celestial**
Según la leyenda, durante su huida a Egipto, María extendió las ropas del niño Jesús sobre un romero para que se secaran. En agradecimiento por su servicio, Dios otorgó a sus flores blancas el mismo azul del manto de María.

▷ **Hojas lineares**
Las hojas estrechas y afiladas del romero crecen con densidad en los tallos recién brotados.

Origen
Norte de África y costa mediterránea

Principales productores
Francia, Italia, España, Túnez

Aporta
Calcio, hierro, vitamina B_6

Usos no alimentarios
Herbario, medicinal, aceite esencial

Nombre científico
Rosmarinus officinalis

«[El romero] alivia el corazón y lo hace alegre.»

JOHN GERARD, NATURALISTA INGLÉS (1545–1612)

Estragón · el dragoncillo

Origen
Asia

Principales productores
Israel, España, Turquía

Nombre científico
Artemisia dracunculus

Nativo de Mongolia y Siberia, el estragón ha sido un condimento popular en la cocina europea desde la Edad Media, en especial en Francia.

▷ **Vinagre aromatizado**
Con el tiempo, las hojas de estragón transmiten su gusto anisado al vinagre para utilizarlo en el aderezo de ensaladas.

▽ **Hojas sanadoras**
El estragón fue incluido en *A curious herbal* (1739), obra de la ilustradora y escritora Elizabeth Blackwell que describía los valores medicinales de una selección de hierbas.

Perteneciente a la familia del girasol, el estragón se conoce también en Francia como *herbe dragon*. Esta asociación, visible en su nombre botánico, procedente del latín *dracunculus* («dragoncillo»), puede ser debida a que se creía que podía curar mordeduras de serpiente, o a la forma serpentina de sus raíces. El nombre de su género, *Artemisia*, podría ser un reconocimiento a la diosa griega Artemisa.

Con hojas lisas, largas y de color verde oscuro, y cierto aroma anisado, el estragón francés presenta diminutas flores verdes en verano. Es más popular en las cocinas que su pariente ruso, de hojas más claras, menos aromático y con un gusto ligeramente amargo.

Un toque dulce

Se cree que fue introducido en Europa en el siglo XIII por los invasores mongoles, que lo utilizarían como sedante, refrescante del aliento y condimento. A lo largo de los siglos siguientes se convirtió en una hierba culinaria popular en toda Europa, igualmente valorada por cocineros y herboristas por su peculiar sabor. El herborista y diarista inglés del siglo XVII John Evelyn aseguró: «[…] las hojas y los brotes, como los de la rúcula, nunca deben faltar en las ensaladas. Es sumamente vigorizante para la cabeza, el corazón y el hígado».

Favorito durante largo tiempo de la cocina francesa, el estragón es una de las cuatro hierbas de la mezcla clásica *fines herbes*, así como un aderezo principal en la salsa bearnesa y la *remoulade*, la vinagreta y la mostaza de Dijon. También se usa para aromatizar vinagres, encurtidos, sazonadores y compotas. En Georgia es un popular ingrediente del refresco almibarado conocido como *tarhun*.

> «No hay buen vinagre sin estragón.»

ALEXANDRE DUMAS, ESCRITOR FRANCÉS (1802–1870)

◁ **Macetas de bienestar**
Habitual en las huertas
de la región mediterránea
en la Edad Media, la albahaca
tenía fama de aliviar dolores
de estómago, pérdidas de
apetito y flatulencias.

Albahaca hierba del amor y el odio

Considerada símbolo del odio y del miedo en el mundo clásico, esta planta se convirtió en prueba de amor en la Edad Media. Sus hojas aromáticas se utilizan hoy como condimento en diversos platos asiáticos e italianos.

A menudo mencionada como «rey de las hierbas» o «hierba real», su nombre específico *basilicum* procede del griego *basileos* (rey), lo cual es reflejo de su relevancia durante la Edad Media. Es nativa de Oriente Medio e Irán, donde se cree que fue cultivada durante al menos 5000 años antes de llegar al Mediterráneo a través de las rutas de las especias.

Existen unas 160 variedades cultivadas alrededor del mundo, siendo la más extendida la albahaca italiana; de hojas sedosas de color verde claro y flores blancas pequeñas, prospera mejor en climas templados cálidos.

Prenda de amor

Esta hierba sumamente aromática está rodeada de muchas supersticiones. Los griegos creían que los escorpiones se criaban bajo sus macetas, y los romanos la consideraban un símbolo de odio, aunque en siglos posteriores se convirtió en prenda de amor en Italia:

en las fiestas de San Juan y San Antonio, los jóvenes obsequiaban a sus amadas una maceta de albahaca junto con un poema y una borla. Este sentimiento fue reflejado por el poeta inglés del siglo XIX John Keats en su poema «Isabella, o la maceta de albahaca». Griegos y romanos antiguos también creían que, cuanto más maldijeran al plantar sus semillas de albahaca, más robusta sería la planta, que llevarla encima atraía la riqueza y que recibir un tiesto con ella como obsequio al inaugurar una casa traía buena suerte.

Hoy día, la albahaca es bien conocida por su intenso aroma y sabor. Sus hojas frescas son un ingrediente esencial del pesto y otras salsas para pasta, y también se añaden a la ensalada de tomate y mozzarella. Las variedades asiáticas se utilizan mucho en salteados, ensaladas y platos de curri.

▽ **El sabor de Italia**
El verde de los manojos de hojas de albahaca es una visión común en las cocinas italianas, planta presente en muchos platos tradicionales.

Tomillo

hierba del valor y la purificación

Existen unas 60 variedades de tomillo, entre ellas el limonero, el de naranja, el serpol o el té fino. La mayoría son nativas de Asia occidental y del Mediterráneo, donde se ha cultivado durante miles de años por su sabor y por sus poderes mágicos.

Origen
Región mediterránea

Principales productores
Marruecos, Polonia, Turquía

Aporta
Vitamina K, hierro

Usos no alimentarios
Medicinal, cosmético (aceite)

Nombre científico
Thymus vulgaris

△ **Ramito de salud**
El tomillo, de la familia de la menta, contiene timol, sustancia usada como antiséptico en enjuagues bucales.

▽ **Remedio herbal**
Preparado y vendido por boticarios en la Europa medieval, el tomillo tenía varios usos medicinales. Se decía que propiciaba el sueño y evitaba las pesadillas.

Pocas hierbas pueden reclamar tantos usos más allá de las ollas como *Thymus vulgaris*, o tomillo común, vulgar o de jardín. Los egipcios aprovechaban sus propiedades conservantes como parte del proceso de momificación, y los griegos y romanos sus cualidades aromáticas y antisépticas en aceites cosméticos y de masaje.

El nombre genérico latino (*Thymus*) procede del griego *thýon* (oloroso, aroma) o *thýmos*, que significa «alma». Esta asociación podría remitir a la práctica griega de quemar tomillo en rituales de consagración y purificación en sus ceremonias religiosas en los templos, donde la hierba, además, se consagraba a Adefagia, diosa de la cosecha abundante y la gula.

Protector y potenciador

La popularidad del tomillo se extendió por el Imperio romano hasta Britania, donde, en el siglo XIV, se usó en ramilletes y esparcido por el suelo como protección contra la peste. Según las tradiciones holandesas y germanas de esa época, se creía que cualquier lugar donde creciera silvestre estaba bendecido por las hadas.

Durante la Edad Media, el tomillo fue considerado también símbolo de valor. Las esposas de los caballeros que partían a las Cruzadas bordaban hojas de tomillo y abejas en las prendas de sus esposos para darles fuerza al entrar en combate. Las abejas, atraídas por los verticilos de flores entre blancas y azul claro de la planta, se asociaron largo tiempo con esta hierba para la creación de una miel ambarina sumamente apreciada por los antiguos atenienses, que usaban el tomillo que crecía en el cercano monte Himeto.

Junto con sus usos medicinales y sus propiedades mágicas asociadas, el tomillo ha sido muy utilizado, tanto fresco como seco, para condimentar sopas, ensaladas y salsas para acompañar platos de carne, pescado y aves. El tomillo está incluido en el *bouquet garni* y en las hierbas provenzales, clásicas mezclas francesas de hierbas. Introducido desde Europa, también aparece en muchos platos caribeños, y es un ingrediente clave del *za'atar*, una mezcla de especias y hierbas típica de Oriente Próximo.

Los antiguos griegos creían que comer tomillo podía contrarrestar los efectos de los venenos.

Orégano

el sabor del consuelo y la alegría

Famoso hoy como la hierba que se espolvorea sobre
la pizza italiana clásica, en épocas antiguas el orégano
fue apreciado no solo por su sabor, sino como medicina
y portador de buena suerte y de paz en el más allá.

El orégano está muy ligado a Italia y a las salsas de
tomate; fue a finales del siglo XVIII cuando empezaron
a usarse juntos en la pizza napolitana. Hasta entonces el
orégano solo se utilizaba en platos de carne o verduras.
En EE UU devino muy popular por su vinculación con
la pizza, sobre todo tras la Segunda Guerra Mundial,
cuando los soldados que regresaron de Italia trajeron
consigo el gusto por ella. El orégano está relacionado
con la mejorana, que tiene un sabor más suave.

Apreciado por los griegos

El orégano es originario del área mediterránea, y fueron
los griegos los primeros en usarlo de forma generalizada.
La etimología de su nombre es incierta, pero puede estar
relacionada con las palabras griegas *óros* (montaña) y
gános (brillo, alegría), lo cual podría hacer referencia a la
antigua creencia griega de que fue creado por Afrodita,
la diosa del amor. Los griegos lo tenían en alta estima:

> **«No existe mejor hierba […]
> para aliviar la acidez de estómago.»**
>
> NICHOLAS CULPEPER, *HERBARIO COMPLETO* (1653)

se creía que masticar hojas de orégano aliviaba el mareo,
los recién casados se adornaban con coronas de orégano
para que les trajera felicidad, y las hojas se dejaban sobre
las tumbas para ayudar al muerto a descansar en paz. Su
sabor también era muy apreciado: las carnes de cabra y
oveja que habían pastado orégano eran muy valoradas.

Los antiguos romanos también lo adoptaron en su
cocina y lo difundieron en el norte de África. A partir
de ahí se convirtió en un condimento apreciado en la
gastronomía italiana. Ha permanecido como ingrediente
habitual de los platos griegos, usado con frecuencia en
ensaladas y para realzar el sabor de carnes a la brasa.

Origen
Región mediterránea
y Asia occidental

Principales productores
Turquía, Grecia

Aporta
Hierro, calcio,
manganeso, vitamina K

Usos no alimentarios
Herbario

Nombre científico
Origanum vulgare

▷ **Hojas frescas**
El orégano es una planta de
crecimiento lento. Sus hojas
son ovales, de color verde medio
y matices rojizos, y sus flores,
púrpuras, rosas o blancas.

◁ **Poder curativo**
El alto contenido oleico
del orégano hace que se
seque bien. En la medicina
china tradicional se usa para
tratar problemas digestivos y
reforzar el sistema inmunitario.

Laurel el sabor de la victoria

Usadas en la Antigüedad para coronar a los vencedores en combate, las hojas de laurel son apreciadas hoy en la cocina por su sabor y su aroma penetrante.

◁ **Utensilio para moler**
Los morteros para machacar hierbas y especias han cambiado poco a lo largo de sus más de 6000 años de historia.

Según la mitología griega, cuando el dios Apolo intentó seducir a la ninfa Dafne, el padre de esta la convirtió en un laurel para protegerla. Hasta hoy, el laurel suele llamarse en Grecia el árbol de Dafne.

Nativo de Anatolia y de la región mediterránea, este árbol de lustrosa hoja verde oblonga y umbelas de flores blanquecinas en forma de estrella es cultivado en todo el mundo por sus propiedades aromáticas.

Corona de leyenda

Para los antiguos griegos y romanos, el laurel era un símbolo de paz y victoria, lo cual se refleja en su nombre científico, *Laurus nobilis* (laurel noble). Para demostrar que eran especiales a ojos de los dioses, emperadores, soldados, atletas e incluso poetas del mundo clásico eran coronados con laurel. Tradicionalmente, los laureles se plantaban junto a las puertas principales para atraer buena suerte y alejar a los espíritus malignos.

Al laurel también se le atribuían poderes purificadores, y fue usado como «hierba para quemar» por paganos y cristianos durante la Alta Edad Media para alejar a los malos espíritus. Existen registros de que, en la Inglaterra del siglo XVI, era habitual esparcirlo por el suelo para enmascarar los malos olores.

Versátil hierba aromática

Hoy, el laurel es un ingrediente esencial en la mezcla de hierbas francesa *bouquet garni*, a la que añade un toque acre, ligeramente amargo, pero delicadamente floral. Es un condimento usado en toda Europa para estofados, sopas, salsas, guisos y adobos. También se emplea a menudo para sazonar y decorar patés.

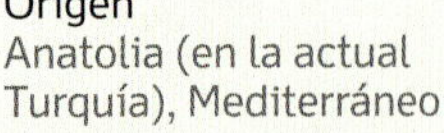

Origen
Anatolia (en la actual Turquía), Mediterráneo

Principales productores
Turquía

Usos no alimentarios
Perfumería, cuidado del cabello

Nombre científico
Laurus nobilis

△ **Un jardín en Pompeya**
Esta pintura de un jardín, procedente de Pompeya (ciudad romana destruida por la erupción del Vesubio en 79 d.C.), indica la importancia del laurel en tiempos romanos.

▷ **Romano laureado**
La corona de hojas de laurel simbolizaba triunfo y heroísmo en la antigua Roma. Los emperadores, como aquí Julio César, eran representados a menudo coronados con ella.

Curri sabor de Asia

Las lustrosas y aromáticas hojas de un pequeño árbol perennifolio, el árbol del curri, son la fuente de uno de los sabores clave de la cocina del sur de Asia.

Las hojas de curri, que no se deben confundir con la mezcla de especias llamada curri, reciben en India nombres diversos, como *kadi patta*, *kari patta* o *meethi neem* (neem dulce), y se usan en platos de curri y de verduras.

Originario del sur de India, Sri Lanka y Pakistán, el árbol del curri pertenece a la misma familia que los cítricos (*Rutaceae*), y en verano presenta grupos de flores blancas, pequeñas y fragantes. Las hojas liberan un delicado aroma a nuez y limón al ser frotadas. El nombre de la especie de la planta, *koenigii*, hace referencia al botánico alemán Alexander Koenig, quien trabajó como naturalista en el sur de India e hizo descripciones de plantas usadas en su medicina tradicional.

En la literatura tamil temprana (siglo I d.C.) ya existen referencias al uso de hoja de curri para sazonar verduras, y unos siglos después vuelven a aparecer registros en la literatura canaresa (o *kannada*) del suroeste de India. Las hojas siguen vinculadas a estas regiones: la palabra «curri» surgió de la tamil *kari*, usada para las salsas especiadas.

Origen
Sur de Asia

Principales productores
India

Usos no alimentarios
Medicina tradicional

Nombre científico
Murraya koenigii

Añadido especiado

Los viajeros indios llevaron hojas de curri a muchas cocinas del mundo. Por ejemplo, se incluyen con frecuencia junto a especias en los platos de curri de pescado preparados en Malasia, Singapur y las islas tailandesas. Hoy, el árbol del curri se cultiva en Sri Lanka, el Sureste Asiático, Australia, las islas del Pacífico y África, además de en India.

A menudo, las hojas se fríen en aceite o *ghee* calientes con cebolla y especias, y se usan como base de curris o se vierten sobre platos ya preparados. También se emplean en los estados de Punjab y Rajastán, en el norte de India, para preparar una popular sopa espesa de garbanzos llamada *kadhi* o *karhi*; y para el yogur o la *mattha* (suero de mantequilla).

△ **Sabores verdes**
Las hojas de curri son habituales en los mercados del sur de Asia. Esta mujer ofrece varias hierbas frescas (las curri están en primer plano) en un mercado de Andhra Pradesh (sureste de India).

◁ **Ramita simétrica**
Las brillantes hojas verdes del curri crecen en filas simétricas a lo largo de las ramas de la planta.

Se dice que la aplicación de infusión de hojas de curri en aceite disimula las canas.

Cilantro
una semilla para la inmortalidad

Con sus hojas llenas de sabor, sus diminutas semillas y su distintivo aroma, el cilantro tiene fama de no ser para todos los gustos. No obstante, se ha hecho popular como hierba aromática y como condimento especiado.

Origen
Región mediterránea y Anatolia (Turquía asiática)

Aporta
Calcio, potasio

Nombre científico
Coriandrum sativum

Usado, según se cree, para perfumar los jardines colgantes de Babilonia en la antigua Persia, el cilantro es nativo de la región mediterránea y de Anatolia (en la actual Turquía). También es conocido como coriandro y está relacionado con el perejil (uno de sus nombres vernáculos es perejil chino). Sus aromáticas hojas tienen un ligero gusto cítrico; sus flores, pequeñas y blancas o rosadas, forman pequeñas semillas esféricas.

Semillas de inmortalidad

El cilantro se menciona en textos sánscritos, egipcios, griegos y romanos, y se dice que era cultivado en Persia hace 3000 años; también se cultivó con fines medicinales y culinarios en Egipto, donde sus semillas se secaban y se usaban como especia. Entre las provisiones halladas en la tumba de Tutankamón hay jarras con semillas de cilantro, dejadas quizá para acompañar a su espíritu.

Las semillas de cilantro fueron transportadas hace 5000 años desde el Mediterráneo, a través de la Ruta de la Seda, hasta China, donde la planta llegó a ser muy reverenciada y se creía que aumentaba las posibilidades de alcanzar la inmortalidad. En el siglo XVI, el cilantro fue introducido en México y Perú por los españoles; y a principios del siglo XVII fue una de las primeras hierbas plantadas por los colonos europeos en Massachusetts.

Sabor y ornamento

Pese a que toda la planta es comestible, los europeos centran su interés culinario en las semillas, que se utilizan para condimentar platos como estofados, bizcochos, panes o encurtidos. En América Central y del Sur y el Sureste Asiático, las hojas picadas se usan como adorno o en salsas para acompañar pescado, carnes rojas y aves, así como en ensaladas, sopas y el popular guacamole. En Oriente Próximo se usan de forma similar, y en algunas cocinas del Sureste Asiático también se utiliza la raíz. Las semillas y las hojas están presentes en los platos de curri indios, y la semilla molida es un ingrediente de la aromática mezcla de especias *garam masala*.

△ **Hallazgo sepulcral**
La tumba de Tutankamón contenía jarras con semillas de cilantro, especia muy apreciada por los antiguos egipcios. La ilustración muestra a los egiptólogos Howard Carter y el conde de Carnarvon abriendo el sarcófago que cubría la momia del joven faraón.

◁ **Fresca y verde**
Las pequeñas hojas lobuladas del cilantro tienen los bordes dentados. Su sabor y aroma penetrantes añaden una dimensión extra a los platos aunque solo se use como adorno.

Las semillas de cilantro cubiertas de azúcar eran una exquisitez en la Europa de los siglos XVI y XVII.

Eneldo un remedio contra los excesos

Apreciada y muy cultivada por las civilizaciones del mundo antiguo por sus propiedades medicinales, esta hierba de elegantes hojas plumosas se ha convertido en condimento central en las cocinas del norte de Europa.

△ **Semillas digestivas**
Las semillas de eneldo se usan para sazonar muchas comidas y bebidas, y también tienen fama de aliviar la indigestión.

Su nombre en nórdico antiguo, *dilla* (adormecer), ya daba cuenta de su uso contra el insomnio. Miembro de la familia del perejil, el eneldo es originario de Asia central y del sureste europeo. La planta presenta umbelas de flores amarillas y hojas plumosas con aspecto de helecho, similares a las del hinojo, su pariente cercano.

El eneldo ya era conocido en el mundo antiguo: se han hallado ramitas en la tumba de Amenhotep, faraón del siglo XIV a.C., lo que sugiere que en esa época se usaba junto con otras hierbas para embalsamar. También era apreciado por los griegos como signo de riqueza y remedio para el hipo. Griegos y romanos lo utilizaron como condimento en la cocina: en las recetas de cocina romanas atribuidas a Apicio (del siglo I d.C.), recopiladas en el siglo IV o V en *De re coquinaria*, hay más de cuarenta menciones del eneldo.

Infusión curativa

En la Alta Edad Media, época de abundantes relatos de brujería, se creía que beber una infusión de hojas y semillas de eneldo ayudaba a combatir las maldiciones de brujas. En el siglo VIII, Carlomagno, rey de los francos y futuro emperador del Sacro Imperio Romano, disponía cuencos con semillas de eneldo en las mesas de banquete para que quienes se hubieran excedido recurrieran a ellas para calmar la digestión y aliviar la distensión abdominal. Con su sabor delicado y aromático, el eneldo es un ingrediente relevante en las cocinas alemana y escandinava, e imprescindible en el salmón *gravlax*, marinado con sal, azúcar, pimienta y eneldo finamente picado. También se suele utilizar para sazonar encurtidos, así como ensaladas de patata, chucrut, estofados y sopas.

Origen
Asia central, sureste de Europa

Aporta
Vitamina C, manganeso

Usos no alimentarios
Medicinal (digestivo)

Nombre científico
Anethum graveolens

▷ **Frondas plumosas**
Con sus umbelas de flores amarillas y sus delicadas frondas, el eneldo es tan decorativo como sabroso.

Pimienta

especia valiosa

Una de las especias más antiguas del mundo –y hoy una de las más populares–, la pimienta se usa en la cocina india desde hace más de 4000 años.

La pimienta fue tan apreciada en el pasado que, en el año 410, el primer rey de la tribu germana de los visigodos, Alarico, exigió 1360 kg de granos de pimienta como parte del rescate por Roma. Y, en la Edad Media, la pimienta tenía un precio diez veces superior al de cualquier otra especia.

Originaria del sur de India, la pimienta (*Piper nigrum*) es el fruto del pimentero, una planta trepadora leñosa de hoja perenne que puede superar los 4 m de longitud. Presenta racimos de flores blancas a verdosas que producen drupas, o «granos» del tamaño de guisantes. La pimienta debe su sabor picante a la piperina, aceite volátil presente en el exterior del fruto y en la semilla.

El color de la pimienta ya elaborada depende de cuándo se recolectan y cómo se tratan los frutos. Así, la pimienta negra procede de frutos maduros secados al sol; la pimienta verde, de frutos sin madurar, tratados normalmente con salmuera; la blanca son semillas a

▷ **Racimos picantes**
Los granos de pimienta, drupas del pimentero, cuelgan de los tallos en racimos.

las que se les ha retirado la cáscara y las partes carnosas del fruto completamente maduro. Sin embargo, la pimienta rosa procede de un árbol totalmente distinto: el turbinto o pimentero brasileño (*Schinus terebinthifolius*).

De viaje por el mundo antiguo

No se sabe ni cuándo empezó a exportarse la pimienta de India ni por qué ruta, pero se han hallado granos de pimienta en las fosas nasales de la momia de Ramsés II, lo que indica que la especia ya se utilizaba en los ritos funerarios egipcios al menos en el siglo XIII a.C. En India se usaba en la medicina tradicional y en la cocina. El poema épico hindú *Mahabharata*, del siglo IV a.C., describe banquetes que incluyen comidas sazonadas con pimienta negra.

La pimienta fue muy apreciada por los romanos, que también la usaron como conservante. A medida que su comercio medraba bajo el Imperio romano, se convirtió en un artículo codiciado. El comercio estaba principalmente bajo el control de mercaderes árabes, que abastecían a los romanos a través del puerto de Alejandría. Tras la caída del Imperio romano, el monopolio

◁ **Un gran negocio**
En el siglo XVI, la isla indonesia de Java ya tenía un boyante comercio de pimienta. El mercader de la izquierda está pesando los granos para un comprador.

△ **Preparación**
Esta ilustración persa del siglo XIV muestra la recolección y el secado de granos de pimienta en India antes de ser puestos a la venta.

Origen
Sur de India

Principales productores
India, Vietnam, Indonesia

Usos no alimentarios
Medicina tradicional

Nombre científico
Piper nigrum

siguió en manos de los árabes, que guardaban en secreto sus fuentes de suministro para mantener el precio alto.

Cambios comerciales

Durante la Edad Media, mientras crecía el comercio de pimienta y otras especias entre Asia y Europa, el sabor de la pimienta era tan valorado entre los europeos que esta se convirtió en una mercancía lucrativa. Casi cada ciudad tenía su calle de las especias, donde los mercaderes se reunían para vender sus artículos. Con frecuencia, esas calles recibían el nombre de la apreciada especia, como, por ejemplo, la Rue de Poivre, en París.

En el siglo XIV, Génova y Venecia se habían convertido en centros del comercio de pimienta desde Oriente. No obstante, en 1498, el explorador portugués Vasco da Gama descubrió una ruta a India rodeando el extremo austral de África, lo que supuso el comienzo del control portugués del comercio de la pimienta. Esto duró hasta finales del siglo XVI, cuando los Países Bajos se convirtieron en primera potencia mundial del comercio de especias. A inicios del siglo XIX, el control del mismo había pasado a los británicos.

Hoy, la pimienta es la especia más usada en el mundo. Molida o entera, añade su calidez y su sabor picante a una interminable variedad de platos, desde carnes, pescados y pasta hasta guisos y sopas. También se usa en salsas, adobos, caldos y encurtidos.

◁ **Molinillo antiguo**
Los molinillos portátiles permitían a los mercaderes vender tanto pimienta molida como en grano, a gusto del cliente.

Mostaza
condimento intenso y picante

Las civilizaciones antiguas de Europa y Asia, donde la mostaza
crece silvestre, empezaron a usar sus semillas blancas, pardas
o negras para hacer condimentos y salsas que aún son populares.

El nombre «mostaza» procede de los romanos, que
maceraban semillas de la planta en zumo de uva para
hacer *mustum ardens* (mosto ardiente). Existen evidencias
de que en la civilización asiática del valle del Indo, de
entre 3330 y 1300 a.C., ya se cultivaba mostaza, especia
que también se menciona en textos sumerios y sánscritos.
Según la mitología griega, fue un obsequio de Asclepio,
dios de la medicina, y Ceres, diosa de la agricultura.

Relacionada con las coles

Se le da el nombre de mostaza a varias plantas del género
Brassica (que incluye, entre otros, la col y el nabo), y el
color de sus semillas depende de la especie. Así, *Sinapis
alba* (nativa de Europa y Oriente Próximo) presenta
semillas blancas; *Brassica nigra* (de la misma zona), semillas
negras; y *B. juncea* (originaria de Asia), semillas pardas.
En la recopilación de recetas *De re coquinaria* (siglo IV o V),
atribuidas al gastrónomo romano Marco Gavio Apicio,
del siglo I, aparece una de salsa de mostaza. Los romanos
llevaron semillas de mostaza a la Galia, y mucho después,
en el siglo XIII, Dijon ya era el centro de la producción de
mostaza francesa, como lo es hoy. En Inglaterra empezó
a usarse como condimento a finales del siglo XIV. En la
actualidad, el mayor productor mundial es Canadá.

Suave, picante o ardiente

Machacando las semillas y mezclándolas con agua y
vinagre se obtiene el popular condimento de Occidente
utilizado principalmente para acompañar carnes frías y
calientes, como salchichas y hamburguesas. Se elabora
en distintos grados de «intensidad», desde las mostazas
suaves francesas a la picante inglesa. En los Países Bajos
y el norte de Bélgica, la mostaza se utiliza para elaborar
una salsa con nata, perejil, ajo y beicon ahumado. Los
chinos y japoneses, que usan semillas pardas, prefieren

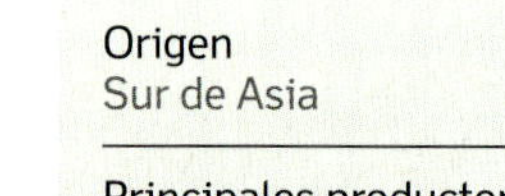

◁ **Amarillo vivo**
La planta de mostaza tiene
unas distintivas flores
amarillas y delicadas hojas.

▷ **Éxito comercial**
A medida que ganaba popularidad en el siglo XX,
en EE UU y otros países aparecieron numerosas
variedades de mostaza producidas comercialmente.

la mostaza sumamente picante. También se usa en abundancia en la cocina de India, donde a menudo se fríe antes de incorporarla para sazonar platos de curri, arroz y otros preparados.

> «[Mala suerte:] tener carne y no tener mostaza.»

PROVERBIO INSCRITO EN UNA TABLILLA
DE ARCILLA SUMERIA (*c.* 2000 A.C.)

Alcaravea salvación romana

La alcaravea tiene su origen en Asia Menor (actual Turquía) hace unos 5000 años, y se cree que esta elegante planta produce la especia más antigua cultivada en Europa.

La alcaravea crece silvestre en el centro y norte de Europa y en Asia central. Se han encontrado restos de la planta en yacimientos mesolíticos de Turquía y en restos de comida dejados por humanos prehistóricos. Se cree que los antiguos árabes fueron los primeros en usar *alkarawíyya* para sazonar las comidas, y se han encontrado semillas en antiguas tumbas egipcias. El médico griego Dioscórides anotó en su farmacopea *De materia medica* (*c.* 70 d.C.) que masticar las semillas ayudaba a la digestión.

Se dijo que las raíces de alcaravea salvaron a un ejército romano de la inanición durante el asedio de Dirraquio en el año 48 a.C., cuando los legionarios las cocieron y las mezclaron con leche para hacer unas tortas llamadas *chara*. Los romanos llevaban alcaravea con ellos cuando invadieron Britania, y Shakespeare la menciona en su segunda parte de *Enrique IV*, cuando el juez de paz Robert Shallow invita a sir John Falstaff a compartir «una manzana asperiega […] con un plato de alcaravea».

Origen
Asia Menor
(actual Turquía)

Principales productores
Países Bajos, Alemania

Usos no alimentarios
Digestivo, saborizante de bebidas alcohólicas, pasta de dientes y enjuagues bucales

Nombre científico
Carum carvi

Amplios usos

En el norte de Europa, las semillas de alcaravea realzan el sabor de quesos, panes de centeno y chucrut, y se añaden a sopas y estofados como el *goulash*. También son ingrediente esencial del popular licor *kummel*, y se pueden encontrar tanto en platos de Oriente Próximo como en la *harissa*, una pasta de guindilla propia del Magreb.

▷ **Hojas, flores y semillas**
Esta ilustración de una alcaravea en *Bilder ur Nordens flora*, de Carl Lindman (1905), muestra sus flores blancas, hojas plumosas y una de sus semillas pardas.

URCHGATE STATION
सुर्व पिट्ठल विमल्जी सोळकर ♥
♥ बंडा. जे. चेचोंडे ♥ 11

Comida portátil

En los últimos años, las empresas *online* dedicadas al servicio a domicilio de platos preparados han revolucionado la vida cotidiana. Pero el sistema de entrega y recogida de fiambreras de Bombay las supera. Transportar comidas puede parecer una tarea sencilla, pero lo que hacen los *dabbawalas*, o «repartidores de cajas», seis días a la semana durante 51 semanas al año es una proeza notable; de hecho, es tan impresionante que profesores de la Escuela de Negocios de Harvard visitaron Bombay para estudiar su sistema. Lo que descubrieron fue que los *dabbawalas* son tan eficientes que cometen un solo error por cada seis millones de servicios.

Desde su origen en 1890, cuando el rico banquero parsi Mahadeo Havaji Bacche empleó a un joven de una población cercana para que llevara cada día una fiambrera desde su casa hasta su oficina en Bombay, los *dabbawalas* han adquirido fama mundial. Bacche creó inicialmente un equipo de unos cien hombres, pero hoy hay unos 5000, que cada mañana entregan entre 175 000 y 200 000 fiambreras a la legión de oficinistas de Bombay, y cada tarde las recogen.

Los almuerzos van en latas cilíndricas llamadas *dabbas* o *tiffins*. Cada *dabba* contiene de dos a cuatro secciones. La inferior y más grande es para arroz, y en el resto se reparten un curri, una guarnición de verduras, chapatis o un postre. Toda la comida es casera y recién hecha. La jornada de un *dabbawala* comienza a las ocho de la mañana, cuando recoge las fiambreras en los suburbios de Bombay para entregarlas en el centro de la ciudad. Las *dabbas* se llevan a la estación de tren local en carro, bicicleta o moto; allí reciben un doble código de color según su destino y se cargan en trenes hacia la ciudad. A su llegada son entregadas a otros *dabbawalas* para su entrega en las oficinas. Después de la comida, el proceso se invierte.

◁ **Dabbawalas**
Carros cargados de fiambreras son empujados por las calles de Bombay por equipos de *dabbawalas*, repartidores que han llevado comida a millones de ciudadanos durante más de 125 años.

Cardamomo
importación vikinga

Una de las especias más versátiles de Asia, el cardamomo, ha sido valorada desde antiguo por culturas de todo el mundo por su peculiar sabor y su singular aroma.

Origen
India meridional

Principales productores
Guatemala, India, Indonesia

Usos no alimentarios
Refrescante del aliento

Nombre científico
Elettaria cardamomum

El cardamomo era conocido por los antiguos egipcios, que mascaban las semillas para limpiarse los dientes y refrescar el aliento. Pero este miembro de la familia del jengibre tiene su origen más al este, en los bosques que recorren los Ghats occidentales, en el sur de India.

La planta tiene grandes hojas lanceoladas y flores blancas que, al madurar, forman vainas de sección triangular, cada una con tres filas de semillas marrón oscuro, pegajosas y aromáticas. Hay dos tipos principales de cardamomo: el cardamomo verde tiene un sabor dulce y delicado; el negro es más áspero y potente.

Se han descubierto referencias al cardamomo en tablillas de arcilla de la antigua ciudad sumeria de Nippur datadas *c.* 2000 a.C. Miles de años después, en el siglo IX d.C., los vikingos, que lo conocieron en sus viajes por el Mediterráneo oriental, lo introdujeron en el norte de Europa.

Versatilidad actual

El cardamomo se usa mucho en platos de arroz, y en la cocina asiática se utiliza en dulces, postres y tés, además de en platos salados. En los países árabes se emplea para añadir un gusto distintivo al café. Los panes dulces y bollos escandinavos a menudo se condimentan con cardamomo.

▷ **Preparar las vainas**
Un grupo de mujeres indias limpian y clasifican cuidadosamente por tamaño y color vainas de cardamomo listas para su empaquetado y embarque a destinos de ultramar.

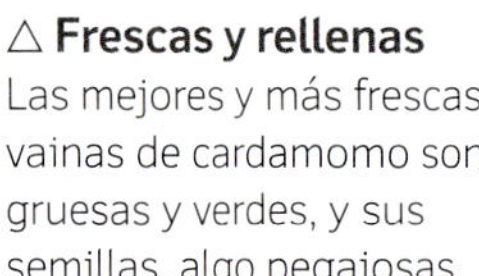

△ **Frescas y rellenas**
Las mejores y más frescas vainas de cardamomo son gruesas y verdes, y sus semillas, algo pegajosas.

◁ **Ricas cosechas**
Mujeres recogiendo vainas de cardamomo en Kerala (India). La época de cosecha en esta región va de septiembre a noviembre.

Hierba de limón

delicadeza distintiva

Muy valorada en la cocina tailandesa por su aroma y sabor cítrico, la hierba de limón está ganando reconocimiento en el mundo como condimento de platos de estilo asiático y de tés.

Sorprendentemente, existen 45 especies de esta herbácea alta y esbelta, pero la más usada en cocina es *Cymbopogon critratus*. Cuando se machacan o se cortan, sus hojas desprenden un peculiar aroma a limón. Crece en matas a partir de una base bulbosa y se encuentra en todos los trópicos, aunque se cree que es originaria de India y del Sureste Asiático. El nombre *Cymbopogon* puede proceder del griego *kymbe* (barco) y *pogon* (barba), y haría referencia a la forma de sus diminutas flores blancas.

En Asia, la hierba de limón (o hierba limón) se ha usado para condimentar platos como sopas y estofados desde hace 5000 años. En el este de India y en Sri Lanka se combinaba con otras hierbas para hacer una bebida conocida como «té de la fiebre», usado como febrífugo, regulador de la menstruación y tratamiento de diarreas y dolencias estomacales. Hay mucho secretismo en torno a la historia de esta hierba, y en Filipinas existen relatos no confirmados de su destilación para la exportación ya en el siglo XVII.

Popularidad actual

La hierba de limón se utiliza fresca o liofilizada como ingrediente integral en la cocina del Sureste Asiático. Es un condimento esencial de la famosa sopa tailandesa *tom yum*. En años recientes, su demanda ha ido aumentando a medida que la cocina tailandesa se hacía más popular en todo el mundo. Tiene un especial maridaje con platos de curri, adobos, estofados y sopas de marisco. También es un refrescante té herbal.

Origen
India y Sureste Asiático

Principales productores
Guatemala, China

Aporta
Calcio

Usos no alimentarios
Repelente de insectos

Nombre científico
Cymbopogon citratus

▽ **Tallos fragantes**
Esta planta de rápido crecimiento puede alcanzar 1 m de altura. Tiene una base bulbosa de la que brotan las hojas en anillos concéntricos.

Muy utilizada como repelente de insectos, a la hierba de limón se la llama «hierba mosquito».

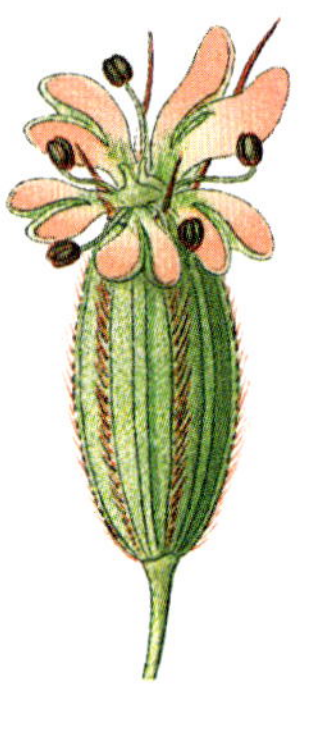

FLOR

VAINA

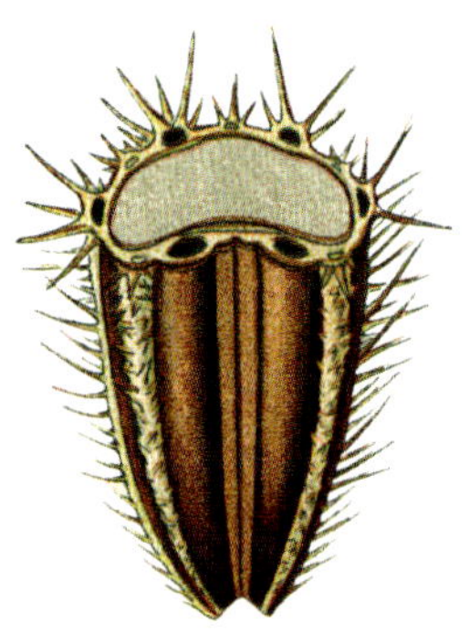

INTERIOR DE LA VAINA

Comino sabor oriental

El comino, la segunda especia más popular tras la pimienta negra, se ha utilizado como condimento desde el Mediterráneo hasta Asia oriental durante más de 5000 años.

Miembro de la familia del perejil, el comino tiene hojas filiformes y plumosas, y pequeñas flores entre blanco y rosa claro. Las semillas, ovales y de color pardo amarillento con leves crestas claras, se utilizan como especia. El comino proviene del Mediterráneo oriental, y se menciona en la Biblia como planta de cultivo que se trillaba con vara, método todavía utilizado en los países del este del Mediterráneo.

Favorito en el mundo antiguo
Cultivado en el antiguo Egipto hace más de 5000 años, el comino se usaba como sazonador y en el embalsamiento. Los antiguos griegos lo disponían como condimento en la mesa, y sus soldados contaban con hogazas de pan de comino cuando estaban en campaña. Las numerosas referencias al comino encontradas en la colección de recetas atribuida al gastrónomo romano del siglo I Marco Gavio Apicio, publicadas en el siglo IV o V, sugieren que también era una especia popular en la antigua Roma.

Europa y más allá
Bajo la influencia romana, el comino se difundió por el resto de Europa, donde su popularidad creció en el Medievo, época en que solía cultivarse

▷ **Mezclado**
Además de venderse como condimento en sí mismo, el comino se incluye en mezclas comerciales de especias.

en los jardines de los monasterios. En América del Norte se introdujo a principios del siglo XX a través de los inmigrantes españoles y portugueses.

El sabor a nuez picante del comino está presente en muchas cocinas del mundo. En India es el ingrediente principal de las mezclas de especias utilizadas en *kormas*, *masalas* y sopas. En los Países Bajos y Suiza se usa para dar un sabor distintivo a determinados quesos; en Francia y Alemania se emplea en pasteles y pan. Por toda Europa está presente en mezclas de encurtidos, y, en el norte de África, en platos de carne y de verdura. Las semillas de comino negro, más oscuras y pequeñas que las del comino común, son las más usadas en la gastronomía del norte de India, Pakistán e Irán. En Oriente Próximo se encuentra a menudo en quesos (como el halloumi), espolvoreado sobre pan y en encurtidos.

△ **Semillas para dar sabor**
Las semillas pardas del comino pueden utilizarse enteras (a menudo tostadas) o molidas.

Origen
Egipto

Principales productores
India, Siria, Turquía

Usos no alimentarios
Medicinal, fragancias

Nombre científico
Cuminum cyminum

Anís estrellado
una seductora especia asiática

A pesar de su bonita forma, el anís estrellado no es solo ornamental; su característico sabor a regaliz es muy apreciado en la cocina del Sureste Asiático e India.

◁ **Hoja y flor**
Las hojas verde oscuro del árbol del anís estrellado (o badián) son largas y puntiagudas, y normalmente ocultan las flores de color blanco amarillento que crecen en su base.

Esta especia con forma de estrella, también conocida como badián (nombre del árbol) o badiana de China, es el fruto de un pequeño árbol perennifolio que pertenece a la familia de las magnolias. Originario del sur de China y Vietnam, el anís estrellado (*Illicium verum*) no está emparentado con el anís (*Pimpinella anisum*), que proviene del este del Mediterráneo, aunque su sabor procede del mismo componente, el anetol. El nombre científico *Illicium* deriva del latín *illico*, que significa «seducción», en referencia a su maravillosa fragancia, con ese suave toque a regaliz.

Cavendish quien lo introdujo en Europa en el siglo XVI, creyendo que era originario de Filipinas.

Hoy, el anís estrellado —entero o molido— es un ingrediente importante en la cocina china y vietnamita, sobre todo en la mezcla de cinco especias chinas y en la sopa *pho boo* vietnamita. También se utiliza para dar sabor a tés, encurtidos y platos de curri en la cocina india. El anís estrellado es cada vez más popular en la gastronomía occidental, bien sea en platos de pescado o para cocer higos, peras y otras frutas.

Origen
Este de Asia

Principales productores
China, Vietnam

Usos no alimentarios
Medicina tradicional

Nombre científico
Illicium verum

> El *Illicium anisatum*, pariente japonés del anís estrellado, se utiliza como incienso, y es sumamente tóxico.

Las flores de color blanco amarillento, normalmente con un matiz rosado en el interior, aparecen en verano, seguidas por sus frutos estrellados, que se recogen antes de que maduren, se secan y se muelen, o se dejan enteros.

Estrella de la suerte

Según el folclore chino, el anís estrellado protege del mal de ojo, y encontrar uno de más de ocho puntas da suerte. Desde antiguo, los herboristas chinos lo han utilizado también por su valor medicinal, y solo en fechas relativamente recientes ha empezado a ser más ampliamente reconocido como especia en Occidente. Fue el corsario inglés Thomas

▷ **Estrellas de la cocina**
El típico fruto marrón estrellado guarda una semilla en el interior de cada segmento.

△ **Chiles a la venta**
Los chiles secos están a la
venta, entre otros productos,
en este puesto de mercado
de América del Sur.

Chile
especia picante que ha conquistado el mundo

El chile es el fruto de un pequeño arbusto mexicano que ya se cultivaba hace
7000 años. Hoy en día se cultiva en todo el trópico y añade picante a platos
de todo el mundo.

Por su sabor picante, Colón pensó que los chiles eran un
tipo de pimienta cuando los probó en el Nuevo Mundo.
Los chiles pertenecen al género *Capsicum*, al igual que
el pimiento, y son de la familia de las solanáceas,
que incluye el tomate y la patata. Hay alrededor de
25 especies de chiles, pero solo cinco se cultivan.

Los chiles adoptan todas las formas, tamaños y
colores, desde rojo, amarillo, naranja brillante o verde
hasta morado o negro. Muchos son finos y puntiagudos,
y pueden ser tan pequeños como un guisante –como
el chile ojo de pájaro con su forma de bala, popular
en la cocina del Sureste Asiático– o tan largos como
una cayena, que puede alcanzar 30 cm de altura.
El sabor picante de los chiles varía desde un ligero
regusto hasta un grado muy intenso, en función de
su concentración de capsaicina, un compuesto que
se encuentra en el mesocarpio que rodea las semillas.

Especia de rápida expansión

Se han encontrado semillas de chile en yacimientos
arqueológicos que datan de 7000 a.C. en Tehuacán,
en la zona centro-sur de México. Los primeros cultivos

Origen
México

Principales productores
China, México

Aporta
Vitamina C

Usos no alimentarios
Medicinal (capsaicina)

Nombres científicos
Capsicum annuum
C. frutescens
C. chinense
C. baccatum
C. pubescens

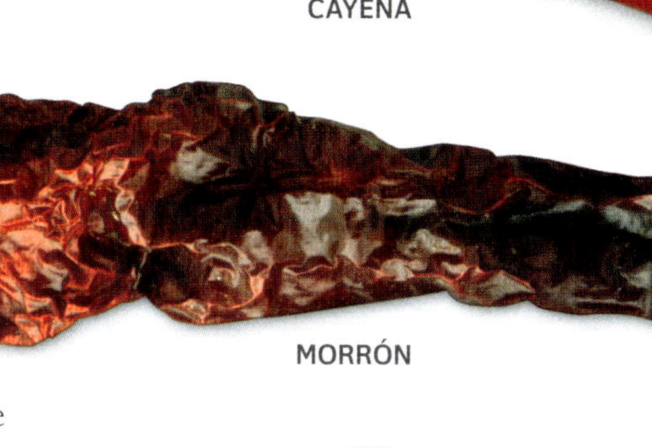

CAYENA

MORRÓN

aparecieron unos 2000 años después en esa misma región. Se cree que Cristóbal Colón fue el primer europeo en probar el chile en sus viajes a América. Él llevó las primeras plantas desde el Caribe hasta España, donde se cultivaron inicialmente en monasterios y se utilizaron como condimento alternativo a la pimienta, más cara. Desde allí, los chiles se difundieron pronto por Italia, especialmente por la región de Calabria.

Los mercaderes portugueses, informados por los españoles de la existencia del chile en su paso por

> ▷ **Colores engañosos**
> El aspecto del chile no informa de su intensidad. Algunos rojos y alargados son suaves, y otros verdes y pequeños pueden ocultar un auténtica bomba.

Indemnes al picor de la capsaicina, los pájaros comen y dispersan las semillas de chile.

y el chile se abrió paso por el resto de Europa a través de sus rutas. En el centro y este de Europa, la paprika (un pimentón que puede ser picante en diferentes grados) devino un ingrediente popular en platos como el *goulash* y el *paprikash* húngaros. En la década de 1540, los chiles viajaron de India a Inglaterra (donde se conocían como «guineanos» o pimientos «guinea»), pero ni allí ni en otros lugares del norte de Europa fueron tan populares, ya que se prefería el picante de la mostaza y del rábano picante. El botánico del siglo XVI John Gerard sostenía que el chile «tiene una naturaleza mezquina a través de la cual daña el hígado y otras vísceras [...], y mata a los perros».

Lisboa hacia América, los llevaron al sur de Asia. El chile se convirtió en un producto básico en el asentamiento costero indio de Goa, donde dio forma al picante plato de curri *vindaloo* (nombre derivado de la marinada portuguesa *vinha d'alhos*, de «vino y ajos»). Desde India, los comerciantes llevaron el chile más al este, hasta China y el sureste de Asia.

En parte debido a que puede utilizarse seco, el chile se expandió rápidamente por las rutas comerciales, y a lo largo de los 50 años siguientes a su introducción en Europa ya empezó a utilizarse en la mayor parte de Asia, en Oriente Próximo y en el norte de África y su costa occidental. En ese momento, los comerciantes árabes dominaban el comercio de especias hacia Europa,

ÑORA

AJÍ

Un condimento global

Actualmente, el chile es la especia más cultivada en el mundo; en torno al 50 % del total mundial se produce en China, especialmente en las provincias de Sichuán y Hunan, seguida de su tierra de origen, México. Frescos, secos, en vinagre o molidos, los frutos se utilizan para añadir un toque picante a platos de carne, verduras y pescado, y tienen un papel fundamental en la cocina de México, América Central y del Sur, Asia, Oriente Próximo y norte de África. El ají picante, que se cultivó primero en países andinos como Perú y Bolivia hace cerca de 7000 años, se utiliza como saborizante en numerosos platos y también como condimento: es habitual ver un cuenco de salsa de ají en la mesa. En EE UU, gracias a la popularidad adquirida por la comida mexicana, el mercado de salsas picantes a base de chile ha crecido más del 165 % desde 2000. Tanto es así que los condimentos con chile se disputan el primer puesto de ventas con los favoritos de siempre, como el kétchup.

JALAPEÑO

POBLANO

FRESNO

> ◁ **Pesando chiles**
> A comienzos del siglo XVIII, los holandeses, que dominaban el comercio del chile, lo introdujeron en Japón. En la imagen, oficiales japoneses y mercaderes holandeses supervisan la tarea de pesar y embalar chiles rojos en Nagasaki.

OJO DE PÁJARO

Té una historia de rituales e intriga

La historia de la transformación de las hojas de un arbusto asiático de hoja perenne en un brebaje amado en todo el mundo es fascinante: incluye espionaje industrial e incluso una revolución.

Los recipientes para té hallados en tumbas de la dinastía Han (206 a.C.–220 d.C.) revelan el tiempo que el té lleva disfrutándose en China. La infusión se hace con hojas y brotes de un gran arbusto perennifolio del cual hay dos variedades principales: *Camelia sinensis* var. *sinensis* (té chino) y *C. sinensis* var. *assamica* (té de Assam o indio). Ambas tienen flores blancas y hojas verdes y brillantes. El tipo de té depende del procesado: el té blanco se prepara a partir de brotes y hojas jóvenes, antes de su oxidación; el negro se oxida totalmente y se tuesta ligeramente; el oolong se oxida parcialmente y se seca; el rojo (o *pu erh*) se fermenta y madura largo tiempo; y el verde, con apenas oxidación y fermentación, se seca tras ser cosechado.

En China, el té se convirtió en bebida nacional durante la dinastía Tang (618–907). Se cree que sobre esa misma época fue introducido en Japón por monjes budistas japoneses que estudiaban en China. Pronto se convirtió en una parte relevante de la cultura japonesa a través de una ceremonia cuyo ritual se llama *sadō* o *chadō* («el camino del té»), hoy aún vigente.

Un artículo costoso

El té era casi desconocido en Europa hasta el siglo xvi, cuando los comerciantes portugueses que vivían en Oriente se aficionaron a él. Mercaderes holandeses que usaban las rutas portuguesas embarcaron en 1606 el primer cargamento de té desde China hasta los Países Bajos españoles, donde la bebida se hizo popular inmediatamente, y pronto se extendió entre las élites europeas. Algo más tarde, marineros

△ **Objeto decorativo**

En la mayoría de las casas de China el té se bebe varias veces al día. Algunas teteras, como esta de porcelana sancai, son más decorativas que prácticas.

▽ **Recolección de té**

El té de calidad es cosechado a mano de la parte superior de los arbustos. Solo se recogen las dos hojas superiores y las yemas de los brotes nuevos. Estas mujeres recolectan té a principios del siglo xx en Japón.

◁ **Protesta política**
El 16 de diciembre de 1773, colonos norteamericanos abordaron los barcos de la Compañía Británica de las Indias Orientales atracados en el muelle de Boston y tiraron por la borda unas 45 toneladas de té.

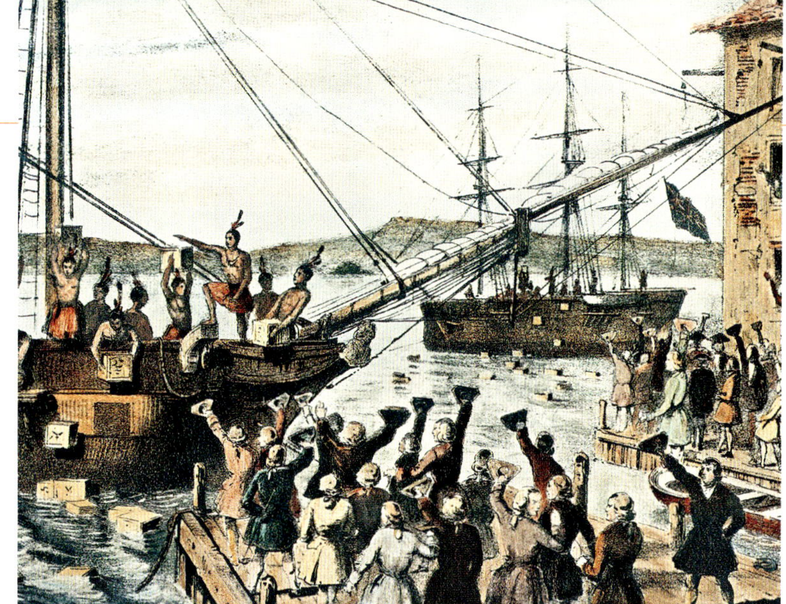

TÉ CHINO

Origen
China

Principales productores
China

Nombre científico
Camellia sinensis var. *sinensis*

de la Compañía Británica de las Indias Orientales llevaron té a Inglaterra, donde, en 1658, en un periódico se anunciaba la venta de «bebida de China» en una cafetería de Londres. Beber té se puso tan de moda entre los ricos que, en 1664, dicha compañía ya importaba té de China.

Cambiando el curso de la historia

En el siglo XVIII, la Compañía Británica de las Indias Orientales repartía té a los colonizadores americanos. Pero, en 1773, el intento del Parlamento británico de aplicar un impuesto a las importaciones de té condujo al estallido de protestas, entre ellas el Motín del Té de Boston: un hito en la guerra de Independencia de EE UU.

En el siglo siguiente, los chinos rechazaron el hábito británico de pagar el té que importaban con opio. Al acabarse el monopolio británico del comercio con China, aquellos encomendaron a India el cultivo de la planta del té –tras robar algunas plantas y los secretos de su procesado–, y, en 1888, las importaciones de té indio duplicaban las de té chino. Hoy, India produce cerca de un tercio del té mundial. Se sigue disfrutando en todo el mundo en forma de infusión caliente, solo o con leche, azúcar, limón o especias, como el *masala chai* indio. El té helado es popular en varios países, en particular en EE UU, donde es la forma más usual de beberlo.

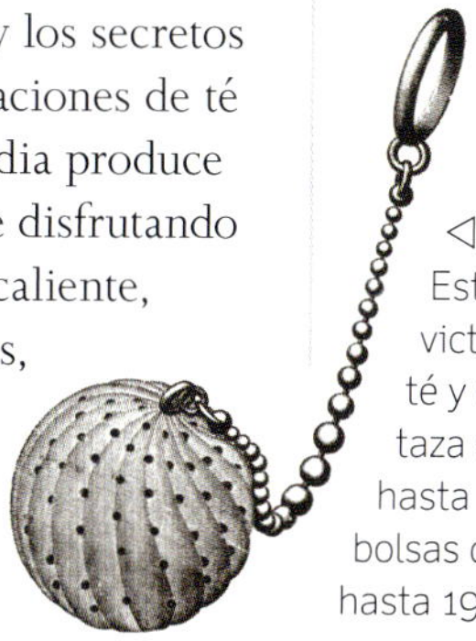

◁ **Infusor victoriano**
Este infusor metálico victoriano se llenaba con té y se introducía en una taza con agua hirviendo hasta que maceraba. Las bolsas de té no se inventaron hasta 1908.

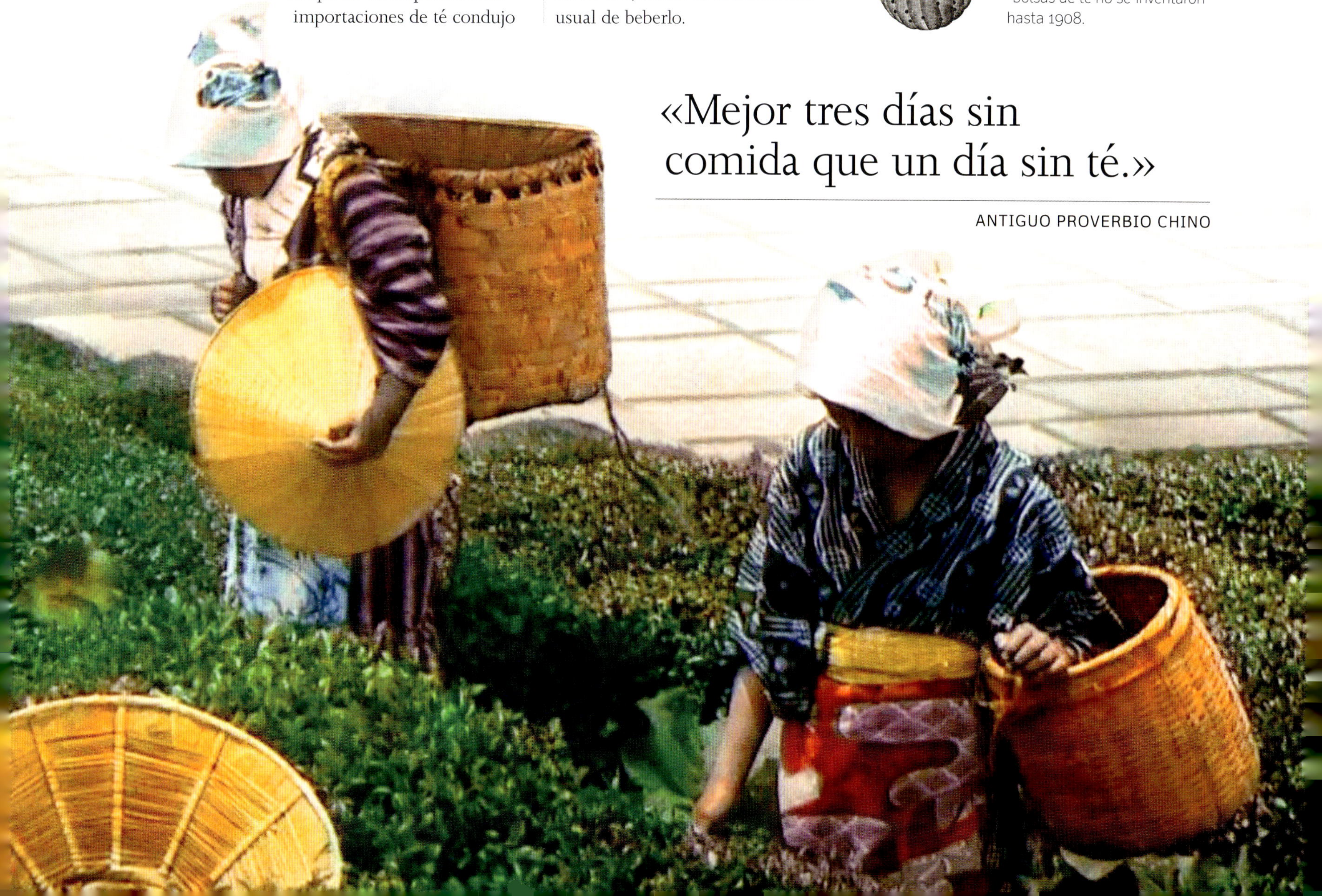

«Mejor tres días sin comida que un día sin té.»

ANTIGUO PROVERBIO CHINO

Clavo

aromáticas yemas florales

El clavo fue una vez exclusivo de las islas Molucas: las antiguas islas de las Especias indonesias. Hoy día, esta aromática especie se cultiva en regiones tropicales de África, Asia y América del Sur.

Origen
Islas Molucas
(Indonesia)

Principales productores
Indonesia, Mauricio,
Tanzania

Usos no alimentarios
Remedio tradicional
para el dolor de muelas

Nombre científico
Syzygium aromaticum

Con su aspecto de pequeño clavo cuando se seca, esta especie también se llama giroflé, a partir de su nombre en francés, *clou de girofle*. La parte que se utiliza en cocina son los capullos secos del árbol tropical perennifolio *Syzygium aromaticum*, el cual tiene brillantes hojas grandes y flores color crema. El clavo se mencionó por primera vez en la literatura asiática durante la dinastía china Han (206 a.C.–220 d.C.), cuando se denominaba «especia lengua de pollo». Llegó al Mediterráneo en el siglo IV d.C. desde las islas Molucas (o islas de las Especias), gracias a los comerciantes árabes, y en el siglo VIII ya se había convertido en mercancía principal del comercio europeo de especias. Durante los siglos XVI y XVII, el clavo era una de las especias más apreciadas del mundo, y se libraron enconadas batallas por el control de su comercio.

Las guerras de las especias

En los siglos XVI y XVII, los holandeses se rebelaron contra el dominio español de Felipe II, rey de España y Portugal, como represalia por haberlos excluido de los mercados de especias de Lisboa. Esto dio pie a que, en 1605, la recién formada Compañía Holandesa de las Indias Orientales invadiera las Molucas, controladas por Portugal. Al ganar el control del mercado insular de

◁ **Una rica cosecha**
Desde principios del siglo XIX hasta 1970, Zanzíbar produjo la mayor parte del clavo del mundo. Esta ilustración de 1880 muestra la recolección del clavo en el archipiélago durante el apogeo de su comercio.

△ **Clavos con flor**
El clavo tiene un tallo duro y un centro –la flor– frágil que se desmenuza con facilidad. La forma del conjunto se asemeja a un clavo metálico.

Las bayas secas de la pimienta de Jamaica tienen 5 mm de diámetro, y su superficie es rugosa.

△ **Viaje especiado**
Los comerciantes árabes fueron los responsables de la expansión de muchas especias exóticas alrededor del mundo. Esta imagen representa a un grupo de mercaderes navegando rumbo a India en el siglo VIII d.C.

especias, los holandeses arrancaron todos los claveros fuera de su área de control. También establecieron leyes de exportación para mantener altos los precios, lo que afectó al comercio mundial y enriqueció las arcas holandesas durante más de un siglo.

La Compañía Holandesa de las Indias Orientales no fue capaz de mantener su monopolio debido a que Francia consiguió sustraer semillas de clavo y llevarlas a las islas de Mauricio y Reunión en 1772, desde donde las plantas se difundieron a los trópicos, incluyendo Zanzíbar (Tanzania) en 1818. Durante un siglo, Zanzíbar fue el mayor productor de clavo del mundo.

Una especia para hoy

Hoy, el suave sabor terroso del clavo combina bien con las mezclas clásicas de especias, como las cinco especias chinas, la india *garam masala*, la marroquí *ras-el-hanout* y la francesa *quatre épices*. En India, el clavo suele masticarse para refrescar el aliento, mientras que en Occidente se añade a tartas de manzana, encurtidos y vinos especiados, y también se utiliza entero para sazonar cebollitas y jamones cocidos.

Los antiguos cortesanos chinos masticaban clavo antes de hablar con el emperador.

Pimienta de Jamaica

exclusiva de América

Única especia que solo crece en América, la pimienta de Jamaica (o malagueta) da su sabor cálido y dulce a platos caribeños y de Oriente Próximo, así como a encurtidos y pasteles europeos.

Nativa del Caribe, del sur de México y de América Central, la pimienta de Jamaica es la baya secada por el sol de un árbol de hoja perenne perteneciente a la familia de las mirtáceas y que presenta lustrosas hojas verdes y flores blancas pequeñas. Sus frutos son unas bayas pardo-rojizas ligeramente más grandes que los granos de pimienta, las cuales albergan dos semillas.

Los registros muestran que los mayas utilizaban la pimienta de Jamaica hace más de 2000 años como agente embalsamador para preservar los cuerpos de sus muertos, y también para darle sabor al chocolate.

Identidad confundida

La pimienta de Jamaica fue descubierta en Jamaica en el siglo XV por Cristóbal Colón, que la llamó «pimienta» por sus semillas parecidas a esa otra especia. La importaron a Europa los españoles en el siglo XVI, y, un siglo después, el botánico inglés John Ray la denominó *allspice* («todas las especias»), porque opinaba que su sabor combinaba los de la canela, la nuez moscada, el clavo y la pimienta. Pronto se convirtió en un condimento popular (entera o molida) en platos tanto dulces como salados.

Hoy, la pimienta de Jamaica se usa en Oriente Próximo para sazonar carnes; en India, en arroz *pilaf* y algunos platos de curri; y en Europa, entera en encurtidos o molida en postres y conservas. Está presente en recetas jamaicanas de pollo estilo *jerk*, así como en el *pimento dram*, un cóctel jamaicano. En la industria alimenticia se utiliza para dar sabor a salsas, embutidos y pasteles de carne, así como en los arenques en escabeche escandinavos y en el chucrut.

Origen
Caribe, sur de México, América Central

Principales productores
México, Jamaica, Guatemala

Usos no alimentarios
Conservante, perfume, medicina tradicional

Nombre científico
Pimenta dioica

Canela
corteza fragante

En la Antigüedad, la canela era una especia que solo podían permitirse los ricos, pero en la actualidad es un clásico de las despensas, usado para dar sabor a platos dulces y salados.

Origen
Sri Lanka

Principales productores
Sri Lanka, Indonesia, China

Usos no alimentarios
Aroma para incienso, aceite de unción, perfume

Nombre científico
Cinnamomum verum

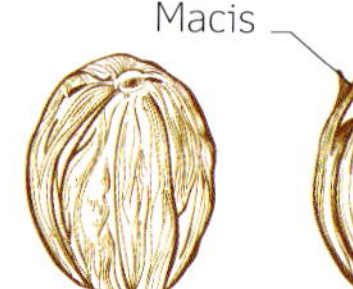

PLANTA

Macis

NUEZ MOSCADA   MACIS

△ **Capa exterior y semilla interna**
La mirística tiene hojas verde oscuro y flores diminutas que forman el fruto. La envoltura del fruto es la macis, y la semilla, la nuez moscada.

La canela se obtiene de la corteza interna de un árbol perennifolio llamado canelo, de tamaño medio o pequeño, y cuya corteza externa se desecha tras la cosecha. La interna, arrancada en largas tiras, se enrolla a medida que se va secando y adopta el aspecto típico de rollo de la canela en rama.

Hay distintos tipos de canela, que pueden clasificarse en dos categorías: la canela de Ceilán (o de Sri Lanka), que es la canela «auténtica» (*Cinnamomum verum*), es de color marrón claro, se enrolla en una sola espiral y tiene un sabor suave y delicado; y la canela china o de Manila (*C. cassia*), también conocida como casia, tiene un sabor más fuerte y amargo, además de una textura más leñosa.

> Los romanos solían quemar canela para perfumar las piras funerarias de los nobles.

Ya en 2000 a.C., los egipcios usaban la canela como perfume para embalsamar cuerpos. En el Antiguo Testamento se hace referencia a la canela como ingrediente del aceite de unción. También la conocían griegos y romanos, quienes la usaron como conservante de alimentos y como aliño; los proveedores árabes mantuvieron la fuente de la especia en secreto, y su origen fue desconocido para los europeos hasta el siglo XVI.

△ **Transporte de madera**
Instruidos por comerciantes portugueses, trabajadores de las Molucas obtenían la corteza fragante del canelo para su exportación. En el siglo XVI, la mayor parte era embarcada a Europa vía África oriental.

▷ **Vendedor de canela**
La importación de canela a Francia resulta evidente en esta ilustración del siglo XV.

Sin embargo, tras descubrir en 1505 que la planta crecía asilvestrada en Ceilán (actual Sri Lanka), los portugueses controlaron el comercio de la canela hasta 1636, cuando los holandeses ocuparon la isla. En el siglo XVIII, los británicos obtuvieron el control del comercio, que pasó a la Compañía de las Indias Orientales hasta 1833.

En la cocina occidental, la canela se utiliza principalmente en bizcochos, galletas y otros postres, así como en platos salados. En India es un ingrediente de la mezcla de especias *garam masala*. También da un toque dulce a platos salados como el tayín marroquí y el *joresh* iraní.

Nuez moscada y macis

las especias mellizas

Origen
Indonesia

Principales productores
Granada, Indonesia,
India

Usos no alimentarios
Perfume, farmacéutico

Nombre científico
Myristica fragrans

Muy apreciada en la Europa medieval por sus usos culinarios y medicinales, la semilla de delicado sabor que es la nuez moscada está cubierta por otra especia, la macis.

△ **Rallador de nuez moscada**
Patentado en 1890, el rallador de nuez moscada Edgar se diseñó para facilitar su rallado. La nuez se sujeta por abajo con el tornillo, y el rallador se mueve con el mango superior.

▽ **Negocios en Batavia**
Los comerciantes de especias realizaban sus negocios en Batavia (la actual Yakarta, en Indonesia), desde donde los holandeses controlaban el comercio de la nuez moscada en el siglo XVII.

Descritas por primera vez por el cronista romano Plinio el Viejo, quien escribió sobre un árbol que portaba nueces con dos sabores, estas especias provienen de la mirística, un árbol de hoja perenne con flores cerosas, amarillas y acampanadas. La cubierta del fruto, tramada y rojo carmesí, se separa y se seca para producir macis, una especia de color pardo anaranjado. La semilla se conoce como nuez moscada. Se cree que el árbol es originario de las islas Molucas.

La nuez moscada era conocida en la antigua Roma —posiblemente usada para dar sabor a bebidas alcohólicas—, aunque se cree que era una rara exquisitez. Es probable que los comerciantes árabes llevaran la nuez moscada y la macis hasta Constantinopla (actual Estambul) en torno al siglo VIII; y los cruzados las introdujeron en Europa occidental en el siglo XII.

Lucha por el control

Hacia mediados del siglo XVI, los comerciantes portugueses habían tomado el control sobre el comercio de la nuez moscada, y lo mantuvieron hasta principios del siglo siguiente, cuando los holandeses se convirtieron en los principales comerciantes de la preciada especia. Pero, en 1770, una expedición francesa sustrajo semillas de nuez moscada que cultivaron en su colonia de Mauricio, en el Índico. A inicios del siglo XIX, los británicos establecieron cultivos en el Caribe, Malaca y otras colonias tropicales. Hoy, la isla de Granada provee cerca del 40 % de la nuez moscada producida en el mundo. La nuez moscada y la macis son apreciadas en las cocinas de todo el mundo por el sabor cálido y almizcleño que aportan a platos dulces y salados.

Jengibre *una especia subterránea*

Utilizado tanto fresco como seco, el jengibre da sabor picante y cítrico a platos salados asiáticos, como los curris. También es popular en el aderezo de tartas, bizcochos y postres de frutas.

El nombre del jengibre viene de la palabra sánscrita *srngaveram*, que significa cuerno o asta, debido a la forma de su tallo rastrero subterráneo, o rizoma (a veces llamado raíz), del que se obtiene la especia y que se usa con fines culinarios y medicinales desde la Antigüedad. Es una planta de hoja perenne con tallos cortos y rojizos; sus hojas verdes y lanceoladas brotan cada año del rizoma, que puede ser blanco, amarillo o rojo.

Primeros registros

El origen concreto del jengibre es desconocido. Puede proceder de India, aunque el primer registro formal de esta acre especia proviene de un libro de medicina de la dinastía china Han (206 a.C.–220 d.C.). Hacia 300 d.C. era una especia popular en la antigua Roma, donde se registró como producto sujeto a impuestos. Se usaba en medicina y para dar sabor a tés y vinos, así como a carnes; y los rizomas jóvenes se conservaban en sirope de miel. Tras la caída del Imperio romano, el jengibre siguió siendo un producto importante en el mercado europeo de especias, controlado por mercaderes árabes.

En los siglos XIII y XIV, el jengibre seco y molido se utilizaba para dar sabor a prácticamente cualquier comida. También se embarcaba a Europa desde Oriente en conserva, de forma que podía utilizarse en pastelería. En el siglo XVI, la reina inglesa Isabel I lo apreciaba especialmente.

Cultivado actualmente en muchos países tropicales, incluidas algunas zonas de Australia, China, India, Indonesia, Jamaica, Nepal, Nigeria y Tailandia, la fuerza y el sabor del jengibre se lo otorga un compuesto llamado gingerol, cuya intensidad varía según el lugar de procedencia, el clima y la época de recolección de la planta. El jengibre chino tiene un sabor acre; el australiano y el del sur de India son más cítricos; el jamaicano es más delicado; y el africano resulta más picante. El jengibre es una de las especias principales en la cocina asiática, encontrándose en muchos platos indios y árabes. El jengibre encurtido es popular en Japón, sobre todo para acompañar el sushi, y en Corea se usa para hacer *kimchi*, un acompañamiento a base de col fermentada. En Occidente se utiliza mucho en recetas al horno, como tartas y galletas, pero, a medida que la cocina asiática se ha hecho más popular, se usa también en platos salados. La raíz rallada se utiliza mucho en infusiones refrescantes.

«Come jengibre al levantarte, y olvídate de los médicos.»

PROVERBIO CHINO

◁ **Vasija para jengibre**
Los ceramistas chinos creaban vasijas para almacenar especias desde el siglo II a.C. Este ejemplar para guardar jengibre es del periodo Kangxi (1661–1722) de la dinastía Qing.

▷ **Raíz y hoja**
La porción comestible de la planta es el rizoma nudoso, del cual crecen tallos largos y hojas lanceoladas agudas.

▷ **Preparación del jengibre**
Una mujer trabaja en el secado de jengibre en Kerala (India). Este país es el mayor productor de jengibre del mundo, y lo exporta, sobre todo, seco.

Azafrán
la especia más cara del mundo

Hecha a partir de flores de una planta de la familia de las iridáceas, se cree que el azafrán se empezó a cultivar en la Edad del Bronce en el área de Grecia, donde se usaba para sazonar comidas y vinos, y como hermoso tinte amarillo.

Origen
Grecia, Asia Menor (actual Turquía)

Principales productores
Irán, España, Grecia

Usos no alimentarios
Tinte

Nombre científico
Crocus sativus

▷ **Recolectores de azafrán**
Una mujer recoge azafrán en este famoso fresco minoico de Acrotiri, en Santorini (antigua Thera), de 2000 a.C.

El nombre «azafrán», que deriva del árabe *za'farān*, significa amarillo y hace referencia al color de los estigmas de la flor del azafrán, o croco (*Crocus sativus*). Estos quedan como pequeños filamentos rojos tras el secado y, cuando se rehidratan o se añaden a la comida, producen el conocido colorante amarillo.

El azafrán se ha cultivado ampliamente en el sur del Mediterráneo desde tiempos antiguos. Textos egipcios del 1500 a.C. describían los crocos florecidos de los jardines de Luxor. Y en un mural de la misma época encontrado en las ruinas del palacio de Cnosos, en Creta, puede verse lo que parece un mono cogiendo flores de azafrán.

Cultivo temprano

El azafrán también se cultivaba en el siglo III d.C. en Cachemira, en el norte de India, lugar donde hoy sigue habiendo excelentes cultivos. Los registros indican que los musulmanes cultivaban azafrán en la península Ibérica en el año 960. Sin embargo, no se extendió por Europa hasta el siglo XIII, cuando los cruzados llevaron bulbos de azafrán hasta Italia, Francia

Se dice que la reina egipcia Cleopatra se bañaba en azafrán por sus supuestos efectos afrodisíacos.

Cúrcuma la especia dorada

La cúrcuma es la especia que da el típico color amarillo a algunos platos de curri, pero también se cree que tiene propiedades curativas por su ingrediente activo, la curcumina.

▷ Hebras aromáticas

Solo se necesita una mínima cantidad de hebras secas de azafrán para crear un efecto notable en los platos que lo usan para dar sabor y color.

y Alemania. Se dice que un peregrino con un bulbo de azafrán oculto en su bastón introdujo la planta en Inglaterra en el siglo XIV, y que, dos siglos después, un pueblo de Essex cambió su nombre a Saffron Walden en su honor.

El sabor de las flores

Hoy día, el azafrán se produce principalmente en Irán y España, y es la especia más cara del mundo, debido a que aún se recoge y procesa a mano, como en la Antigüedad. Se necesitan 70 000 flores para producir 2,25 kg de estigmas en crudo que, cuando se secan, dan lugar a 450 g de hebras de azafrán.

Las hebras aromáticas del azafrán suelen molerse antes de rehidratarlas, y se añaden a platos salados como arroces en Oriente Próximo y Asia, paella en España y bullabesa (sopa de pescado) en Francia. En Oriente Próximo e India también se utilizan en platos dulces y bebidas. A algunos bollos y tartas típicas del norte de Europa también se les añade azafrán, como al *lussebulle* sueco y al pan de azafrán de Cornualles (Reino Unido).

△ **Flores de sabor delicado**
La flor de *C. sativus* tiene pétalos de color morado en torno a los estambres amarillos que portan el polen. Los estigmas filamentosos naranja oscuro son la parte que se recolecta.

Conocida como *haridra* en sánscrito, *haldi* en hindi y *jiang huang* en chino, la cúrcuma es una de las especies más características de la cocina asiática. También se conoce como azafrán indio debido a su color amarillo brillante. Miembro de la familia del jengibre, se obtiene de los carnosos rizomas (tallos subterráneos) de la planta, que son recolectados en invierno, hervidos o cocidos al vapor y, luego, secados y molidos.

◁ **Fresca y seca**
El rizoma fresco es amarillo claro pero, cuando se seca y se muele, adquiere un tono anaranjado intenso que mancha.

Fuera de Asia

Se desconoce el origen exacto de la cúrcuma, pero se cree que empezó a cultivarse hace miles de años en India, al principio probablemente para usarla como tinte. Alejandro Magno, rey de Macedonia, pudo llevarla a Asia Menor (actual Turquía) y al Mediterráneo hacia 330 a.C. Llegó a China alrededor de 700 d.C., un siglo después al este de África y hacia el año 1200 al oeste de África. Hoy en día se cultiva en todo el trópico.

Usada a veces como alternativa barata al azafrán, la cúrcuma es un ingrediente clave del curri en polvo y de los platos de curri. También se usa en Oriente Próximo y norte de África para dar sabor y color a salsas, siropes y platos de arroz, carne y verduras. Se sigue estudiando los posibles usos farmacológicos de la curcumina, una sustancia química abundante en la cúrcuma.

Origen
Desconocido, probablemente del sur o sureste de Asia

Principales productores
India, Pakistán, China

Aporta
Hierro, vitamina C

Usos no alimentarios
Medicina tradicional, tinte

Nombre científico
Curcuma longa

▷ **Campo de sabor**
Las plantas de cúrcuma tienen hojas largas y puntiagudas que crecen desde la misma base a nivel del suelo. El cultivo suele estar listo para la cosecha en diez meses.

Vainilla vainas fragantes de México

Con su sabor y aroma únicos, la vainilla está cerca de convertirse en el sabor estándar de helados, natillas y muchos otros platos dulces. Originaria de México y América Central, su popularidad se ha extendido por el mundo.

Parece que la vainilla empezó a ser cultivada por el pueblo totonaca del centro-este de México hace unos mil años. Cuando los aztecas del norte conquistaron a los totonacas, en el siglo XV, desarrollaron un gusto especial por el toque que aportaba la vainilla a sus bebidas de chocolate; lo mismo les pasó a los españoles cuando conquistaron a los aztecas en 1521. El cacao con vainilla pronto se popularizó en Europa occidental.

Curada y secada

La vainilla es una de las cerca de cien especies de orquídeas del género *Vanilla*. Esta orquídea trepadora tiene flores de un amarillo verdoso claro que maduran en forma de largas vainas

◁ **Príncipe de la polinización**
Edmond Albius se hizo famoso al descubrir, con doce años, un método para polinizar a mano las plantas de vainilla, lo que impulsó su producción comercial.

verdes. En su producción comercial, las vainas recolectadas son curadas y secadas en un largo proceso. A principios del siglo XVII, Hugh Morgan, boticario de la reina Isabel I de Inglaterra, sugirió el uso de la vainilla para dar sabor a dulces y postres. En el siglo XVIII, los franceses empezaron a utilizarla en los helados: un gusto descubierto en la década de 1780 por el embajador

△ **Negra y seca**
La parte de la planta que se utiliza como condimento son las vainas y las semillas que contienen. Estas son verdes, pero ennegrecen al secarse.

> «Los últimos siglos […] han dado a la esfera del gusto extensiones de importancia [como la] vainilla.»

JEAN ANTHELME BRILLAT-SAVARIN, *FISIOLOGÍA DEL GUSTO* (1825)

△ **Vendedor de helado**
Un vendedor ambulante alemán de principios del siglo XX hacía buen negocio vendiendo helados de los sabores preferidos del momento: vainilla y frambuesa.

estadounidense en París, Thomas Jefferson. Le gustó tanto que hizo una copia de la receta, la cual se conserva en la Biblioteca del Congreso de EE UU.

Edmond Albius, un esclavo de doce años de Reunión, isla del Índico llamada entonces Île Bourbon (de ahí la vainilla Borbón), revolucionó la producción de vainilla. A mediados del siglo XIX aprendió a polinizar las flores de vainilla usando un palito y un golpe de pulgar. Los colonos franceses adoptaron la técnica, y los cultivos de vainilla se extendieron por todo el mundo. Hoy, en torno al 75 % de la vainilla proviene de Madagascar y Reunión.

Calidad inferior

Mucha de la vainilla producida hoy se utiliza para hacer extracto de vainilla. El extracto puro y de calidad es caro y debe contener, al menos, un 35 % de alcohol y bajos niveles de azúcar. La vainilla sintética (o vainillina) se realiza a partir de productos petroquímicos o de lignina, y su sabor es de peor calidad.

▷ **Orquídea fragante**
La vainilla pertenece a la familia de las orquídeas, y tiene hojas puntiagudas y flores de color amarillo verdoso. Esta ilustración es de un tratado botánico alemán de 1887.

Origen
México y América Central

Principales productores
México, Madagascar

Usos no alimentarios
Perfumes, incienso, ambientadores

Nombre científico
Vanilla planifolia

Orchideae.
Vanilla planifolia Andr.

ÍNDICE

Los números en **negrita** remiten a las referencias principales.

condimentos **292–293**
  sal **304–307**
  vinagre **302–303**
  véase también salsas
conejo **163**
confitada, fruta 137
conservación de la comida 105, 119, 127,
    283, 292
  carne 148, 150, 316
  con sal 305, 306
  pescado 184, 190, 193
  véase también ahumados, alimentos;
    enlatada, comida; pasteurización
coq au vin 60
coquitos de Brasil **22**
cordero 144, **146–147**, 315
Corea 158, 208, 253, 254, 303, 344
cosecha 288, 298, 304
  cereales, granos y legumbres 218, 219,
    239, 253, 255
    cebada 224, 225
    trigo 228–229
  especias 327, 332, 338–339, 342, 346,
    347
  frutas 113, 118, 126, 136, 137
  frutos secos 18, 19, 21, 22
  savia de arce 285
  semillas 36, 40
  verduras 53, 61, 67, 82, 86, 91
  véase también trilla
Coville, Frederick 114
cowboys 144
crackers 227
Creciente Fértil, alimentos originarios del
    141, 228, 240, 248
  véase también Egipto; Irak; Turquía
crepes 239
criolla, cocina 210, 251
cristianas, tradiciones alimentarias 146,
    148
Cronin, Isaac 202
cuajo 272, 275
cuisinier françois, Le, Pierre La Varenne
    75
cullen skink 194
cúrcuma **347**
curri 100, 146, 323, 347
  vindaloo 79–80
cuscús 236, 237

D

dabbawalas 331
dátiles **106–107**
David, Elizabeth 202
Dawson, Thomas 171
De historia stirpium, Leonhart Fuchs 91
De materia medica, Dioscórides 317, 329

De re coquinaria 10, 146
Deipnosofistas (El banquete de los eruditos),
    Ateneo de Náucratis 10
desecada, comida
  carne 150
  chile 337
  fideos 235
  frutas 95, 98, 107, 114, 123, 127
    uvas 124
  pasta 230
  verduras 77, 87, 89
dhal 223, 248, 253
Dioniso 124
Dioscórides 317, 329
Dodoens, Rembert 47
domesticación
  de animales 141, 144
  de plantas 44–45, 95
domicilio, comida a 331
Dugléré, Adolphe 200

E

edamame 255
egipcios antiguos 131, 161
  dieta 176, 304
    carne 140, 146, 152, 164
    cereales y granos 224, 229, 241
    especias 332, 346
    frutas 122, 125, 133
    frutos secos y semillas 17, 41
    hierbas 317, 320, 324, 325, 334
    lácteos 262, 277
    verduras 50, 60, 62, 72, 89
  producción de alimentos 134, 142, 154
    miel 282, 283
    piscicultura 169
Egipto 126, 127, 136, 152, 258
eglefino **194**
Ellsworth, M. W. 117
embutidos **152–153**
eneldo **325**
enlatada, comida 105
  frutas y verduras 87, 99, 113, 137
  pescado 172, 184, 211
Enrique VIII de Inglaterra 102, 111
enzimas 135, 137, 264, 266
escanda 228, 229
escandinava, cocina 115, 227
  hierbas y especias 232, 325, 341
  pescado 173, 179, 180, 186
  véase también Noruega
escaña menor 229
esclavos, comercio de 280, 281
Escocia 17, 57, 194, 226
  pesca 186–187, 207
escorbuto 31
espaguetis 80, 231

España
  alimentos introducidos en 28–29, 53,
    79
    patatas 65
  alimentos originarios de 156, 163
  cocina 19, 185, 195, 251
  producción de alimentos 111, 134, 146
    aceite de oliva 295, 296
especias **312–313**
  alcaravea **329**
  anís estrellado **335**
  azafrán **346–347**
  canela **342**
  cardamomo **332**
  chile **336–337**
  clavo **340–341**
  comino **334**
  cúrcuma **347**
  hierba de limón **333**
  jengibre **344–345**
  mostaza **328–329**
  nuez moscada y macis **342–343**
  pimienta **326–327**
  pimienta de Jamaica **341**
  té **338–339**
  vainilla **348–349**
espelta 228, 229
espinacas **52–53**
Estados Unidos (EE UU) 38, 189
  alimentos introducidos en 25, 251, 265, 295
    cereales y granos 226, 231
    verduras 62, 65
  cocina
    cacahuetes 24
    carnes 143, 157, 158
    chile 337
    frutas y verduras 49, 66, 91, 127
    maíz 245
    pescado y marisco 178, 203, 210, 213, 215
  comida rápida 85
  en tiempo de guerra 69
  pesca 207
  producción de alimentos
    carne 143, 148–149
    crianza de ganado 145
    cereales, granos y legumbres **228–229**,
      242, 255
    frutas 99, 111, 113, 118, 124
      arándanos azules **114–115**
      frambuesas 109
      limones 126–127
      manzanas **96**
      naranjas 128–129
    frutos secos 19, 21, 25, 33, 35
      nueces pacanas 23
    pescado y marisco 174, 197, 210, 211
      salmón 170, 171
      sardinas 184

Agradecimientos

Dorling Kindersley desea dar las gracias a Elizabeth Wise por la elaboración del índice; a Jamie Ambrose, Peter Frances y Miezan van Zyl por su ayuda en la edición; a Polly Boyd por la corrección de pruebas; a Steve Woosnam-Savage y Francis Wong por su ayuda en el diseño; a Duncan Turner por la investigacióin y el desarrollo del diseño; a Sarah Smithies por la iconografía adicional, y a Steve Crozier por el retoque gráfico.

DK India agradece a Hansa Babra, Nidhi Rastogi y Anjali Sachar su asistencia en el diseño; y a Nand Kishore Acharya, Neeraj Bhatia, Mohd Rizwan, Rajesh Singh, Vikram Singh y Anita Yadav for DTP assistance.

Hugh Schermuly y Cathy Meeus desea dar las gracias a las siguientes personas por la edición del texto: John Andrews, Connie Novis, Gill Pitts y Rachel Warren Chad.

El editor agradece a las siguientes personas e instituciones su generosidad al conceder permiso para reproducir sus fotografías:
(Clave: a-arriba; b-abajo; c-centro; e-extremo; i-izquirda; d-derecha; s-superior)

1 AF Fotografie. 2 Alamy Stock Photo: Frank Carter / Age Fotostock. **4 123RF.com:** Andreyoleynik (ca, cda, cia, ecda). **Alamy Stock Photo:** Juliane Berger / Ingram Publishing (ecia). **5 123RF.com:** Andreyoleynik (ecia); Zenina (cda); Sergey Pykhonin (ca); Marina99 (ecda); Macrovector (cia, ca/Honeycomb). **6-7 Getty Images:** Fine Art Photographic / Corbis Historical. **8 Getty Images:** Gavin Hellier / Photographer's Choice. **9 Getty Images:** Pierre Briolle / Gamma-Rapho (cib). **10 Getty Images:** PHAS / Universal Images Group (bi). **10-11 Getty Images:** Print Collector / Hulton Archive. **12 Getty Images:** VCG / Visual China Group. **13 Getty Images:** Thomas Barwick / Stone (bd); Culture Club / Hulton Archive (sc). **14-15 Alamy Stock Photo:** Juliane Berger / Ingram Publishing. **16 Alamy Stock Photo:** David Hiser / National Geographic Creative (bi). **Getty Images:** Shem Compion / Gallo Images (bd); Universal Images Group / Hulton Fine Art Collection (bc). **17 Alamy Stock Photo:** Photo Researchers / Science History Images (bi). **Getty Images:** Ullstein Bild (bc); Boyer / Roger Viollet (bd). **18 Rex Shutterstock:** British Library / Robana. **19 Alamy Stock Photo:** John Crowe (bd). **Dreamstime.com:** Anatoly Zavodskov (sd). **Getty Images:** Florilegius / SSPL (ca). **20 Getty Images:** Leemage / Universal Images Group. **21 Dover Publications, Inc. New York:** (sd). **Getty Images:** Universal Images Group / Hulton Fine Art / Hulton Fine Art Collection (bi); Heritage Images / Hulton Archive (bi); Owen Franken / Corbis Documentary (si). **22-23 Getty Images:** Dmitri Kessel / The LIFE Picture Collection. **22 Depositphotos Inc:** Nafanya1710 (ca). **Harryandrowenaphotos:** (bi). **23 Getty Images:** Stock Montage / Archive Photos (bd). **24 Alamy Stock Photo:** Thestudio (sd). **Getty Images:** Hulton Deutsch / Corbis Historical (c). **25 Getty Images:** Buyenlarge / Archive Photos (sd); Museum of Science and Industry, Chicago / Archive Photos (cdb). **26 Bridgeman Images:** Museo Nacional de Arqueologia y Etnologia, Guatemala City / Jean-Pierre Courau (ca). **Getty Images:** DEA / G. Dagli Orti (bc). **26-27 Alamy Stock Photo:** Photo Researchers / Science History Images. **28 Getty Images:** Hulton Archive. **29 Getty Images:** Culture Club / Hulton Archive (si); Zangl / Ullstein Bild (sd); The Print Collector / Hulton Archive (bd). **30-31 Getty Images:** Popperfoto. **32 Getty Images:** Parameswaran Pillai Karunakaran / Corbis Documentary (s). **Alamy Stock Photo:** Indian Photo Agency (bd). **33 123RF.com:** Nikola Volrábová (ca). **Alamy Stock Photo:** Lebrecht Music and Arts Photo Library (bi). **Getty Images:** BSIP / Universal Images Group (sd). **34 iStockphoto.com:** Gameover2012 (cdb); Elena Rui (s). **35 Getty Images:** DEA Picture Library / De Agostini. **36 Alamy Stock Photo:** Tim Gainey (i). **Getty Images:** Hulton Deutsch / Corbis Historical (bd). **37 Getty Images:** Sergio Bellotto / DigitalVision Vectors (cda). **38 Getty Images:** Ullstein bild Dtl. (cib). **Mary Evans Picture Library:** (ca). **39 akg-images:** Pictures From History. **40 Alamy Stock Photo:** Dan Leffel / Age Fotostock. **41 Bridgeman Images:** Purix Verlag Volker Christen (bd). **42-43 123RF.com:** Andreyoleynik. **44 Alamy Stock Photo:** Interfoto (bi). **Getty Images:** DEA / G. Dagli Orti / De Agostini (cb); Bettmann (bd). **45 123RF.com:** Actionsports (c). **Getty Images:** Richard du Toit / Gallo Images (bi). **iStockphoto.com:** Aluxum (bd). **46 Bridgeman Images:** Bibliotheque des Arts Decoratifs, Paris, France / Archives Charmet (ca). **46-47 Getty Images:** Martin Barraud / OJO Images. **47 Getty Images:** API / Gamma-Rapho (bi). **48 Getty Images:** Keystone-France / Gamma-Rapho. **49 Alamy Stock Photo:** Vintage Images (si). **Bridgeman Images:** American School, (19th century) / Private Collection / Peter Newark American Pictures (cdb). **Getty Images:** Foodcollection (bc). **50 Getty Images:** ZU_09 / DigitalVision Vectors (sd); Pete Mcbride / National Geographic (ca). **Mary Evans Picture Library:** Grosvenor Prints (bc). **51 Mary Evans Picture Library:** Grenville Collins Postcard Collection. **52 Getty Images:** Universal Images Group / Hulton Fine Art / Hulton Fine Art Collection. **53 Getty Images:** China Photos (bi); Florilegius / SSPL (sd). **54 Dreamstime.com:** Nicku (cda). **Getty Images:** Alinari Archives / Alinari (cib). **55 Dreamstime.com:** Mark Hammon. **56-57 Getty Images:** Keren Su / China Span. **56 Alamy Stock Photo:** Jennifer Booher (sd). **57 Alamy Stock Photo:** World History Archive (cia). **58-59 Getty Images:** Mint Images - Art Wolfe / Mint Images RF. **60 Alamy Stock Photo:** World History Archive (bi). **Depositphotos Inc:** AndreaA. (sd). **Getty Images:** Michael Maslan / Corbis Historical (ca). **61 Aléxandros Bairamidis. 62 Depositphotos Inc:** Anjela30 (sd). **National Geographic Creative:** Jules Gervais Courtellemont (bi). **63 akg-images. 64 Dorling Kindersley:** University of Pennsylvania Museum of Archaeology and Anthropology (bd). **64-65 CIP International Potato Center. 65 Alamy Stock Photo:** Chronicle (cib). **Bridgeman Images:** Bibliotheque des Arts Decoratifs, Paris, France / Archives Charmet (ca). **66 Getty Images:** Jim Heimann Collection / Archive Photos (cd); Universal History Archive / Universal Images Group (si). **67 Bridgeman Images:** Bastien-Lepage, Jules (1848-1884) / National Gallery of Victoria, Melbourne, Australia / Felton Bequest (b). **Dreamstime.com:** Sarah2 (sc). **68-69 Alamy Stock Photo:** Charles Phelps Cushing / ClassicStock. **70 Getty Images:** DEA / G. Dagli Orti / De Agostini. **71 Getty Images:** © Vincent Boisvert, all right reserved / Moment (sc); DEA / G. Dagli Orti / De Agostini Picture Library (cd); Thepalmer / Digitalvision Vectors (bc). **72 Bridgeman Images:** Biblioteca Medicea-Laurenziana, Florence, Italy (bi). **72-73 Getty Images:** Lew Robertson / Stone. **74 Alamy Stock Photo:** Artokoloro Quint Lox Limited. **75 Getty Images:** Duncan1890 / Digitalvision Vectors (cdb); De Agostini / Biblioteca Ambrosiana / De Agostini Picture Library (sd); Universal Images Group / Hulton Fine Art (bi). **76 akg-images:** (cib). **Getty Images:** Fred Tanneau / AFP (sd). **77 Getty Images:** Swim Ink 2 Llc / Corbis Historical (ca). **Zeki Yavuzak:** (b). **78 Bridgeman Images:** Basilius Besler's 'Florilegium,' published at Nuremberg in 1613. / Photo © Granger. **79 Alamy Stock Photo:** Karl Newedel / Bon Appetit (sd). **Bridgeman Images:** © Look and Learn / Rosenberg Collection (c). **80-81 Getty Images:** Luis Marden / National Geographic. **80 Alamy Stock Photo:** Ed Darack / RGB Ventures / SuperStock (bi). **Getty Images:** GraphicaArtis / Archive Photos (sc). **82 iStockphoto.com:** Pixhook (si). **82-83 Getty Images:** Print Collector / Hulton Archive. **83 Alamy Stock Photo:** Patrick Guenette (bc). **Getty Images:** Ullstein Bild Dtl. / Ullstein Bil (si); Transcendental Graphics / Archive Photos (cda). **84-85 Alamy Stock Photo:** H. Armstrong Roberts / ClassicStock. **86 123RF.com:** Robyn Mackenzie (cda). **86-87 Depositphotos Inc:** Vadim Vasenin. **87 123RF.com:** Luisa Vallon Fumi (sc). **Bridgeman Images:** Collection of the New-York Historical Society, USA (sd). **88 Bridgeman Images. 89 akg-images:** Erich Lessing (cda). **Getty Images:** Ilbusca / Digitalvision Vectors (bc). **90 Getty Images:** De Agostini / Biblioteca Ambrosiana / De Agostini Picture Library (si). **90-91 Getty Images:** Larigan - Patricia Hamilton / Moment Open. **91 Getty Images:** Rykoff Collection / Corbis Historical (cd); Bildagentur-Online / Universal Images Group (sc). **92-93 123RF.com:** Andreyoleynik. **94 Getty Images:** Universal History Archive / Universal Images Group (bi, bd). **National Geographic Creative:** H. M. Herget (cb). **95 Getty Images:** Giorgio Conrad / Alinari Archives (cdb); Stock Montage / Archive Photos (cib); Universal Images Group (bc). **96 123RF.com:** Patrick Guenette (cda). **akg-images:** Glasshouse Images (bi); Gilles Mermet (sd). **97 Getty Images:** Bettmann. **98 Getty Images:** Richard du Toit / Corbis Documentary. **99 Alamy Stock Photo:** Artokoloro / Artokoloro Quint Lox Limited (sc). **Getty Images:** Glasshouse Images / Corbis (cdb). **Mary Evans Picture Library:** Maurice Collins Images Collection (bc). **100-101 akg-images:** Roland and Sabrina Michaud. **100 123RF.com:** Alex74 (cdb). **Alamy Stock Photo:** Shawshots (cib). **101 Depositphotos Inc:** Valentyn Volkov (c). **Getty Images:** Jennifer Kennard / Corbis Historical (cb). **102 Getty Images:** Bettmann (ca); Clu / Digitalvision Vectors (bi). **102-103 Alamy Stock Photo:** Chronicle (s). **500px:** Marja Schwartz / www.marjaschwartz.com (b). **104-105 Getty Images:** Hulton-Deutsch Collection / Corbis Historical. **106 500px:** Basel Almisshal. **107 Alamy Stock Photo:** Historical Images Archive (cd); Kiyoshi Togashi (sd). **108 Spring 1904 / W.N. Scarff (Firm); Scarff, W. N; Henry G. Gilbert Nursery and Seed Trade Catalog Collection / New Carlisle, Ohio : W.N. Scarff. 109 Getty Images:** Minnesota Historical Society / Corbis Historica (bd). **naturepl.com:** MYN / David Hunter (cda). **110-111 Getty Images:** Broadcastertr / Moment Open. **110 Getty Images:** Found Image Holdings / Corbis Historical (sd). **111 Dover Publications, Inc. New York:** (cdb). **Getty Images:** Planet News Archive / SSPL (sd). **112 Getty Images:** Creativ Studio Heinemann. **113 Getty Images:** Gamma-Rapho / API (bi); Boyer / Roger Viollet (cda). **114 Alamy Stock Photo:** Michael Seleznev (cd). **iStockphoto.com:** Ermingut (sd). **114-115 Getty Images:** James G. Welgos / Archive Photos. **116-117 Getty Images:** The Print Collector / Hulton Archive. **118-119 Alamy Stock Photo:** Lloyd Sutton. **119 Alamy Stock Photo:** Jim Engelbrecht / DanitaDelimont.com (sd); Granger Historical Picture Archive (ca). **120 Getty Images:** Nastasic / DigitalVision Vectors (ca); Paul Popper / Popperfoto (bi). **120-121 Dreamstime.com:** Rutchapong Moolvai. **121 Getty Images:** Evans / Three Lions / Hulton Archive (bd). **122 Sandro Vannini / Laboratoriorosso. 123 Getty Images:** De Agostini / Archivio J. Lange / De Agostini Picture Library (ca). **Mary Evans Picture Library:** Grenville Collins Postcard Collection (bd). **124 Getty Images:** Anadolu Agency (bc); John Greim / LightRocket (sd). **125 akg-images:** Francis Dzikowski (ci). **The New York Public Library:** Abbott, Berenice / Federal Art Project (Nueva York) (bc). **126-127 The Regents of The University of California / Online Archive of California:** Riverside Public Library (s). **128 Getty Images:** Universal History Archive / UIG (bc). **128-129 akg-images:** Arkivi (s). **129 Getty Images:** Heritage Images / Hulton Archive (si). **130-131 Getty Images:** John W Banagan / Photographer's Choice. **132-133 Getty Images:** DEA / G. Dagli Orti / De Agostini Editorial (c). **132 123RF.com:** Yauheniya Litvinovich (cda). **Bridgeman Images:** Private Collection / Photo © Christie's Images (bi). **133 500px:** Art911 (cda). **134-135 Getty Images:** Universal History Archive / UIG. **134 Getty Images:** Transcendental Graphics / Archive Photos (bd). **135 Dover Publications, Inc. New York:** (cd). **Dreamstime.com:** Felinda (bc). **Getty Images:** Amana Images Inc (cd). **136 Getty Images:** Print Collector / Hulton Archive (ci). **137 Alamy Stock Photo:** Muhammad Mostafigur Rahman (cda). **Getty Images:** Stockbyte (i). **iStockphoto.com:** Blackred (cib). **138-139 123RF.com:** Andreyoleynik. **140 Alamy Stock Photo:** North Wind Picture Archives (cib). **Bridgeman Images:** Egyptian 6th Dynasty (c.2350-2200 BC) / Saqqara, Egypt (bc). **Getty Images:** DEA / Archivio J. Lange / De Agostini (bd). **141 Getty Images:** Martin Harvey / Photolibrary (cib); The Print Collector / Hulton Archive (bc); Universal Images Group (cdb). **142 Getty Images:** Heritage Images / Hulton Archive (cib). **142-143 Getty Images:** Universal History Archive / Universal Images Group (bd). **143 Getty Images:** Historical / Corbis Historica (ca). **144-145 Getty Images:** Bettmann. **146 akg-images:** Erich Lessing (c). **Getty Images:** Alinari Archives / Alinari (bi); Universal History Archive / Universal Images Group (cd). **147 Getty Images:** Hulton Deutsch / Corbis Historical. **148 Getty Images:** Print Collector / Hulton Fine Art Collection (bi); Ilbusca / E+ (ca). **148-149 Alamy Stock Photo:** MCLA Collection (s). **150 Getty Images:** Bloomberg (bi); Nastasic / DigitalVision Vectors (cda). **151 Getty Images:** Barbara Singer / Hulton Archive. **152 Getty Images:** Creativ Studio Heinemann (bi); Universal History Archive / Universal Images Group (sd). **153 Getty Images:** Mondadori Portfolio / Hulton Fine Art Collection. **154 Alamy Stock Photo:** Emilio Ereza (bi). **Getty Images:** DEA / L. Pedicini / De Agostini Editorial (ca). **154-155 Getty Images:** Florilegius / SSPL. **155 Getty Images:** Stefano Bianchetti / Corbis Historical (bd). **156 Getty Images:** Transcendental Graphics / Archive Photos (cib). **156-157 Bridgeman Images:** Jean Leon Gerome (1863-1930) / Private Collection. **157 Getty Images:** DEA / Bardazzi / De Agostini Picture Library (cda); Topical Press Agency / Hulton Archive (bi). **158 Alamy Stock Photo:** Novo Images / Glasshouse Images (cd). **Dover Publications, Inc. New York:** (ca). **Wikipedia:** Science and Mechanics magazine in October 1911 (b). **159 Getty Images:** DEA / G. Dagli Orti / De Agostini Picture Library. **160-161 Getty Images:** Fine Art / Corbis Historical. **162 Getty Images:** Evans / Three Lions, MPI / Archive Photos (sd). **Rex Shutterstock:** Granger (b). **163 Dover Publications, Inc. New York:** (bc). **Getty Images:** Flemish School (cd). **164 Alamy Stock Photo:** Emilio Ereza (cd). **164-165 Getty Images:** De Agostini Picture Library / De Agostini. **165 Getty Images:** De Agostini / Biblioteca Ambrosiana / De Agostini Picture Library (sd). **166-167 123RF.com:** Andreyoleynik. **168 Getty Images:** Sissie Brimberg / National Geographic (cib); 3LH-Fine Art / SuperStock (bd). **169 Getty Images:** Peter Essick / Aurora (bc); Popperfoto (cib); Arctic-Images / Photolibrary (bd). **170 Getty Images:** Popperfoto. **171**

Dreamstime.com: Irina Iarovaia (sc). **Getty Images:** MPI / Archive Photos (cdb); Werner Forman / Universal Images Group (bc). **172 Getty Images:** Found Image Holdings Inc / Corbis Historical (bc); Fox Photos / Hulton Archive (si). **172-173 Getty Images:** Beth Wald / National Geographic. **173 Getty Images:** Historical / Corbis Historical (bd). **174 123RF.com:** Patrick Guenette (cda). **Getty Images:** Universal History Archive / Universal Images Group (bc). **175 Dorling Kindersley:** Durham University Oriental Museum (s). **Getty Images:** Museum of East Asian Art / Heritage Images / Hulton Archive (bd). **176 Getty Images:** Encyclopaedia Britannica / Universal Images Group (ca); Universal History Archive / Universal Images Group (bi). **176-177 Getty Images:** Nigel Pavitt / AWL Images. **178 akg-images:** Jh-Lightbox_Ltd. / John Hios (cd). **Getty Images:** Historical Picture Archive / Corbis Historical (ca); Kip Ross / National Geographic (b). **179 Getty Images:** De Agostini Picture Library / De Agostini (cib). **Los Angeles County Museum Of Art:** Gift of Carl Holmes (M.71.100.154) (sd). **180 Getty Images:** Rykoff Collection / Corbis Historical (bi). **iStockphoto.com:** AdShooter (cda). **181 Bridgeman Images:** Private Collection / © Look and Learn. **182-183 Alamy Stock Photo:** Carl Simon / United Archives GmbH. **183 Alamy Stock Photo:** Stefan Auth / Imagebroker (bc); Ivan Vdovin (s). **184 Getty Images:** Buyenlarge / Archive Photos (cdb); James P. Blair / National Geographic (bi). **185 Getty Images:** Universal History Archive / Universal Images Group (bi). **iStockphoto.com:** PicturePartners (sd). **186 Alamy Stock Photo:** Granger, NYC. / Granger Historical Picture Archive (bi); Helen Sessions (sd). **186-187 Alamy Stock Photo:** The Keasbury-Gordon Photograph Archive / KGPA Ltd. **188-189 Bridgeman Images:** Bry, Th. (1528-98), after Le Moyne, J.(de Morgues) (1533-88) / Service Historique de la Marine, Vincennes, France. **190 123RF.com:** Anthony Baggett (cda). **Getty Images:** Universal History Archive / Universal Images Group (bi). **190-191 Getty Images:** Florilegius / SSPL. **192 Getty Images:** Hulton Deutsch / Corbis Historical. **193 Getty Images:** Bettmann (bd); Moodboard / Cultura (sd); De Agostini / Biblioteca Ambrosiana / De Agostini Picture Library (bc). **194-195 Getty Images:** Epics / Hulton Archive (c); Science & Society Picture Library / SSPL (s). **194 akg-images:** Universal Images Group / Universal History Archive (cb). **195 akg-images:** Florilegius (bd). **Getty Images:** Ilbusca / Digitalvision Vectors (ca). **196-197 Getty Images:** Penny Tweedie / Corbis Historical. **196 Getty Images:** IGFA / Getty Images Sport (bi); Universal History Archive / Universal Images Group (cda). **198 Getty Images:** Juan Carlos Muñoz / Age Fotostock (bi); Raphael Gaillarde / Gamma-Rapho (s). **198-199 Getty Images:** Mauricio Handler / National Geographic. **200 Bridgeman Images:** Private Collection / © Look and Learn (bi); Mieris, Willem van (1662-1747) / Private Collection / Johnny Van Haeften Ltd., London (sd). **201 Bridgeman Images:** Hiroshige, Ando or Utagawa (1797-1858) / Blackburn Museum and Art Gallery, Lancashire, UK. **202 Getty Images:** Universal History Archive / Universal Images Group (bi). **iStockphoto.com:** Siscosoler (sd). **203 Bridgeman Images:** Hiroshige, Ando or Utagawa (1797-1858) / Minneapolis Institute of Arts, MN, USA / Bequest of Louis W. Hill, Jr. (s). **Getty Images:** B. Anthony Stewart / National Geographic (bd). **204 Getty Images:** Christophe Boisvieux / Corbis Documentary (sd). **204-205 Getty Images:** DEA / M. Seemuller / De Agostini. **205 Getty Images:** Bettmann (sd). **206-207 Getty Images:** Photo Josse / Leemage / Corbis Historical. **208 Getty Images:** Fine Art / Corbis Historical (cd). **TopFoto.co.uk:** Ullsteinbild (cib). **209 Image from the Biodiversity Heritage Library:** Kunstformen der Natur / Leipzig und Wien,Verlag des Bibliographischen Instituts,1904 / Haeckel, Ernst, 1834-1919. **210 iStockphoto.com:** Duncan1890 (cib). **210-211 Getty Images:** PHAS / Universal Images Group. **211 Getty Images:** Bettmann (bi). **212-213 naturepl.com:** MYN / Piotr Naskrecki. **212 Alamy Stock Photo:** Artokoloro Quint Lox Limited (bc). **213 Getty Images:** Duncan1890 / DigitalVision Vectors (bd). **214 Alamy Stock Photo:** Patrick Guenette (ca). **214-215 Getty Images:** Print Collector / Hulton Archive. **215 Dreamstime.com:** Eyewave (ca). **Getty Images:** Keystone-France / Gamma-Keystone (bd). **216-217 123RF.com:** Andreyoleynik. **218 Alamy Stock Photo:** Zev Radovan / BibleLandPictures / www.BibleLandPictures.com (cib). **Getty Images:** De Agostini Picture Library / De Agostini (cdb); DEA / G. Dagli Orti / De Agostini (bc). **219 Alamy Stock Photo:** Mireille Vautier (bc). **Getty Images:** Popperfoto (cib); UniversalImagesGroup / Universal Images Group (cdb). **220 500px:** Sasin Tipchai. **221 Getty Images:** Danita Delimont / Gallo Images (cda). **iStockphoto.com:** Professor25 (s). **222-223 Bridgeman Images:** Chinese School, (siglo XVIII) / Private Collection / Archives Charmet. **222 Alamy Stock Photo:** Alan King engraving (si). **223 Getty Images:** Jialiang Gao / Moment (sc). **224 Alamy Stock Photo:** Chronicle (bd); Quagga Media (sd). **Getty Images:** DEA / G. Nimatallah / De Agostini (c). **225 Alamy Stock Photo:** Granger Historical Picture Archive. **226 Bridgeman Images:** Schlesinger Library, Radcliffe Institute, Harvard University (bi). **226-227 akg-images:** Ullstein Bild. **227 iStockphoto.com:** AntiMartina (sc). **228 Dreamstime.com:** Igor Sokolov / Breeze09 (cb). **228-229 Bridgeman Images:** Underwood Archives / UIG. **229 Bridgeman Images:** Castello del Buonconsiglio, Torre dell'Aquila, Italy (sc). **Dover Publications, Inc. New York:** (c). **230 Getty Images:** Hulton-Deutsch Collection / Corbis Historical (bi); Lew Robertson / Photodisc (ca). **230-231 Getty Images:** Haeckel Collection / Ullstein Bild / Premium Archive. **231 iStockphoto.com:** Pidjoe (bd). **232-233 Alamy Stock Photo:** Gonzalo Azumendi / Age Fotostock. **234 Alamy Stock Photo:** Jean Cazals / Bon Appetit (si). **234-235 National Geographic Creative:** Paul De Gaston. **235 Alamy Stock Photo:** ART Collection (sc). **236 Benmokhtar Mohamed. 237 Bridgeman Images:** Radiguet, Maximilien (1816-99) / Bibliotheque des Arts Decoratifs, Paris, France / Archives Charmet (bd); Algerian School, (siglo xx) / Musee des Arts d'Afrique et d'Oceanie, Paris, France / Photo © Heini Schneebeli (cd). **238 Alamy Stock Photo:** Wildlife GmbH (bd). **Getty Images:** Yann Arthus-Bertrand (si). **239 Alamy Stock Photo:** Patrick Guenette (sd); World History Archive (bd). **240 Getty Images:** Bartosz Hadyniak / Photodisc. **241 Bridgeman Images:** Museum of Fine Arts, Boston, Massachusetts, USA / Harvard University —Boston Museum of Fine Arts Expedition (sc). **Rex Shutterstock:** Granger (bd). **242 Getty Images:** De Agostini Picture Library (ci); Nastasic / DigitalVision Vectors (sd). **242-243 Rex Shutterstock:** Granger. **243 Getty Images:** Photo12 / Universal Images Group (sc). **244-245 iStockphoto.com:** Busypix. **244 Alamy Stock Photo:** Alberto Masnovo (cb). **245 Getty Images:** GraphicaArtis / Archive Photos (ci); Bettmann (b). **246-247 The Sikh Foundation:** The Camp of Bhai Vir Singh / Kapany Collection. **248 Alamy Stock Photo:** Dr. Wilfried Bahnmüller / Imagebroker (cd). **249 Getty Images:** Christopher Pillitz / Stone. **250 Getty Images:** Daily Herald Archive / SSPL. **251 Alamy Stock Photo:** Gameover (ca). **Image from the Biodiversity Heritage Library:** Description des plantes potagères / Vilmorin-Andrieux et cie. 1856 (cdb). **252 Getty Images:** Angelika Antl. **253 Getty Images:** Sue Kennedy / Corbis Documentary (b). **iStockphoto.com:** Kudou (cda). **254 akg-images:** (bi). **Getty Images:** DEA / G. Cigolini / De Agostini (ca). **254-255 Getty Images:** Bloomberg. **255 Getty Images:** Glasshouse Images / Corbis (bc). **256-257 Bridgeman Images:** Galleria Palatina & Appartamenti Reali di Palazzo Pitti, Florence, Tuscany, Italy. **256 The Metropolitan Museum of Art, New York:** Gift of Mr. and Mrs. Nathan Cummings, 1964 (bi). **258 Getty Images:** Alinari Archives / Alinari (bi); Nastasic / DigitalVision Vectors (sd). **259 Getty Images:** Ullstein Bild Dtl. / Ullstein Bild. **260-261 123RF.com:** Macrovector. **262 Alamy Stock Photo:** North Wind Picture

Archives (bc). **Getty Images:** Print Collector / Hulton Archive (cib); Mondadori Portfolio (bd). **263 Getty Images:** Paul Cowell / Moment (bd); Universal History Archive / Universal Images Group (bi); Jeff Goode / Toronto Star (cb). **264 Alamy Stock Photo:** David Keith Jones / Images of Africa Photobank (ca). **264-265 Getty Images:** Universal History Archive / Universal Images Group. **265 Getty Images:** Culture Club / Hulton Archive (si); Nastasic / DigitalVision Vectors (sd). **266 The Metropolitan Museum of Art, New York:** Gift of The American Society for the Exploration of Sardis, 1914 (s). **266-267 Getty Images:** Gavin Quirke / Lonely Planet Images. **267 Alamy Stock Photo:** Giuseppe Anello (cdb). **Getty Images:** Swim Ink 2 Llc / Corbis Historical (sd). **268 123RF.com:** Patrick Guenette (bi). **Getty Images:** De Agostini Picture Library (ca). **268-269 Alamy Stock Photo:** ART Collection. **269 Getty Images:** Transcendental Graphics / Archive Photos (sd). **270-271 Getty Images:** Remie Lohse / Condé Nast Collection. **272 Alamy Stock Photo:** Kpzfoto (bc). **Getty Images:** Print Collector / Hulton Archive (sd). **272-273 Getty Images:** DEA / G. Dagli Orti / De Agostini. **273 Getty Images:** Nicoolay / E+ (sd). **274 Bridgeman Images:** La Societe / LeMonnier, Henry (1893-1978) / Private Collection. **275 Alamy Stock Photo:** M&N. **iStockphoto.com:** Floortje (cda). **276 Alamy Stock Photo:** Martin Baumgärtner / Mauritius Images Gmbh (cda). **Getty Images:** Print Collector / Hulton Archive (cdb). **277 Getty Images:** De Agostini Picture Library (sd). **The Metropolitan Museum of Art, New York:** Harris Brisbane Dick Fund, 1953 (bc). **278-279 123RF.com:** Macrovector. **279 123RF.com:** Sergey Pykhonin (Honey dipper). **280 akg-images:** Album / Oronoz (cib). **Getty Images:** DEA / M. Seemuller / De Agostini (bc); Christophel Fine Art / Universal Images Group (cdb). **281 Getty Images:** Print Collector / Hulton Archive (bc); DEA Picture Library / De Agostini (cib); Dinodia Photos / Hulton Archive (cdb). **282 Alamy Stock Photo:** Art Collection 3 (bd); Hristo Chernev (ca). **282-283 Claire Ingram. 284-285 Getty Images:** Universal History Archive / Universal Images Group. **284 Getty Images:** Marilyn Angel Wynn / Nativestock (cdb). **285 Alamy Stock Photo:** The Granger Collection (bd). **286 Bridgeman Images:** Straet, Jan van der (Giovanni Stradano) (1523-1605) (after) / Private Collection / The Stapleton Collection (bi). **Getty Images:** Universal History Archive / Universal Images Group (ci, sd). **287 Bridgeman Images:** Engelbrecht, Martin (1684-1756) / Bibliotheque des Arts Decoratifs, Paris, France / Archives Charmet. **288 Alamy Stock Photo:** Lucie Lang (si). **288-289 Bridgeman Images:** Newbould, Frank (1887-1951) / Manchester Art Gallery, UK. **289 Getty Images:** Transcendental Graphics / Archive Photos (cdb); Universal History Archive / Universal Images Group (sd). **290-291 123RF.com:** Zenina. **292 Getty Images:** DEA / G. Dagli Orti / De Agostini (bc); Albert Moldvay / National Geographic (cib); Richard T. Nowitz / Corbis Documentary (bc). **293 Alamy Stock Photo:** Jose Peral / Age Fotostock (bc). **Getty Images:** Keystone-France / Gamma-Keystone (cib); Heritage Images / Hulton Fine Art Collection (cdb). **294-295 Bridgeman Images:** Straet, Jan van der (Giovanni Stradano) (1523-1605) (after) / Private Collection / The Stapleton Collection. **294 Getty Images:** PHAS / Universal Images Group (cdb). **295 Getty Images:** De Agostini / Archivio J. Lange / De Agostini Picture Library (cdb). **Rex Shutterstock:** Granger (sc). **296 Alamy Stock Photo:** Chronicle (si). **Getty Images:** Owen Franken / Photographer's Choice (bd). **297 Bridgeman Images:** Huile d'olive de Nice / Photo © CCI. **298 Alamy Stock Photo:** All Canada Photos (cda). **298-299 Alamy Stock Photo:** Anca Emanuela Teaca. **299 Alamy Stock Photo:** Gameover (cdb). **Getty Images:** Bettmann (sc). **300-301 Getty Images:** SSPL / Hulton Archive. **302 Getty Images:** Dea / M. Seemuller / De Agostini. **303 Bridgeman Images:** Photo © CCI (sd). **Getty Images:** Zhang Peng / LightRocket (cdb). **304 Getty Images:** DEA / E. Lessing / De Agostini (cda); DEA / C. Sappa / De Agostini (bd). **304-305 Getty Images:** Imagno / Hulton Archive. **305 Getty Images:** Universal History Archive / Universal Images Group (bd). **306 Getty Images:** Print Collector / Hulton Archive (si). **306-307 Getty Images:** Laura Grier / Robertharding. **307 Getty Images:** Christopher Pillitz / Corbis Historical (sc). **308 Dreamstime.com:** Winfish (cdb). **309 Manhhai:** (bd). **The Metropolitan Museum of Art, New York:** The Cesnola Collection / Purchased by subscription / 1874–76 (c). **310-311 123RF.com:** Marina99. **312 Getty Images:** DEA / J. E. Bulloz / De Agostini (cdb); Culture Club / Hulton Archive (bc). **Mary Evans Picture Library:** J. Bedmar / Iberfoto (cib). **313 Getty Images:** Print Collector / Hulton Archive (cib, bc); Ian Cumming / Perspectives (cdb). **314 akg-images:** Alinari Archives, Florence (s). **315 Rex Shutterstock:** Amoret Tanner Collection (b). **316 Getty Images:** Florilegius / SSPL (sd); Tetsuya Tanooka / A.collectionrf (bi). **317 Getty Images:** Rosemary Calvert / Photographer's Choice RF (bc). **Mary Evans Picture Library:** Medici (sd). **318 Getty Images:** Heritage Images / Hulton Archive (si); Laurence Mouton / Canopy (cda). **319 Bridgeman Images:** Italian School, (siglo XIV) / Osterreichische Nationalbibliothek, Vienna, Austria / Alinari (si). **500px:** Vladislav Nosick (bd). **320 Bridgeman Images:** Italian School, (siglo XIV) / Osterreichische Nationalbibliothek, Vienna, Austria / Alinari (bi). **Getty Images:** Halfdark (si). **321 Getty Images:** Halfdark (d). **322 Alamy Stock Photo:** FirstShot (bd). **Getty Images:** Sprint / Corbis (sc). **Photo Scala, Florence:** Ministero Beni e Att. Culturali e del Turismo (cib). **323 Alamy Stock Photo:** Tim Gainey (cib); Lee Hacker (d). **324 Getty Images:** Stefano Bianchetti / Corbis Historical (cd); Stockbyte / Stockbyte (bi). **326 Getty Images:** Three Lions / Hulton Archive (bi). **326-327 Bridgeman Images:** Bibliotheque Nationale, Paris, France / De Agostini Picture Library / J. E. Bulloz. **327 iStockphoto.com:** Yawfren (bd). **328 Dreamstime.com:** Alfio Scisetti (sc). **328-329 National Mustard Museum. 329 Getty Images:** Florilegius / SSPL (sd). **330-331 Magnum Photos:** Bruno Barbey. **332 123RF.com:** bthnronic (bi). **Alamy Stock Photo:** Dinodia Photos (bi). **332-333 Getty Images:** Dinodia Photo / Passage. **333 123RF.com:** Sataporn Jiwjalaen (cdb). **334 Alamy Stock Photo:** Florilegius (si); Umiko (sd). **Getty Images:** William Turner / Stockbyte (cb). **335 Getty Images:** BSIP / Universal Images Group (sc). **500px:** Petr Malyshev (bd). **336 Michael Sheridan. 337 akg-images:** Pictures From History (bi). **338-339 Bridgeman Images:** Pictures from History. **339 Dover Publications, Inc. New York:** (cd). **Getty Images:** DEA Picture Library / De Agostini (si). **340 Getty Images:** Bildagentur-Online / Universal Images Group (i). **iStockphoto.com:** KieselUndStein (cd). **341 akg-images:** Pictures From History (si). **Alamy Stock Photo:** Julie Woodhouse f (sd). **342 Getty Images:** De Agostini Picture Library / De Agostini (c); DEA / M. Seemuller / De Agostini Picture Library (bc). **342-343 Bridgeman Images:** Rijksmuseum, Amsterdam, The Netherlands. **343 Cynthia Hawthorne / www.etsy.com/shop/CynthiasAttic:** (cda). **344 Bridgeman Images:** Photo © Christie's Images (c). **Getty Images:** WIN-Initiative (bd). **345 500px:** Tony One. **346 Getty Images:** Leemage / Universal Images Group. **347 Getty Images:** David De Lossy / Photodisc (bd); Diane Macdonald / Photographer's Choice RF (si); Jean-Pierre Muller / AFP (cib). **iStockphoto.com:** Burwellphotography (cda). **348 akg-images:** Arkivi (cib). **Getty Images:** Smith Collection / Gado / Archive Photos (ca). **iStockphoto.com:** Ockra (sd). **349 Bridgeman Images:** © Purix Verlag Volker Christen

Las demás imágenes © Dorling Kindersley
Para más información: www.dkimages.com

GLOSARIO

abadejo
aguají

aguacate
palta

albaricoque
chabacano, damasco

alubias
poroto, frijol, frejol

anacardo
marañón, castaña de cajú,
nuez de la India

anchoa
boquerón

anís estrellado
anís estrella

arándano
mora azul

arándano rojo
cranberry, arándano

beicon
tocineta, panceta ahumada,
tocino ahumado

bogavante
langosta

caballa
macarela, charrito

cabra
chivo, cabrito

cacahuete
maní, cacahuate

calabaza
zapallo, auyama, chicayote

cangrejo
jaiba

cerdo
puerco, chancho

chile
ají

cilantro
culantro, coriandro

ciruela
jocote

citronela
limonaria, limoncillo, hierba luisa,
hierba limón

codorniz
perdiz

col
repollo

cordero
borrego

embutidos
fiambres

eneldo
hinojo

faisán
guajolote de monte

fideos chinos
fideos, *noodles*

fresa
frutilla, fresón

gamba
camarón

grosella
tomate de palo

guisantes
arvejas, chícharos

haba
chaucha

higo
breva

lima
limón sutil

mantequilla
manteca, margarina

mejillón
choro, cholga

melocotón
durazno

menta
hierbabuena

mújol
lisa, cabezuda

nata
crema de leche

nuez de Brasil
castaña de Pando, castaña de Pará

pacana
nuez cáscara de papel, nuez larga,
nuez pecana

pallar
frejol tierno

pargo
huachinango

patata
papa

pavo
guajolote

perdiz
gallina de monte

pimienta de Jamaica
pimienta de Tabasco, pimienta gorda,
pimienta dulce

pimiento
pimentón, pimiento morrón, morrón

piña
ananá

pistacho
pistache

plátano
banana, banano, guineo

pomelo
toronja, pamplemusa

res
carne de vacuno

salsa de soja
salsa de soya, soya

semillas de calabaza
pepa de calabaza, pepa de zapallo

semillas de sésamo
ajonjolí

setas
champiñones

sirope de arce
jarabe de arce, miel de maple

soja
soya

soja roja
frijol rojo, frejol rojo, adzuki

soja verde
frijol verde, frejol verde

tomate
jitomate

trigo sarraceno
alforfón

yuca
mandioca, guacamote